普通高等教育“十三五”规划教材

大学物理

下册

张春志　主　编
赵学阳　鲁婷婷　副主编

U0310015

中国铁道出版社
CHINA RAILWAY PUBLISHING HOUSE

内 容 提 要

本书是大学工科物理教材.全书分为上下两册,本书为下册,内容包括静电学、静电场中的导体和电介质、恒定电流的稳恒磁场、磁场中的磁介质、电磁感应、气体动理论、热力学基础和量子物理基础.

全书内容精练,难易适中,力图在有限的课时内完成“大学物理课程”基本内容的传授,同时扩大知识面,培养学生的创新能力.为了能在传授知识的同时培养学生的科学素养,本书每章均附有阅读材料,还选编了部分科学家简介.

本书适合作为普通高等院校理工科“大学物理课程”的教材,也可作为高校人文类专业的物理课程教材或参考书,亦可作为高校自学考试、函授教材.

图书在版编目(CIP)数据

大学物理.下册/张春志主编.—北京:中国铁道出版社,2017.9(2018.12重印)
普通高等教育“十三五”规划教材
ISBN 978-7-113-23488-1

Ⅰ.①大… Ⅱ.①张… Ⅲ.①物理学-高等学校-教材 Ⅳ.①O4

中国版本图书馆CIP数据核字(2017)第193459号

书　　名: **大学物理·下册**
作　　者: 张春志　主编

策　　划: 王文欢　　**读者热线:** (010)63550836
责任编辑: 张文静
封面设计: 刘　颖
封面制作: 白　雪
责任校对: 张玉华
责任印制: 郭向伟

出版发行: 中国铁道出版社(100054,北京市西城区右安门西街8号)
网　　址: http://www.tdpress.com/51eds/
印　　刷: 三河市航远印刷有限公司
版　　次: 2017年9月第1版　2018年12月第3次印刷
开　　本: 787 mm×1092 mm　1/16　**印张:** 15.75　**字数:** 380千
书　　号: ISBN 978-7-113-23488-1
定　　价: 45.00元

前　　言

本书编者根据教育部关于"非物理类理工科大学物理课程教学基本要求",总结编者多年的教学实践,专门为应用型本科院校各工科专业而编写.

本教材分为上、下两册. 其中《大学物理・上册》内容为力学、狭义相对论基础、振动与波动、波动光学、广义相对论简介.《大学物理・下册》内容为静电学、静电场中的导体和电介质、恒定电流的稳恒磁场、磁场中的磁介质、电磁感应、气体动理论、热力学基础、量子物理基础.

本书力求突出以下特点:

1. 对教学体系做了大胆的调整

根据多年教学经验,本书对教学内容做了适当调整:上册先主讲运动学和力学,然后讲授狭义相对论,之后是振动和波动、波动光学,使内容自然地从力学过渡到波动光学,最后简要介绍了广义相对论基本理论;下册再主讲电磁学基本知识,着重讲授电磁感应的基本知识,之后讲解热力学基础知识,最后介绍了量子物理基础知识,并简要地介绍了整个物理学体系.

2. 大学物理知识与现代教学理念接轨

在确保经典物理学内容的同时,使教材更加贴近慕课、"互联网 + 教学"等全新教学模式下的教学内容革新,剔除了繁琐的数学推导,力求做到浅显易懂,面向应用型工科学生,本科教学中学生更加容易掌握物理知识点,不断在物理思维创新中得到提高.

本书中标有 * 的部分为选学内容,各院校可根据实际情况取舍.

本书由张春志任主编,赵学阳、鲁婷婷任副主编。具体编写分工如下:第 11 章、第 17 章、第 18 章由赵学阳编写,第 12 章由张春志、赵学阳共同编写,第 13 章 ~ 第 16 章由鲁婷婷编写. 本书得到了哈尔滨石油学院和黑龙江省教育科学规划办公室青年专项课题的资助,牛犇、高辉、杨爽也对本书的编写提出了宝贵意见,在此谨表谢意.

本书在编写的过程中,参考和借鉴了国内外的一些同类优秀教材,在此一并表示诚挚的谢意.

由于编者水平有限,书中难免有许多错误和疏漏,恳请读者批评指正.

编　者

2017 年 6 月

目　　录

第11章 静 电 学

相对于观察者静止的电荷称为静电荷,静电荷在其周围空间所激发的电场称为静电场。静电荷只产生电场,不产生磁场。因此可以单独研究电场的性质和规律。本章研究真空中静电场的基本特性,并从电场的外在表现,即对处在场空间中的电荷有力的作用,以及电荷在电场中移动时电场力将对其做功这两个方面,引述静电场的两个基本物理量(即电场强度和电势)以及两者之间的关联,同时介绍反应静电场基本性质的场强叠加原理、高斯定理和场强环路定理,并讨论电场强度和电势之间的微分和积分关系,为以后几章的内容的学习打好基础.

11.1 电荷 库仑定律

11.1.1 电荷

电荷是使物质间发生相互作用的一种属性. 物体能产生电磁现象都归因于物体带上了电荷以及这些电荷的运动. 通过对电荷(包括静止的和运动的)的各种相互作用和效应的研究,人们认识到电荷的基本性质有以下几方面.

1. 电荷的种类

电荷的分类产生于摩擦起电现象,人们发现经丝绸摩擦过的两根玻璃棒之间的相互作用力表现为斥力,而经毛皮摩擦过的橡胶棒与丝绸摩擦过的玻璃棒之间的作用力却表现为引力. 这表明,带电体所带的电荷有两种,而且自然界中也只存在两种电荷.

1733年,法国物理学家迪费(C. F. Dufy,1698—1739)称玻璃棒被丝绸摩擦所带的电为玻璃电,橡胶棒被毛皮摩擦所带的电为树脂电. 1750年,美国物理学家富兰克林(Benjamin Franklin)首先以正电荷、负电荷的名称来区分两种电荷,这种命名法一直延续到现在. 宏观带电体所带电荷种类的不同根源于组成它们的微观粒子所带电荷种类的不同:电子带负电荷,质子带正电荷,中子不带电荷. 人们还认识到同种电荷互相排斥,异种电荷互相吸引. 根据带电体之间的相互作用力的强弱,我们能够确定物体所带电荷的多少. 表示物体所带电荷多少的物理量称为**电荷量**(以下简称电量),用 Q 或者 q 表示,在国际单位制中,它的单位名称为库,符号为C. 正电荷的电量取正值,负电荷取负值. 一个带电体所带的总电量为其所带正负电量的代数和.

2. 电荷的量子性

1913年,美国物理学家密立根(R. A. Millikan,1868—1953)设计了著名的油滴实验. 实验结果表明,**自然界中任何带电体所带电荷量只能是某一基本单元的整数倍,而不能连续变化**,电荷的这一特性叫做**电荷的量子化**.

电荷的基本单元就是一个电子所带电量的绝对值,常以 e 表示,其值为

$$e = 1.602 \times 10^{-19}\,\mathrm{C}$$

现在已经知道,许多基本粒子都带有正的或负的基元电荷. 例如,一个正电子、一个质子都各带有一个正的基元电荷. 一个反质子、一个负介子则带有一个负的基元电荷. 微观粒子

所带的基元电荷数常叫做它们各自的电荷数，都是正整数或负整数．近代物理从理论上预言基本粒子由若干种夸克或反夸克组成，每一个夸克或反夸克可能带有 $\pm\frac{1}{3}e$ 或 $\pm\frac{2}{3}e$ 的电量．这一理论预言并不破坏电荷的量子化，然而至今还未在实验中发现单独存在的夸克．

3. 电荷守恒定律

实验证明，**在一个孤立系统中，系统所具有的正负电荷的电量的代数和总保持不变**，这一性质称为**电荷守恒定律**．电荷守恒定律是物理学中的基本定律之一，对宏观过程和微观领域均能适用．在微观粒子的反应过程中，反应前后的电荷总数是守恒的．例如，一个高能光子在原子核附近能转化为一个正电子和一个负电子，即电子偶；反之，电子偶又可湮灭产生两个或三个光子，而在这些反应前后，电量总数保持不变．对于宏观带电体的起电、中和、感应和极化等现象，其系统所带电量的代数和也总是保持不变．

4. 电荷的相对论不变性

实验证明，一个电荷，其电量与它的运动速度或加速度均无关．例如，加速器将电子或质子加速时，随着粒子速度的变化，它们质量的变化是很明显的，但电量却没有任何变化的迹象．这是电荷与质量的不同之处．电荷的这一性质表明**系统所带电荷量与参考系无关，即具有相对论不变性**．

11.1.2 库仑定律与叠加原理

1. 真空中的库仑定律

在发现电现象的 2 000 多年之后，人们才开始对电现象进行定量的研究．1785 年，法国科学家库仑（Charles Augustin de Coulomb，1736—1806）利用扭秤实验直接测定了两个带电球体之间的相互作用的电力．库仑在实验的基础上提出了两个点电荷之间相互作用的规律，即**库仑定律**．

点电荷是电学中的一个理想模型，类似于力学中的质点模型．在具体问题中，当带电体的尺度和形状与带电体间的距离相比可忽略时，就可将它们视为点电荷．

库仑定律的表述如下：**真空中两个静止点电荷之间的作用力（斥力或吸力，统称库仑力）与这两个点电荷所带电量的乘积成正比，与它们之间距离的平方成反比，作用力的方向沿着这两个点电荷的连线，同号电荷相斥，异号电荷相吸**．这一规律用矢量公式表示为

$$\boldsymbol{F} = k\frac{q_1 q_2}{r^2}\boldsymbol{r}_0 \tag{11.1}$$

式中，q_1 和 q_2 分别表示两个点电荷的电量（带有正、负号），$\boldsymbol{r}_0$ 表示施力电荷指向受力电荷的矢径方向的单位矢量．如图 11.1 所示，q_1 给 q_2 的库仑力为 $\boldsymbol{F}_{21}$，q_2 给 q_1 的库仑力 $\boldsymbol{F}_{12} = -\boldsymbol{F}_{21}$，这说明两个静止点电荷之间的相互作用力符合牛顿第三定律．

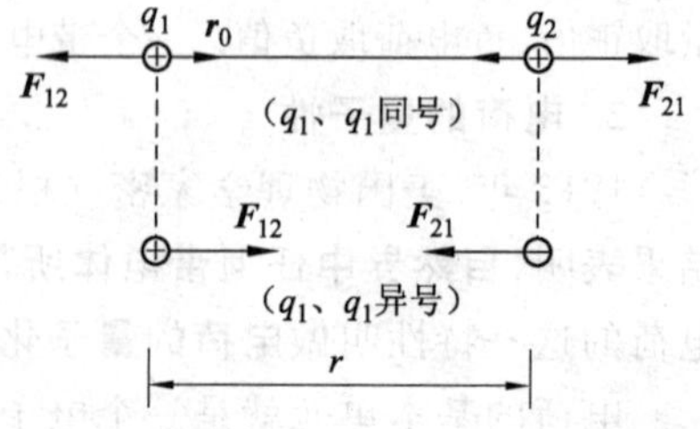

图 11.1 两个点电荷之间的相互作用

在国际单位制中，距离 r 用米（m）作单位，力用牛顿（N）作单位，实验测定比例常量 k 的数值和单位为

$$k = 8.988\ 0 \times 10^9\ \mathrm{N \cdot m^2 \cdot C^{-2}} \approx 9 \times 10^9\ \mathrm{N \cdot m^2 \cdot C^{-2}}$$

通常还引入另一常量 ε_0 来代替 k，使

$$k = \frac{1}{4\pi\varepsilon_0}$$

于是,真空中库仑定律的形式就可写成

$$\boldsymbol{F} = \frac{1}{4\pi\varepsilon_0}\frac{q_1 q_2}{r^2}\boldsymbol{r}_0 \tag{11.2}$$

这里引入的 ε_0 叫**真空介电常量**(或**真空电容率**),在国际单位制中它的数值和单位是

$$\varepsilon_0 = \frac{1}{4\pi k} = 8.854\ 187\ 817 \times 10^{-12}\ \mathrm{C^2 \cdot N^{-1} \cdot m^{-2}}$$

在库仑定律表示式中引入"4π"因子的做法称为**单位制的有理化**. 这样做虽然使库仑定律的形式变得复杂些,但却使以后经常用到的电磁学规律的表示式不出现"4π"因子而变得简单些.

2. 静电力叠加原理

库仑定律只描述了两个静止的点电荷间的作用力. 当空间存在多个点电荷时,作用于每一个电荷上的总静电力等于什么? 是否还可以应用库仑定律? 大量实验事实表明:两个静止点电荷之间的相互作用力,并不会因为有第三个静止点电荷的存在而改变;当空间中有两个或两个以上的点电荷($q_1, q_2, \cdots, q_k$)存在时,作用在每一个点电荷(如 q_0)上的总静电力 $\boldsymbol{F}$ 等于其他各个点电荷单独存在时作用于该点电荷上的静电力 $\boldsymbol{F}_i$ 的矢量和,即

$$\boldsymbol{F} = \sum_{i=1}^{k}\boldsymbol{F}_i = \sum_{i=1}^{k}\frac{1}{4\pi\varepsilon_0}\frac{q_0 q_i}{r_i^2}\boldsymbol{r}_{0i} \tag{11.3}$$

这个结论称为**静电力的叠加原理**.

库仑定律和静电力叠加原理是关于静止电荷之间相互作用的两个基本实验规律,它们一起构成了静电理论的基础.

3. 几点说明

① 库仑定律的成立条件是静止,即在惯性系中两点电荷相对静止,且相对于观察者静止. 静止条件可以适当放宽,即静止点电荷对运动点电荷的作用力仍遵循式(11.1). 但反之,运动点电荷对静止点电荷的作用力却并不遵循式(11.1),因为此时作用力(或运动点电荷产生的电场)不仅与两者的距离有关,还与运动点电荷的速度有关.

② 库仑定律指出,两静止点电荷间的作用力是有心力,力的大小与两点电荷间的距离服从平方反比律. 我们将看到,静电场的基本性质正是由静电力的这两个基本特性决定.

③ 库仑定律是一条实验定律. 在库仑时代,测量仪器的精度较低(即使在现代,直接用库仑的实验方法,所得结果的精度也是不高的),但是库仑定律中静电力对距离的依赖关系,即平方反比律,却有非常高的精度. 验证平方反比律的一种方法是假定力按 $1/r^{2+\delta}$ 变化,然后通过实验求出 δ 的数值(当然这些实验并不是用扭秤进行的). 1971 年的实验结果是 $\delta \leqslant 2 \times 10^{-16}$.

④ 库仑定律给出的平方反比律中,r 值的范围相当大. 虽然在库仑的实验中,r 只有若干英寸,但近代物理与地球物理的实验表明,r 值的数量级大到 10^7 m 而小到 10^{-17} m 的时候,平方反比律仍然成立.

11.1.3 应用举例

例 11.1 假设一个质子和一个电子相距为 r. 试求它们之间的静电力与万有引力之比.

解 由库仑定律知,质子和电子之间的静电力的大小为

$$F_e = \frac{1}{4\pi\varepsilon_0}\frac{e^2}{r^2}$$

由万有引力定律知,它们之间的万有引力的大小为

$$F_g = G\frac{m_p m_e}{r^2}$$

其静电力与万有引力之比为

$$\frac{F_e}{F_g} = \frac{e^2}{4\pi\varepsilon_0 G m_p m_e} = \frac{9\times10^9\times(1.6\times10^{-19})^2}{6.7\times10^{-11}\times(1.7\times10^{-27})\times(9.1\times10^{-31})} \approx 2.22\times10^{39}$$

可以看出二力都是与距离的平方成反比的力,所以比值中 r^2 被消去,也就是说,无论二者相隔多大距离,其比值都是一样的. 万有引力比起静电力来说是太小了,所以在研究带电粒子的相互作用时,它们之间的万有引力通常是忽略不计的. 应该指出的是,当质子和中子结合成原子核时,原子核内质子间的库仑斥力是非常大的. 只是由于核内除了这种斥力外还存在着远比斥力强的引力——核力,原子核才得以稳定.

11.2 电场强度

11.2.1 电场

库仑定律给出了两个静止点电荷之间相互作用力的规律,但没有从本质上说明电荷之间的相互作用力是怎样传递的. 关于力的传递问题在物理学史上曾有过两种不同的看法,早期的电磁理论是超距作用理论,它认为无论电荷相距多远,它们之间的静电力不需要任何中间物质进行传递,也不需要时间,而是从一个电荷立即作用到另一个电荷上,这种作用方式可表示为

$$\text{电荷} \Longleftrightarrow \text{电荷}$$

19 世纪 30 年代英国科学家法拉第在大量实验研究的基础上,提出了近距作用理论,明确提出了电荷周围存在着“电场”的观点,指出两电荷间的相互作用正是通过“电场”这种中介物质以一定速度由此及彼逐步传递的. 这种作用方式可表示为

$$\text{电荷} \Longleftrightarrow \text{电场} \Longleftrightarrow \text{电荷}$$

后来麦克斯韦发展了法拉第的学说,提出了完整的普遍的电磁场理论,该理论说明了电磁场在真空中是以有限的速度(光速 c)向前传播的,以后又得到了实验的证实. 于是超距作用的观点再也没有立足之地了.

电磁波传播等事实已证明,电磁场具有质量、动量和能量. 物质存在的形态是多种多样的,电场也是物质的一种形态,其物质性表现在两个方面:把试验电荷置于电场中将受到电场对它的力的作用,即电场有“力的属性”;在电场中移动电荷 q,该力要做功,这就是说电场还有做功的本领,即电场还有“能的属性”.

下面,首先研究静电场“力的属性”,我们将引出电场强度的概念来描述电场的这种属性.

11.2.2 电场强度

一个被研究对象的物理特性总是通过对象与其他物体的相互作用显示出来. 静电场的一

个基本特性是它对于引入电场的任何电荷有力的作用,因此,我们可以利用电场的这一特性,从中找出能反应电场性质的某个物理量来.

1. 试验电荷

为了定量研究静电场各点“力的性质”，置于电场中的电荷 q_0 须要满足:q_0 的几何线度须足够小,可以视为点电荷,可以与要研究的各场点相对应;q_0 的电量也须足够小，以至其自身激发的电场不会引起场源电荷的重新分布从而改变待测电场 ,我们称这样的电荷为**试验电荷**.

2. 实验方法和结果

将试验电荷 q_0 放在场源电荷 Q 所激发的电场中,当 q_0 在场中同一点时,其所受电场力的大小和方向一定,但是,当在不同的场点时,试验电荷 q_0 受的电场力 $\boldsymbol{F}$ 的大小、方向均不相同,如图 11.2 所示.

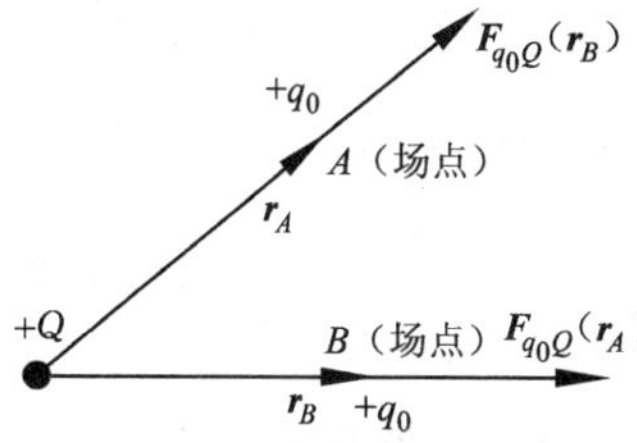

图 11.2　试验电荷在电场中不同位置受电场力的示意图

如果在电场的某一固定点放以电量不等的试验电荷,试验电荷所受力 $\boldsymbol{F}$ 的方向不变,但是大小正比于试验电荷的电量大小,然而始终保持力 $\boldsymbol{F}$ 与试验电荷电量 q_0 的比值 $\boldsymbol{F}/q_0$ 为一常矢量,矢量的大小与场源电荷 Q 有关,与试验电荷 q_0 的电量无关. 选择场中不同的场点,$\boldsymbol{F}/q_0$ 这个矢量也在变化.

3. 电场强度矢量 $\boldsymbol{E}$ 的定义

上述试验电荷在电场中的受力实验表明,电场中某点处的试验电荷所受力 $\boldsymbol{F}$ 与试验电荷的电量 q_0 的比值 $\boldsymbol{F}/q_0$,完全取决于 q_0 所处电场自身的性质,与试验电荷无关. 因此,我们定义 $\boldsymbol{F}/q_0$ 为电场中某点的**电场强度矢量**(简称**场强矢量**),用 $\boldsymbol{E}$ 表示,即

$$\boldsymbol{E} = \frac{\boldsymbol{F}}{q_0} \tag{11.4}$$

由上式可知,电场中某点电场强度矢量 $\boldsymbol{E}$ 的大小等于单位电荷在该点所受的电场力的大小,方向与正电荷在该点所受电场力的方向一致;对于电场中的不同点,场强大小和方向各不相同,因此电场强度矢量 $\boldsymbol{E}$ 是一个空间点函数,即 $\boldsymbol{E}=\boldsymbol{E}(Q,\boldsymbol{r})$,所以电场是空间矢量场,与是否存在试验电荷无关. 在国际单位制中,电场强度的单位为牛·库$^{-1}$($\mathrm{N\cdot C^{-1}}$),也可以写成伏·米$^{-1}$($\mathrm{V\cdot m^{-1}}$).

11.2.3　电场强度矢量 $\boldsymbol{E}$ 的计算　场强的叠加原理

1. 点电荷的电场强度

设真空中有一静止的点电荷 q,在其周围激发电场,P 为场中距离 q 为 r 的一点,在 P 点处放一试验电荷 q_0,如图 11.3所示.

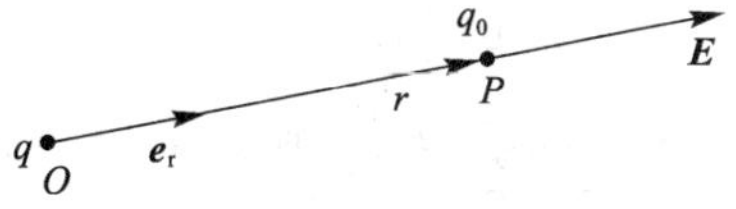

图 11.3　点电荷的场强

根据定义式(11.4)和库仑定律可得场点 P 的电场强度矢量

$$\boldsymbol{E} = \frac{\boldsymbol{F}}{q_0} = \frac{1}{4\pi\varepsilon_0}\frac{Q}{r^2}\boldsymbol{r}_0 \tag{11.5}$$

式(11.5)称为点电荷产生的场强公式.

由式(11.5)可知,点电荷的电场分布具有球对称性:在以场源电荷为球心的任一球面上,各点的场强大小相等;正点电荷的场强方向沿球面半径指向球面外,负点电荷的场强方向沿球面半径指向球心.通常我们把这种分布的电场称为**球对称电场**.另外,我们还应该注意,式(11.5)不能描述点电荷 q 本身所在点处的场强,因为当 $r=0$ 时,场强 $\boldsymbol{E}$ 将趋于无穷大.这一方面是由于,当 $r\to 0$ 时,场源电荷 q 已经不能视为点电荷处理了;另一方面,实际上严格的点电荷是没有的,即使在 $r=0$ 处,电场强度 $\boldsymbol{E}$ 也不会达到无限大.

2. 点电荷系的电场强度

设场源电荷是由 n 个点电荷 $q_1,q_2,q_3,\cdots,q_n$ 构成,如图 11.4 所示,则场点 P 处的电场强度可由定义式(11.4)和静电力叠加原理(11.3)得到

$$\boldsymbol{E}=\frac{\boldsymbol{F}}{q_0}=\sum_{i=1}^{n}\frac{\boldsymbol{F}_i}{q_0}=\sum_{i=1}^{n}\boldsymbol{E}_i \tag{11.6}$$

即**点电荷系的电场在某场点的电场强度等于各个点电荷在该点场强的矢量和**,这一结论称为**场强叠加原理**.场强叠加原理似乎是静电力叠加原理的推论,但从场的观点看,遵从叠加原理应属于电场的一个基本性质,正是电场遵从叠加原理才导致静电力遵从叠加原理.

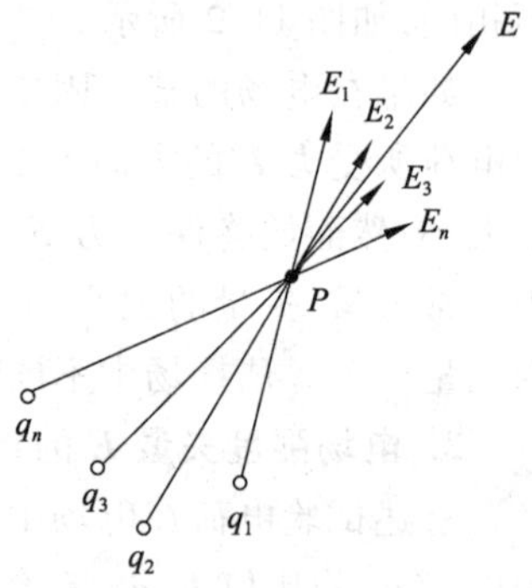

图 11.4 点电荷系的场强

将点电荷的场强公式(11.5)代入式(11.6),可得点电荷系统在场点 P 点处的电场强度矢量公式:

$$\boldsymbol{E}=\frac{\boldsymbol{F}}{q_0}=\sum_{i=1}^{n}\frac{\boldsymbol{F}_i}{q_0}=\sum_{i=1}^{n}\boldsymbol{E}_i=\sum_{i=1}^{n}\frac{1}{4\pi\varepsilon_0}\frac{q_i}{r_1^3}\boldsymbol{r}_i \tag{11.7}$$

式中 $\boldsymbol{r}_i$ 表示第 i 个点电荷 q_i 指向场点 P 点的位置矢量.

3. 连续带电体的电场强度

对于电荷连续分布的带电体,如线分布的带电细杆、带电圆环,面分布的带电球壳、带电平板以及体分布的带电球、带电圆柱体等,可以看成是由无限多个很小的电荷元 $\mathrm{d}q$ 组成的,每个电荷元都可以视为点电荷(宏观小微观大的带电体).这样由场强叠加原理,整个带电体产生的电场强度,就等于这些无限多个电荷元产生的电场强度的矢量和.

计算连续分布电荷的电场的电场强度,基本思路是求微积分.具体步骤是:

(1)取一个电荷元 $\mathrm{d}q$,并把它当做点电荷.根据电荷的分布情况分为以下三种:

① 当电荷在细线上非均匀分布时,在某点附近取线元 Δl,其带电量为 Δq,定义电荷线密度为 $\lambda=\lim\limits_{\Delta l\to 0}\dfrac{\Delta q}{\Delta l}=\dfrac{\mathrm{d}q}{\mathrm{d}l}$,则线元 $\mathrm{d}l$ 对应的点电荷 $\mathrm{d}q=\lambda\mathrm{d}l$;

② 当电荷在曲面上非均匀分布时,在某点附近取面元 ΔS,ΔS 带电 Δq,定义面电荷密度为 $\sigma=\lim\limits_{\Delta S\to 0}\dfrac{\Delta q}{\Delta S}=\dfrac{\mathrm{d}q}{\mathrm{d}S}$,则面元 $\mathrm{d}S$ 对应的点电荷 $\mathrm{d}q=\sigma\mathrm{d}S$;

③ 当电荷在物体体积内非均匀分布时,在带电体中某点附近取体积元 ΔV,其电荷量为 Δq,定义电荷体密度为 $\rho=\lim\limits_{\Delta V\to 0}\dfrac{\Delta q}{\Delta V}=\dfrac{\mathrm{d}q}{\mathrm{d}V}$,则体积元 $\mathrm{d}V$ 对应的点电荷 $\mathrm{d}q=\rho\mathrm{d}V$.

以上的描述中,$\Delta l\to 0$,$\Delta S\to 0$,$\Delta V\to 0$ 并不是一个严格的数学过程.因为在物理学中的无限小泛指宏观观测足够小,但微观上仍包含足够多的基元电荷.例如,在$10^{-10}\,\mathrm{m}^3$体积内就有 10^9 个带电粒子.因此,上面定义的各种电荷密度既反映了电荷分布的宏观不均匀性,又能使

点电荷密度具有确切的意义，从而将电荷作为连续函数处理．

（2）给出 $\mathrm{d}q$ 在空间某点 P 产生的场强 $\mathrm{d}\boldsymbol{E}$，

$$\mathrm{d}\boldsymbol{E} = \frac{1}{4\pi\varepsilon_0}\frac{\mathrm{d}q}{r^2}\boldsymbol{r}_0 \tag{11.8}$$

其中，$\boldsymbol{r}_0$ 表示从点电荷 $\mathrm{d}q$ 处指向场点 P 点处的单位矢量．

（3）根据场强叠加原理，整个带电体在给定点 P 所产生的场强 $\boldsymbol{E}$ 就等于每个电荷元单独存在时在该点产生的场强的矢量和，即

$$\boldsymbol{E} = \int_{\text{带电体}} \mathrm{d}\boldsymbol{E} = \int_{\text{带电体}} \frac{1}{4\pi\varepsilon_0}\frac{\mathrm{d}q}{r^2}\boldsymbol{r}_0 \tag{11.9}$$

这里需要注意的是，式（11.9）是矢量积分，也就是说，在积分时不仅要考虑其大小，还要考虑其方向．为此在直角坐标系下的表达式为：$\mathrm{d}\boldsymbol{E} = \mathrm{d}E_x\boldsymbol{i} + \mathrm{d}E_y\boldsymbol{j} + \mathrm{d}E_z\boldsymbol{k}$，其中 $\mathrm{d}E_x$、$\mathrm{d}E_y$、$\mathrm{d}E_z$ 表示 $\mathrm{d}\boldsymbol{E}$ 在对应坐标轴上的投影量．这样式（11.9）可改写为

$$\boldsymbol{E} = E_x\boldsymbol{i} + E_y\boldsymbol{j} + E_z\boldsymbol{k}$$

$$E_x = \int_{\text{带电体}} \mathrm{d}E_x,\quad E_y = \int_{\text{带电体}} \mathrm{d}E_y,\quad E_z = \int_{\text{带电体}} \mathrm{d}E_z$$

11.2.4　电场强度的计算举例

例 11.2　两个大小相等的异号点电荷 $+q$ 和 $-q$ 相距为 l，如果要计算电场强度的各场点相对这一对电荷的距离 r 比 l 大得多（$r \gg l$），这样的一对电荷称为**电偶极子**．定义

$$\boldsymbol{p} = q\boldsymbol{l}$$

为电偶极子的电偶极矩，$\boldsymbol{l}$ 的方向规定为由负电荷指向正电荷，试求电偶极子中垂线上一点 P 的电场强度．

解　设电偶极子轴线的中点 O 到 P 点的距离为 r，如例 11.2（a）图所示．根据点电荷的场强公式，$+q$ 和 $-q$ 在 P 点产生的电场强度大小为

$$E_+ = E_- = \frac{1}{4\pi\varepsilon_0}\frac{q}{r^2 + (l/2)^2}$$

方向分别沿着两个电荷与 P 点的连线，如例 11.2（a）图所示．显然 P 点的合电场强度与电偶极矩 $\boldsymbol{p}$ 的方向相反．P 点的合电场强度 $\boldsymbol{E}$ 的大小为

$$E = E_+\cos\alpha + E_-\cos\alpha = 2E_+\cos\alpha$$

因为 $\cos\alpha = \dfrac{l/2}{[r^2 + (l/2)^2]^{1/2}}$，所以

$$E = \frac{1}{4\pi\varepsilon_0}\frac{ql}{[r^2 + (l/2)^2]^{3/2}}$$

由于 $r \gg l$，故上式可简化为

$$E \approx \frac{1}{4\pi\varepsilon_0}\frac{ql}{r^3} = \frac{1}{4\pi\varepsilon_0}\frac{p}{r^3}$$

考虑到 $\boldsymbol{E}$ 的方向与电偶极子的电偶极矩 $\boldsymbol{p}$ 的方向相反，上式可改写为矢量式

$$\boldsymbol{E} = -\frac{1}{4\pi\varepsilon_0}\frac{\boldsymbol{p}}{r^3}$$

从以上结果可见，电偶极子在其中垂线上一点的电场强度与距离 r 的三次方成反比，而点

电荷的电场强度与距离 r 的平方成反比. 相比可见,电偶极子的电场强度大小随距离的变化比点电荷的电场强度大小随距离的变化要快. 例 11.2(b)图是电偶极子的电场强度分布的示意图.

电偶极子是一个重要的物理模型. 在研究电介质的极化、电磁波的发射等问题中,都要用到这个模型. 例如有些电介质的分子,正、负电荷的中心不重合,这类分子就可视为电偶极子. 在电磁波的发射中,一段金属导线中的电子作周期性运动,使导线两端交替地带正、负电荷,形成振荡偶极子等.

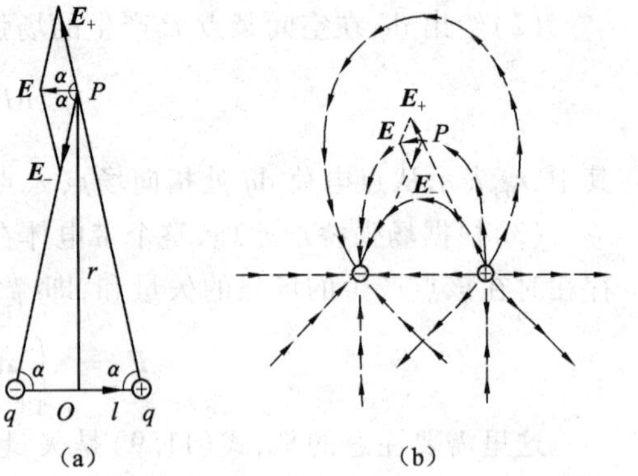

例 11.2 图

例 11.3 半径为 R 的均匀带电细圆环带电量为 q,如例 11.3(a)图所示. 试计算圆环轴线上任一点 P 的电场强度.

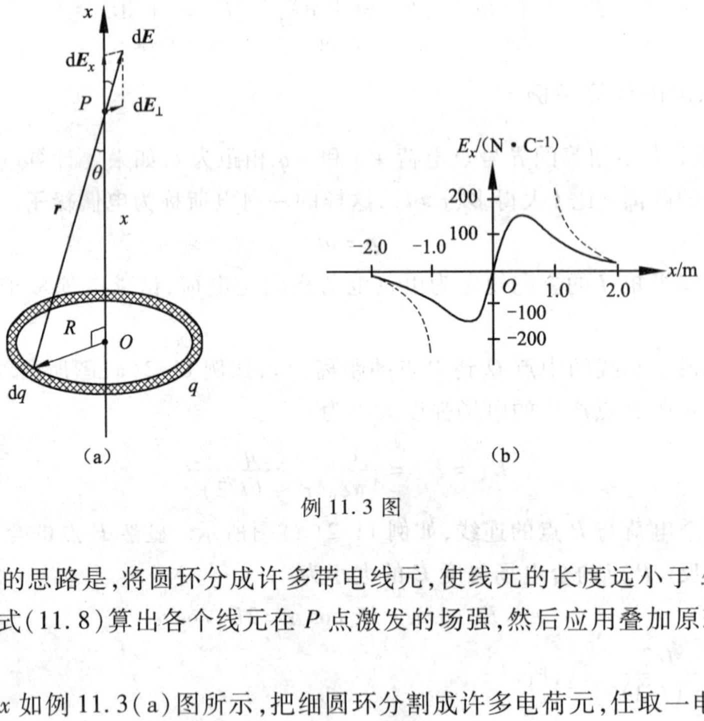

例 11.3 图

解 解本题的思路是,将圆环分成许多带电线元,使线元的长度远小于 x,因而可以看做是点电荷. 利用式(11.8)算出各个线元在 P 点激发的场强,然后应用叠加原理算出整个圆环激发的合场强.

取坐标轴 Ox 如例 11.3(a)图所示,把细圆环分割成许多电荷元,任取一电荷元 dq,它在 P 点产生的电场强度为 $d\boldsymbol{E}$. 设 P 点相对于电荷元 dq 的位矢为 $\boldsymbol{r}$,且 $OP=x$,则

$$d\boldsymbol{E}=\frac{1}{4\pi\varepsilon_0}\frac{dq}{r^2}\boldsymbol{r}_0$$

对圆环上所有电荷元在 P 点产生的电场强度求积分,即得 P 点的电场强度

$$\boldsymbol{E}=\int d\boldsymbol{E}=\int\frac{1}{4\pi\varepsilon_0}\frac{dq}{r^2}\boldsymbol{r}_0$$

这是一矢量积分,将 $d\boldsymbol{E}$ 向 Ox 轴和垂直于 Ox 轴的平面投影,得

$$dE_x=dE\cos\theta$$

$$dE_{\perp} = dE\sin\theta$$

由于圆环上电荷分布关于 x 轴对称,因此,$dE_{\perp}$ 分量之和为零. 故 P 点的电场强度等于分量 dE_x 之和,即

$$E = E_x = \int dE_x = \frac{1}{4\pi\varepsilon_0}\int\frac{dq}{r^2}\cos\theta = \frac{1}{4\pi\varepsilon_0}\frac{\cos\theta}{r^2}\int dq = \frac{1}{4\pi\varepsilon_0}\frac{q}{r^2}\cos\theta$$

从例 11.3(a)图中的几何关系可知 $\cos\theta = \frac{x}{r}$,$r = (R^2 + x^2)^{1/2}$,代入得

$$E = \frac{1}{4\pi\varepsilon_0}\frac{qx}{(R^2 + x^2)^{3/2}}$$

所以 P 点的电场强度矢量 $\boldsymbol{E} = E_x\boldsymbol{i}$. 若 q 为正电荷,则 $\boldsymbol{E}$ 的方向沿 x 轴正方向;若 q 为负电荷,则 $\boldsymbol{E}$ 的方向沿 x 轴负方向. 例 11.3(b)图表示 $q = 11.1\times10^{-9}$ C,$R = 0.5$ m 的均匀带电圆环轴线上任一点 P 处场强投影 E_x 与 x 的关系曲线,虚线表示的是位于环心带有与圆环相同电量的一个带电粒子在同一点 P 处的 E_x 与 x 的关系曲线.

讨论

(1)若 $x \gg R$,则 $(x^2 + R^2)^{3/2} \approx x^3$,这时有

$$E \approx \frac{q}{4\pi\varepsilon_0 x^2}$$

此结果说明,远离环心处,其电场可等效于环上电荷全部集中在环心处的点电荷的电场.

(2)若 $x = 0$,则 $E = 0$,即环心上的场强为零.

(3)由 $\frac{dE}{dx} = 0$ 可求得电场强度极大处的位置,故有

$$\frac{d}{dx}\left[\frac{1}{4\pi\varepsilon_0}\frac{qx}{(R^2 + x^2)^{3/2}}\right] = 0,\text{得 } x = \pm\frac{\sqrt{2}}{2}R$$

这表明,圆环轴线上位于原点 O 两侧的 $+\frac{\sqrt{2}}{2}R$ 和 $-\frac{\sqrt{2}}{2}R$ 处电场强度最大,并可算出该处的 E 值为 $E_{max} = \frac{q}{6\sqrt{3}\pi\varepsilon_0 R^2}$.

例 11.4 试计算半径为 R、均匀带电量为 q 的圆形平面板的轴线上任一点的电场强度.

解法一 取如例 11.4(a)图所示的坐标系. 在圆形平板上距圆心 r 到 $r + dr$、圆心角在 θ 到 $\theta + d\theta$ 之间取电荷元,它所带的电量

$$dq = \sigma r dr d\theta$$

其中 $\sigma = \frac{q}{\pi R^2}$. 电荷元 dq(视为点电荷)在圆形平板轴线上坐标为 x 处的 P 点产生的电场强度的大小

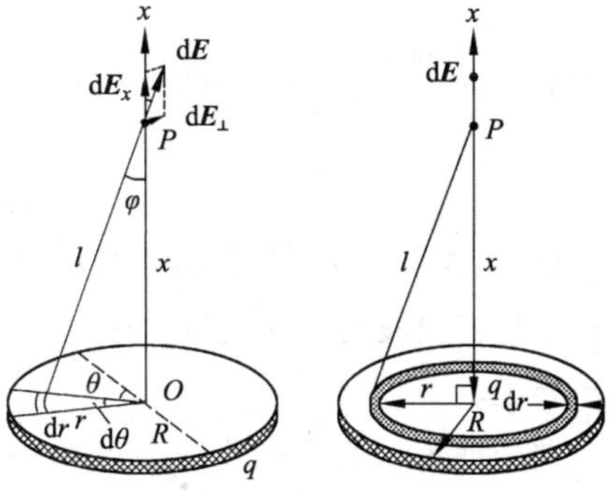

(a) (b)

例 11.4 图

$$dE = \frac{1}{4\pi\varepsilon_0}\frac{\sigma r dr d\theta}{l^2}$$

把 $d\boldsymbol{E}$ 投影到 x 轴及垂直于 x 轴的平面上. 因为圆形平板对 P 点具有对称性,所以 $d\boldsymbol{E}$ 在垂直于 x 轴平面上的分量相加结果为零,而沿 x 轴方向的分量

$$\mathrm{d}E_x=\frac{1}{4\pi\varepsilon_0}\ \frac{\sigma r\mathrm{d}r\mathrm{d}\theta}{l^2}\cos\varphi=\frac{1}{4\pi\varepsilon_0}\ \frac{\sigma r\mathrm{d}r\mathrm{d}\theta}{l^2}\frac{x}{l}=\frac{1}{4\pi\varepsilon_0}\ \frac{x\sigma r\mathrm{d}r\mathrm{d}\theta}{(x^2+r^2)^{3/2}}$$

整个带电平板在 P 点所产生的场强

$$E=\int\mathrm{d}E_x=\frac{x\sigma}{4\pi\varepsilon_0}\int_0^{2\pi}\mathrm{d}\theta\int_0^R\frac{r\mathrm{d}r}{(x^2+r^2)^{3/2}}$$

$$=\frac{\sigma}{2\varepsilon_0}\left[1-\frac{x}{(R^2+x^2)^{1/2}}\right]$$

$$=\frac{q}{2\pi\varepsilon_0R^2}\left[1-\frac{x}{(R^2+x^2)^{1/2}}\right]$$

其方向沿 x 轴,当 q 为正时,$\boldsymbol{E}$ 指向 x 轴的正方向;当 q 为负时,$\boldsymbol{E}$ 指向 x 轴的负方向.

解法二 本题还可以根据例 11.3 的结果直接叠加来计算.

设想把圆形平板分割成无数个半径不同的同心细圆环,每个带电细圆环在轴线上一点产生的电场强度都可以应用上例所得的结果来表示. 如例 11.4(b)图所示,取半径为 r、宽度为 $\mathrm{d}r$ 的细圆环,其上带电量为

$$\mathrm{d}q=\sigma2\pi r\mathrm{d}r$$

该细圆环在轴线上一点 P 产生的电场强度大小为

$$\mathrm{d}E=\frac{1}{4\pi\varepsilon_0}\ \frac{x\mathrm{d}q}{(x^2+r^2)^{3/2}}=\frac{x\sigma}{2\varepsilon_0}\ \frac{r\mathrm{d}r}{(x^2+r^2)^{3/2}}$$

$\mathrm{d}\boldsymbol{E}$ 的方向沿 x 轴,由于各细圆环在 P 点产生的电场强度方向都相同,所以整个带电圆形平板在 P 点产生的电场强度大小为

$$E=\int\mathrm{d}E=\frac{x\sigma}{2\varepsilon_0}\int_0^R\frac{r\mathrm{d}r}{(r^2+x^2)^{3/2}}$$

$$=\frac{\sigma}{2\varepsilon_0}\left[1-\frac{x}{(R^2+x^2)^{1/2}}\right]$$

$$=\frac{q}{2\pi\varepsilon_0R^2}\left[1-\frac{x}{(R^2+x^2)^{1/2}}\right]$$

考虑到方向,以上结果还可以表示为

$$\boldsymbol{E}=\frac{q}{2\pi\varepsilon_0R^2}\left[1-\frac{x}{(R^2+x^2)^{1/2}}\right]\boldsymbol{i}$$

例 11.5 设有一均匀带电直线段,长为 L,带电量为 q. 线外一点 P 到直线的垂直距离为 a,P 点与直线段两端连线与 y 轴正方向的夹角分别为 θ_1 和 θ_2,如例 11.5 图所示. 试求 P 点的电场强度.

解 取 P 点到直线段的垂足 O 为原点,坐标轴如例 11.5 图所示. 在带电直线段上距原点为 y 处,取线元 $\mathrm{d}y$,其上带电量为 $\mathrm{d}q=\lambda\mathrm{d}y$,其中 $\lambda=\dfrac{q}{L}$为电荷线密度. 设 $\mathrm{d}y$ 到 P 点的距离为 r,则电荷元 $\mathrm{d}q$ 在 P 点产生的电场强度 $\mathrm{d}\boldsymbol{E}$ 的大小为

$$\mathrm{d}E=\frac{1}{4\pi\varepsilon_0}\ \frac{\lambda\mathrm{d}y}{r^2}$$

$\mathrm{d}\boldsymbol{E}$ 的方向如例 11.5 图所示,它与 y 轴的夹角为 θ,$\mathrm{d}\boldsymbol{E}$ 沿 x、y 轴的分量为

$$\mathrm{d}E_x=\mathrm{d}E\sin\theta$$

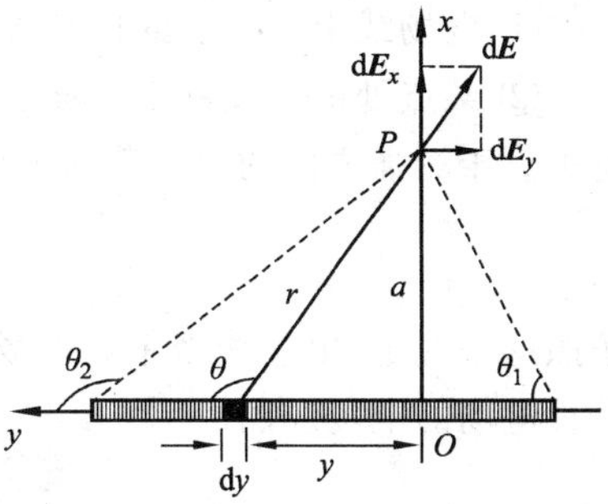

例 11.5 图

$$dE_y = dE\cos\theta$$

由例 11.5 图的几何关系可知

$$y = a\tan\left(\theta - \frac{\pi}{2}\right) = -a\cot\theta$$

$$dy = a\csc^2\theta d\theta$$

$$r^2 = a^2 + y^2 = a^2\csc^2\theta$$

所以

$$dE_x = \frac{\lambda}{4\pi\varepsilon_0 a}\sin\theta d\theta$$

$$dE_y = \frac{\lambda}{4\pi\varepsilon_0 a}\cos\theta d\theta$$

将以上两式积分得

$$E_x = \int dE_x = \int_{\theta_1}^{\theta_2}\frac{\lambda}{4\pi\varepsilon_0 a}\sin\theta d\theta = \frac{\lambda}{4\pi\varepsilon_0 a}(\cos\theta_1 - \cos\theta_2)$$

$$E_y = \int dE_y = \int_{\theta_1}^{\theta_2}\frac{\lambda}{4\pi\varepsilon_0 a}\cos\theta d\theta = \frac{\lambda}{4\pi\varepsilon_0 a}(\sin\theta_2 - \sin\theta_1)$$

最后由 E_x 和 E_y 来确定 $\boldsymbol{E}$ 的大小和方向.

P 点处的电场强度矢量为

$$\boldsymbol{E} = E_x\boldsymbol{i} + E_y\boldsymbol{j}$$

讨论

(1)若 $a \ll L$,即 P 点极靠近直线,这时带电直线可看做无限长,即可用 $\theta_1 = 0$ 和 $\theta_2 = \pi$ 代入得

$$E_x = \frac{\lambda}{2\pi\varepsilon_0 a}, E_y = 0$$

如果以带电细直线为轴作半径为 a 的无限长圆柱面,则在此圆柱面上各点的场强大小处处相等,方向沿切面圆的半径方向(此时的 x 轴方向实质上就是切面圆的半径方向),当 $\lambda > 0$ 时,沿半径指向圆柱面外,当 $\lambda < 0$ 时,沿半径指向切面圆圆心. 具有这种对称性分布的电场被称为**轴对称电场**.

(2)如果这一均匀带电直线是"半无限长"时,即 $\theta_1 = \frac{\pi}{2}, \theta_2 = \pi$,则

$$E_x = \frac{\lambda}{4\pi\varepsilon_0 a}$$

$$E_y = -\frac{\lambda}{4\pi\varepsilon_0 a}$$

11.3 电场线　高斯定理

11.3.1 电场线

电场看不见、摸不着,为了形象地描绘电场在空间的分布,英国物理学家法拉第(Michael Faraday,1791—1867)引入电场线的概念. 所谓**电场线**就是人们按照一定的画法规定在电场中所画出的一簇曲线. 为了让电场线能够直观地反映出电场中各点处电场强度的方向和大小,我们规定电场线和电场强度 $\boldsymbol{E}$ 之间具有以下关系:

① 电场线上任一点的切线方向给出了该点电场强度 $\boldsymbol{E}$ 的方向；

② 某点处电场线密度与该点电场强度 $\boldsymbol{E}$ 的大小相等. 所谓**电场线密度**是指通过某点附近垂直于场强方向的单位截面上的电场线条数. 若穿过垂直截面 $\mathrm{d}S_{\perp}$ 的电场线条数为 $\mathrm{d}N$,则

$$E=\frac{\mathrm{d}N}{\mathrm{d}S_{\perp}} \tag{11.10}$$

按照这一规定,电场线密集处电场强度大,电场线稀疏处电场强度小. 图 11.5 给出了常见的几种电场的电场线图.

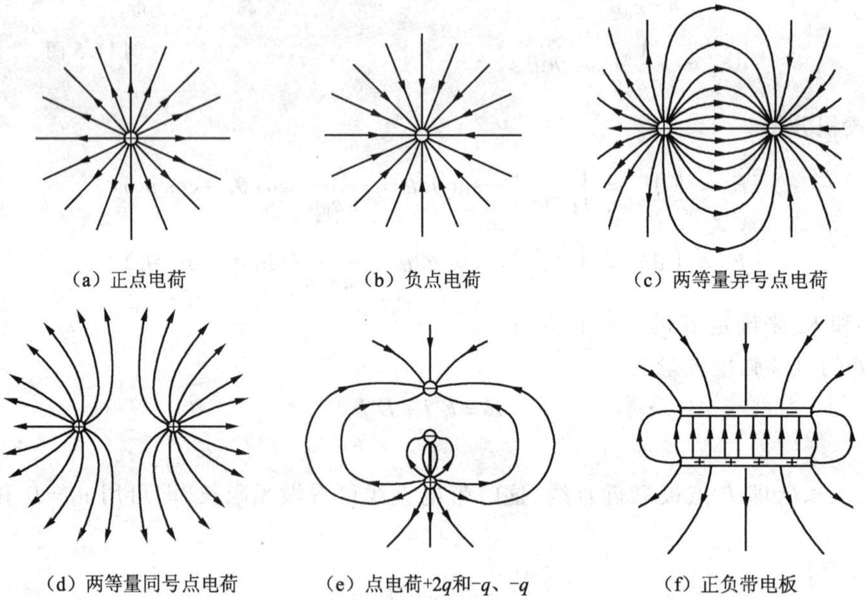

(a) 正点电荷　(b) 负点电荷　(c) 两等量异号点电荷

(d) 两等量同号点电荷　(e) 点电荷+2q和$-q$、$-q$　(f) 正负带电板

图 11.5　几种常见电场的电场线图

静电场的电场线具有如下性质:

① 电场线起自于正电荷(或来自于无穷远处),终止于负电荷(或延伸到无限远处),不会在没有电荷处中断;

② 电场线不会在没有电荷处相交;

③ 电场线为非闭合曲线.

11.3.2　电通量

通量是描述矢量场性质的一个特征量. 对于任何矢量场都可以引入通量的概念. 例如流体速度场 $\boldsymbol{v}(x,y,z)$、电场 $\boldsymbol{E}(x,y,z)$、磁场 $\boldsymbol{B}(x,y,z)$ 等都可以用相应的通量来描述它们的性质. 考察一个矢量场的通量和环量(描述矢量场性质的另一个物理量)是人们总结出来的研究矢量场的基本方法. 通量有其严格的定义,考虑到初学者的可接受性,我们从场线的概念出发,给出通量较为直观的定义. 在电场中穿过任意曲面 $\boldsymbol{S}$ 的电场线的总条数称为通过该面的**电通量**,用 Ψ_{e} 表示.

1. 均匀电场的电通量

设在匀强电场 $\boldsymbol{E}$ 中,取一个与 $\boldsymbol{E}$ 方向垂直的平面 $\boldsymbol{S}$,如图 11.6(a)所示. 由电场线的规定我们知道, 场中某点处电场线密度与该点的电场强度 $\boldsymbol{E}$ 的大小相等. 而对于匀强电场,由于

场强处处相等,所以电场线密度也处处相等.显然通过该面的电通量为

$$\Psi_e = ES \tag{11.11}$$

如果平面 S 的法线 e_n 和 E 的方向成 θ 角,如图 11.6(b)所示,则通过 S 面的电通量就等于 S 在垂直于 E 方向的投影面积的电通量,即

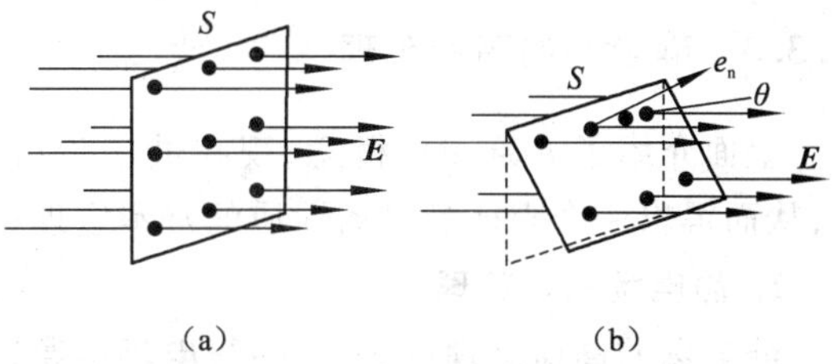

图 11.6　均匀电场的电通量

$$\Psi_e = ES\cos\theta = \boldsymbol{E}\cdot\boldsymbol{S} \tag{11.12}$$

2. 非均匀电场中任意曲面的电通量

对于非均匀电场中任意有限曲面 S,如图 11.7 所示,面上各点场强大小和方向一般是不同的. 按物理学常用的元分析法,这时可以把此曲面分成无限多个面元 $\mathrm{d}\boldsymbol{S}$,由于 $\mathrm{d}\boldsymbol{S}$ 足够小,小到可以把它看成平面处理,在 $\mathrm{d}\boldsymbol{S}$ 范围内场强 $\boldsymbol{E}$ 可认为是匀强,这样,穿过 $\mathrm{d}\boldsymbol{S}$ 的电通量可以写为

$$\mathrm{d}\Psi_e = \mathrm{d}N = E\mathrm{d}S\cos\theta = \boldsymbol{E}\cdot\mathrm{d}\boldsymbol{S}$$

注意:由上式计算的通过面积元 $\mathrm{d}\boldsymbol{S}$ 的电通量,结果可正可负,完全取决于面元 $\mathrm{d}\boldsymbol{S}$ 与 $\boldsymbol{E}$ 间的夹角 θ. 若 $\theta < \pi/2$ 时,$\mathrm{d}\Psi_e$ 为正,电场线沿面元法线指向穿过面元. 若 $\theta > \pi/2$,$\mathrm{d}\Psi_e$ 为负,电场线逆法线指向穿过面元. 当 $\theta = \pi/2$ 时,$\mathrm{d}\Psi_e = 0$,此时无电场线穿过面元. 虽然此时 $\mathrm{d}\Psi_e$ 为零,但面元上各点 $\boldsymbol{E}$ 可以不等于零.

因此整个曲面 S 的 $\boldsymbol{E}$ 通量就是所有面元上的 $\boldsymbol{E}$ 通量的代数和,即面积分

$$\Psi_e = \int \mathrm{d}\Psi_e = \int_S \boldsymbol{E}\cdot\mathrm{d}\boldsymbol{S}$$

如果是闭合曲面,则其 $\boldsymbol{E}$ 通量为

$$\Psi_e = \oint_S \boldsymbol{E}\cdot\mathrm{d}\boldsymbol{S} \tag{11.13}$$

式中:$\oint_S$ 表示沿整个曲面积分. 这里要注意,一个曲面的法线矢量,有正反两种取法,对于非闭合曲面来说,可取其中任意一种为法线矢量的正方向;但对闭合曲面来说,它把空间划分为内外两部分,其法线矢量的两种取向就有了特定的意义. 通常规定外法线矢量方向为正,这样在 $\boldsymbol{E}$ 指向曲面外的地方,$\boldsymbol{E}$ 和 $\boldsymbol{e}_n$ 的夹角 $\theta < \pi/2$,该处曲面通量为正,如图 11.8 中的 $\mathrm{d}\boldsymbol{S}_1$ 面;在 $\boldsymbol{E}$ 指向曲面内的地方,$\theta > \pi/2$,该处曲面的 $\boldsymbol{E}$ 通量为负,如图 11.8 中的 $\mathrm{d}\boldsymbol{S}_2$ 面;在 $\boldsymbol{E}$ 和曲面相切的地方,$\theta = \pi/2$,该处曲面 $\boldsymbol{E}$ 通量等于零,如图 11.8 中的 $\mathrm{d}\boldsymbol{S}_3$ 面.

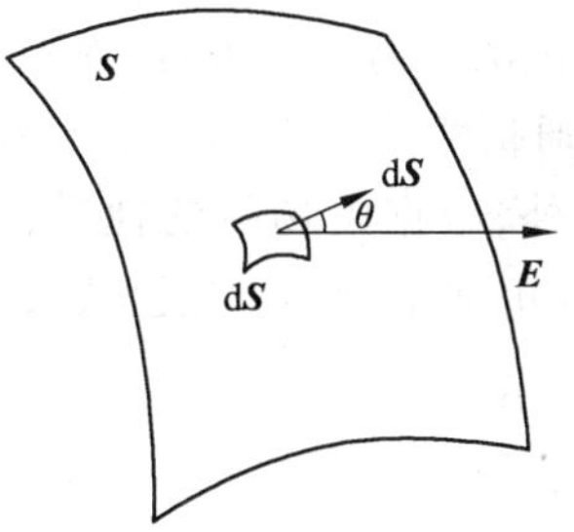

图 11.7　非均匀电场中任意曲面的电通量

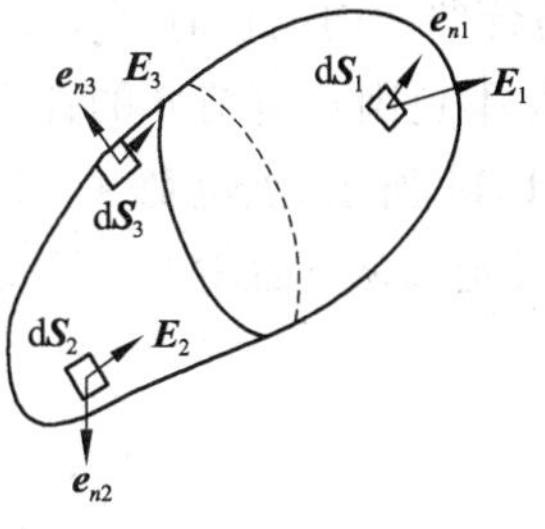

图 11.8　闭合曲面的电通量

11.3.3 静电场的高斯定理

上面介绍了 $\boldsymbol{E}$ 通量的概念，现在进一步讨论通过闭合曲面 $\boldsymbol{E}$ 通量和场源电荷之间的关系，从而得出一个表征静电场性质的基本定理——**高斯定理**.

1. 静电场高斯定理

静电场的高斯定理可表述为：**静电场中通过一个任意闭合曲面 S 的电通量等于该曲面所包围的所有电荷电量的代数和 $\sum q_i$ 除以 ε_0，与闭曲面外的电荷无关**. 数学表达式为

$$\Psi_e = \oint_S \boldsymbol{E}\cdot \mathrm{d}\boldsymbol{S} = \frac{\sum q_i}{\varepsilon_0} \tag{11.14}$$

曲面 S 通常是一个假想的闭合曲面，这个闭合曲面称为**高斯面**，$\sum q_i$ 称为**高斯面内的净电荷**.

2. 静电场高斯定理的验证

下面，我们采用由特殊到一般的方法，分四种情况对静电场高斯定理进行验证.

① 计算以点电荷 q 为球心的任意球面 S 的电通量

以点电荷 q 所在的点为球心，任意半径 r 作一球面 S，以 S 为高斯面，如图 11.9 所示. 在球面上任取一面元 $\mathrm{d}\boldsymbol{S}=\boldsymbol{e}_n\mathrm{d}S$，其外法线方向沿半径向外，即 $\boldsymbol{e}_n=\boldsymbol{e}_r$，该面元 $\mathrm{d}\boldsymbol{S}$ 处的电场强度 $\boldsymbol{E}=\dfrac{q}{4\pi\varepsilon_0 r^2}\boldsymbol{e}_r$，则面元上 $\boldsymbol{E}$ 通量

$$\mathrm{d}\Psi_e = \boldsymbol{E}\cdot \mathrm{d}\boldsymbol{S} = \frac{q}{4\pi\varepsilon_0 r^2}\boldsymbol{e}_n\cdot\boldsymbol{e}_r\mathrm{d}S = \frac{q}{4\pi\varepsilon_0 r^2}\mathrm{d}S$$

整个闭合曲面的 $\boldsymbol{E}$ 通量

$$\Psi_e = \oint_S \boldsymbol{E}\cdot \mathrm{d}\boldsymbol{S} = \oint_S \frac{q}{4\pi\varepsilon_0 r^2}\mathrm{d}S = \frac{q}{4\pi\varepsilon_0 r^2}\oint_S \mathrm{d}\boldsymbol{S} = \frac{q}{\varepsilon_0}$$

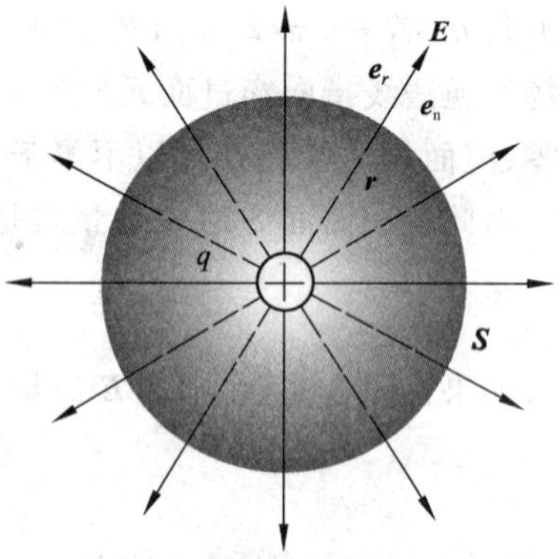

图 11.9 电荷在球心球面上的电通量

上式说明，以点电荷 q 为球心的任意球面上的 $\boldsymbol{E}$ 通量，与球面半径无关，都等于 q/ε_0. 显然，这一结论与库仑平方反比定律是分不开的.

② 计算包围点电荷 q 的任意形状闭合曲面 S 的电通量

如图 11.10 所示，S'为任意闭合曲面，S 为一球面并且以 q 为球心，S'和 S 包围同一个电荷 q. 在空间无其他电荷的前提下，由于电场的连续性，可以肯定通过闭合曲面 S'和 S 的电通量相等，均为 q/ε_0. 这也表明，穿过该闭合曲面的电通量与曲面的形状、大小无关，换言之，与该点电荷在闭合曲面内的位置无关，只与该闭合曲面包围的电荷 q 有关，都等于 q/ε_0.

③ 计算不包围点电荷 q 的任意闭合曲面 S 的电通量

如图 11.11 所示，点电荷 $+q$ 处于闭合曲面 S 之外，根据电场线的性质，图中所有进入 S 的电场线，必定又从 S 面穿出，所以穿过闭合面 S 的净电通量为零。用公式表示为

$$\Psi_e = \oint_S \boldsymbol{E}\cdot \mathrm{d}\boldsymbol{S} = 0$$

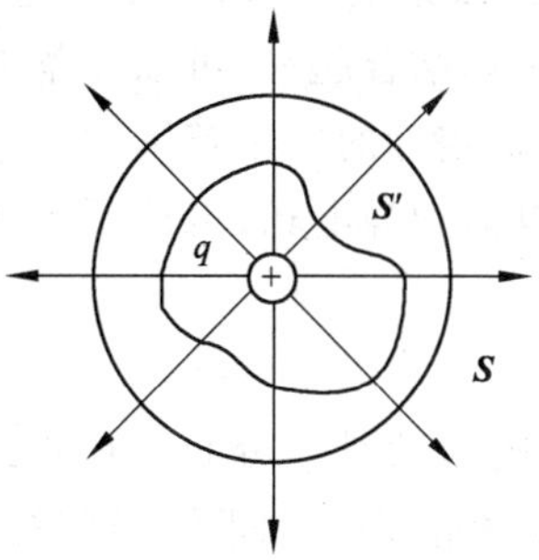

图 11.10 任意闭合曲面包围点电荷的电通量

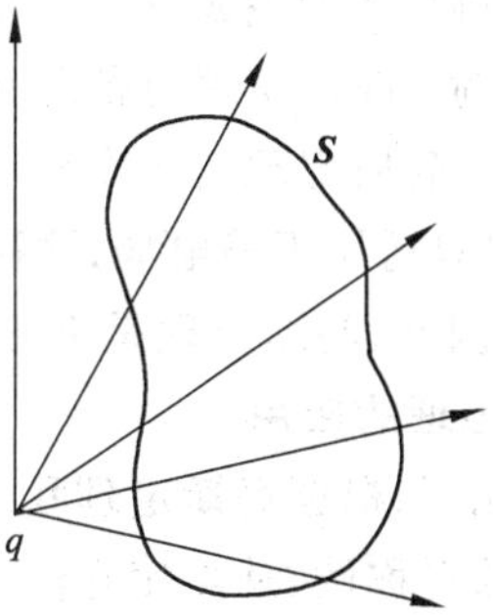

图 11.11 不包围电荷的任意闭合曲面的电通量

④ 计算通过包围多个点电荷的闭合曲面的电通量

对于一个由点电荷 $q_1,q_2,\cdots,q_k,q_{k+1},q_{k+2},\cdots,q_n$ 组成的电荷系,在它们的电场中任意一点,根据场强叠加原理可得

$$\boldsymbol{E}=\sum_{i=1}^{n}\boldsymbol{E}_i$$

这时通过任意闭合曲面 S 的电通量为

$$\Psi_{\mathrm{e}}=\oint_S\boldsymbol{E}\cdot\mathrm{d}\boldsymbol{S}=\sum_{i=1}^{n}\oint_S\boldsymbol{E}_i\cdot\mathrm{d}\boldsymbol{S}=\Psi_{\mathrm{e}1}+\Psi_{\mathrm{e}2}+\cdots+\Psi_{\mathrm{e}n}$$

其中 $\Psi_{\mathrm{e}1},\Psi_{\mathrm{e}2},\cdots,\Psi_{\mathrm{e}n}$ 为单个点电荷的电场通过闭合曲面的电通量. 由上述单个电荷的结论可知,当 q_i 在封闭面内时,$\Psi_{\mathrm{e}i}=q_i/\varepsilon_0$,当 q_i 在封闭面外时,$\Psi_{\mathrm{e}i}=0$. 因此,上式可写成

$$\Psi_{\mathrm{e}}=\sum_{i=1}^{k}\oint_S\boldsymbol{E}_i\cdot\mathrm{d}\boldsymbol{S}=\sum_{i=1}^{k}\frac{q_i}{\varepsilon_0}$$

式中 $\sum\limits_{i=1}^{k}q_i$ 表示在封闭曲面内的电荷的代数和. 当把上述点电荷换成连续带电体时,只需要利用场强叠加原理,仍可得到上式.

综合以上验证可知,在任意静电场中,任一闭合曲面上的 $\boldsymbol{E}$ 通量都等于该曲面内的电荷的代数和除以 ε_0,即高斯定理.

另外,在以上验证过程我们还可以看到,高斯定理是由库仑定律和场强叠加原理推出的,是静电场理论中最重要的定理之一. 同时,在对高斯定理的理解上,请读者注意以下几点:

① 静电场中通过任意闭合曲面的总通量只取决于面内电荷的代数和,而与面外电荷无关,也与高斯面内电荷如何分布无关. 需要说明的是,由于高斯面是几何面,因此,在高斯面上不会存在有无穷小量的电荷.

② 高斯定理表达式左方的场强 $\boldsymbol{E}$ 是闭合曲面上各点的场强,是由空间所有电荷(既包括曲面内又包括曲面外的电荷)共同产生的合场强. 面外电荷虽然对高斯面上的电通量 Ψ_{e} 没有贡献,但对高斯面上任一点的电场强度 $\boldsymbol{E}$ 却有贡献.

③ 电场强度 $\boldsymbol{E}$ 和电通量 $\oint_S\boldsymbol{E}\cdot\mathrm{d}\boldsymbol{S}$ 是两个不同的物理量. 当闭合曲面上各点电场强度为零时,通过闭合曲面的电通量必为零. 但当通过闭合曲面的电通量等于零时,曲面上各点的电场强度却不一定为零.

高斯定理的重要意义在于,它把电场与产生电场的电荷联系了起来,反映了静电场的一个基本性质,即静电场是有源场. 反映静电场电场状态的电场线既有源头,始于正电荷;又有尾闾,止于负电荷. 高斯定理与稍后介绍的静电场中的环路定理结合起来,可以完整地描述静电场. 另外,虽然高斯定理是在库仑定律的基础得出的,但高斯定理的应用范围比库仑定律更广泛. 库仑定律只适用于静电场,而高斯定理不仅适用于静电荷和静电场,也适用于运动电荷和变化的电场,因此,高斯定理是电磁场理论的基本方程之一.

3. 高斯定理的应用

一般情况下,根据高斯定理我们并不能确定场和场源电荷的具体分布. 但是当电荷分布具有某些特殊对称性,从而使它们产生的电场也具有特殊对称性时,我们可以通过选取适当的高斯面,非常简便地计算场强. 下面举例说明.

例 11.6 均匀带电球面的电场.

如例 11.6(a)图所示,一均匀带有正电的球面,总量为 q,半径为 R,试求球面内、外场强的分布.

解:首先分析电场分布的对称性. 在带电球面上任选一面元 $\mathrm{d}\boldsymbol{S}$,由于电荷均匀分布,具有球对称性,无论场点 P 在球面内还是球面外,对于 OP 连线而言,总有一个与 $\mathrm{d}\boldsymbol{S}$ 对称的面元 $\mathrm{d}\boldsymbol{S}'$,若选 $\mathrm{d}\boldsymbol{S}=\mathrm{d}\boldsymbol{S}'$,则它们的合场强必定沿 OP 连线向外,如例 11.6(b)图所示. 由于整个球面总可以分解成一对对的成对面元,故 P 点的合场强方向是沿着半径方向的,并且在与带电球面同心的任何球面上各点的场强大小相等. 由此可见,当电荷呈球对称分布时,其所激发的电场也具有球对称性分布.

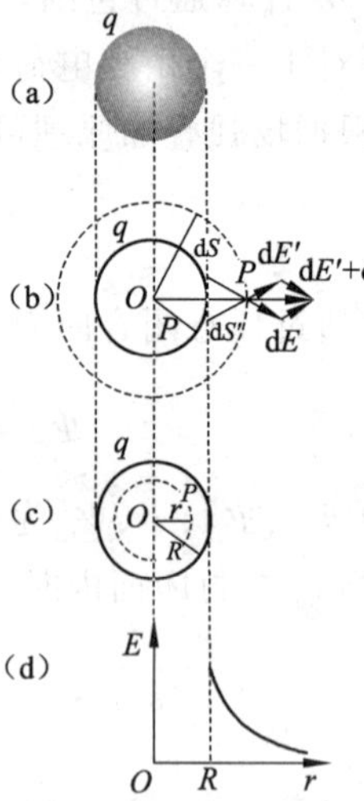

例 11.6 图

其次,根据场强分布的对称性选取合适高斯面,计算高斯面 S 的电通量. 以 O 点为中心,取过 P 点,半径为 r 的同心球面为高斯面,由前述对称性分析可知,通过此高斯面的电通量为

$$\Psi_{\mathrm{e}}=\oint_S \boldsymbol{E}\cdot\mathrm{d}\boldsymbol{S}=4\pi r^2E$$

再次,求出包围在高斯面内的电荷总量,按高斯定理计算场强的大小,并说明其方向.

当 $r<R$ 时,场点位于均匀带电球面内时,高斯面内无电荷,如例 11.6(c)图所示;当 $r>R$ 时,场点位于均匀带电球面外时,高斯面内电荷量为 q,所以

$$\Psi_{\mathrm{e}}=4\pi r^2E=\begin{cases}0 & (r<R)\\ \dfrac{q}{\varepsilon_0} & (r\geqslant R)\end{cases}$$

故均匀带电球面的场强大小为

$$E=\begin{cases}0 & (r<R)\\ \dfrac{q}{4\pi\varepsilon_0 r^2} & (r\geqslant R)\end{cases}$$

考虑到 $\boldsymbol{E}$ 的方向,其矢量式为

$$\boldsymbol{E}=\boldsymbol{0}\quad(r<R)$$

$$\boldsymbol{E}=\frac{q}{4\pi\varepsilon_0 r^2}\boldsymbol{e}_r\quad(r\geqslant R)$$

上式说明,均匀带电球面内的场强为 0;均匀带电球面外任一点的场强,等于与球面电荷量相等

的、位于球心处的点电荷在该处产生的场强，其 $E(r)$ 曲线如例 11.6(d)图所示.

例 11.7　均匀带电球体的电场.

设有一球体，如例 11.7 图所示，均匀带有正电荷 q，半径为 R，求均匀带电球体内、外的场强分布.

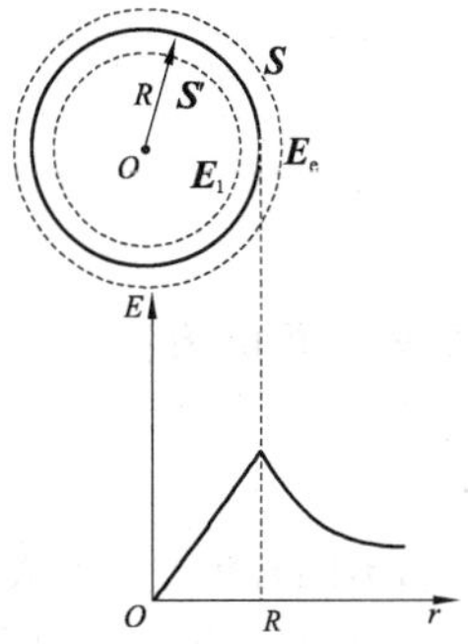

例 11.7 图

解：我们可把球体分割成一系列同心薄球壳. 由例 11.6 分析可知，每层均匀带电球壳所产生的电场都具有球对称性，因此，整个球体所产生的电场仍具有球对称性.

在球外，取高斯面半径为 $r>R$ 的同心球面，如例 11.7 图所示. 由高斯定理，有

$$\oint_S \boldsymbol{E}\cdot \mathrm{d}\boldsymbol{S} = 4\pi r^2 E = \frac{q}{\varepsilon_0}$$

$$E = \frac{q}{4\pi\varepsilon_0 r^2} \quad (r \geqslant R)$$

考虑到 $\boldsymbol{E}$ 的方向，其矢量式为

$$\boldsymbol{E} = \frac{q}{4\pi\varepsilon_0 r^2}\boldsymbol{e}_r \quad (r \geqslant R) \qquad (11.5)$$

在球内，取高斯面为半径 $r<R$ 的同心球面 $\boldsymbol{S}'$，由高斯定理，有

$$\oint_S \boldsymbol{E}\cdot \mathrm{d}\boldsymbol{S} = 4\pi r^2 E = \frac{4\pi r^3 \rho}{3\varepsilon_0}$$

$$E = \frac{\rho}{3\varepsilon_0}r = \frac{q}{4\pi\varepsilon_0}\frac{r}{R^3}$$

式中：$\rho = 3q/4\pi R^3$ 为电荷体密度，考虑到 $\boldsymbol{E}$ 的方向，可得到场强的矢量式

$$\boldsymbol{E} = \frac{q}{4\pi\varepsilon_0}\cdot\frac{r}{R^3}\boldsymbol{e}_r \quad (r \leqslant R) \qquad (11.16)$$

式(11.15)和式(11.16)表示出均匀带电球体在球内的场强 E 和 r 成正比，在球外的场强和电荷全部集中在球心时产生的场强一样，E-r 曲线如例 11.7 图所示.

例 11.8　均匀带正电的无限长细棒的场强.

设有一无限长细棒，其电荷线密度为 $\lambda(\lambda>0)$，试求其场强分布.

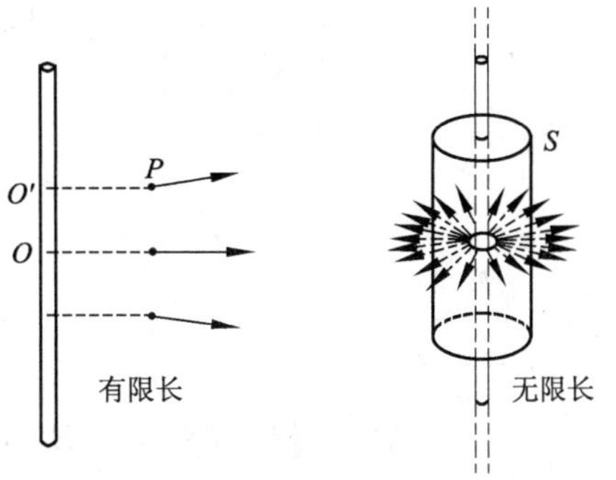

(a) 对称性分析　　(b) 高斯面的取法

例 11.8 图

解：如例 11.8 图所示，对于一有限长细棒，当线外任一点 P 位于棒垂直平分线上时，由场强叠加原理可知，该点的场强方向必与棒垂直，而当 P 位于其他位置时，场强方向就有所偏离. 对于无限长细棒，线外的各点处处可看成中点，故在与无限长细棒同轴的圆柱面上，各点的场强方向都垂直于柱面呈辐射状，且各点的场强大小处处相同，这种电场分布称为轴对称分布.

以棒为轴，r 为半径，作一高为 h 的圆柱面为高斯面. 由高斯定理，通过圆柱体面的电通量为

$$\Psi_e = \oint_S \boldsymbol{E}\cdot \mathrm{d}\boldsymbol{S} = \int_{\text{侧面}} \boldsymbol{E}\cdot \mathrm{d}\boldsymbol{S} + \int_{\text{上底}} \boldsymbol{E}\cdot \mathrm{d}\boldsymbol{S} + \int_{\text{下底}} \boldsymbol{E}\cdot \mathrm{d}\boldsymbol{S}$$

因上、下底面的场强方向与面平行,其 $\boldsymbol{E}$ 通量为零,即式中后两项为零,所以

$$\Psi_e = 2\pi rhE = \frac{\sum q}{\varepsilon_0} = \frac{\lambda h}{\varepsilon_0}$$

$$E = \frac{\lambda}{2\pi r\varepsilon_0}$$

考虑到 $\boldsymbol{E}$ 的方向,可得场强的矢量式为

$$\boldsymbol{E} = \frac{\lambda}{2\pi r\varepsilon_0}\boldsymbol{e}_r$$

例 11.9 无限大均匀带电平面的电场.

设有一无限大平面,电荷面密度为 σ,求距该平面 r 处的某点的电场强度.

解 由于电荷均匀分布在无限大平面上,可知平面两侧的电场是对称的,即与带电平面平行的任意平面上各点的场强大小相等,方向与该平面垂直. 与带电平面等距的左右两平行平面上的场强相等,方向相反.

取例 11.9(a)图所示的闭合圆柱面为高斯面,该圆柱面底面积为 S,左、右底面与带电面等距. 由于电场强度 $\boldsymbol{E}$ 的方向与圆柱侧面的法线垂直,所以通过圆柱侧面的电通量为零. 圆柱面两个底面的法线方向与电场强度 $\boldsymbol{E}$ 的方向平行,并且底面上各点的电场强度大小相等,所以通过底面的电通量为 ES,于是

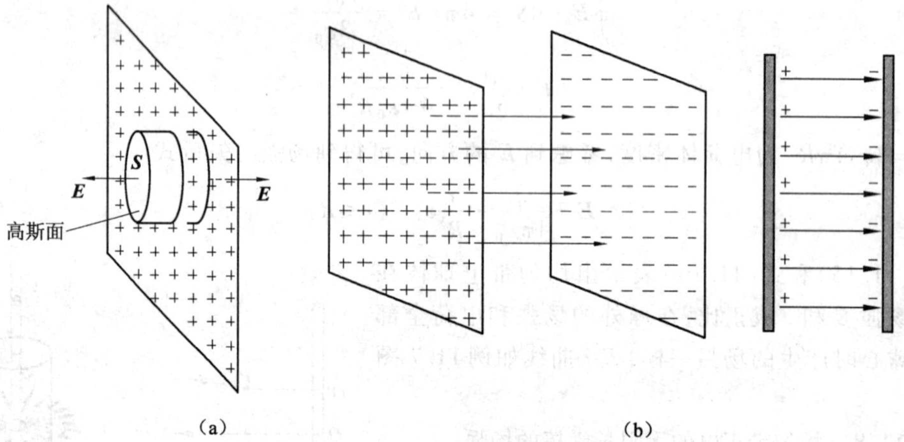

例 11.9 图

$$\Psi_e = \oint_S \boldsymbol{E}\cdot d\boldsymbol{S} = \int_{左底}\boldsymbol{E}\cdot d\boldsymbol{S} + \int_{侧}\boldsymbol{E}\cdot d\boldsymbol{S} + \int_{右底}\boldsymbol{E}\cdot d\boldsymbol{S} = ES + 0 + ES$$

该高斯面内所包围的电荷量为

$$\sum q_i = \sigma S$$

根据高斯定理有

$$\Psi_e = \oint_S \boldsymbol{E}\cdot d\boldsymbol{S} = 2ES = \sigma S/\varepsilon_0$$

故

$$E = \frac{\sigma}{2\varepsilon_0}$$

考虑到 $\boldsymbol{E}$ 的方向，可得场强的矢量式

$$\boldsymbol{E}=\frac{\sigma}{2\varepsilon_0}\boldsymbol{e}_{\mathrm{n}}$$

上式表明:无限大均匀带电平面产生的电场为匀强电场，方向与带电平面垂直.

利用上面的结论和电场强度叠加原理，可求得两个带等量异号电荷的无限大平行平面的电场分布. 如例 11.9(b)图所示，两板间合场强大小为 $E=\sigma/\varepsilon_0$，两板外部空间合场强为零.

从以上所举的几个例子可以看出，由于带电体系具有某种对称性，导致其电场分布也具有相应的对称性. 因此选取合适的高斯面，就可利用高斯定理方便地求出电场强度分布.

11.4 静电场的环路定理 电势

在前几节，我们从电荷在电场中受力这一事实出发，研究了静电场“力的属性”，并引入电场强度 $\boldsymbol{E}$ 作为描述电场这一特性的物理量. 而高斯定理是从 $\boldsymbol{E}$ 的角度反映了通过闭合曲面的 $\boldsymbol{E}$ 通量与该面内电荷量的关系，揭示了静电场是一个有源场这一基本特性. 既然电荷在电场中要受到电场力的作用，那么电荷在电场中移动时，电场力一定会对电荷作功. 在这一节中，我们将从静电场力作功的特点入手，从能量的观点来研究静电场“能的属性”，导出反映静电场另一个特性的环路定理，并引入一个新的物理量——电势 U.

11.4.1 静电场力作功的特性

库仑力 $f=k\dfrac{q_1q_2}{r^2}$ 与万有引力 $f=G\dfrac{m_1m_2}{r^2}$ 在表达形式上完全相似，而万有引力是保守力，作功与路径无关，那么，静电场力作功是否也与路径无关呢? 结论是肯定的，可以证明，静电场力作功与路径无关. 在上一节中，从库仑定律和电场强度叠加原理出发，我们验证了描述静电场性质的高斯定理，本节是否可按同一思路，来证明静电场力作功与路径无关，即静电场力是保守力呢? 如果可行，将再一次看到，由库仑定律和电场强度叠加原理可以展开整个静电学. 为此，我们的证明分如下两步进行:

1. 试验电荷 q_0 在点电荷 q 的电场中移动时，电场力的功

设电量为 q_0 的试验电荷在点电荷 q 的电场中，从 a 点沿任意路径移动至 b 点，如图 11.12 所示. 为了求出此过程中电场力的功，可在路径上任一点 c 附近取一位移微元 $\mathrm{d}\boldsymbol{l}$，电场力在这一位移元中对 q_0 所作的元功为

$$\begin{aligned}\mathrm{d}A&=\boldsymbol{F}\cdot\mathrm{d}\boldsymbol{l}=q_0\boldsymbol{E}\cdot\mathrm{d}\boldsymbol{l}\\&=\frac{q_0q}{4\pi\varepsilon_0r^2}\cos\theta\mathrm{d}l\\&=\frac{q_0q}{4\pi\varepsilon_0r^2}\mathrm{d}r\end{aligned}$$

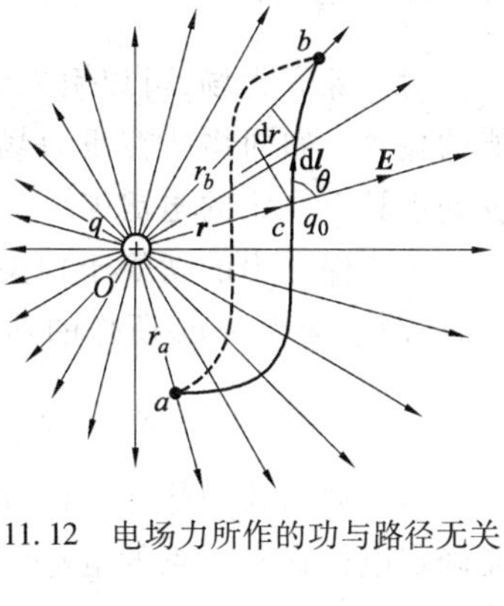

图 11.12 电场力所作的功与路径无关

q_0 从 a 点移到 b 点的过程中，电场力所作的总功

$$A_{ab}=\int_a^b\mathrm{d}A=\int_{r_a}^{r_b}\frac{q_0q}{4\pi\varepsilon_0r^2}\mathrm{d}r=\frac{q_0q}{4\pi\varepsilon_0}\left(\frac{1}{r_a}-\frac{1}{r_b}\right)\tag{11.17}$$

式中，r_a 和 r_b 分别为 a、b 两点相对于场源电荷 q 的位矢的大小. 式(11.17)表明，当试验电荷 q_0 在点电荷 q 的电场中移动时，电场力所作的功只取决于始末两点的位置，而与路径无关.

2. 试验电荷 q_0 在任意带电体产生的电场中移动时，电场力的功

任意带电体总可以分割成许多电荷元，每一电荷元都可以看做一个点电荷，根据电场强度的叠加原理，n 个电荷元的电场强度

$$\boldsymbol{E} = \boldsymbol{E}_1 + \boldsymbol{E}_2 + \cdots + \boldsymbol{E}_n = \sum_{i=1}^{n} \boldsymbol{E}_i$$

将 q_0 从静电场中的 a 点沿任一路径移至 b 点时，电场力的功为

$$A = \int_a^b q_0 \boldsymbol{E} \cdot \mathrm{d}\boldsymbol{l} = q_0 \int_a^b \boldsymbol{E}_1 \cdot \mathrm{d}\boldsymbol{l} + q_0 \int_a^b \boldsymbol{E}_2 \cdot \mathrm{d}\boldsymbol{l} + \cdots + q_0 \int_a^b \boldsymbol{E}_n \cdot \mathrm{d}\boldsymbol{l}$$

由于上式等号右边的每一项都与路径无关，其和必与路径无关. 所以试验电荷 q_0 在任意带电体的电场中移动时，电场力所作的功只与始末位置有关，而与路径无关，这是静电场力作功的显著特性.

11.4.2 静电场的环路定理

根据静电场力作功与路径无关的特性，如果在静电场中沿一闭合路径 L 移动 q_0，则

$$A = \oint_L q_0 \boldsymbol{E} \cdot \mathrm{d}\boldsymbol{l} = 0$$

在力学中，我们已经知道，沿任一闭合回路作功为零的力称为保守力. 故静电场力是保守力，静电场是保守力场. 静电场力作功与路径无关这一性质可以表示为

$$\oint_L \boldsymbol{E} \cdot \mathrm{d}\boldsymbol{l} = 0 \tag{11.18}$$

在静电场中，电场强度沿任一闭合路径的线积分(称为电场强度的环流)恒等于零，这就是**静电场的环路定理**. 静电场的环路定理从能量的角度揭示了静电场另一个基本的性质，它表明，静电场是保守力场，没有闭合电场线(请读者思考). 在物理学中，环流为零的场叫做无旋场，静电场是无旋场. 加之静电场还满足高斯定理，两条基本定理各反映了静电场性质的一个侧面，两者结合起来，表明静电场是有源无旋场.

11.4.3 电势能

对于保守力场，可以引入势能的概念. 由于静电场是保守力场，在静电场中可以引入电势能的概念. 如同物体在重力场中一定位置处具有一定的重力势能一样，电荷在电场中一定位置处也具有一定的**电势能**.

由于保守力的功等于相关势能增量的负值，所以，试验电荷 q_0 在静电场中从 a 点移至 b 点时，静电场力对 q_0 所作的功等于 a、b 两点处电势能(分别以 W_a 和 W_b 表示)增量的负值. 即

$$A_{ab} = \int_a^b q_0 \boldsymbol{E} \cdot \mathrm{d}\boldsymbol{l} = -(W_b - W_a) \tag{11.19}$$

与其他形式的势能一样，电势能也是一个相对量. 只有选定一个电势能为零的参考点，才能确定电荷在某一点的电势能的绝对大小. 电势能零点可以任意选择，如选择在 b 点的电势能为零，即选定 $W_b = 0$，则由(11.19)式可得 a 点电势能为

$$W_a = A_{ab} = \int_a^b q_0 \boldsymbol{E} \cdot \mathrm{d}\boldsymbol{l} \tag{11.20}$$

一般而言,如果取电场中某点 P_0 为电势能零点,则任一点 a 的电势能为 $W_a = \int_a^{P_0} q_0 \boldsymbol{E} \cdot \mathrm{d}\boldsymbol{l}$,它表明,试验电荷 q_0 在电场中任一点 a 的电势能在数值上等于把 q_0 由该点移到电势能零点 P_0 处时电场力所作的功. 当场源电荷局限在有限大小的空间里时,为了方便,常把电势能零点选在无穷远处,即规定 $W_\infty = 0$,则 q_0 在 a 点的电势能为

$$W_a = \int_a^{\infty} q_0 \boldsymbol{E} \cdot \mathrm{d}\boldsymbol{l} \tag{11.21}$$

即在规定无穷远处电势能为零时,试验电荷 q_0 在电场中任一点 a 的电势能,在数值上等于把 q_0 由 a 点移到无穷远处时电场力作的功.

应该指出,与重力势能相似,电势能也是属于系统的. 式(11.21)反映了电势能是试验电荷 q_0 与场源电荷所激发的电场之间的相互作用能量,故电势能属于试验电荷 q_0 和电场组成的系统,且与 q_0 的大小成正比. 正因如此,电势能并不能用来描述静电场本身"能的性质". 必须引入一个新的与 q_0 无关的物理量, 这就是电势.

11.4.4　电势　电势差

由式(11.21)表示的电势能不仅与电场性质及 a 点的位置有关,而且还与引入电场的外来电荷 q_0 有关,而比值 $\frac{W_a}{q_0}$ 却与 q_0 无关,仅与电场性质和 a 点的位置有关. 因此,$\frac{W_a}{q_0}$ 是描述电场中任一点 a 电场性质的一个基本物理量,称为 a 点的**电势**,用 U 表示,其定义式

$$U_a = \frac{W_a}{q_0} = \frac{A_{a\infty}}{q_0} = \int_a^{\infty} \boldsymbol{E} \cdot \mathrm{d}\boldsymbol{l} \tag{11.22}$$

式(11.22)表明,**若规定无穷远处为电势零点,则电场中某点 a 的电势在数值上等于把单位正电荷从该点沿任意路径移到无穷远处时电场力所作的功**. 电势是从能量角度来描述电场基本性质的物理量.

电势是标量,在 SI 制中电势的单位是伏特,用符号 V 表示.

静电场中 a、b 两点的电势之差称为 a、b 两点的**电势差**,也称为**电压**,用 U_{ab} 表示. 即

$$U_{ab} = U_a - U_b = \int_a^{\infty} \boldsymbol{E} \cdot \mathrm{d}\boldsymbol{l} - \int_b^{\infty} \boldsymbol{E} \cdot \mathrm{d}\boldsymbol{l} = \int_a^{b} \boldsymbol{E} \cdot \mathrm{d}\boldsymbol{l} \tag{11.23}$$

式(11.23)表明,静电场中 a、b 两点的电势差等于单位正电荷从 a 点移到 b 点时电场力所作的功. 据此,当任一电荷 q_0 从 a 点移到 b 点时,电场力作功为

$$A_{ab} = q_0 (U_a - U_b) \tag{11.24}$$

电势零点的选择是任意的. 通常在场源电荷分布在有限空间时,取无穷远处为电势零点. 但当场源电荷的分布延伸到无穷远处时,不能再取无穷远处为电势零点,因为会遇到积分不收敛的困难而无法确定电势. 这时可在电场内另选任一合适的电势零点. 在许多实际问题中,也常常选取地球为电势零点.

静电场中引入电场强度和电势两个物理量,一是为了从不同角度描述电场,二是为了方便电荷受力及电场力作功的计算.

11.4.5　电势的计算

电势分布的计算是静电场的另一类基本问题,根据已知条件的不同,电势的计算有如下两种不同的方法.

1. 已知电场强度的分布,由电势与电场强度的积分关系来计算

当给定电场强度 $\boldsymbol{E}$ 的空间分布,或者利用高斯定理可以简便地求出电场强度 $\boldsymbol{E}$ 的条件下,则可以根据电势的定义式 $U_a = \int_a^{\infty} \boldsymbol{E} \cdot \mathrm{d}\boldsymbol{l}$ 通过积分运算来求电势分布. 从场点 a 到零势点可取任意路径进行积分,一般情况下,积分路径选取原则是,某些路径尽量与电场线重合或垂直,这样可以简化计算.

2. 已知场源电荷分布,由电势的定义和电势叠加原理来计算电势

对于带电量 q 的点电荷产生的电场

$$\boldsymbol{E} = \frac{q}{4\pi\varepsilon_0 r^2}\boldsymbol{r}_0$$

根据电势的定义式,选无穷远处为电势零点,利用电势的定义 $U_P = \int_P^{\infty} \boldsymbol{E} \cdot \mathrm{d}\boldsymbol{l}$,即可求出场中的电势. 由于静电场力作功与路径无关,我们可选一条便于计算的积分路径,取 $\boldsymbol{E}$ 线作为积分路径,亦即沿场点矢径进行积分,如图 11.13 所示,

$$U_P = \int_P^{\infty} \boldsymbol{E} \cdot \mathrm{d}\boldsymbol{l} = \int_{r_P}^{\infty} E\mathrm{d}r = \frac{q}{4\pi\varepsilon_0}\int_{r_P}^{\infty} \frac{\mathrm{d}r}{r^2} = \frac{q}{4\pi\varepsilon_0\, r_P}$$

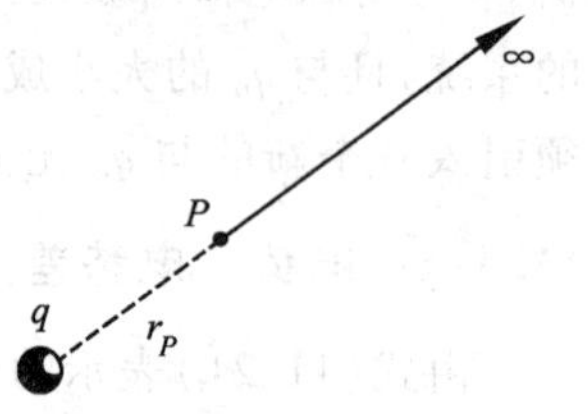

图 11.13 点电荷的分布电势

由于 P 点是任意的,r_P 的下标可以略去. 故点电荷 q 场中电势分布

$$U = \frac{q}{4\pi\varepsilon_0 r} \tag{11.25}$$

式(11.25)中,r 是场点到点电荷 q 的距离. 当 $q>0$ 时,各点的电势是正的,离点电荷愈远处电势愈低,在无限远处电势为零;当 $q<0$ 时,各点的电势是负的,离点电荷愈远处电势愈高,在无限远处为零值最大.

如果电场是由 n 个点电荷 q_1、q_2、…、q_n 所激发,某点 P 处的电势由场强叠加原理可知为

$$\begin{aligned} U_P &= \int_P^{\infty} \boldsymbol{E} \cdot \mathrm{d}\boldsymbol{l} \\ &= \int_P^{\infty} (\boldsymbol{E}_1 + \boldsymbol{E}_2 + \cdots + \boldsymbol{E}_n) \cdot \mathrm{d}\boldsymbol{l} \\ &= \int_P^{\infty} \boldsymbol{E}_1 \cdot \mathrm{d}\boldsymbol{l} + \int_P^{\infty} \boldsymbol{E}_2 \cdot \mathrm{d}\boldsymbol{l} + \cdots + \int_P^{\infty} \boldsymbol{E}_n \cdot \mathrm{d}\boldsymbol{l} \\ &= \sum_{i=1}^{n} \int_P^{\infty} \boldsymbol{E}_i \cdot \mathrm{d}\boldsymbol{l} = \sum_{i=1}^{n} U_i = \sum_{i=1}^{n} \frac{q}{4\pi\varepsilon_0 r_i} \end{aligned} \tag{11.26}$$

式(11.26)中,r_i 是 P 点与点电荷 q_i 的相应距离. 上式表明,**点电荷系电场中某点的电势,是各个点电荷单独存在时在该点所产生的电势的代数和**,这就是**电势叠加原理**.

对于电量为 Q 的连续带电体产生的电场中,可以设想把带电体分割为电荷微元 $\mathrm{d}q$,而每一个电荷元 $\mathrm{d}q$ 都可以当做点电荷看待,故电荷元 $\mathrm{d}q$ 电场中的电势为

$$\mathrm{d}U = \frac{1}{4\pi\varepsilon_0}\frac{\mathrm{d}q}{r}$$

根据电势叠加原理,带电体电场中任意点 P 处的总电势为

$$U = \int \frac{\mathrm{d}q}{4\pi\varepsilon_0 r} \tag{11.27}$$

积分遍及整个场源电荷．因为电势是标量，这里的积分是标量积分，所以电势的计算比电场强度的计算较为方便．

以下我们举例来说明电场中的电势的计算．

3. 应用举例

例 11.10　计算均匀带电球面电场中的电势分布．设带电球面的半径为 R，总电荷量为 q．求场中任一点 P 处的电势，P 点与球心的距离为 r．

解　用电势与场强的积分关系式(11.22)求解．由例 11.6 已知均匀带电球面在空间激发的场强沿半径方向，其大小为

$$E=0 \quad (r<R),\ E=\frac{q}{4\pi\varepsilon_0 r^2} \quad (r\geqslant R)$$

利用式(11.22)，并沿半径方向积分，则 P 点的电势为

$$U_P=\int_P^\infty \boldsymbol{E}\cdot \mathrm{d}\boldsymbol{r}=\int_r^\infty E\mathrm{d}r$$

当 $r>R$ 时，

$$U_P=\frac{q}{4\pi\varepsilon_0}\int_r^\infty \frac{\mathrm{d}r}{r^2}=\frac{q}{4\pi\varepsilon_0 r}$$

当 $r<R$ 时，由于球面内外场强的函数关系不同，积分必须分段进行，即

$$U_P=\int_r^R \boldsymbol{E}\cdot \mathrm{d}\boldsymbol{r}+\int_R^\infty \boldsymbol{E}\cdot \mathrm{d}\boldsymbol{r}=\int_r^R 0\cdot \mathrm{d}r+\frac{q}{4\pi\varepsilon_0}\int_R^\infty \frac{\mathrm{d}r}{r^2}=\frac{q}{4\pi\varepsilon_0 R}$$

由此可见，一个均匀带电球面在球外任一点的电势和把全部电荷看做集中于球心的一个点电荷在该点的电势相同；在球面内任一点的电势与球面上的电势相等．故均匀带电球面及其内部是一个等势的区域．电势 U 随距离 r 的关系如例 11.10 图所示．

例 11.11　有一半径为 R、带电量为 q 的均匀带电圆环，如例 11.11 图所示．试求圆环轴线上距环心为 x 处一点 P 的电势．

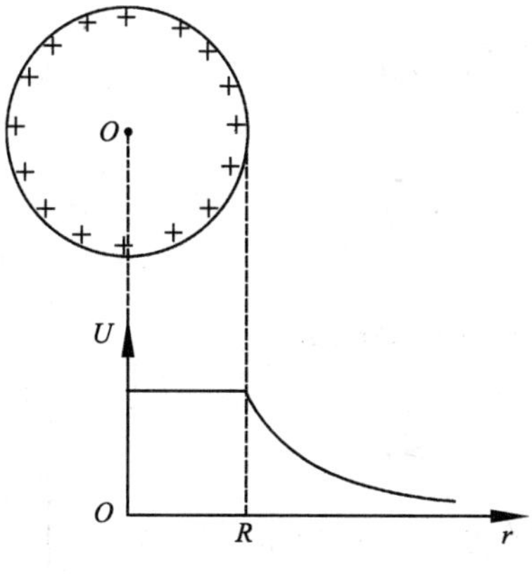

例 11.10 图

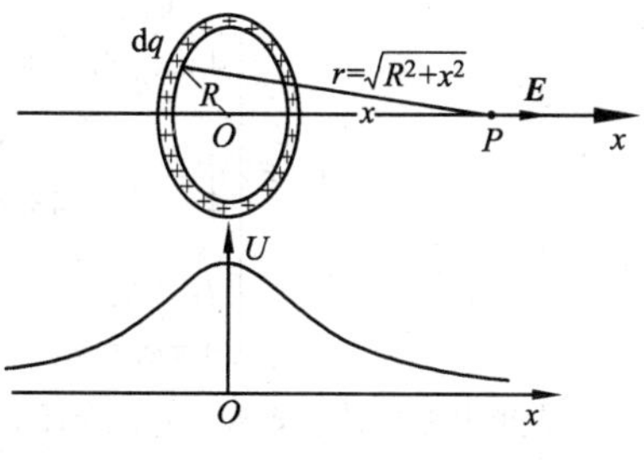

例 11.11 图

解法一　利用电势叠加原理计算．把带电圆环分割成许多电荷元 $\mathrm{d}q$(可视为点电荷)，$\mathrm{d}q=\lambda\mathrm{d}l,\lambda=\dfrac{q}{2\pi R}$为圆环带电的线密度．每个电荷元到 P 点的距离为$(R^2+x^2)^{1/2}$．选无限远处为电势零参考点，根据电势叠加原理，整个带电圆环在 P 点产生的电势等于各个电荷元在 P 点产生的元电势 $\mathrm{d}U$ 的积分

$$U_P = \int \mathrm{d}U = \int \frac{1}{4\pi\varepsilon_0}\frac{\mathrm{d}q}{(R^2+x^2)^{1/2}} = \frac{1}{4\pi\varepsilon_0}\frac{q}{(R^2+x^2)^{1/2}}$$

当 $x=0$ 时,即圆环中心 O 处的电势为 $U_O = \frac{1}{4\pi\varepsilon_0}\frac{q}{R}$

当 $x \gg R$ 时,因为 $(R^2+x^2)^{1/2} \approx x$,所以 $U_P = \frac{1}{4\pi\varepsilon_0}\frac{q}{x}$

相当于把圆环所带电量集中在环心处的一个点电荷产生的电势.

解法二 利用定义式(11.22)计算电势.利用例 11.4 题结论,轴线上一点的电场强度公式 $E_x = \frac{qx}{4\pi\varepsilon_0(x^2+R^2)^{3/2}}$,由于积分路径可以任意选取,所以选择积分路径从 P 点出发沿 x 轴方向到无穷远处,则

$$U = \int_P^\infty \boldsymbol{E}\cdot \mathrm{d}\boldsymbol{l} = \int_x^\infty \frac{qx}{4\pi\varepsilon_0(x^2+R^2)^{3/2}}\mathrm{d}x = \frac{q}{4\pi\varepsilon_0(x^2+R^2)^{1/2}}$$

轴线上电势 U 随 x 变化的关系如例 11.11 图所示.

例 11.12 两个带电同心球面,两球面的半径分别为 R_1 和 R_2,内球面带电量为 q_1,外球面带电量为 q_2,如例 11.12 图所示.求电势分布.

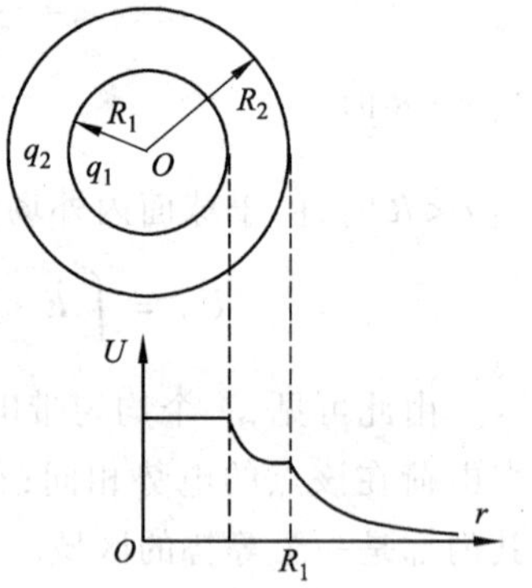

例 11.12 图

解:已知均匀带电球面的电势分布为

$$U = \frac{q}{4\pi\varepsilon_0 r}\quad (r \geqslant R) \qquad U = \frac{q}{4\pi\varepsilon_0 R}\quad (r \leqslant R)$$

R_1 单独存在时产生的电势,由例 11.10 的结果得

$$U = \frac{q_1}{4\pi\varepsilon_0 R_1}\quad (r \leqslant R_1) \qquad U = \frac{q_1}{4\pi\varepsilon_0 r}\quad (r \geqslant R_1)$$

同理,R_2 单独存在时产生的电势

$$U = \frac{q_2}{4\pi\varepsilon_0 R_2}\quad (r \leqslant R_2) \qquad U = \frac{q_2}{4\pi\varepsilon_0 r}\quad (r \geqslant R_2)$$

利用叠加原理,空间上任一点的电势等于

$$U = \begin{cases} \dfrac{q_1}{4\pi\varepsilon_0 R_1} + \dfrac{q_2}{4\pi\varepsilon_0 R_2} & (r \leqslant R_1) \\ \dfrac{q_1}{4\pi\varepsilon_0 r} + \dfrac{q_2}{4\pi\varepsilon_0 R_2} & (R_1 \leqslant r \leqslant R_2) \\ \dfrac{q_1+q_2}{4\pi\varepsilon_0 r} & (r \geqslant R_2) \end{cases}$$

本题也可根据电势的定义式,由已知的场强分布求出电势分布,但计算要麻烦得多,在计算电势和场强的某些问题中,如能巧妙地运用叠加原理求解,可使计算大大简化.

例 11.13 如例 11.13 图,计算无限长均匀带电直线的电势分布.设电荷线密度为 λ.

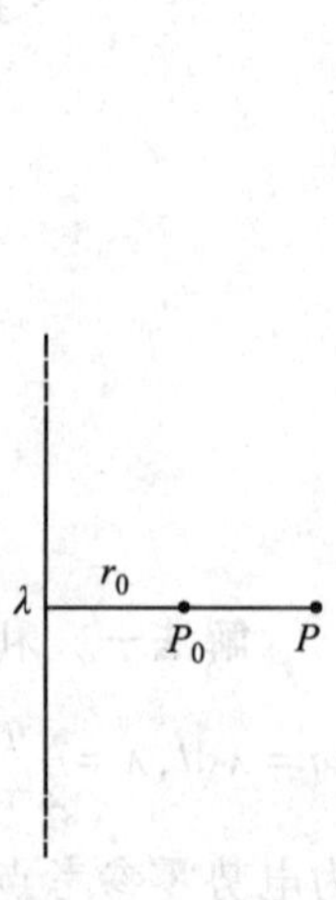

例 11.13 图

解 对于无限长的均匀带电直线,其电荷分布不是有限分布的,因此,就不能再选取无限远处为电势零点了.因为,当电荷分布已无限扩展时,就

使得无限远为电势零点的条件不再成立. 因此,我们只能先找出电场强度的分布函数,并由式(11.23)确定场某两点间的电势差,然后再合理选取电势零点后,才可求得电势的分布.

如例 11.13 图所示,通过 P_0 点作带电直线的垂线,并在垂线上再选取一定点 P,则 P、P_0 两点之间的电势差为

$$U_P - U_{P_0} = \int_P^{P_0} \boldsymbol{E} \cdot \mathrm{d}\boldsymbol{l} = \int_r^{r_0} E\mathrm{d}r = \int_r^{r_0} \frac{\lambda}{2\pi\varepsilon_0 r}\mathrm{d}r = \frac{\lambda}{2\pi\varepsilon_0}\ln\frac{r_0}{r}$$

不难看出,如果令 $r_0 \to \infty$,并且仍令无限远处电势为零(即 $U_{P_0}=0$),那么场中任一点 P 的电势 U_P 必趋于∞. 这在物理上是没有意义的. 由于理论上零电势参考点可任意选取,为了使电势 U 的表达式具有最简单的形式,可令 $\ln r_0 = 0$,即 $r_0 = 1\mathrm{m}$. 以长直线为轴线,半径 $r_0 = 1\mathrm{m}$ 的柱面上各点,选为零电势参考点,那么距离均匀带电长直导线为 r 的电势,可表示为

$$U = -\frac{\lambda}{2\pi\varepsilon_0}\ln r$$

这就是所求的电势分布函数.

11.5　等势面　场强与电势的微分关系

同一电场各点的性质,既可用场强矢量 $\boldsymbol{E}$ 描述,也可用标量电势 U 描述,因此两者之间必然存在某种确定的关系. 上一节式(11.22)讨论了电场强度和电势之间的积分形式的关系,本节中将推导两者之间关系的微分形式,以便能全面了解电场的性质. 为了便于推导出这个关系,首先讨论等势面的概念及其性质.

11.5.1　等势面

场强的分布可以用电场线形象地表示,电势的分布可以用等势面形象地表示. 在电场中,电势相等的点组成的曲面为**等势面**. 如图 11.14 所示,等势面用虚线表示,电场线用实线表示. 如点电荷 Q 的电势为 $U=\dfrac{Q}{4\pi\varepsilon_0 r}$,可见点电荷的等势面是一系列以 Q 为球心的球面.

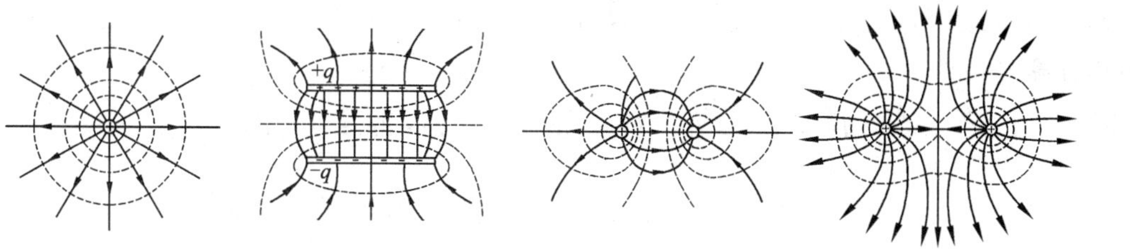

(a)　(b)　(c)　(d)

图 11.14　几种典型带电体的等势面与电场线分布

静电场的等势面具有如下性质:

(1)在等势面上任意两点间移动电荷,电场力不作功. 因为在等势面上的任意两点 a、b 的电势相等($U_a = U_b$),由电场力作功与电势差的关系得 $A_{ab} = q_0(U_a - U_b) = 0$.

(2)等势面与电场线处处正交,且电场线的方向,也就是电场强度的方向,指向电势降落的方向. 若将检验电荷沿等势面移动一微小位移元 $\mathrm{d}\boldsymbol{l}$,则电场力作功 $\mathrm{d}A = q_0\boldsymbol{E}\cdot\mathrm{d}\boldsymbol{l} = q_0E\cdot\mathrm{d}l\cdot\cos\theta$,其中 θ 为场强 $\boldsymbol{E}$ 与位移元 $\mathrm{d}\boldsymbol{l}$ 之间的夹角. 由性质(1)可知电荷沿等势面移动时有 $\mathrm{d}\boldsymbol{A}=0$,

因此在场强不为零的情况下有 $\cos\theta=0$,即场强 $\boldsymbol{E}$ 与位移元 $\mathrm{d}\boldsymbol{l}$ 垂直,所以等势面上任意一点的场强垂直于等势面.

(3)两个等势面不相交,否则在交点处电势将有两个不相等的数值.

若规定电场中任意两个相邻等势面之间的电势差相等,还可用等势面的疏密程度来描述电场的强弱.等势面越密的地方场强越强.

11.5.2 场强与电势的微分关系

如图 11.15 所示,设想在静电场中有两个靠得很近的等势面Ⅰ和Ⅱ,它们的电势分别为 U 和 $U+\mathrm{d}U$,且 $\mathrm{d}U>0$. 过Ⅰ面上的任意点 a 作等势面Ⅰ的法线 $\boldsymbol{n}$,与等势面Ⅱ交于 b 点,这里规定法线 $\boldsymbol{n}$ 的方向为指向电势增加的方向,并设两等势面间过 a 点的法线距离为 $\mathrm{d}n$.

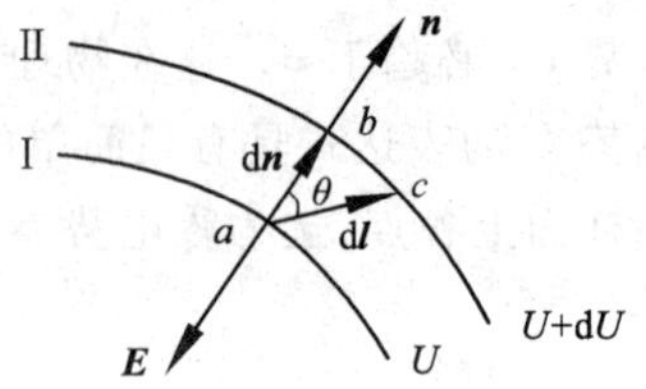

图 11.15 场强与电势的微分关系

在数学中,对于任何标量场,可定义其梯度,它是矢量,大小等于该标量函数沿其等值面的法线方向的方向导数,方向沿等值面的法线方向,并用符号 grad 表示. 根据梯度的定义可将图 11.15 中 a 点处的电势梯度表示为

$$\mathbf{grad}U=\frac{\mathrm{d}U}{\mathrm{d}n}\boldsymbol{n} \tag{11.28}$$

电势梯度的方向也可以理解为电势增加最快的方向,这一点也可以通过计算任意方向的电势增加率来证明。如图 11.15 所示,a 点到Ⅱ面上任意点 c 的距离为 $\mathrm{d}l$,由于 $\mathrm{d}l$ 恒大于法线距离 $\mathrm{d}n$,因此沿 $\mathrm{d}\boldsymbol{l}$ 方向的电势增加率$\frac{\mathrm{d}U}{\mathrm{d}l}$恒小于电势梯度的大小$\frac{\mathrm{d}U}{\mathrm{d}n}$. 如果取 $\mathrm{d}\boldsymbol{l}$ 与法线 $\boldsymbol{n}$ 之间的夹角为 θ,则它们之间的关系还可表示为

$$\frac{\mathrm{d}U}{\mathrm{d}l}=\frac{\mathrm{d}U}{\mathrm{d}n}\cos\theta$$

上式关系可以理解为电势梯度在 $\mathrm{d}\boldsymbol{l}$ 方向上的分量.

根据等势面的性质可知,电场强度 $\boldsymbol{E}$ 垂直于等势面并且指向电势降落的方向,如图 11.15 所示,这与电势梯度的方向刚好相反. 根据电势差的定义,图 11.15 中 a、b 两点之间的电势差可以计算为

$$U_a-U_b=U-(U+\mathrm{d}U)=\int_a^b\boldsymbol{E}\cdot\mathrm{d}\boldsymbol{r}=E\cdot\mathrm{d}n$$

$$E=-\frac{\mathrm{d}U}{\mathrm{d}n} \tag{11.29}$$

上式说明电场强度的大小等于电势梯度的大小;式(11.29)中负号则表明,当$\frac{\mathrm{d}U}{\mathrm{d}n}>0$ 时,$E<0$,电场强度的方向与等势面的法线方向相反,即 $\boldsymbol{E}$ 的方向与电势梯度的方向相反. 因此,电场强度与电势梯度的关系可用矢量式表示为

$$\boldsymbol{E}=-\mathbf{grad}U \tag{11.30}$$

即电场中任何一点的电场强度的大小在数值上等于该点电势梯度的大小,方向与电势梯度方向相反,指向电势降低的方向。

在直角坐标系中,场强 $\boldsymbol{E}$ 可用该坐标系中的各分量来表示,即

$$E_x = -\frac{\partial U}{\partial x};\quad E_y = -\frac{\partial U}{\partial y};\quad E_z = -\frac{\partial U}{\partial z} \tag{11.31}$$

矢量表达式为

$$\boldsymbol{E} = -\left(\frac{\partial U}{\partial x}\boldsymbol{i} + \frac{\partial U}{\partial y}\boldsymbol{j} + \frac{\partial U}{\partial z}\boldsymbol{k}\right) \tag{11.32}$$

从以上各式所表述的电场强度与电势的关系可以看到，在电势不变的空间内，由于电势梯度恒为零，所以电场强度必为零. 但也要明确，在电势为零处，电场强度不一定为零；反之，在电场强度为零处，电势也不一定为零. 这是因为电势为零处，电势梯度不一定为零，而电势梯度为零处，也并不意味着电势为零.

式(11.32)为我们提供了又一个计算电场强度的途径. 一般来说，由于计算电势分布函数只是标量运算，比较方便，故可先从电荷分布求得电势，然后由式(11.32)求得电场强度.

例 11.14　一均匀带电圆板，半径为 R，其电荷面密度为 $\sigma(\sigma>0)$，试求该圆板轴线上任一点的电势和场强的分布.

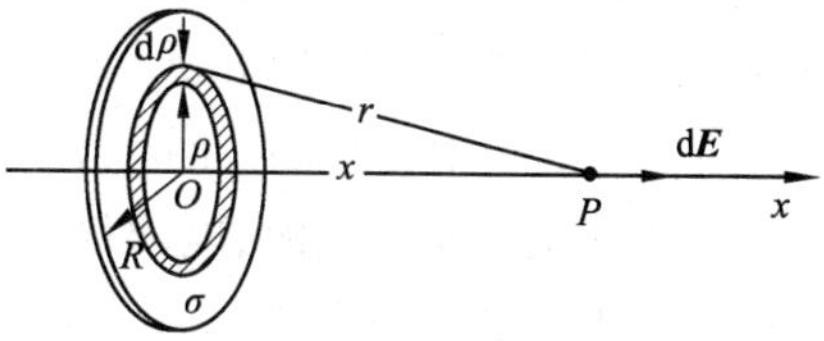

例 11.14 图

解　如例 11.14 图所示，把圆板分成许多小圆环，取一个半径为 ρ，宽度为 $\mathrm{d}\rho$ 的圆环，圆环上带电量

$$\mathrm{d}q = \sigma \cdot 2\pi\rho\mathrm{d}\rho$$

整个圆环在 p 点产生的电势为

$$U = \int \mathrm{d}U = \int_0^R \frac{\sigma\rho\mathrm{d}\rho}{2\varepsilon_0(\rho^2 + x^2)^{1/2}} = \frac{\sigma}{2\varepsilon_0}[(R^2 + x^2)^{1/2} - x]$$

由于轴对称性，场强只沿轴线方向，其大小为

$$E = E_x = -\frac{\partial U}{\partial x} = -\frac{\partial}{\partial x}\left[\frac{\sigma}{2\varepsilon_0}(R^2 + x^2)^{1/2} - x)\right] = \frac{\sigma}{2\varepsilon_0}\left[1 - \frac{x}{(R^2 + x^2)^{1/2}}\right]$$

写成矢量式：

$$\boldsymbol{E} = E_x\boldsymbol{i} = \frac{\sigma}{2\varepsilon_0}\left[1 - \frac{x}{(R^2 + x^2)^{1/2}}\right]\boldsymbol{i}$$

这一结果与例题 11.4 中用积分方法算出的结果完全相同.

11.6　静电场中的电偶极子

在研究物质结构及电介质极化机理等问题时，经常会遇到电场和电偶极子的相互作用问题，本节就讨论这方面的内容.

11.6.1　外电场对电偶极子的力矩和取向作用

1. 电偶极子在均匀外电场中所受的作用

如图 11.16 所示，在电场强度为 $\boldsymbol{E}$ 的匀强电场中，放置一电偶极矩为 $\boldsymbol{p}_e = q\boldsymbol{l}$ 的电偶极子. 电偶极子的电偶极矩方向与场强方向间的夹角为 θ，在匀强电场中，组成刚性电偶极子的两个电荷受到的电场力大小相等，方向相反，所以合力为零。但这两个力组成一力偶，根据力矩的定义，电偶极子所受力

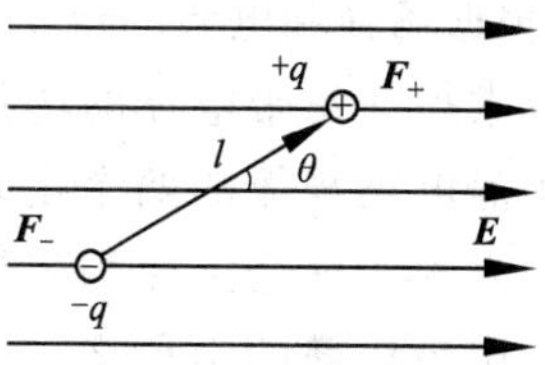

图 11.16　均匀电场中的电偶极子

矩为

$$M = qlE\sin\theta = p_e E\sin\theta$$

写成矢量形式为

$$\boldsymbol{M} = \boldsymbol{p}_e \times \boldsymbol{E} \tag{11.33}$$

力矩 $\boldsymbol{M}$ 的方向垂直于 $\boldsymbol{p}_e$ 和 $\boldsymbol{E}$ 组成的平面，其指向可由 $\boldsymbol{p}_e$ 转向 $\boldsymbol{E}$ 的右手螺旋法则确定．当 $\boldsymbol{p}_e$ 与 $\boldsymbol{E}$ 之间夹角为 $\theta = 90°$ 时，受到的力偶矩最大；当 $\boldsymbol{p}_e$ 与 $\boldsymbol{E}$ 同向时，力偶矩为零，这时电偶极子处于稳定平衡；当 $\boldsymbol{p}_e$ 与 $\boldsymbol{E}$ 反向时，力偶矩也为零，但这时电偶极子是处于不稳定平衡的，如果电偶极子稍受扰动偏离这个位置，力偶矩的作用将使电偶极子 $\boldsymbol{p}_e$ 的方向转到和 $\boldsymbol{E}$ 一致为止．

2. 电偶极子在不均匀外电场中所受的作用

如果把电偶极子放在不均匀外电场中，其受力的情况如图 11.17 所示，由于此时 $+q$ 和 $-q$ 所在处的场强不同，因此 $\boldsymbol{F}_+$ 与 $\boldsymbol{F}_-$ 不仅方向不同，大小也不同（$F_+ > F_-$）。如果我们将 $\boldsymbol{F}_+$ 分解成 $\boldsymbol{F}'_+$ 与 $\boldsymbol{F}''_+$，使得 $\boldsymbol{F}'_+$ 和 $\boldsymbol{F}_-$ 大小相等，方向相反，则 $\boldsymbol{F}'_+$ 与 $\boldsymbol{F}_-$ 构成一对力偶，产生的力偶矩使电偶极子转向沿着外电场的方向．同时，电偶极子在 $\boldsymbol{F}''_+$ 力的作用下，促使它向电场较强的地方移动．因此，电偶极子在非均匀电场中将受到两种作用：一是转向作用，使电偶极子极矩方向趋向于与外电场方向一致；另一是吸引作用，将电偶极子吸向电场较强的地方，这也就是带电物体之所以能吸引细小物体的原因．

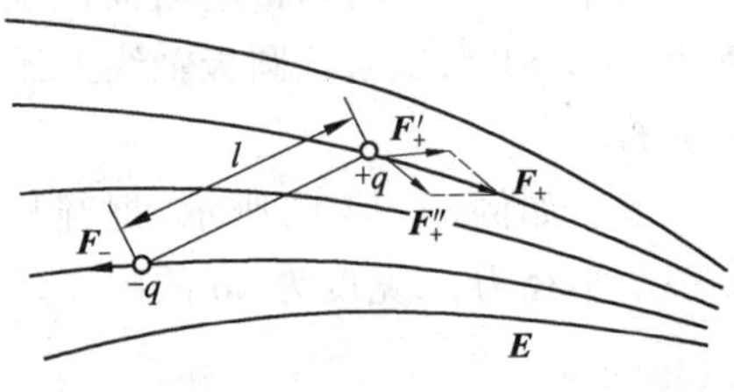

图 11.17　在不均匀外电场中的电偶极子

11.6.2　电偶极子在电场中的电势能和平衡位置

设 $+q$ 和 $-q$ 所在处的电势分别为 U_+ 和 U_-，则它们的电势能（以电场中某点为电势零点）分别为

$$W_+ = qU_+,\quad W_- = qU_-$$

则电偶极子在外场中的电势能为

$$W_p = W_+ + W_- = q(U_+ - U_-) = -qlE\cos\theta = -p_e E\cos\theta$$

将上式写成矢量形式

$$W_p = -\boldsymbol{p}_e \cdot \boldsymbol{E} \tag{11.34}$$

上式表明，当电偶极矩与所在处电场的场强一致时，电势能最低；当与场强方向相反时，电势能最高；当与场强垂直时，电势能为零．从能量的观点来看，能量越低，系统状态越稳定．由此可见，电偶极子电势能最低的位置，即为稳定平衡位置．

综观全章内容，我们可以看到，库仑定律和叠加原理是研究静电场的基础和出发点．从库仑力的平方反比律性质，加上叠加原理，可以导出高斯定理，加上叠加原理，可以导出环路定理；根据场强和电势的定义，由库仑定律出发，可以求得点电荷的场强和电势，加上叠加原理，可以求得任意带电体的场强和电势．总之，描述静电场性质的两个概念——场强和电势，反映了静电场规律的两个定理——高斯定理和环路定理，以及计算场强和电势的几种方法，无不来源于库仑定律和叠加原理．物理学是自然科学中比较成熟的学科，而电磁学又是物理学中最成熟的学科之一．成熟的标志之一就是它的公理化．所谓公理化，就是它可以从实验室得到的为数不多的几个公理出发，定义为数不多的概念，借助演绎推理的方法，导出一定范围内的所有结果. 库仑定律和叠加原理就是这样的公理. 了解和掌握公理化的方法, 对于我们学习物理学是大有益处的.

思　考　题

11.1　点电荷产生电场的场强公式为

$$\boldsymbol{E}=\frac{1}{4\pi\varepsilon_0}\frac{Q}{r^2}\boldsymbol{r}_0$$

从形式上看,当所考察的点与点电荷的距离 $r\to0$ 时,场强 $E\to\infty$. 这是没有物理意义的,如何解释?

11.2　试说明静电力叠加原理暗含了库仑定律的下述内容:两个静止点电荷之间的作用力与两个电荷的电量成正比.

11.3　$\boldsymbol{E}=\dfrac{\boldsymbol{F}}{q_0}$与 $\boldsymbol{E}=\dfrac{1}{4\pi\varepsilon_0}\dfrac{Q}{r^2}\boldsymbol{r}_0$ 两公式有什么区别和联系? 对前一个公式中的 q_0 有何要求?

11.4　电场线、电通量和电场强度的关系如何? 电通量的正、负分别表示什么意义?

11.5　三个相等的电荷放在等边三角形的三个顶点上,问是否可以以三角形中心为球心作一个球面,利用高斯定理求出它们所产生的场强. 对此球面高斯定理是否成立?

11.6　如果通过闭合曲面 S 的电通量 Φ_e 为零,是否能肯定面 S 上每一点的场强都等于零?

11.7　如果在封闭面 S 上,$\boldsymbol{E}$ 处处为零,能否肯定此封闭面一定没有包围净电荷?

11.8　电场线能否在无电荷处中断? 为什么?

11.9　高斯定理和库仑定律的关系如何?

11.10　试利用电场强度与电势的关系回答下列问题:

(1)在电势不变的空间内,电场强度是否为零?

(2)在电势为零处,电场强度是否一定为零?

(3)电场强度为零处,电势是否一定为零?

11.11　电荷在电势高的点的静电势能是否一定比在电势低的点的静电势能大?

11.12　已知在地球表面以上的电场强度方向是指向地面向下的,试分析在地面以上的电势随高度是增加还是减小?

习　　题

11.1　在正方形的两个相对的角上各放置一点电荷 Q,在其他两个相对角上各置一点电荷 q. 如果作用在 Q 上的力为零,求 Q 与 q 的关系.

11.2　三个点电荷 q_1、q_2 和 q_3 放在正方形的三个顶点上,已知 $q_1=10\times10^{-9}$ C,$q_2=28\times10^{-9}$ C,在正方形的第四个顶点上场强 $\boldsymbol{E}$ 的方向沿水平方向向右,如题 11.2 图所示. 求

(1)q_3 等于多少?

(2)第四个顶点上场强的大小.

11.3　长 $l=15.0$ cm 的直导线 AB 上均匀地分布着线密度 $\lambda=5.0\times10^{-9}\text{C}\cdot\text{m}^{-1}$的电荷(如题 11.3 图所示). 求:(1)在导线延长线上与导线 B 端相距 $d=5$ cm 处 P 点的场强;(2)在导线的垂直平分线上与导线中点相距 $d=5$ cm 处 Q 点的场强.

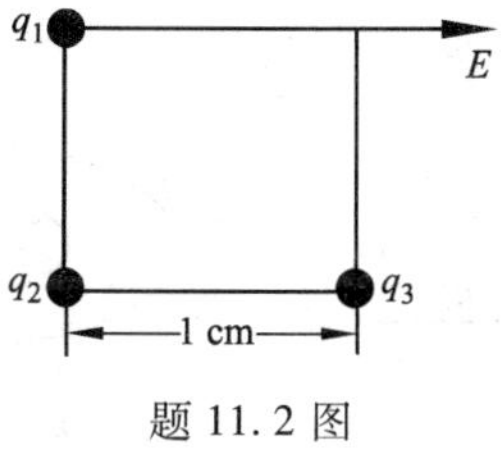

题 11.2 图

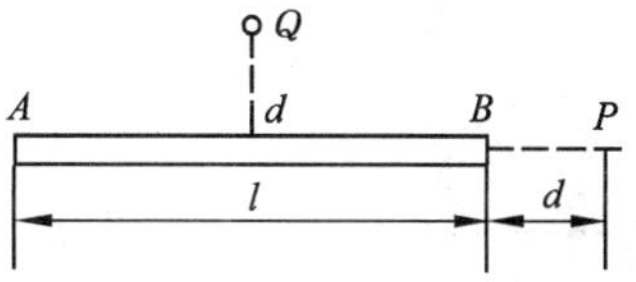

题 11.3 图

11.4 一个半径为 R 的均匀带电半圆环，电荷线密度为 λ，求环心处 O 点的场强.

11.5 一半径为 r 的均匀带电半球面，电荷面密度为 σ. 求球心处的电场强度.

11.6 用直接积分法求一半径为 R、电荷面密度为 σ 的均匀带电球面球内外任一点的电场强度.

11.7 一均匀带电的细线弯成边长为 l 的正方形，总电量为 q. 求这正方形轴线上离中心为 r 处的场强 $\boldsymbol{E}$.

11.8 如题 11.8 图所示，在点电荷 q 的电场中取一半径为 R 的圆平面，设 q 在垂直于平面并通过圆心 O 的轴线上 A 点处，A 点与圆心 O 点的距离为 d. 试计算通过此圆平面的电通量.

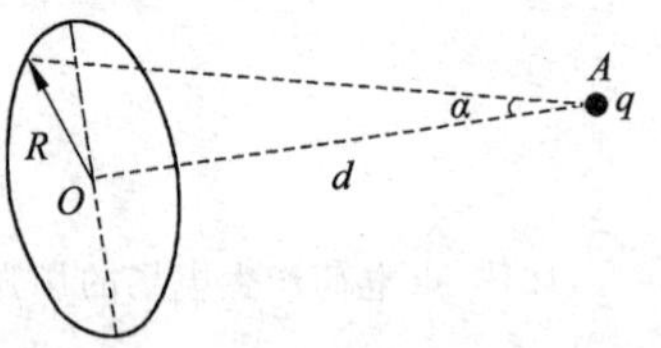

题 11.8 图

11.9 在半径分别为 10 cm 和 20 cm 的两层假想同心球面中间，均匀分布着电荷体密度为 $\rho = 10^{-9}\ \mathrm{C \cdot m^{-3}}$ 的正电荷. 求离球心 5 cm、15 cm 及 50 cm 的各点的场强.

11.10 一半径为 R 的带电球体，其电荷体密度为 $\rho = kr$，k 是常量，r 为距球心的距离. 求带电体的电场分布规律，并画出 E 对 r 的关系曲线.

11.11 半径为 R_1 和 $R_2(R_2 > R_1)$ 的两无限长同轴圆柱面，单位长度上分别带有电量 λ 和 $-\lambda$，试求：(1) $r < R_1$；(2) $R_1 < r < R_2$；(3) $r > R_2$ 处各点的场强.

11.12 两个平行的无限大均匀带电平面，电荷的面密度分别为 σ_1 和 σ_2，试求空间各处场强.

11.13 半径为 R 的均匀带电球体内的电荷体密度为 ρ，若在球内挖去一块半径为 $r < R$ 的小球体，如题 11.13 图所示. 试求：两球心 O 与 O' 点的场强，并证明小球空腔内的电场是均匀的.

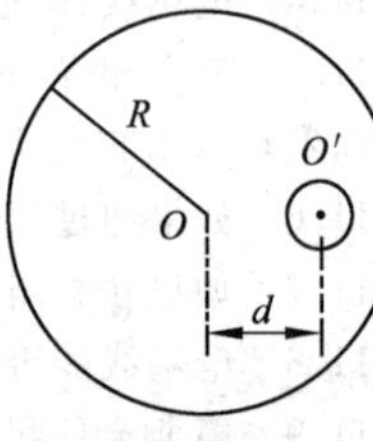

题 11.13 图

11.14 已知空气的击穿场强为 $2 \times 10^6\ \mathrm{V \cdot m^{-1}}$，测得某次闪电的火花长 100 m，求发生这次闪电时，火花两端的电势差.

11.15 一“无限大”平面，中部有一半径为 R 的圆孔，设平面上均匀带电，电荷面密度为 σ. 试求过小孔中心 O 并与平面垂直的直线上各点的电场强度和电势（选 O 点的电势为零）.

11.16 一边长为 a 的等边三角形，其三个顶点上各放置 q、$-q$ 和 $-2q$ 的点电荷，求此三角形重心的电势. 将一电量为 $+Q$ 的点电荷由无限远处移到重心上时，外力要作多少功？

11.17 如题 11.17 图所示，在 A、B 两点处分别放有电量为 $+q$、$-q$ 的点电荷，AB 间的距离为 $2R$，现将另一正试验点电荷 q_0 从 O 点经过半圆弧移到 C 点，求移动过程中电场力作的功.

11.18 如题 11.18 图所示的绝缘细线上均匀分布着线密度为 λ 的正电荷，两段直导线的长度和半圆环的半径都等于 R. 试求环中心处 O 点的场强和电势.

11.19 一均匀带电细杆，长为 $l = 15.0$ cm，电荷线密度 $\lambda = 2.0 \times 10^{-7}\ \mathrm{C \cdot m^{-1}}$，求：

(1) 细杆延长线上与杆的一端相距 $a = 5.0$ cm 处的电势；

(2) 细杆中垂线上与细杆相距 $b = 5.0$ cm 处的电势.

11.20 静电场的电场线是非闭合曲线，试证明之.

11.21 试证明：在静电场中，凡是电场线是平行直线的地方，电场强度必定处处相等.

11.22 如题 11.22 图所示，一个内、外半径分别为 R_1 和 R_2 的圆环状均匀带电薄板，其面电荷密度为 $+\sigma$，该圆环固定于水平桌面上.

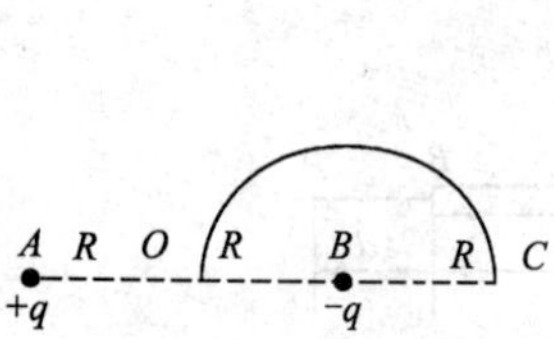

题 11.17 图

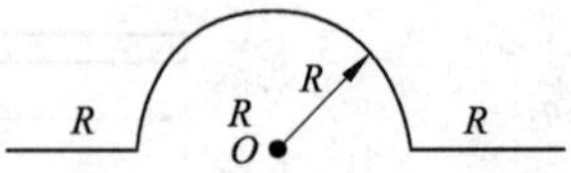

题 11.18 图

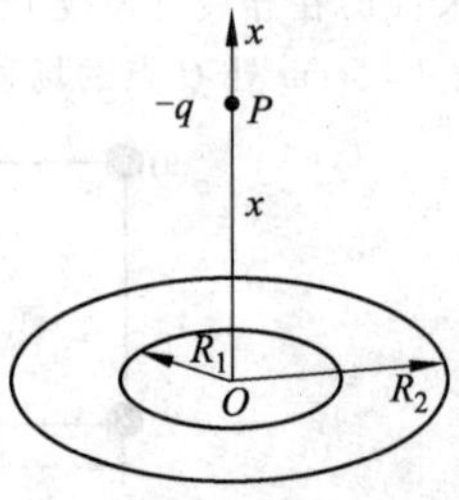

题 11.22 图

(1)试求圆环轴线上到环心的距离为 x 的 P 点处的电势；

(2)一质量为 m、带电量为 $-q$ 的小球从 P 点由静止状态开始下落，小球到达环心 O 点的速度是多大?

11.23　一细直杆沿 z 轴由 $z=-a$ 延伸到 $z=a$，杆上均匀带电，其电荷线密度为 λ，试计算 x 轴上 $x>0$ 各点的电势，并由电势梯度求场强.

科学家简介

库　仑

生平简介

库仑(Charles-Augustin de Coulomb，1736—1806)，法国工程师、物理学家，1736 年 6 月 14 日生于法国昂古莱姆. 他在美西也尔工程学校读书，离开学校后，进入皇家军事工程队当工程师. 他在西印狄兹工作了 9 年，因病而回到法国.

法国大革命时期，库仑辞去一切职务，到布卢瓦致力于科学研究. 拿破仑执政统治时期，他回到巴黎，成为新建的研究院成员.

1773 年库仑发表有关材料强度的论文，1777 年库仑开始研究静电和磁力问题. 1779 年他分析摩擦力，还提出有关润滑剂的科学理论. 他还设计出水下作业法，类似现代的沉箱. 1785—1789 年，库仑用扭秤测量静电力和磁力，推导出有名的库仑定律.

1806 年 8 月 23 日，库仑在巴黎逝世.

科学成就

1. 在应用力学方面的成就

他在结构力学、梁的断裂、砖石建筑、土力学、摩擦理论、扭力等方面做了许多工作，他也是测量人在不同工作条件下做的功(人类工程学)的第一个尝试者. 他提出使各种物体经受应力和应变直到它们的折断点，然后根据这些资料就能计算出物体上应力和应变的分布情况. 这种方法沿用到现在，是结构工程的理论基础. 他还做了一系列摩擦的实验，建立了库仑摩擦定律：摩擦力和作用在物体表面上的正压力成正比；并证明了摩擦因数和物体的材料有关. 由于这些卓越成就，他被认为是 18 世纪欧洲伟大的工程师之一.

2. 最主要的贡献是建立了著名的库仑定律

当时，法国科学院悬赏征求改良航海指南针中的磁针问题. 库仑认为磁针支架在轴上，必然会带来摩擦，要改良磁针的工作必须从这一根本问题着手，他提出用细头发丝或丝线悬挂磁针. 他又发现线扭转时的扭力和针转过的角度成比例关系，从而可利用这种装置算出静电力或磁力的大小. 这促使他发明扭秤. 扭秤能以极高的精度测出非常小的力.

库仑定律是库仑通过扭秤实验总结出来的. 库仑扭秤在细金属丝的下端悬挂一根秤杆，它的一端有一个小球 A，另一端有一平衡体 P，在 A 旁放置一个同它一样大小的固定小球 B. 为了研究带电体间的作用力，先使 A 和 B 都带一定电荷，这时秤因 A 端受力而偏转. 扭转悬丝上端的旋钮，使小球 A 回到原来的位置，平衡时悬丝的扭力矩等于电力施在 A 上的力矩. 如果悬丝的扭转力矩同扭角间的关系已知，并测得秤杆的长度，就可以求出在此距离下 AB 之间的作用力.

实验中，库仑使两小球均带同种等量的电荷，互相排斥. 他作了三次数据记录：第一次，令两小球相距 36 个刻度；第二次，令小球相距 18 个刻度；第三次，令小球相距 8.5 个刻度. 大体上按缩短一半的比例来观测. 观测结果为第一次扭丝转 36°；第二次扭丝转 144°；第三次扭丝转 575.5°. 库仑分析出间

距之比约为 $1:\frac{1}{2}:\frac{1}{4}$，而转角之比为 1 : 4 : 16. 最后一个数据有点出入，那是因为漏电的缘故. 库仑还作了一系列的实验，最后总结出库仑定律. 库仑扭秤实验在电学发展史上有重要的地位，它是人们对电现象的研究从定性阶段进入定量阶段的转折点.

另外，库仑定律可以说是一个实验定律，也可以说是牛顿引力定律在电学和磁学中的“推论”. 如果说它是一个实验定律，库仑扭称实验起到了重要作用，而电摆实验则起了决定作用；即便是这样，库仑仍然借鉴了引力理论，模仿万有引力的大小与两物体的质量成正比的关系，认为两电荷之间的作用力与两电荷的电量也成正比关系. 从库仑定律的建立过程中可以发现，类比方法在科学研究中有重要作用. 但是一些类比往往带着暂时的过渡性质，它们在物理学的发展中只是充当“药引子”或者“催化剂”的作用. 因此，物理学家借助于类比而引进新概念或建立新定律后，不应当局限于原先的类比，不能把类比所得到的一切推论都看成是绝对正确的东西，因为类比、假设不过是物理学家在建筑物理学的宏伟大厦时的脚手架而已，大厦一旦建成，脚手架也就应该拆除了.

阅读材料 A

电子的发现和电子电荷量的测定

1. 电子的发现

远在公元前600年，人类就发现了摩擦起电现象，但是什么是电却一直没搞清楚. 直到19世纪初叶，许多观测表明原子具有电特性的内部结构，同时法拉第(M. Faraday)在研究液体中电的传导时(1833年)，提出了著名的电解定律. 电解定律定量表述如下：

电解 1 mol 的任何单价物质，所需的电荷量都相同，约为 96 500 C，此数称为法拉第常数，用 F 表示，$F=96\ 500\ \mathrm{C\cdot mol^{-1}}$.

也就是说，在 NaCl 溶液中析出 23 g Na^+ 和 35 g Cl^- 离子时，通过的电荷量为 96 500 C. 而在 $CuSO_4$ 溶液中析出 63.6 g Cu^{2+} 和 64 g SO_4^{2-} 离子，通过的电荷量为 $2\times96\ 500$ C. 因为 1 mol 离子数刚好等于阿伏加德罗常数 N_A，所以

$$F=N_A e$$

这便是法拉第定律的表示式. 通过的电荷量可以精确地测定，所以 N_A 与 e 两者若能知其一，便可求出另一个，但在那时却无法测定其中任何一个量. 1874 年，斯托尼(G. J. Stoney)利用分子运动论对 N_A 的估计值，算出 e 值约为 10^{-10} C. 1880 年，汤森德(J. S. E. Townsend)指出，e 显然是一个不可再分割的电荷量的最小单元，最先明确地表明了电荷的量子性概念. 1891 年，斯托尼曾提议用“电子”来命名电荷量的最小单元.

1896 年，塞曼(P. Zeeman)观察到原子所发的光在强磁场内的分裂现象. 经典理论认为原子的光谱是由原子中的带电粒子振荡产生的，当该原子处在磁场中时，每一条谱线将分裂为三条谱线，裂距的大小由振荡粒子的比荷而定，这是原子粒子具有确定比荷 e/m 的最早证据. 塞曼还根据谱线的偏折推断出振荡粒子带的是负电.

19 世纪末，由于寻找新型光源，促进了真空技术的发展，当时有许多科学家从事稀薄气体放电现象的研究.

在一个能抽空的玻璃管内，封装一个阴极和阳极，两极间加高压，随着管内气压降低，管内发生放电现象. 当管内真空度达到某一程度，在管内出现一种看不见的射线，称为阴极射线. 这种射线是什么，当时有两个看法：一是认为这种射线与光线相似；二是认为它是带电的粒子流. 几年以后，佩兰(J. B. Perrin)于 1895 年成功地把这些射线收集到一架静电计上，断定它们是带负电的. 汤姆孙(J. J. Thomson)

于 1897 年又在前人工作的基础上，改进实验装置，并利用磁场对带电粒子的偏转，再次证明射线是带负电的，还测得其比荷为

$$\frac{e}{m} \approx 1.7 \times 10^{11}\ \mathrm{C \cdot kg^{-1}}$$

其后，汤姆孙又用各种不同气体充入管内，并用多种金属作为阴极重复该实验，在实验精确度内，总是获得相同的比荷 e/m. 这证实了从阴极发射出来的粒子对一切金属都是相同的，并确定它是组成一切元素原子的基本部分. 汤姆孙称这些微粒为电子，它带有一单位的电荷量 e，其质量约比氢原子小 2 000 倍. 汤姆孙首先从实验上获得电子特性的信息，电子是 20 世纪发现的第一个基本粒子. 然而，1906 年汤姆孙获得诺贝尔物理学奖，只是表彰他在气体导电理论和比荷测定方面的成就，并没有提到他对发现电子所作的贡献.

2. 密立根(R. M. Millikan)**油滴实验**

汤姆孙测定了电子的比荷 e/m 后，紧接着便要进行电荷量 e 值的测量. 这些实验首先由汤森德在 1897 年完成，他所用的方法后来由汤姆孙和威尔逊作了改进，但因所用方法中一些不确定因素的限制，测量结果的精确度不高，但他们巧妙的实验构思，可以说是密立根油滴实验的先导.

图 A-1 是密立根油滴实验装置的原理图，一圆板状平行板电容器，上板中间开一小孔，由喷雾器向小孔注射油滴，利用 X 射线或其他放射源使两板间的空气电离，当油滴与空气离子相接触时，其上便可带有正电或负电. 油滴的大小（线度）约为 10^{-7} m.

当极板不带电时，板间无电场，油滴受向下的重力 mg 及向上的黏滞力 F 的作用. 黏滞力由斯托克斯(St. kes)定律给出为 $F=6\pi\eta rv$，式中 r 为油滴半径，η 为流体的黏度，v 为下降速度. 当两力平衡时，油滴以终极速度 v_t 匀速下降，即

$$mg = 6\pi\eta r v_t$$

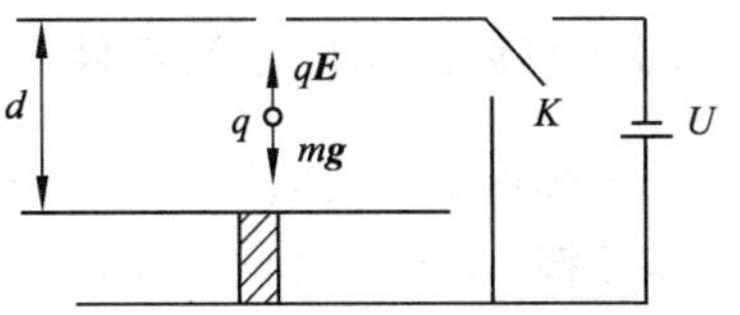

图 A-1　密立根油滴实验装置原理图

当极板带电时，油滴还要受到一向上的电场力 qE，三力平衡时

$$qE - mg = 6\pi\eta r v_E$$

式中 v_E 是板间有电场时油滴的终极速度. 油滴的质量 $m=\frac{4}{3}\pi r^3\rho$（ρ 是油滴的密度，并假定油滴中无空气），电场强度 $E=\frac{U}{d}$（U 为两极板上的电压），将以上两式中的 r 消去得

$$q = \frac{4\pi}{3}\left(\frac{9\eta}{2}\right)\left(\frac{v_t}{\rho}\right)(v_E + v_t)\frac{U}{d}$$

密立根测定了几千个油滴所带的电荷量，发现它们所带的电荷量恒定为某基本电荷量 e 的整数倍，也就是说，电荷不可以无限地分割，它只能以 e 的大小为单位存在于自然界中——电荷的量子性，这就是电子的电荷量. 1923 年密立根由此获得诺贝尔物理学奖. 密立根测得的 e 值为

$$e = (1.600 \pm 0.002) \times 10^{-19}\ \mathrm{C}$$

这和其他实验所测结果相符. 目前公认值为

$$e = 1.602 \times 10^{-19}\ \mathrm{C} \approx 1.6 \times 10^{-19}\ \mathrm{C}$$

$$m = 9.109 \times 10^{-31}\ \mathrm{kg} \approx 9.1 \times 10^{-31}\ \mathrm{kg}$$

近年来，人们又在重做油滴实验，企图寻找分数电荷值.

第 12 章　静电场中的导体和电介质

上一章我们研究了静电场的一般规律,现在将这些一般规律应用于讨论静电场与物质的相互作用. 电场与电荷在相互作用下达到平衡分布的具体过程是非常复杂的. 本章不去讨论这种复杂过程的具体细节,而是假定这种平衡已达到,从平衡条件出发,应用静电场的普遍规律(如高斯定理、环路定理等)来讨论静电场与物质相互作用的规律.

12.1　静电场中的导体

本章的讨论只限于各向同性的均匀金属导体. 当金属导体放入静电场中时,将会出现一系列的静电现象,这些现象是金属导体本身固有特性及其与静电场相互作用的综合表现. 本节我们将介绍导体的静电平衡条件、静电平衡特性及其有关应用.

12.1.1　导体的静电平衡条件

当导体内部和表面处于没有电荷运动的状态时,电场分布不随时间变化,我们说该导体达到了**静电平衡**. 金属导体的特征是它具有大量的自由电荷,这些自由电荷即使受到非常小的电场力作用,它们也会在导体中发生移动,从而改变电荷的分布,而电荷分布的改变又会反过来影响原电场的分布. 这种电场与电荷的相互作用将一直持续到导体达到静电平衡状态为止.

金属导体由带正电的分布在晶格点阵上的原子实(核和内层电子对价电子的共同作用效果)和可在导体中移动的自由电子组成. 在无外场时,金属中的自由电子只做无规则的热运动,导体内正、负电荷宏观来说均匀分布,导体每一部分都是呈电中性的. 若将金属导体置于外场 $\boldsymbol{E}_0$ 中,如图 12.1所示,则导体中自由电子将在 $\boldsymbol{E}_0$ 作用下发生宏观定向移动,结果使原来电中性的导体出现某些部位带正电、另一些部位带负电的情况,这就是**静电感应现象**. 导体由于静电感应而带的电荷称**感应电荷**,同时这些感应电荷会产生一个附加电场 $\boldsymbol{E}'$,空间的电场 $\boldsymbol{E}=\boldsymbol{E}'+\boldsymbol{E}_0$. 在导体内部 $\boldsymbol{E}'$ 与 $\boldsymbol{E}_0$ 方向相反,是阻碍自由电子定向移动的,而且随着感应电荷的积累,$\boldsymbol{E}'$ 不断增大,在导体内达到 $\boldsymbol{E}'+\boldsymbol{E}_0=0$ 时,自由电荷便不再移动,导体上电量分布不再变化,导体内、外的电场分布也不再改变,从而达到静电平衡. 这一过程是十分短暂的,只需 $10^{-14}\sim10^{-13}$ s 的时间. 下面我们来看导体达到静电平衡时所满足的条件.

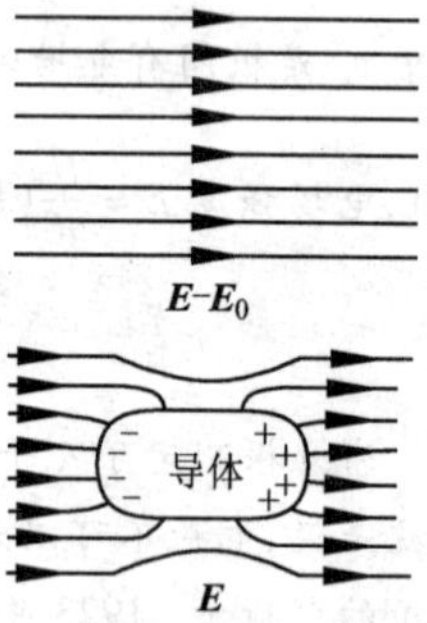

图 12.1　导体与电场的相互作用与静电平衡

1. 从场强角度看,导体静电平衡的条件为:

(1)导体内部的场强处处为零;

(2)导体表面附近的场强处处与导体表面垂直.

对于条件(1),若导体内某处 $\boldsymbol{E}\neq0$,则该处自由电子将会在电场力的作用下定向运动,导体就没有达到静电平衡. 这个结论反过来也是成立的,即若导体内部场强处处为零,则导体处于静电平衡状态. 对于条件(2),只有导体表面的场强处处与导体表面垂直时,场强在导体表面上的投影分量才处处为零,导体表面才不会有电荷移动. 上述结论表明,导体静电平衡时,导体内部没有电场线,在导体表面电场线处处垂直于导体表面.

2. 从电势角度看,导体的静电平衡条件相应地表述为:

(1)导体是个等势体;

(2)导体表面为等势面.

事实上,导体内部若存在电势梯度,则 $\boldsymbol{E}\neq 0$;若导体表面有电势差,自由电子就会沿导体表面移动. 可见,静电平衡时,导体内所有各点的电势是相等的,导体是个等势体,其表面为等势面.

12.1.2　静电平衡导体上的电荷分布

处于静电平衡条件下的带电导体上的电荷分布有以下规律:

(1)处于静电平衡的导体,其内部各处净电荷为零,净电荷只能分布在导体表面上.

证明:用反证法. 如图 12.2 所示,假设导体内某处有净电荷 q,则在导体内取高斯面 S 包围 q,应用高斯定理:

$$\oint_S \boldsymbol{E}\cdot \mathrm{d}\boldsymbol{S} = \frac{q}{\varepsilon_0} \neq 0$$

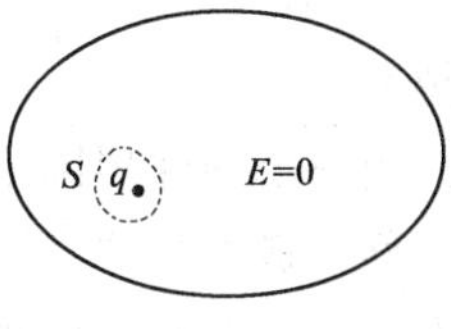

图 12.2　导体内无净电荷

另一方面,由于导体内部任一点场强 $\boldsymbol{E}=0$,则对于同一个高斯面 S 有

$$\oint_S \boldsymbol{E}\cdot \mathrm{d}\boldsymbol{S} = 0$$

这与假设发生矛盾,故静电平衡时,导体内部不会有净电荷,净电荷只能分布在表面.

(2)导体表面附近的电场强度的大小正比于导体表面在该处的电荷面密度.

这一规律也可以用高斯定理证明. 假定一导体带正电,电荷面密度为 σ,一般来讲,有 $\sigma=\sigma(x,y,z)$. 如图 12.3 所示,在导体表面某处附近,作一圆柱形的高斯曲面,使它的两底分别位于导体内外两侧并与导体表面平行,面积都是 ΔS,侧面与导体表面垂直,柱体的高 Δh 很小. 把高斯定理用于这一封闭曲面,注意到在导体表面附近非常靠近表面处的电场可认为是均匀的,得

$$\oint_S \boldsymbol{E}\cdot \mathrm{d}\boldsymbol{S} = \int_{外} \boldsymbol{E}\cdot \mathrm{d}\boldsymbol{S} + \int_{内} \boldsymbol{E}\cdot \mathrm{d}\boldsymbol{S} + \int_{侧} \boldsymbol{E}\cdot \mathrm{d}\boldsymbol{S} = E\Delta S = \frac{1}{\varepsilon_0}\sigma\Delta S$$

因为导体内部场强为零,故右边第二个积分为零;由于导体表面的场强与表面垂直,圆柱面的侧面与场强方向平行,所以第三个积分亦为零. 由此得

$$E = \frac{1}{\varepsilon_0}\sigma \tag{12.1}$$

可见电荷面密度越大的地方电场强度也越大,反之亦然.

值得注意的是,电荷面密度为 σ 的无限大带电平面的电场,与电荷面密度为 σ 的无限大带电导体表面附近的电场是不同的.

在一般情况下,导体表面上任一小面元 ΔS 附近的场强是由 ΔS 面上的电荷和所有其他电荷共同产生的. 当考察点无限接近 ΔS 面元时,面元 ΔS 可以看成是无限大的均匀带电平面. 若用 $\boldsymbol{E}_S$ 表示 ΔS 面元上的电荷单独产生的电场,则在 ΔS 附近,$\boldsymbol{E}_S$ 的分布如图 12.4 中的虚线所示. 由例 11.9 得

$$E_S=\frac{1}{2\varepsilon_0}\sigma$$

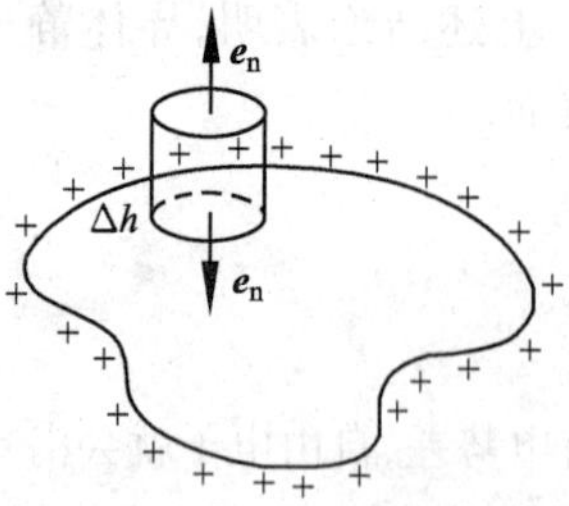

图 12.3 用高斯定理计算导体表面的场强

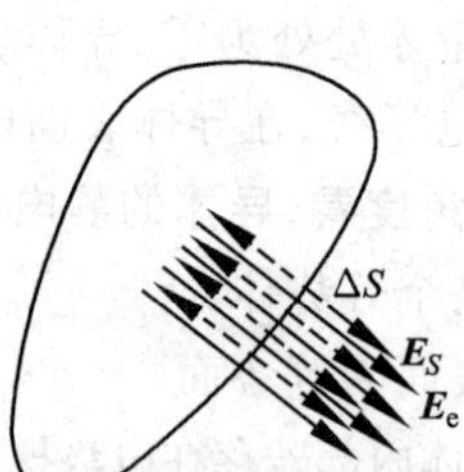

图 12.4 导体表面附近的场

在导体内外两侧，$\boldsymbol{E}_S$ 的方向相反．若用实线表示其他电荷单独产生的电场 $\boldsymbol{E}_e$，则根据静电平衡条件，在导体内部 $\boldsymbol{E}_e$ 与 $\boldsymbol{E}_S$ 必须大小相等、方向相反，以保证合场强为零．在导体外部，$\boldsymbol{E}_e$ 与 $\boldsymbol{E}_S$ 方向相同，两者叠加，得到导体表面附近的场强为 σ/ε_0．

(3)孤立导体表面各处的面电荷密度与各处表面曲率有关，曲率越大的地方，面电荷密度也越大．

当一个导体周围不存在其他导体，或者其他导体或带电体的影响可以忽略不计时，这样的导体称为**孤立导体**．如图 12.5 所示，一般说来，孤立导体表面曲率越大，表面尖而凸出，则该处表面电荷面密度也越大；曲率较小，表面比较平坦，则该处表面所带电荷的面密度较小；曲率为负，表面凹进去，则该处电荷面密度最小．

对于有尖端的带电导体，尖端处电荷面密度很大，由 $E=\dfrac{1}{\varepsilon_0}\sigma$ 知导体表面附近处的场强也很大，当场强超过空气的击穿场强时，就会产生空气被电离的放电现象，称为尖端放电．如图 12.6所示，把金属针接在静电起电机的一极上，使针带正电，由于针尖表面的电荷面密度非常大，附近空间强大的电场使空气中残存的离子做加速运动，并与空气分子产生碰撞电离，不断产生大量的正负带电粒子．与针尖上电荷同号的带电粒子受到强大的电场排斥力，迅速远离针尖而形成一股“电风”，足以将蜡烛的火焰吹向一边．

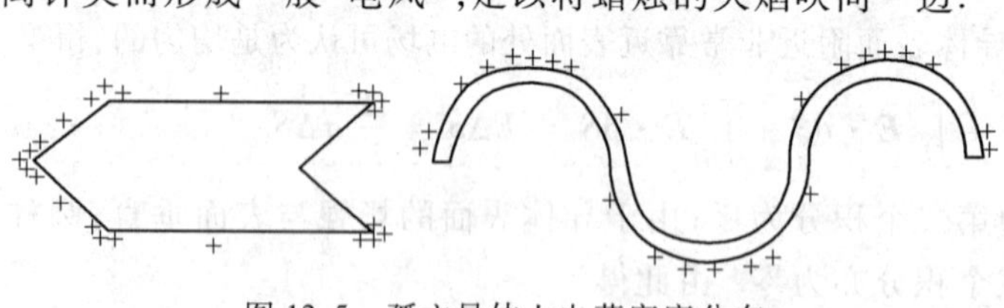
图 12.5 孤立导体上电荷密度分布

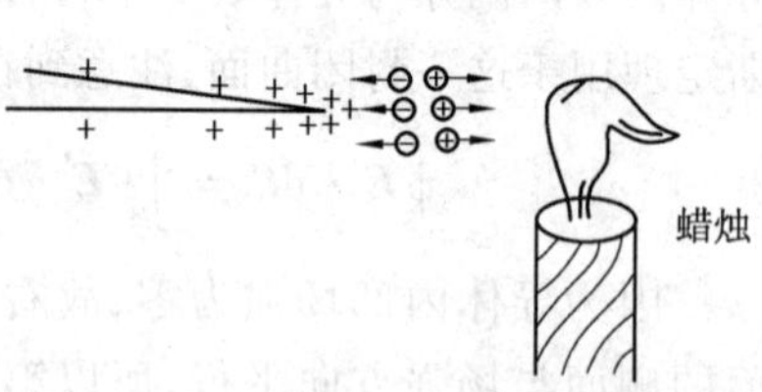

图 12.6 尖端放电——电风

避雷针能保护建筑物避免雷击就是利用这一原理制造的．

高压设备及零部件的表面均十分圆滑并接近球形，就是为防止尖端放电引起的危险和漏电造成的能量损耗．

例 12.1 如例 12.1 图所示，两个半径分别为 R_1 和 R_2 的金属球，它们周围无其他带电体或导体，它们之间相距非常远．今用一根细导线把它们相连，给它们带上一定的电量，求它们表面的电荷面密度之比．

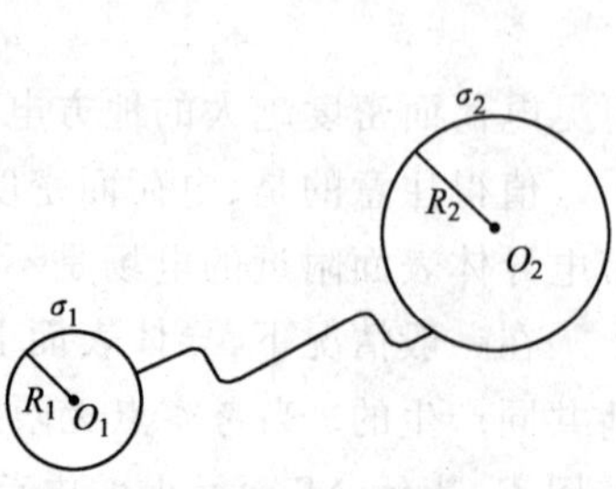

例 12.1 图

解 设两个金属球表面上分别带有电量 q_1 和 q_2，因为它

们相距很远,相互影响可忽略不计,所以每个金属球面上电荷分布都可认为是均匀的,则两球表面的电荷面密度分别为

$$\sigma_1=\frac{q_1}{4\pi R_1^2},\quad \sigma_2=\frac{q_2}{4\pi R_2^2}$$

所以,两个金属球面上电荷密度之比为

$$\frac{\sigma_1}{\sigma_2}=\frac{R_2^2}{R_1^2}\frac{q_1}{q_2}$$

另一方面,两个金属球由细导线相连成为一个导体,它们的电势必定相等,即 $U_1=U_2$,又因为它们周围无其他带电体或导体,它们之间又相距很远,所以每个金属球的电势可以按孤立带电球面情况处理,分别为

$$U_1=\frac{q_1}{4\pi\varepsilon_0 R_1},\quad U_2=\frac{q_2}{4\pi\varepsilon_0 R_2}$$

由 $U_1=U_2$ 可得

$$\frac{q_1}{q_2}=\frac{R_1}{R_2}$$

由此可得

$$\frac{\sigma_1}{\sigma_2}=\frac{R_2}{R_1}$$

由此可见,用细导线相连的两个金属球表面的电荷面密度与球面半径成反比. 因为球面的曲率等于球面半径的倒数,所以本例的结果表明,两球上电荷面密度与球体表面的曲率成正比.

12.1.3　导体空腔与静电屏蔽

1. 空腔内无带电体的导体空腔

封闭导体壳空腔内无其他带电体时,在静电平衡状态下,导体壳内表面上电荷面密度处处为零;空腔内场强处处为零,或者说,空腔内的电势处处相等.

为证明上述结论,在导体壳内、外表面之间取一闭合曲面 S,S 把整个空腔包围起来,如图 12.7(a)所示. 由于导体内场强 $\boldsymbol{E}=0$,根据高斯定理,则

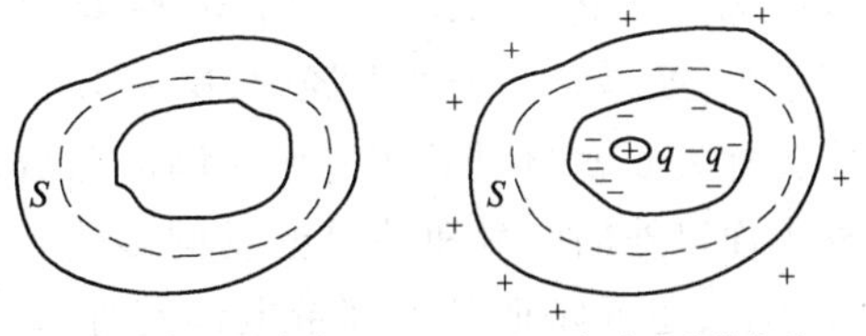

图 12.7　导体壳

$$\oint_S \boldsymbol{E}\cdot d\boldsymbol{S}=0=\frac{1}{\varepsilon_0}\sum_{(内)}q_i$$

由于空腔内无其他电荷,所以 $\sum_{(内)}q_i$ 等于空腔内表面上的电荷的代数和,即 $\sum_{(内)}q_i=0$.

下面用反证法证明内表面上电荷面密度处处为零. 若内表面上某处 P 点 $\sigma\neq 0$(为了方便,设 $\sigma>0$),则内表面上必有 $\sigma<0$ 的点,设为 Q 点. 根据电场线在无电荷处不中断,则空腔中必有从 P 点出发终止于 Q 点的电场线,于是,P、Q 两点的电势差

$$U_P-U_Q=\int_P^Q \boldsymbol{E}\cdot d\boldsymbol{l}>0$$

这与静电平衡时导体是等势体的前提相矛盾,所以,内表面上电荷面密度处处为零.

由于空腔内无带电体,空腔内任何一点都不可能成为电场线的端点,而电场线又不是闭合曲线,所以空腔内不可能有任何电场线,所以,空腔内电场强度处处为零,即空腔内电势处处相等.

上述性质在工程技术中被广泛应用,例如高压带电作业人员穿的均压服. 均压服是用金属丝网制成的衣、帽、手套和鞋子,它们连为一体. 穿上均压服的作业人员,利用绝缘软梯等在与地面绝缘的条件下进入强电场区,这时高压线与人体间有很大的电压,当手(套)与高压线接触时会发生火花放电,接触后人和高压线为等电势,人体中没有电流流过,人可以安全地进行作业. 因为对人体造成伤害的是电流,只要人体各部分之间无电压,即人体各部分等电势,则人体中就不会有电流. 不管电势高低,只要等势,就不会对人体造成伤害. 在接触高压线的过程中,均压服有两个作用:第一,保证人体内场强处处为零,使人体中各部分始终没有电流流过;第二,起分流作用,作业人员经过电势不同的区域时,特别在手(套)接触高压线时,要承受一个幅值较大的电流脉冲,由于金属均压服的电阻远小于人体的电阻,所以几乎所有的脉冲电流流经均压服,这就保证了人的安全.

2. 空腔内有带电体的导体空腔

当导体壳空腔内有其他带电体时,在静电平衡状态下,导体壳的内表面上所带电荷的代数和与空腔内电荷的代数和等值反号,如图 12.7(b)所示. 因为在静电平衡状态下,导体内的闭合曲面 S 上的 $\boldsymbol{E}$ 通量

$$\oint_S \boldsymbol{E}\cdot \mathrm{d}\boldsymbol{S} = 0 = \frac{1}{\varepsilon_0}\Big(\sum_{\text{内表面}} q_i + \sum_{\text{腔内}} q_i\Big)$$

所以,空腔内表面上电荷的代数和与空腔内电荷的代数和等值反号. 即

$$\sum_{\text{内表面}} q_i = -\sum_{\text{腔内}} q_i$$

3. 静电屏蔽

在静电平衡状态下,空腔内无其他带电体的导体壳,其内部没有电场,只要达到静电平衡,不管导体壳本身是否带电,或是否处于外电场中,这一结论总是对的. 这样导体壳外表面就“保护”了它所包围的区域,使之不受导体壳外表面以外的电荷和外界电场的影响. 另外,接地良好的导体壳,还可以把其内部带电体对外界的影响全部消除,如图 12.8 所示. 总之,导体壳不论接地与否,其内部电场不受外界电场的影响;接地导体壳外部电场不受内部电荷的影响. 这种现象称为**静电屏蔽**. 严格解释静电屏蔽问题,需要应用静电学边值问题的唯一性定理.

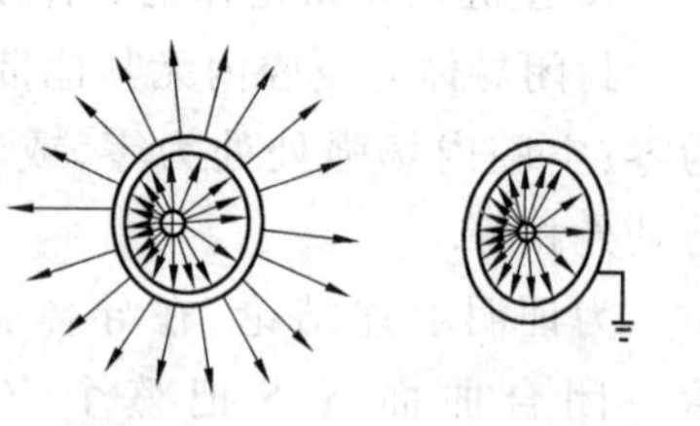

(a) 外壳不接地　　(b) 外壳接地

图 12.8　静电屏蔽

静电屏蔽现象在工程技术中有广泛应用. 例如,为了使精密电磁测量仪器不受外界杂散电场的干扰,通常在仪器外面加上金属外壳或金属网. 为了使高压设备不影响其他仪器正常工作,通常把它的金属外壳接地.

12.1.4 有导体时静电场的分析与计算

处理有导体时的静电场问题,首先碰到的问题往往是场源电荷的分布未知,这就给求解过

程带来一定的困难. 我们可以利用静电平衡条件和电荷守恒定律来确定导体上电荷的分布，然后再根据我们所学的一些基本规律求解.

例 12.2　真空中有两块面积很大、间距很小的金属平行板 A、B，已知两板面积均为 S，A 板带有电荷 Q_A，B 板带有电荷 Q_B. 试求 A、B 两板上电荷的分布及空间场强分布. 如果 B 板接地，情况又如何？

解　见例 12.2 图，静电平衡时电荷只分布在板的表面上. 忽略边缘效应，可以认为四个平行的表面上电荷是均匀分布的. 设四个面上的电荷密度分别为 σ_1、σ_2、σ_3 和 σ_4. 由电荷守恒定律可得

$$\sigma_1 S+\sigma_2 S=Q_A$$

$$\sigma_3 S+\sigma_4 S=Q_B$$

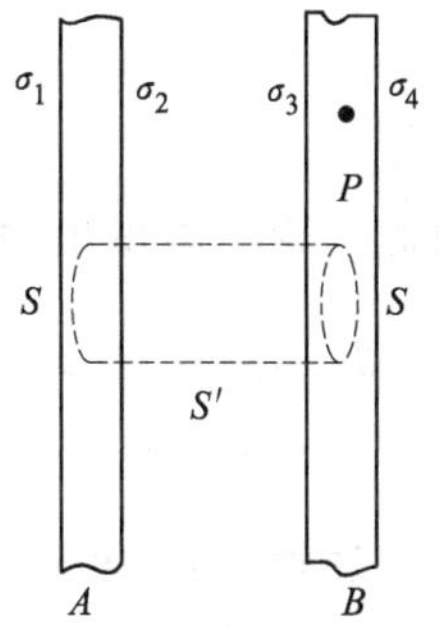

例 12.2 图　平行带电导体板

作如图所示的圆柱形高斯面 S'，高斯面的两底面分别在两金属板内，侧面垂直于板面. 由于金属板内的电场强度为零，两板间的电场垂直于板面，所以通过高斯面的电通量 $\oint_{S'}\boldsymbol{E}\cdot \mathrm{d}\boldsymbol{S}=0$，由此可知

$$\sigma_2+\sigma_3=0$$

另外，由场强叠加原理可知，在金属板内任一点 P 的场强应是四个表面上电荷在该点产生的场强的叠加，而且 P 点总场强为零，所以

$$\frac{\sigma_1}{2\varepsilon_0}+\frac{\sigma_2}{2\varepsilon_0}+\frac{\sigma_3}{2\varepsilon_0}-\frac{\sigma_4}{2\varepsilon_0}=0$$

联立求解以上四式可得

$$\sigma_1=\sigma_4=\frac{Q_A+Q_B}{2S}$$

$$\sigma_2=-\sigma_3=\frac{Q_A-Q_B}{2S}$$

根据场强叠加原理，可求得各区域场强为

A 板左侧 $E_1=\dfrac{\sigma_1}{2\varepsilon_0}+\dfrac{\sigma_4}{2\varepsilon_0}=\dfrac{Q_A+Q_B}{2\varepsilon_0 S}$，当 $Q_A+Q_B>0$ 时，$\boldsymbol{E}_1$ 向左；当 $Q_A+Q_B<0$ 时，$\boldsymbol{E}_1$ 向右.

两板之间 $E_2=\dfrac{\sigma_2}{2\varepsilon_0}-\dfrac{\sigma_3}{2\varepsilon_0}=\dfrac{Q_A-Q_B}{2\varepsilon_0 S}$，当 $Q_A-Q_B>0$ 时，$\boldsymbol{E}_2$ 向右；当 $Q_A-Q_B<0$ 时，$\boldsymbol{E}_2$ 向左.

B 板右侧 $E_3=\dfrac{\sigma_1}{2\varepsilon_0}+\dfrac{\sigma_4}{2\varepsilon_0}=\dfrac{Q_A+Q_B}{2\varepsilon_0 S}$，当 $Q_A+Q_B>0$ 时，$\boldsymbol{E}_3$ 向右；当 $Q_A+Q_B<0$ 时，$\boldsymbol{E}_3$ 向左.

以上结果适用于 Q_A、Q_B 为任何极性、任意大小的带电情况.

设 σ'_1、σ'_2、σ'_3 和 σ'_4 分别表示在 B 板接地情况下 A、B 两板的四个表面上的面电荷密度. 当金属板 B 接地时，$U_B=0$. 因为由 B 板沿垂直于 B 板方向至无穷远处场强 $\boldsymbol{E}$ 的线积分为零，且在无电荷处电场是连续的，所以在 B 板的右侧区间场强 $\boldsymbol{E}=0$. 即有

$$\frac{1}{2\varepsilon_0}(\sigma'_1+\sigma'_2+\sigma'_3+\sigma'_4)=0$$

A 板上电荷守恒，有

$$\sigma'_1 S+\sigma'_2 S=Q_A$$

由高斯定理仍可得

$$\sigma'_2+\sigma'_3=0$$

由 B 板内部任一点 P 场强为零仍可得

$$\frac{1}{2\varepsilon_0}(\sigma'_1+\sigma'_2+\sigma'_3-\sigma'_4)=0$$

由以上四个方程解得

$$\sigma'_1=\sigma'_4=0$$

$$\sigma'_2=-\sigma'_3=\frac{Q_A}{S}$$

由此结论不难得出，两板间场强为

$E'_2=\dfrac{Q_A}{\varepsilon_0 S}$，$Q_A>0$ 时，$\boldsymbol{E}'_2$ 向右；$Q_A<0$ 时，$\boldsymbol{E}'_2$ 向左．两板外侧的场强

$$E'_1=E'_3=0$$

注意：当 B 板通过接地线与地相连时，B 板的电荷不再守恒，地球与 B 板之间产生了电荷的传递．而电荷重新分布的结果满足了 A、B 两金属板内部场强为零的静电平衡条件．

例 12.3 半径为 R_1 的金属球带电量为 q，在它外面同心地罩一金属球壳，其内外半径分别为 R_2 和 R_3，壳上带电量为 Q，如例 12.3 图所示．

(1)试求金属球与金属球壳的电势及它们的电势差．

(2)用导线把金属球与金属球壳连接起来后结果如何？

(3)若不连接球与球壳，而将外球壳接地，则球与球壳的电势以及它们的电势差将有何变化？

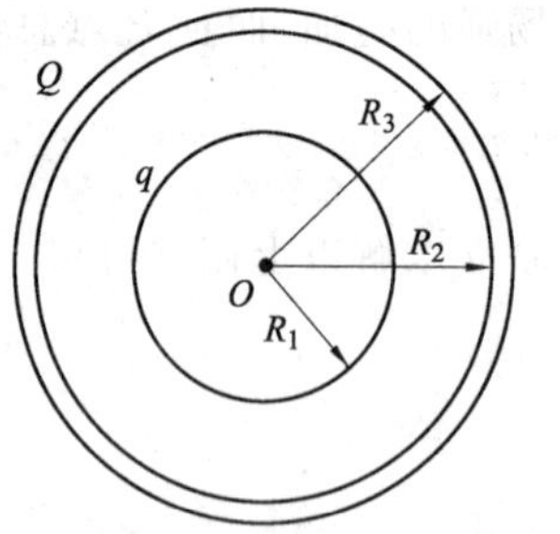

例 12.3 图

解 由于球与球壳均为导体，故内球的电荷 q 均匀分布在其表面上，由于静电感应球壳的内表面出现了等量异号电荷 $-q$，则球壳的外表面所带电量为 $Q+q$．由于对称性，$-q$、$Q+q$ 分别均匀地分布在球壳的内外表面上．电场强度的分布亦具有球对称性，利用高斯定理可求得电场强度的分布为

当 $r<R_1$ 时，$E_1=0$；

当 $R_1<r<R_2$ 时，$E_2=\dfrac{q}{4\pi\varepsilon_0 r^2}$；

当 $R_2<r<R_3$ 时，$E_3=0$；

当 $r>R_3$ 时，$E_4=\dfrac{Q+q}{4\pi\varepsilon_0 r^2}$．

电场强度的方向均沿径向．

(1)设金属球的电势为 U_1，金属球壳的电势为 U_2，取无限远处为电势零点，则

$$\begin{aligned}U_1&=\int_r^\infty \boldsymbol{E}\cdot d\boldsymbol{l}=\int_r^{R_1}E_1 dr+\int_{R_1}^{R_2}E_2 dr+\int_{R_2}^{R_3}E_3 dr+\int_{R_3}^{\infty}E_4 dr\\&=\int_{R_1}^{R_2}\frac{q}{4\pi\varepsilon_0 r^2}dr+\int_{R_3}^{\infty}\frac{Q+q}{4\pi\varepsilon_0 r^2}dr=\frac{q}{4\pi\varepsilon_0}\left(\frac{1}{R_1}-\frac{1}{R_2}\right)+\frac{Q+q}{4\pi\varepsilon_0 R_3}\end{aligned}$$

$$\begin{aligned}U_2&=\int_r^\infty \boldsymbol{E}\cdot d\boldsymbol{l}=\int_r^{R_3}E_3 dr+\int_{R_3}^{\infty}E_4 dr\\&=\int_{R_3}^{\infty}\frac{Q+q}{4\pi\varepsilon_0 r^2}dr=\frac{Q+q}{4\pi\varepsilon_0 R_3}\end{aligned}$$

金属球与金属球壳的电势差

$$U_1 - U_2 = \int_{R_1}^{R_2} \boldsymbol{E} \cdot \mathrm{d}\boldsymbol{l} = \int_{R_1}^{R_2} E_2 \mathrm{d}r = \frac{q}{4\pi\varepsilon_0}\left(\frac{1}{R_1} - \frac{1}{R_2}\right)$$

(2)当用导线将金属球与金属球壳连接时，电荷将重新分布，达到新的静电平衡. 此时，电荷全部分布在球壳的外表面，整个带电体系成为一个导体，则有

$$U_1 = U_2, U_1 - U_2 = 0$$

由于此时电荷只分布于金属球壳表面，电场只分布在 $r > R_3$ 的空间. 故

$$U_1 = U_2 = \int_{R_3}^{\infty} \boldsymbol{E} \cdot \mathrm{d}\boldsymbol{l} = \int_{R_3}^{\infty} \frac{Q+q}{4\pi\varepsilon_0 r^2}\mathrm{d}r = \frac{Q+q}{4\pi\varepsilon_0 R_3}$$

(3)若外球壳接地，则球壳外表面上的电荷消失，电场只分布于 $R_1 < r < R_2$ 的空间内，则

$$U_2 = 0$$

$$U_1 = \int_{R_1}^{R_2} E_2 \mathrm{d}r = \frac{q}{4\pi\varepsilon_0}\left(\frac{1}{R_1} - \frac{1}{R_2}\right)$$

$$U_1 - U_2 = \int_{R_1}^{R_2} E_2 \mathrm{d}r = \frac{q}{4\pi\varepsilon_0}\left(\frac{1}{R_1} - \frac{1}{R_2}\right)$$

由以上计算结果可以看出，不论外球壳接地与否，金属球与金属球壳的电势差保持不变.

12.2　电介质的极化

电介质通常是指不导电的绝缘介质. 在电介质中，电荷被束缚在原子或分子中，几乎不存在可以自由宏观移动的电荷——自由电荷. 当电介质处于电场中时，无论是其原子中的电子，还是分子中的离子，在电场的作用下都会在原子大小的范围内移动，当达到静电平衡时，在电介质表面层或体内会出现极化电荷. 在本节中，我们将讨论电场和电介质之间的相互作用，从而说明电介质的静电特性.

12.2.1　极化的微观机制

1. 电介质分子的电结构

一般情况下，电介质分子中的正、负电荷都不集中在一点. 若将分子中的全部正、负电荷用等效的正、负点电荷(称为正、负电荷的等效中心或“重心”)代替，则可将电介质的分子看做是等量异号电荷构成的电偶极子(称为**分子等效电偶极子**). 于是，电介质就是大量分子电偶极子的集合.

当无外加电场时，分子电偶极子的空间取向混乱，电介质宏观上处处呈电中性；但是，在外电场作用下，分子电偶极子在电场力作用下趋于整齐排列，电介质内的正、负电荷作微观的相对移动. 结果，电介质内部或表面出现带电现象. 这种电介质在外电场作用下出现的带电现象称为**电介质的极化**. 电介质极化所出现的电荷称为**极化电荷**. 电介质上所出现的极化电荷不同于导体中的自由电荷，它被束缚在电介质分子的尺度范围内，不能在介质内部自由运动，更不可能脱离电介质而转移到其他带电体上去，所以极化电荷也叫**束缚电荷**.

我们把分子电偶极子的电偶极矩表示为

$$\boldsymbol{p}_{分子} = q\boldsymbol{l}$$

式中，q 是分子正、负电荷中心的电量，$\boldsymbol{l}$ 是正、负电荷中心之间的距离，$\boldsymbol{l}$ 和 $\boldsymbol{p}_{分子}$ 的方向是由负电荷的中心指向正电荷的中心．按 $\boldsymbol{p}_{分子}$ 是否为零划分，可将电介质分子分为**有极分子**和**无极分子**两类．无极分子的正、负电荷中心重合，$\boldsymbol{l}=0$，固有电偶极矩 $\boldsymbol{p}_{分子}=0$；有极分子的正、负电荷中心不重合，$\boldsymbol{l}\neq 0$，固有电偶极矩 $\boldsymbol{p}_{分子}\neq 0$．

例如，所有惰性气体及氢气、甲烷、石蜡、聚苯乙烯等分子都是无极分子．如图 12.9 所示，甲烷的四个正电荷中心和四个负电荷中心重合于分子的质心．

例如，盐酸（HCl）、水（H_2O）、有机玻璃等，正、负电荷的中心错开一小段距离，都是有极分子．以水为例，如图 12.10 所示，它的两个正电荷的中心和两个负电荷的中心不重合，所以水分子的静电结构相当于一个电偶极子．

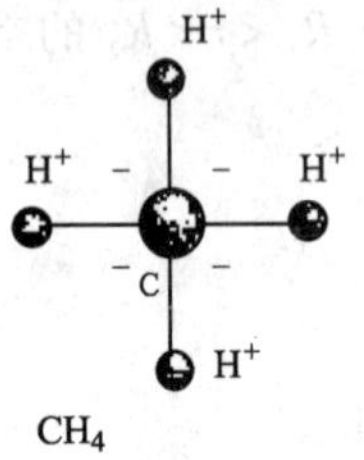

图 12.9 甲烷分子，其正、负电荷中心重合

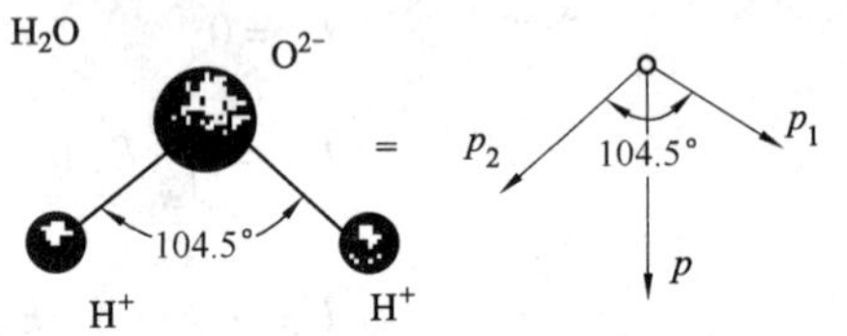

图 12.10 水分子，其正、负电荷中心不重合，相当于一个电偶极子

2. 极化的微观机制

① 无极分子的位移极化：对于无极分子构成的电介质，无外电场时 $\boldsymbol{p}_{分子}=0$，宏观上处处呈电中性．当有外电场 $\boldsymbol{E}_0$ 时，分子中的正、负电荷中心在电场力作用下将发生相对位移，形成电偶极子，其电偶极矩的方向与外电场 $\boldsymbol{E}_0$ 的方向一致．这样，在均匀电介质内部，相邻两电偶极子的正、负电荷相互靠近，各处仍然是电中性．但在电介质表面将出现正负极化电荷，如图 12.11所示．无极分子的极化是由于正、负电荷中心发生相对位移产生的，故称为**位移极化**．

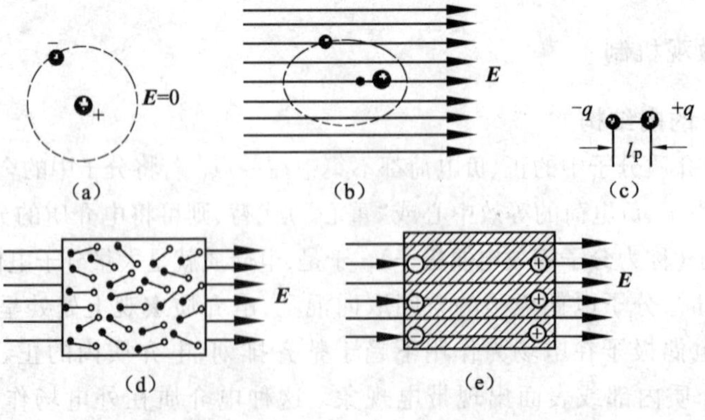

图 12.11 无极分子介质的极化

(a)正、负电荷中心重合的无极分子；(b)在外电场中，正、负电荷中心发生相对位移；(c)在外电场中的无极分子等效为一个电偶极子；(d)无极分子的电偶极矩趋于外电场方向；(e)电介质表面出现极化电荷

② 有极分子的取向极化：对于有极分子构成的电介质，分子固有电偶极矩 $\boldsymbol{p}_{分子} \neq 0$，无外电场时，由于电介质分子作无规则热运动，使各个分子的电偶极矩 $\boldsymbol{p}_{分子}$ 取向随机，杂乱无章，所以在电介质中，固有电偶极矩矢量和为零，宏观上处于电中性. 加外电场 $\boldsymbol{E}_0$ 后，每个分子电偶极子受到力矩的作用，使电偶极矩有转向外电场方向的趋势，趋向于整齐排列，外电场越强，排列越整齐，因此在电介质表面将出现正、负极化电荷，结果如图 12.12 所示. 有极分子的极化是由于分子的电偶极矩的取向作用，故称**取向极化**.

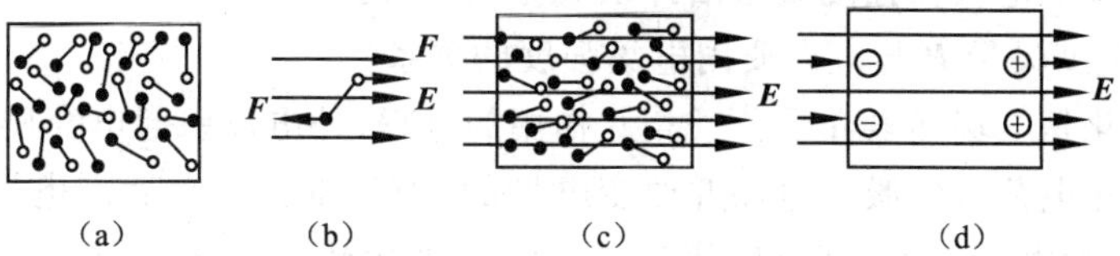

图 12.12　有极分子介质的极化

(a)有极分子的无序；(b)在外电场中，有极分子受到使它转到与外电场平行的电力矩作用；(c)在外电场中，有极分子趋于沿外电场方向排列；(d)电介质表面出现极化电荷

应该指出，在无极分子电介质中只有位移极化，而在有极分子电介质中两种极化机制是并存的，但取向极化占主导地位. 然而，在高频电场的作用下，由于分子的惯性较大，取向极化跟不上外电场的变化，只有惯性很小的电子才能紧跟高频电场的变化而产生位移极化，所以，在高频电场中，无论哪一种电介质，都只有电子位移所形成的位移极化在起作用.

这两类电介质极化的微观机制不同，但宏观结果是一样的，所以在作宏观描述时不必加以区别.

12.2.2　极化状态的描述——电极化强度矢量

1. 电极化强度矢量的定义

无论是有极分子电介质还是无极分子电介质，在未被极化时，其内部任一宏观小体积元 ΔV 内，各分子电偶极矩的矢量和必定为零，即 $\sum \boldsymbol{p}_{分子} = \boldsymbol{0}$. 当电介质处于极化状态时，小体积元 ΔV 内各分子电偶极矩的矢量和不再为零，即 $\sum \boldsymbol{p}_{分子} \neq \boldsymbol{0}$，极化程度越高，分子的电偶极矩的矢量和也就越大. 为了定量地宏观地描述电介质的极化程度，我们定义：电介质内某点附近单位体积内分子电偶极矩的矢量和为该点的**电极化强度**，用 $\boldsymbol{P}$ 表示，即

$$\boldsymbol{P} = \frac{\sum \boldsymbol{p}_{分子}}{\Delta V} \tag{12.2}$$

电极化强度是描述电介质极化状态的物理量，它是一个宏观的矢量点函数，不同点处的电极化强度一般是不相同的. 如果电介质中各点的电极化强度矢量都相同，则称该介质是均匀极化的. 注意，均匀极化是电介质均匀并且外加电场也均匀的结果.

在国际单位制中，电极化强度的单位是库・米$^{-2}$（$C \cdot m^{-2}$）.

2. 电极化强度和极化电荷分布之间的关系

电极化强度是定量描述电介质极化程度的物理量，而极化电荷是电介质极化时所产生的，两者之间必存在着定量的关系.

(1)电极化强度矢量 $\boldsymbol{P}$ 和极化电荷 q' 的关系为

$$\oint_S \boldsymbol{P} \cdot \mathrm{d}\boldsymbol{S} = -\sum_{S内} q' \qquad (12.3)$$

即在电介质中，**穿过任意闭合曲面的电极化强度通量等于该闭合面内极化电荷总量的负值**.

(2)电极化强度矢量 $\boldsymbol{P}$ 与极化电荷面密度 σ'的关系为

$$\sigma' = \boldsymbol{P} \cdot \boldsymbol{n} = P_n \qquad (12.4)$$

式(12.4)中，$\boldsymbol{n}$ 是电介质表面外法线方向的单位矢量. 式(12.4)表明，**电介质极化时产生的极化电荷的面密度等于电极化强度矢量沿外法线方向的分量**.

(3)电极化强度矢量 $\boldsymbol{P}$ 与电介质内电场强度的关系

电介质的极化是电场和电介质分子相互作用的过程，外电场引起电介质的极化，而电介质极化后出现的极化电荷也要激发电场并改变电场的分布，重新分布后的电场反过来再影响电介质的极化，直到静电平衡时，电介质便处于一定的极化状态. 所以，电介质中任一点的电极化强度矢量 $\boldsymbol{P}$ 与该点的合场强 $\boldsymbol{E}$ 有关. 对于不同的电介质，$\boldsymbol{P}$ 与 $\boldsymbol{E}$ 的关系不同. 实验证明，对于各向同性的电介质，$\boldsymbol{P}$ 和电介质内该点处的合场强 $\boldsymbol{E}$ 方向相同，且大小成正比，即

$$\boldsymbol{P} = \chi_e \varepsilon_0 \boldsymbol{E}$$

式中χ_e是与介质性质有关的比例系数，称为**电极化率**. 它是一个无单位的纯数，不同的介质中有不同的值，可由实验测得列表供查.

12.2.3 电介质中的电场强度 $\boldsymbol{E}$

当电介质受到外电场作用而极化时，电介质表面出现极化电荷，极化电荷和自由电荷一样也要产生电场，所以电介质中的总电场 $\boldsymbol{E}$ 等于没有电介质时自由电荷产生的电场 $\boldsymbol{E}_0$ 与极化电荷产生的附加电场 $\boldsymbol{E}'$的矢量和. 即

$$\boldsymbol{E} = \boldsymbol{E}_0 + \boldsymbol{E}'$$

由于附加场强 $\boldsymbol{E}'$总是比原场强 $\boldsymbol{E}_0$ 小，并反向. 故介质中的场强

$$\boldsymbol{E} = \boldsymbol{E}_0 + \boldsymbol{E}' \neq 0$$

上式表明：外场 $\boldsymbol{E}_0$ 在电介质中只是被削弱了，而不是像在导体中被全部抵消.

为了定量地了解电介质内部场强被削弱的情况，我们以充满各向同性均匀电介质的平行板电容器为例，来说明求电介质内部场强的方法，如图 12.13 所示.

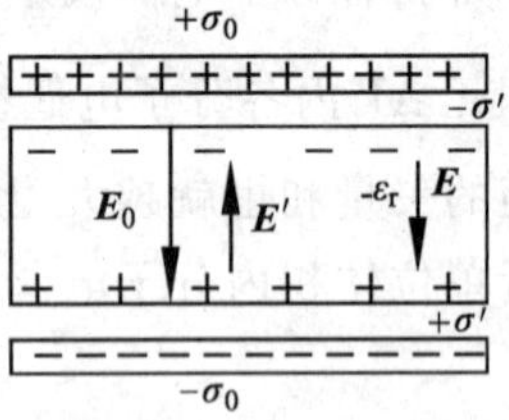

图 12.13 均匀电介质电容器

设平行板电容器极板上自由电荷面密度分别为 $+\sigma_0$ 和 $-\sigma_0$，电介质表面极化电荷密度分别为 $+\sigma'$和 $-\sigma'$，自由电荷产生场强的大小为

$$E_0 = \frac{\sigma_0}{\varepsilon_0}$$

极化电荷产生附加场强的大小为

$$E' = \frac{\sigma'}{\varepsilon_0}$$

因为在电介质中，附加场强 $\boldsymbol{E}'$的方向与 $\boldsymbol{E}_0$ 的方向相反，因此极板间电介质中的合场强 $\boldsymbol{E}$ 的大小为

$$E = E_0 - E' = \frac{\sigma_0}{\varepsilon_0} - \frac{\sigma'}{\varepsilon_0}$$

由关系

$$\sigma' = P$$

$$\boldsymbol{P} = \chi_e \varepsilon_0 \boldsymbol{E}$$

联立可得 $E = E_0 - \frac{P}{\varepsilon_0} = E_0 - \frac{\chi_e \varepsilon_0}{\varepsilon_0}E$,即 $(1+\chi_e)E = E_0$. 令 $\varepsilon_r = 1 + \chi_e$,则得

$$E = \frac{E_0}{\varepsilon_r}$$

式中 ε_r 称为**相对介电常数**或**相对电容率**. 上式反映了加入外电场 $\boldsymbol{E}_0$ 后,介质中的场强 $\boldsymbol{E}$ 只是外场 $\boldsymbol{E}_0$ 的 $1/\varepsilon_r$,这正是由于极化电荷产生的附加场 $\boldsymbol{E}'$ 削弱了自由电荷产生场强的缘故.

由以上各式还可得到

$$\sigma' = \left(1 - \frac{1}{\varepsilon_r}\right)\sigma_0 = \frac{\varepsilon - \varepsilon_0}{\varepsilon}\sigma_0$$

上式给出了电介质表面极化电荷面密度 σ' 与电容器极板上自由电荷面密度 σ_0 之间的定量关系.

最后指出,$E = \frac{E_0}{\varepsilon_r}$这一结论并不是普遍成立的,而是有适用条件的,只有在电场的全部空间中充满同一种各向同性均匀电介质,且自由电荷分布不变时,此式才成立.

12.3　有电介质时的高斯定理

12.3.1　电位移矢量　有电介质时的高斯定理

上一章,我们已讨论了真空中的高斯定理,现在来讨论有电介质时的高斯定理.

真空中的高斯定理为

$$\oint_S \boldsymbol{E} \cdot d\boldsymbol{S} = \frac{1}{\varepsilon_0}\sum_{(S内)} q_i$$

式中,$\sum\limits_{(S内)} q_i$ 是 S 面内的自由电荷的代数和. 若存在电介质,还应考虑极化电荷,故高斯面内包围的电荷应包括自由电荷 q_i 和极化电荷 q_i'两部分,于是有电介质时的高斯定理应为

$$\oint_S \boldsymbol{E} \cdot d\boldsymbol{S} = \frac{1}{\varepsilon_0}\sum_{(S内)}(q_i + q_i') \tag{12.5}$$

至此,问题并没有结束,由于通常式(12.5)中的极化电荷 q_i' 难以测量,使得式(12.5)应用起来比较复杂,所以必须想办法用直接可测量的量来代替极化电荷 q_i'.

由式(12.3),闭合曲面 S 内的极化电荷为

$$\oint_S \boldsymbol{P} \cdot d\boldsymbol{S} = -\sum_{(S内)} q_i' \tag{12.6}$$

代入式(12.5)有

$$\oint_S \boldsymbol{E} \cdot d\boldsymbol{S} = \frac{1}{\varepsilon_0}\left(\sum_{(S内)} q_i - \oint_S \boldsymbol{P} \cdot d\boldsymbol{S}\right)$$

$$\oint_S (\varepsilon_0 \boldsymbol{E} + \boldsymbol{P}) \cdot d\boldsymbol{S} = \sum_{(S内)} q_i \tag{12.7}$$

定义

$$\boldsymbol{D} = \varepsilon_0 \boldsymbol{E} + \boldsymbol{P} \tag{12.8}$$

式(12.8)中 $\boldsymbol{D}$ 称为**电位移矢量**,是一个辅助矢量,本身没有实际的物理意义. 在国际单位制中,$\boldsymbol{D}$ 的单位为 $C \cdot m^{-2}$.

定义了电位移 $\boldsymbol{D}$ 后,式(12.7)可写为

$$\oint_S \boldsymbol{D} \cdot d\boldsymbol{S} = \sum_{(S内)} q_i \tag{12.9}$$

式(12.9)称为**有电介质时的高斯定理**. 其意义为:**电位移矢量对任意一个闭合曲面的通量等于该闭合曲面内所包围的自由电荷的代数和**.

在真空中,$\boldsymbol{P}=0$,则 $\boldsymbol{D} = \varepsilon_0 \boldsymbol{E}$,式(12.9)可写为

$$\oint_S \boldsymbol{E} \cdot d\boldsymbol{S} = \frac{1}{\varepsilon_0} \sum_{(S内)} q_i$$

显然,真空中静电场的高斯定理是有电介质时的高斯定理的特例.

12.3.2 电介质的性质方程

对于各向同性电介质,极化强度 $\boldsymbol{P}$ 与场强 $\boldsymbol{E}$ 成正比,即

$$\boldsymbol{P} = \chi_e \varepsilon_0 \boldsymbol{E}$$

代入 $\boldsymbol{D}$ 的定义式,

$$\boldsymbol{D} = \varepsilon_0 \boldsymbol{E} + \chi_e \varepsilon_0 \boldsymbol{E} = \varepsilon_0 (1 + \chi_e) \boldsymbol{E}$$

因为

$$\varepsilon_r = 1 + \chi_e$$

所以

$$\boldsymbol{D} = \varepsilon_0 \varepsilon_r \boldsymbol{E} = \varepsilon \boldsymbol{E} \tag{12.10}$$

式(12.10)称为**电介质的性质方程**. 其中 $\varepsilon = \varepsilon_0 \varepsilon_r$ 称为电介质的**介电常数或电容率**.

在各向同性均匀电介质中,各点 $\boldsymbol{D}$ 和 $\boldsymbol{E}$ 是一一对应的,$\boldsymbol{D}$ 一旦确定了,$\boldsymbol{E}$ 也随之确定. 所以有电介质存在时,可由已知自由电荷的分布,根据高斯定理先求出电位移 $\boldsymbol{D}$ 的分布,然后再由 $\boldsymbol{D} = \varepsilon \boldsymbol{E}$ 的关系确定 $\boldsymbol{E}$ 的分布.

例 12.4 设半径为 R,带电量为 q 的金属球放在相对电容率为 ε_r 的均匀无限大电介质中. 求(1)电介质中 $\boldsymbol{D}$ 和 $\boldsymbol{E}$ 的分布;(2)电介质与金属的分界面上极化电荷面密度.

解 (1)由题意知,自由电荷面密度 σ_0 和极化电荷面密度 σ' 的分布皆具有球对称性,所以 $\boldsymbol{D}$ 和 $\boldsymbol{E}$ 也应具有球对称性. 在电介质中任取一半径为 r 的同心球面 S 如例12.4图所示,则 S 上各点 $\boldsymbol{D}$ 的大小相等, $\boldsymbol{D}$ 的方向沿径向向外. 于是 S 上的电位移通量为

$$\oint_S \boldsymbol{D} \cdot d\boldsymbol{S} = \oint_S D dS = 4\pi r^2 D$$

曲面 S 所包围的自由电荷为 q,根据有介质时的高斯定理可得

$$4\pi r^2 D = q$$

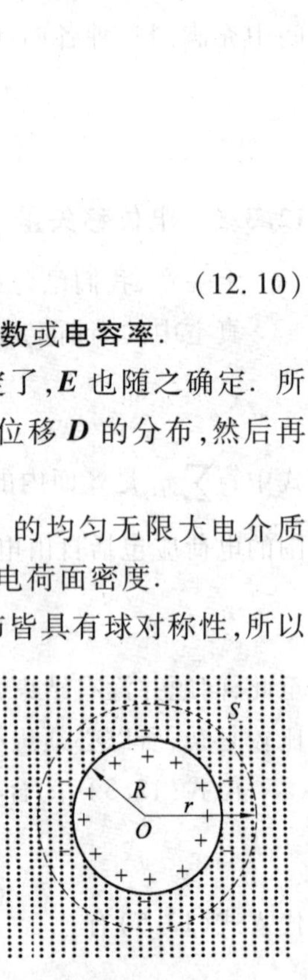

例 12.4 图

$$D=\frac{q}{4\pi r^2}$$

写成矢量式为

$$\boldsymbol{D}=\frac{q}{4\pi r^2}\boldsymbol{r}_0$$

由电介质的性质方程可得

$$\boldsymbol{E}=\frac{\boldsymbol{D}}{\varepsilon_0\varepsilon_r}=\frac{q}{4\pi\varepsilon_0\varepsilon_r r^2}\boldsymbol{r}_0$$

若金属球外为真空,而金属球所带电量仍为 q,则金属球外的电场强度为

$$\boldsymbol{E}_0=\frac{q}{4\pi\varepsilon_0 r^2}\boldsymbol{r}_0$$

两式比较,可得

$$\boldsymbol{E}=\frac{\boldsymbol{E}_0}{\varepsilon_r}$$

结果表明:带电金属球周围充满均匀无限大电介质后,其场强减弱至真空时的 $1/\varepsilon_r$.

(2)根据式(12.4),在电介质与金属球分界面上的极化电荷面密度为

$$\sigma'=P_n$$

对于各向同性介质,有 $P_n=D_n-\varepsilon_0E_n=\varepsilon_0(\varepsilon_r-1)E_n$,由于分界面处电介质的外法线方向为 $-\boldsymbol{r}_0$方向,故

$$E_n=-\frac{q}{4\pi\varepsilon_0\varepsilon_r R^2}=-\frac{\sigma}{\varepsilon_0\varepsilon_r}$$

由此可得

$$\sigma'=\varepsilon_0(\varepsilon_r-1)E_n=-\frac{\varepsilon_r-1}{\varepsilon_r}\sigma$$

式中,σ 为金属球表面自由电荷的面密度,因为 $\varepsilon_r>1$,结果表明 σ'与 σ 反号.

因此,在交界面处自由电荷和极化电荷的总电荷量为

$$q_0-\frac{\varepsilon_r-1}{\varepsilon_r}q_0=\frac{q_0}{\varepsilon_r}$$

总电荷量减小为自由电荷量的$\frac{1}{\varepsilon_r}$,这是离球心 r 处场强减小为真空时$\frac{1}{\varepsilon_r}$的原因.

12.4　电容　电容器

12.4.1　孤立导体的电容

理论研究和实验事实表明,孤立导体所带的电量 Q 与它的电势 U 成正比,即 $Q=CU$. 式中的比例系数

$$C=\frac{Q}{U} \tag{12.11}$$

C 表示孤立导体具有单位电势时所能容纳的电量,它表征了孤立导体储存电荷的能力,故称之为**孤立导体的电容**. 电容与导体是否带电无关,它是导体本身固有的一种性质,只由导体

的形状和大小来决定,例如半径为 R 的孤立导体球的电容 $C=\frac{Q}{U}=4\pi\varepsilon_0 R$. 在 SI 制中,电容的单位是 $C\cdot V^{-1}$(库仑每伏特),它的法定名称叫做法拉,以 F 表示,即

$$1F=1C\cdot V^{-1}$$

实用中,法拉这个单位太大了,地球的电容仅为

$$C=\frac{Q}{U}=4\pi\varepsilon_0 R=4\times3.14\times8.85\times10^{-12}\times6.4\times10^{6}\ \mathrm{F}=7.1\times10^{-4}\ \mathrm{F}$$

电容常用的较小的单位是 μF(微法)和 pF(皮法).

$$1\mu F=10^{-6}F$$

$$1pF=10^{-12}F$$

12.4.2 电容器

孤立导体实际上是不存在的. 当导体 A 附近有其他导体存在时,该导体的电势不仅与它本身所带的电量 q_A 有关,而且还与其他导体的大小、形状和位置有关,所以不可能再用一个恒量 $C=\frac{q_A}{U_A}$来反映 U_A 和 q_A 之间的关系. 那么,如何获得不受外界影响的稳定电容呢? 利用静电屏蔽原理即可解决这一问题.

如图 12.14 所示,A 是一个导体,B 是一个封闭的导体壳将 A 屏蔽起来. 如果使导体 A 带电量为 q,则导体壳 B 内表面上的带电量为 $-q$,A、B之间有电势差 U_A-U_B. 如果把 A 上的电量增加到 n 倍为 nq,则导体壳 B 内表面上的带电量变为 $-nq$,A、B 之间电势差也增加为 $n(U_A-U_B)$. 这表明,A、B 之间的电势差与导体 A 所带的电量成正比. 由于导体壳的静电屏蔽作用,A、B 之间电势差不受 B 外其他带电导体的影响. 因而比值 $\frac{q}{U_A-U_B}$是一个与其他导体无关的恒量. 因此,**电势差与电量成正比且不受其他导体影响的两个导体组成的系统称为电容器**. 每个导体称为**电容器的极板**,比值$\frac{q}{U_A-U_B}$叫做**电容器的电容**,用符号 C 表示,即

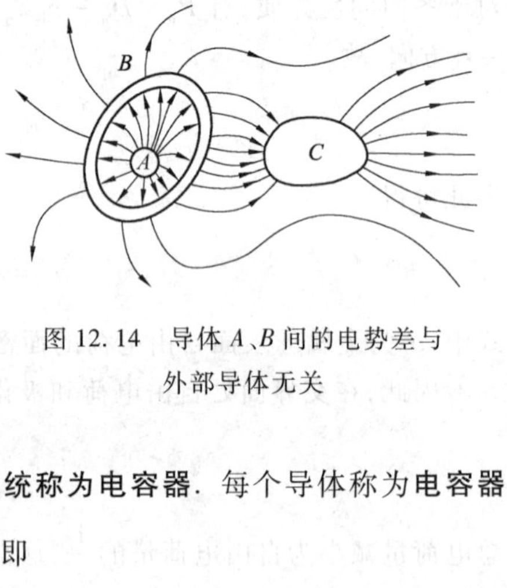

图 12.14 导体 A、B 间的电势差与外部导体无关

$$C=\frac{q}{U_A-U_B} \tag{12.12}$$

C 只与导体 A、B 的形状、尺寸以及两极板间的电介质的性质和分布有关,与电量 q 和电势差 U_A-U_B 无关. 式(12.12)表明电容器的电容在数值上等于两极板上的电势差每升高一个单位时所需的电量,电容器电容的单位与孤立导体的电容的单位相同.

在实际应用中,并不需要图 12.14 所示的严格的静电屏蔽. 只要求其他导体对两极板之间的电场分布的影响可以忽略不计即可. 下面我们来推导几种常用的电容器的电容公式,由此将可以看出,电容器电容的大小是由电容器本身的性质所决定的.

1. 平行板电容器

平行板电容器由两块彼此靠得很近且相互平行的金属板组成. 设两极板的面积均为 S,两

极板间距离为 d($d \ll$极板线度),两板间充满相对介电常数为 ε_r 的均匀电介质,如图 12.15 所示.

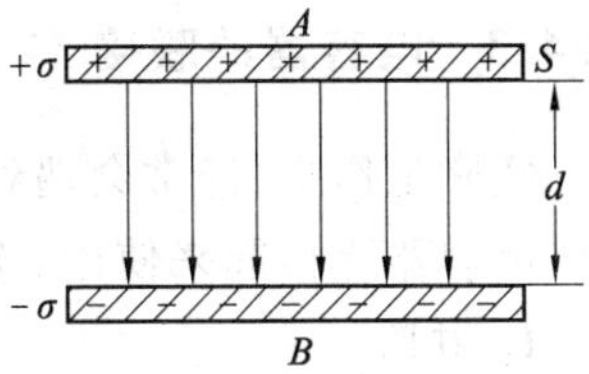

图 12.15　平行板电容器

设两极板 A 和 B 分别带有电荷 $+q$ 和 $-q$,极板上的电荷面密度分别为 $+\sigma$ 和 $-\sigma$. 忽略边缘效应,则两板间的电场强度大小为

$$E = E_A + E_B = \frac{\sigma}{\varepsilon_0 \varepsilon_r}$$

两板间的电势差

$$U_A - U_B = Ed = \frac{\sigma d}{\varepsilon_0 \varepsilon_r}$$

根据电容器的定义式(12.12),可得平行板电容器的电容

$$C = \frac{q}{U_A - U_B} = \frac{\varepsilon_0 \varepsilon_r S}{d} \tag{12.13}$$

可见,C 仅与电容器的结构有关,而与其是否带电无关. 从式(12.13)可以看出,平行板电容器的电容与极板面积成正比,与极板间的距离成反比,即增加极板面积或减小极板间的距离,以及在极板间填充电介质,可增大平行板电容器的电容.

2. 圆柱形电容器

如图 12.16 所示,圆柱形电容器由两个同轴圆柱形导体 A、B 组成,其半径分别为 R_A 和 R_B($R_A < R_B$),长度为 l,其间填充相对电容率为 ε_r 的均匀电介质.

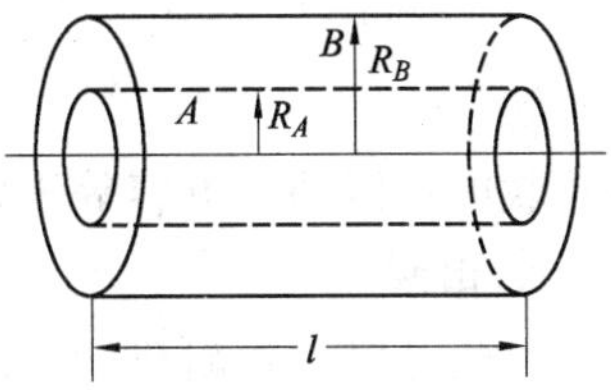

图 12.16　圆柱形电容器

设两极板带电量分别为 q 和 $-q$,则正、负电荷均匀分布在内、外极板上,单位长度的电量为 λ 和 $-\lambda$,$\lambda = \frac{q}{l}$,忽略边缘效应,它们产生的电场集中在两极板之间. 由高斯定理可知,在两柱面之间,距轴线为 r 处的电场强度大小为

$$E = \frac{\lambda}{2\pi\varepsilon_0\varepsilon_r r}$$

方向垂直于中心轴沿径向向外. 于是两极板间的电势差为

$$U_{AB} = \int_A^B \boldsymbol{E} \cdot \mathrm{d}\boldsymbol{l} = \int_{R_A}^{R_B} \frac{1}{2\pi\varepsilon_0\varepsilon_r} \frac{\lambda}{r} \mathrm{d}r = \frac{\lambda}{2\pi\varepsilon_0\varepsilon_r} \ln \frac{R_B}{R_A} = \frac{q}{2\pi\varepsilon_0\varepsilon_r l} \ln \frac{R_B}{R_A}$$

所以圆柱形电容器的电容

$$C = \frac{q}{U_A - U_B} = \frac{2\pi\varepsilon_0\varepsilon_r l}{\ln \frac{R_B}{R_A}} \tag{12.14}$$

3. 球形电容器

球形电容器是由半径为 R_A 的导体球和与它同心的、内半径为 R_B 的导体球壳组成,如 12.17 图所示. 若其间填充电容率为 ε 的电介质,容易求得(求解过程请读者自己完成),球形电容器的电容为

$$C = \frac{4\pi\varepsilon R_A R_B}{R_B - R_A} \tag{12.15}$$

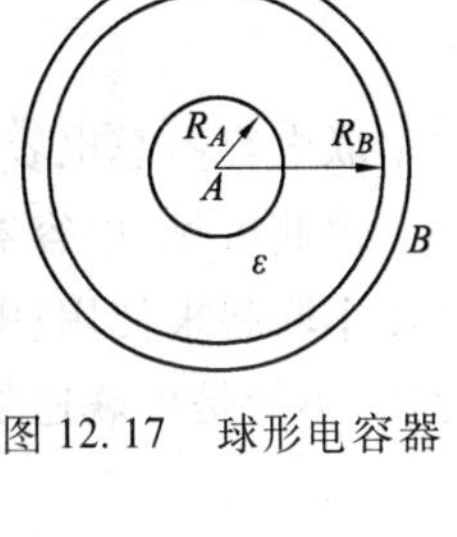

图 12.17　球形电容器

12.4.3 电容器的联接

实际工作中,经常会遇到单独一个电容器的电容量不合适或耐压不够的问题,这时可以把几个电容器连接起来使用,连接的基本方法有并联和串联两种.

1. 并联

并联可以增大电容量. 如图 12.18 所示,把每一个电容器的一个极板接到一个共同点 A,而另一个极板接到另一个共同点 B,称这些电容器为**并联**. 其特点是:**加在各并联电容器上的电压相同**. 设各电容器上的电压为 U,则各电容器上的电量为

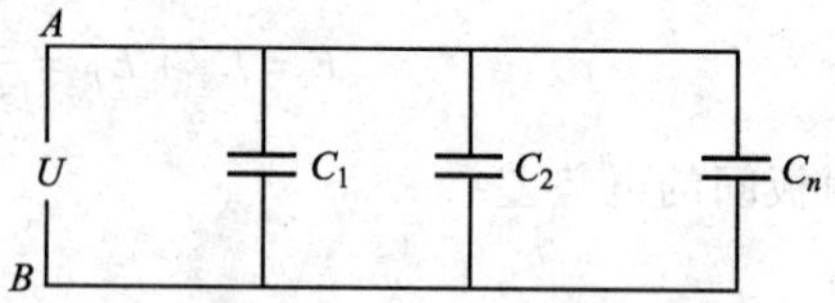

图 12.18 电容器并联

$$q_1 = C_1 U, q_2 = C_2 U, \cdots, q_n = C_n U$$

所以

$$q_1 : q_2 : \cdots : q_n = C_1 : C_2 : \cdots : C_n$$

上式表明:并联时各电容器上的电量之比等于它们的电容之比. 所有并联电容器上的总电量

$$q = \sum_{i=1}^{n} q_i = U \sum_{i=1}^{n} C_i$$

于是,总电容

$$C = \frac{q}{U} = \sum_{i=1}^{n} C_i \tag{12.16}$$

即并联电容器的总电容等于各电容器电容之和.

2. 串联

串联可以增加耐压能力. 如图 12.19 所示,每一个电容器的一个极板与另一个电容器的极板顺次联接,称为电容器的**串联**. 当给串联电容器两端的两个极板上加上总电压 U 时,则各个电容器两极板上的电压之和等于总电压 U;由静电感应和电荷守恒定律可知,每个电容器极板上都带有相同的电量 q,每个电容器上的电压分别为

$$U_1 = \frac{q}{C_1}, U_2 = \frac{q}{C_2}, \cdots, U_n = \frac{q}{C_n}$$

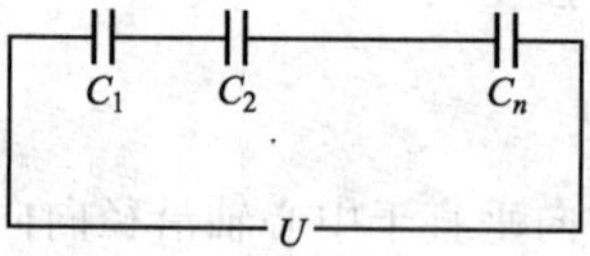

图 12.19 电容器的串联

于是

$$U_1 : U_2 : \cdots : U_n = \frac{1}{C_1} : \frac{1}{C_2} : \cdots : \frac{1}{C_n}$$

即**串联时各电容器上电压之比等于各电容器电容倒数之比**. 总电压

$$U = \sum_{i=1}^{n} U_i = q \sum_{i=1}^{n} \frac{1}{C_i}$$

所以,总电容 C 满足

$$\frac{1}{C} = \frac{U}{q} = \sum_{i=1}^{n} \frac{1}{C_i} \tag{12.17}$$

即串联电容器总电容的倒数等于各电容器电容倒数之和.

由此可见,电容器串联时,电容减小,但耐压提高,所以要承受较高电压时,可以把几个电容器串联起来使用;电容器并联时,电容增大,所以需要大电容时,可以把几个电容器并联起来使用. 不管是串联还是并联,除了考虑合适的电容量外,还要注意使每个电容器上的电压都不

能超出它的耐压能力.

例 12.5　球形电容器如例 12.5 图所示,已知外球面半径$R_2=5.0\times 10^{-2}$ m,内球面半径 R_1 取值任意,两球面间填充了相对电容率为 ε_r 的各向同性均匀电介质,已知该电介质的击穿场强$E_b=2.0\times10^7$ V · m^{-1}. 试求该电容器所能承受的最大电压.

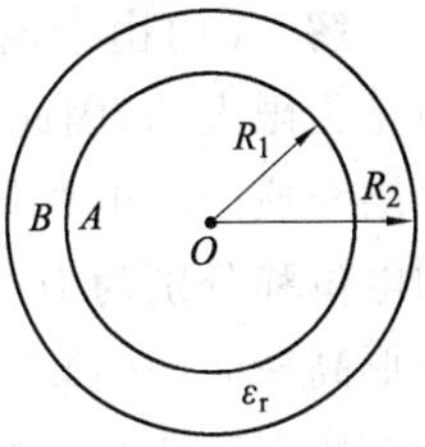

例 12.5 图

解　设内外球面分别带有电荷 $+q$ 和 $-q$,由高斯定理可求得两球面间的电场强度为

$$E=\frac{q}{4\pi\varepsilon_0\varepsilon_r r^2},R_1<r<R_2$$

故两极板 A、B 之间的电势差为

$$U_{AB}=\int_A^B \boldsymbol{E}\cdot \mathrm{d}\boldsymbol{l}=\int_{R_1}^{R_2}\frac{q}{4\pi\varepsilon_0\varepsilon_r}\frac{\mathrm{d}r}{r^2}$$

即

$$U_{AB}=\frac{q}{4\pi\varepsilon_0\varepsilon_r}\left(\frac{1}{R_1}-\frac{1}{R_2}\right)$$

由于 R_2 恒定,R_1 可以根据需要自由选择,也就是说,U_{AB}是变量 R_1 的函数,同时 U_{AB}也与极板上所带电量 q 有关,而电介质的击穿场强 E_b 也制约了 q 的最大取值,由 $E=\dfrac{q}{4\pi\varepsilon_0\varepsilon_r r^2}$,可知

$$q_{\max}=4\pi\varepsilon_0\varepsilon_r R_1^{\,2}E_b$$

所以

$$U_{AB}=\frac{q}{4\pi\varepsilon_0\varepsilon_r}\left(\frac{1}{R_1}-\frac{1}{R_2}\right)=\frac{4\pi\varepsilon_0\varepsilon_r R_1^{\,2}E_b}{4\pi\varepsilon_0\varepsilon_r}\left(\frac{1}{R_1}-\frac{1}{R_2}\right)$$

化简得

$$U_{AB}=E_b\left(R_1-\frac{R_1^{\,2}}{R_2}\right)$$

显然,只要 R_1 取适当值,就可以使 U_{AB}具有最大值. 由

$$\frac{\mathrm{d}U_{AB}}{\mathrm{d}R_1}=\frac{\mathrm{d}}{\mathrm{d}R_1}\left[E_b\left(R_1-\frac{R_1^{\,2}}{R_2}\right)\right]=0$$

可得

$$R_1=\frac{R_2}{2}$$

所以该电容器所能承受的最大电压

$$U_{AB(\max)}=E_b\left(R_1-\frac{R_1^{\,2}}{R_2}\right)=E_b\left(\frac{R_2}{2}-\frac{R_2^{\,2}/4}{R_2}\right)=\frac{1}{4}E_bR_2$$

将 $E_b=2.0\times10^7$ V · m^{-1},$R_2=5.0\times10^{-2}$ m 代入得

$$U_{AB(\max)}=\frac{1}{4}\times2.0\times10^7\times5.0\times10^{-2}\text{ V}=2.5\times10^5\text{ V}$$

例 12.6　自由电荷面密度为 $\pm\sigma_0$ 的带电平行板电容器极板间充满两层各向同性均匀电介质,见例 12.6 图. 电介质的界面都平行于电容器的极板,两层电介质的相对电容率各为 ε_{r_1} 和 ε_{r_2},厚度各为 d_1 和 d_2. 试求:(1)各电介质层中的电场强度;(2)电容器两极板间的电势差;

(3)电容器的电容.

解 (1)由于两层电介质皆为均匀的,极板又可认为是无限大的,因此两层介质中的电场都是均匀的. 设两层介质中的电场强度分别为 E_1 和 E_2,两层电介质中的电位移分别为 $\boldsymbol{D}_1$ 和 $\boldsymbol{D}_2$. 作两底面积为 ΔS_1 的封闭圆柱形高斯面,其轴线与极板垂直,其两底面与极板平行,且上底面在 A 板外侧,下底面在电介质 ε_{r_1} 中,如例 12.6 图所示. 由于电场只限于两极板间,且电场方向垂直极板由 A 指向 B,所以通过极板 A 外侧上底面的 $\boldsymbol{D}$ 通量和圆柱侧面的 $\boldsymbol{D}$ 通量皆为零,因此,通过圆柱形高斯面的 $\boldsymbol{D}$ 通量就等于通过圆柱形下底面 $\boldsymbol{D}_1$ 的通量. 根据高斯定理有

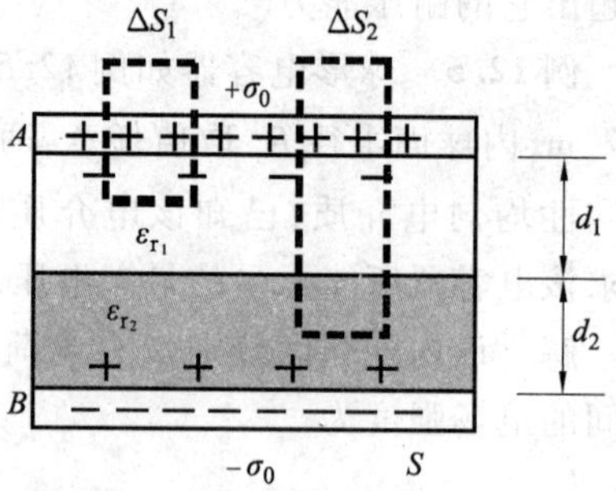

例 12.6 图

$$\oint_S \boldsymbol{D}\cdot \mathrm{d}\boldsymbol{S} = \int_{\Delta S_1} \boldsymbol{D}_1 \cdot \mathrm{d}\boldsymbol{S} = D_1 \Delta S_1 = \sigma_0 \Delta S_1$$

故有

$$D_1 = \sigma_0$$

由 $\boldsymbol{D} = \varepsilon \boldsymbol{E}$,有

$$E_1 = \frac{D_1}{\varepsilon_1} = \frac{\sigma_0}{\varepsilon_0 \varepsilon_{r_1}}$$

同理,通过电介质 2 作高斯面如例 12.6 图所示. 应用高斯定理可得

$$D_2 = \sigma_0$$

$$E_2 = \frac{D_2}{\varepsilon_2} = \frac{\sigma_0}{\varepsilon_0 \varepsilon_{r_2}}$$

可见两层电介质中的电位移矢量相等,但电场强度不等.

其实我们也可以用另一种方法求解:由于两层电介质皆为均匀的,且电介质分界面是等势面,自由电荷的分布保持不变,因此各层电介质内部的电场强度 $\boldsymbol{E}_1 = \dfrac{\boldsymbol{E}_0}{\varepsilon_{r_1}}$,$\boldsymbol{E}_2 = \dfrac{\boldsymbol{E}_0}{\varepsilon_{r_2}}$,其中 $E_0 = \dfrac{\sigma_0}{\varepsilon_0}$ 为两极板上自由面电荷在真空中产生的电场强度大小. 所以

$$E_1 = \frac{\sigma_0}{\varepsilon_0 \varepsilon_{r_1}},\quad E_2 = \frac{\sigma_0}{\varepsilon_0 \varepsilon_{r_2}}$$

由 $\boldsymbol{D} = \varepsilon \boldsymbol{E}$,可得

$$D_1 = \varepsilon_0 \varepsilon_{r_1} E_1 = \sigma_0 \quad D_2 = \varepsilon_0 \varepsilon_{r_2} E_2 = \sigma_0$$

(2)根据电势差的定义,可求出电容器两极板间的电势差为

$$U_A - U_B = \int_A^B \boldsymbol{E}\cdot \mathrm{d}\boldsymbol{l} = E_1 d_1 + E_2 d_2 = \frac{\sigma_0}{\varepsilon_0 \varepsilon_{r_1}} d_1 + \frac{\sigma_0}{\varepsilon_0 \varepsilon_{r_2}} d_2$$

$$= \frac{\sigma_0}{\varepsilon_0}\left(\frac{d_1}{\varepsilon_{r_1}} + \frac{d_2}{\varepsilon_{r_2}}\right)$$

(3)根据电容器电容的定义,该电容器的电容为

$$C = \frac{Q}{U_A - U_B} = \frac{\sigma_0 S}{\dfrac{\sigma_0}{\varepsilon_0}\left(\dfrac{d_1}{\varepsilon_{r_1}} + \dfrac{d_2}{\varepsilon_{r_2}}\right)} = \frac{\varepsilon_0 S}{d_1/\varepsilon_{r_1} + d_2/\varepsilon_{r_2}}$$

读者自己可以证明，这实际上相当于两个介质电容器的串联．

12.5　静电场的能量

一个电中性的物体周围没有静电场．当把电中性物体中的正、负电荷分开时，外力作了功，同时在该物体周围建立了静电场．可见，电场的能量是通过外力作功把其他形式的能量转变为电能，并储存在电场中的．本节以平行板电容器充电为例，讨论通过外力作功把其他形式的能量转变为电能，进而导出电场能量的公式．

12.5.1　电容器的能量

现在我们来计算电容器带有电量 Q，相应的电压为 U 时所具有的能量．这个能量可以根据电容器在充电过程中电场力对电荷作功来计算．设在充电过程中，某时刻电容器两极板上的电量为 q，以 C 表示电容，则这时两板间的电压为 $u=q/C$，此时若继续把 $\mathrm{d}q$ 电荷从负极板移至正极板，如图 12.20 所示，则外力克服静电力需作的功为

$$\mathrm{d}A = u\mathrm{d}q = \frac{q}{C}\mathrm{d}q$$

当电容器两极板分别带有 $+Q$ 和 $-Q$ 电量时，外力所作的总功为

$$A = \int \mathrm{d}A = \int_0^Q \frac{q}{C}\mathrm{d}q = \frac{1}{2}\frac{Q^2}{C}$$

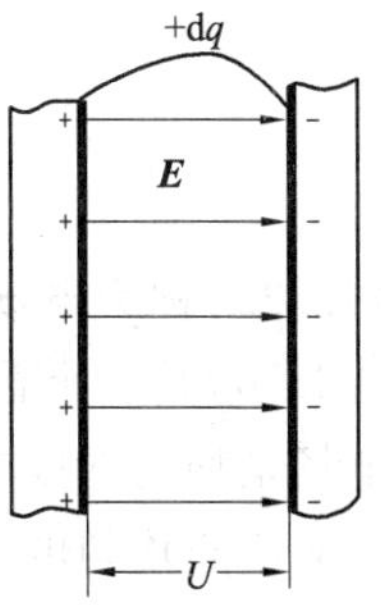

图 12.20　带电电容器的能量

根据能量守恒和转化定律，这功将使电容器的能量增加，由于电容器未充电时能量为零，所以这功就是电容器充电至电量 Q 时所具有的能量 W_e，即

$$W_e = \frac{1}{2}\cdot\frac{Q^2}{C} = \frac{1}{2}CU^2 = \frac{1}{2}QU \tag{12.18}$$

这就是**电容器的储能公式**，它对于各种结构的电容器均适用．

12.5.2　电场的能量

如上所述，充电电容器中存储了电能，我们知道，任何带电体系的形成过程也是电场的建立过程，所以电容器储存的能量也就是电场的能量．那么一个带电体的电能究竟是储存在什么地方呢？在静电学领域，电荷和电场总是同时并存的，我们无法分辨究竟是电荷携带能量还是电场储存了能量．但是以后我们将会看到，随时间变化的电场和磁场将以电磁波的形式在空间传播．在电磁波中，电场可以脱离电荷而传播到远处．电磁波携带能量已经是近代无线电技术中人所共知的事实了，这就是说，**电能存储于电场之中**．

我们以平行板电容器为例，把电容器中储存的电场能量用表征电场性质的物理量 $\boldsymbol{E}$ 表示出来．

设平行板电容器两极板的面积为 S，两极板之间的距离为 d，极板间的均匀电介质的电容率为 ε．于是

$$C = \frac{\varepsilon S}{d}$$

当两极板间的电势差为 U 时，电容器的储能为

$$W_e = \frac{1}{2}CU^2 = \frac{1}{2}\frac{\varepsilon S}{d}U^2$$

$$= \frac{1}{2}\varepsilon\left(\frac{U}{d}\right)^2 Sd = \frac{1}{2}\varepsilon E^2 V$$

或

$$W_e = \frac{1}{2}DEV \tag{12.19}$$

式(12.19)中 D、E 分别为电介质的电位移矢量和场强矢量的大小. $V=Sd$ 是平行板电容器内电场所占空间的体积,并且在这个体积中电场的分布是均匀的,所以所储存的电场能量也是均匀分布的,这样可得单位体积的电场能量为

$$w_e = \frac{W_e}{V}$$

即

$$w_e = \frac{1}{2}\boldsymbol{D}\cdot\boldsymbol{E} = \frac{1}{2}\varepsilon E^2 \tag{12.20}$$

式(12.20)称为**电场的能量密度公式**. 它虽然是由平行板电容器这个特例导出的,但可以证明式(12.20)是一个普遍成立的公式,不仅适用于静电场,而且还适用于随时间变化的电场,无论电场是均匀的或非均匀的,式(12.20)都是正确的.

对于非均匀电场,能量密度 w_e 是随空间各点而变化的,若要计算某一体积 V 中的能量,必须把整个体积分成许多体积元 $\mathrm{d}V$,使得 $\mathrm{d}V$ 体积元内各点的电场是均匀的,则在 $\mathrm{d}V$ 内电场所储存的能量为

$$\mathrm{d}W_e = w_e \mathrm{d}V \tag{12.21}$$

整个电场中储存的能量等于 w_e 在场强不为零的空间 V 中的体积分,即

$$W_e = \int_V w_e \mathrm{d}V = \int_V \frac{1}{2}\boldsymbol{D}\cdot\boldsymbol{E}\mathrm{d}V \tag{12.22}$$

积分遍及电场所占的整个空间.

例 12.7 如例 12.7 图所示,球形电容器的内、外球面半径分别为 R_1 和 R_2,且分别均匀带电量为 $+Q$ 和 $-Q$,若在两球壳间充以电容率为 ε 的电介质,计算此电容器储存的电场能量.

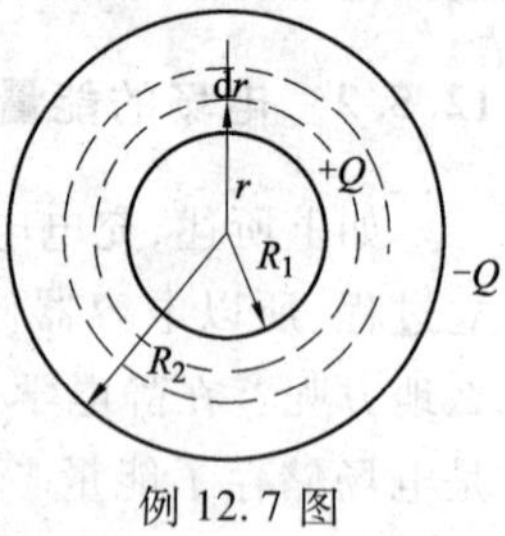

例 12.7 图

解 由于球形电容器的电场被限制在内、外两极板之间,所以我们只需考虑这部分空间所储存的电场能量. 由于球壳间电场是对称分布的,由高斯定理可得球壳间的电场强度

$$E = \frac{Q}{4\pi\varepsilon r^2}$$

故球壳内的电场能量密度为

$$w_e = \frac{1}{2}\varepsilon E^2 = \frac{Q^2}{32\pi^2\varepsilon r^4}$$

取半径为 r、厚为 $\mathrm{d}r$ 的球壳,其体积元为

$$\mathrm{d}V = 4\pi r^2 \mathrm{d}r$$

所以,体积元 $\mathrm{d}V$ 中电场能量为

$$dW_e = w_e dV = \frac{Q^2}{8\pi\varepsilon r^2}dr$$

电场总能量为

$$W_e = \int w_e dV = \frac{Q^2}{8\pi\varepsilon}\int_{R_1}^{R_2}\frac{dr}{r^2} = \frac{Q^2}{8\pi\varepsilon}\left(\frac{1}{R_1}-\frac{1}{R_2}\right) = \frac{1}{2}\frac{Q^2}{4\pi\varepsilon\dfrac{R_1R_2}{R_2-R_1}}$$

而由式 12.15 知,球形电容器的电容 $C = 4\pi\varepsilon\dfrac{R_1R_2}{R_2-R_1}$,所以由电容器储能公式 $W_e = \dfrac{1}{2}\cdot\dfrac{Q^2}{C}$ 也能直接得到以上结果.

例 12.8　空气平行板电容器的极板面积为 S,极板间的距离为 d,其中插入一块厚度为 d' 的平行铜板,如例 12.8 图所示. 现将电容器充电到电势差为 U 后电源断开,再将铜板从电容器中抽出. 试求抽出铜板外力所需作的功.

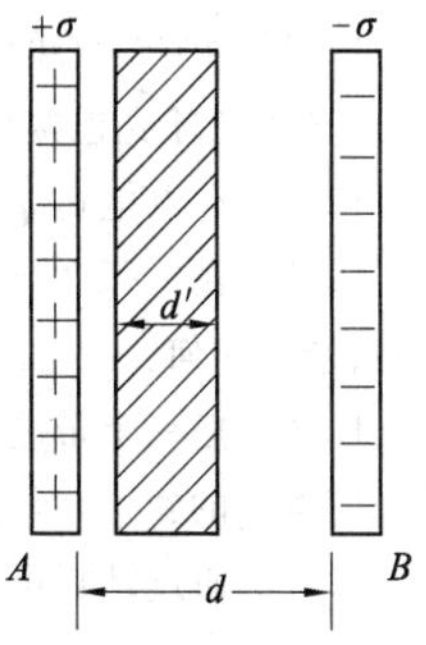

例 12.8 图

解　用两种方法求解此题.

(1)按照能量的观点,所求外力作的功等于抽出铜板前后该电容器电能的增量. 由于切断了电源,所以在整个抽板过程中,极板上的电荷 Q 是保持不变的,但电容 C 却要改变.

求出抽出铜板前电容器的电容:设电荷面密度为 σ,由于铜板内 $E=0$,而极板间空气中 $E=\dfrac{\sigma}{\varepsilon_0}$,故知两极板之间的电势差为 $U=\dfrac{d-d'}{\varepsilon_0}\sigma$,从而求得电容为

$$C_1 = \frac{\varepsilon_0 S}{d-d'}$$

可见,在此情形中电容只与铜板的厚度有关,而与其在电容器中的位置无关. 当然,C_1 也可视为两个串联电容器的等效电容,读者可自行计算之.

由此可知,极板上自由电荷为

$$Q = C_1 U = \frac{\varepsilon_0 SU}{d-d'}$$

电容器中所储能量为

$$W_1 = \frac{1}{2C_1}Q^2 = \frac{1}{2}\frac{\varepsilon_0 S}{d-d'}U^2$$

抽出铜板后,电容变为 $C_2 = \dfrac{\varepsilon_0 S}{d}$,极板上的电荷仍为 Q,电容器中所储能量为

$$W_2 = \frac{1}{2C_2}Q^2 = \frac{1}{2}\frac{\varepsilon_0 Sd}{(d-d')^2}U^2$$

能量的增量 $\Delta W = W_2 - W_1$ 应等于外力所需作的功,即

$$A = W_2 - W_1 = \frac{1}{2}\frac{\varepsilon_0 Sd'}{(d-d')^2}U^2$$

(2)按照电场是能量携带者的观点,在铜板抽出前后,空气中的均匀电场强度不变,即能量密度不变. 但电场存在的空间体积是变化的,从而引起总能量的变化,即由式(12.22)电场能量公式得

$$A=W_2-W_1=w_e(V_2-V_1)=\frac{1}{2}\varepsilon_0E^2[d-(d-d')]S$$
$$=\frac{1}{2}\frac{\varepsilon_0Sd'}{(d-d')^2}U^2$$

可见,这种解法比较方便.

思考题

12.1 各种形状的带电导体中是否只有球形导体内部场强为零?为什么?

12.2 使一孤立导体球带正电荷,这孤立导体球的质量是增加、减少还是不变?

12.3 两个同心的导体球壳,带有不同的电量,若取无限远为电势零点,这时内球壳电势 U_1,外球壳电势 U_2,用导线把球壳连接后,则系统的电势是多少?

12.4 在点电荷 q 的电场中放入一导体球,q 距导体球心距离为 r,此导体球的电势为多大?

12.5 在一孤立导体球壳的中心放一点电荷,球壳内、外表面上的电荷分布是否均匀?如果点电荷偏离球心,情况如何?

12.6 把一个带电体移近一个导体壳,带电体单独在导体壳的腔内产生的电场是否为零?静电屏蔽效应是如何发生的?

12.7 通过计算可知地球的电容约为 700 μF,为什么实验室有的电容器的电容(如 1 000 μF)比地球的还要大?

12.8 平行板电容器的电容公式表示,当两极板间距 $d\to0$ 时,电容 $C\to\infty$,在实际中我们为什么不能用尽量减小 d 的办法来制造大的电容器?

12.9 如果在平行板电容器的一个极板上放上比另一个极板更多的电荷,这额外的电荷将会怎样?

12.10 如果考虑平行板电容器的边缘场,那么其电容器比不考虑边缘场时的电容是大还是小?

习题

12.1 若取无限远为电势零点,半径为 R 的导体球体带电后电势为 U_0,则球外距球心为 r 的一点的电场强度 E 是多少?

12.2 三个平行金属板 A、B 和 C 的面积都是 200 cm^2,A 和 B 相距4.0 mm,A 与 C 相距 2.0 mm,B、C 都接地,如题 12.2 图所示. 如果使 A 板带正电 3.0×10^{-7} C,略去边缘效应,问 B 和 C 板上的感应电荷各是多少?以地的电势为零,则 A 板的电势是多少?

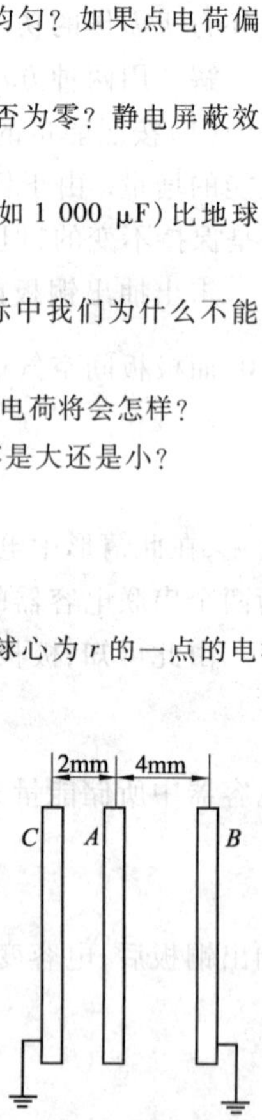

题 12.2 图

12.3 两个半径分别为 R_1 和 $R_2(R_1<R_2)$ 的同心薄金属球壳,现给内球壳带电 $+q$,试计算:

(1)外球壳上的电荷分布及电势大小;

(2)先把外球壳接地,然后断开接地线重新绝缘,此时外球壳的电荷分布及电势;

(3)再使内球壳接地,此时内球壳上的电荷以及外球壳上的电势的改变量.

12.4 半径为 R 的金属球离地面很远,并用导线与地相连,在与球心相距为 $d=3R$ 处有一点电荷 $+q$,试求:金属球上的感应电荷的电量.

12.5 有三个大小相同的金属小球,其中小球 1、2 带有等量同号电荷,相距甚远,其间的库仑力为 F_0. 试求:

(1)用带绝缘柄的不带电小球 3 先后接触小球 1、2 后移去,小球 1、2 之间的库仑力;

(2)小球 3 依次交替接触小球 1、2 很多次后移去，小球 1、2 之间的库仑力.

12.6　如题 12.6 图所示，一平行板电容器两极板面积都是 S，两极板 A 与 B 相距为 d，分别维持电势 $U_A = U, U_B = 0$ 不变. 现把一块带有电量为 q 的导体薄片 C 平行地放在两极板的正中间，薄片的面积也是 S，片的厚度略去不计. 求导体薄片 C 的电势.

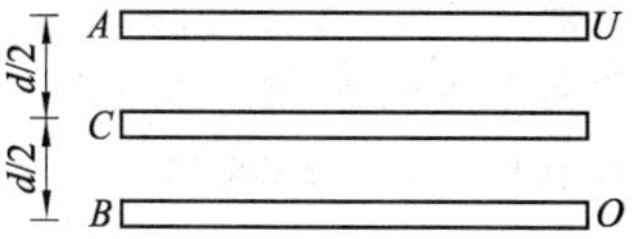

题 12.6 图

12.7　在半径为 R_1 的金属球之外包有一层外半径为 R_2 的均匀电介质球壳，介质相对介电常数为 ε_r，金属球带电 Q. 试求：

(1)电介质内、外的场强；

(2)电介质层内、外的电势；

(3)金属球的电势.

12.8　如题 12.8 图所示，在平行板电容器的一半容积内充入相对介电常数为 ε_r 的电介质. 试求：在有电介质部分和无电介质部分极板上自由电荷面密度的比值.

12.9　金属球壳 A 和 B 的中心相距为 r，A 和 B 原来都不带电. 现在 A 的中心放一点电荷 q_1，在 B 的中心放一点电荷 q_2，如题 12.9 图所示. 试求：

(1) q_1 对 q_2 作用的库仑力，此时 q_2 有无加速度？

(2)去掉金属壳 B，求 q_1 作用在 q_2 上的库仑力，此时 q_2 有无加速度？

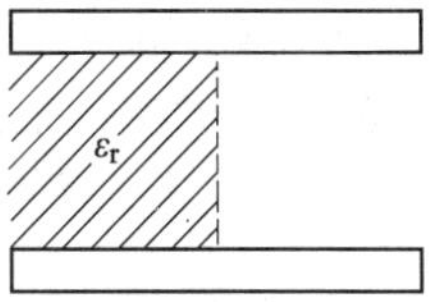

题 12.8 图

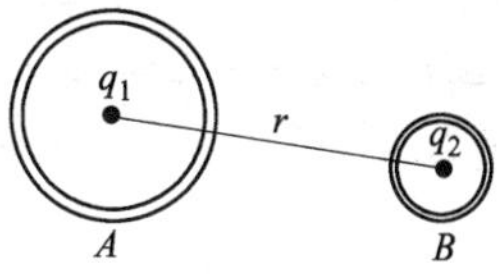

题 12.9 图

12.10　半径为 $R_1 = 2.0$ cm 的导体球，外套有一同心导体球壳，壳的内、外半径分别为 $R_2 = 4.0$ cm，$R_3 = 5.0$ cm，当导体球带电量 $Q = 3.0 \times 10^{-8}$ C 时，求：

(1)整个电场储存的能量；

(2)如果将导体壳接地，计算储存的能量；

(3)此电容器的电容值.

科学家简介

欧　　姆

欧姆(Georg Simon Ohm，1787—1854)，德国物理学家.

生平简介

欧姆于 1787 年 3 月 16 日出生于德国埃尔兰根. 欧姆的父亲是一位熟练的锁匠，家里共有 7 个孩子，欧姆是长子，他爱好哲学和数学，从小就在父亲的教育下学习数学，这对欧姆以后的发展起到了重要作用.

欧姆曾在埃尔兰根大学求学，由于经济困难，于 1806 年中途辍学，当了几年家庭教师. 1811 年他重新回到埃尔兰根，并最终取得博士学位. 毕业后，欧姆在埃尔兰根教了 3 个学期的数学，因收入菲薄，不得不去班堡中等学校教书. 1817 年，欧姆出版了他的第一本著作《几何教科书》，他被聘为科隆耶稣会学院的数学物理教师，那里实验室设备良好，为欧姆研究电学提供了有利条件.

1825 年欧姆发表了有关伽伐尼电路的论文，但其中的公式是错误的. 第二年他改正了这个错误，得出了著名的欧姆定律.

欧姆定律刚发表时,并没有被大学所接受,连柏林学会也没有注意到它的重要性. 欧姆非常失望,他辞去了在科隆的职务,又去当了几年私人教师. 随着研究电路工作的进展,人们逐渐认识到欧姆定律的重要性,欧姆本人的声誉也大大提高. 1833 年他被聘为纽伦堡工艺学校物理教授. 1841 年伦敦皇家学会授予他勋章. 1849 年他当上了慕尼黑大学物理教授. 他在晚年还写了光学方面的教科书. 1854 年 7 月 6 日,欧姆在德国曼纳希逝世.

主要科学贡献

欧姆在物理学中的主要贡献是发现了欧姆定律.

奥斯特发现电流磁效应之后,欧姆开始研究导线中电流本身遵循什么规律. 他受到热流规律(一根导热杆中两点间的热流大小正比于这两点的温度差)的启发,推想导线中两点之间的电流大小也许正比于这两点之间的某种驱动力. 欧姆把这种未知的驱动力称作"验电力",也就是现在所说的电势差或电压. 欧姆在这个设想的基础上,作了一系列实验,实验中遇到了不少困难. 起初,欧姆采用伏打电堆作电源,效果不理想. 后来采用刚发明不久的温差电池作电源,才获得了稳定的电流. 第二个困难是电流大小的测量. 欧姆原来利用电流的热效应,通过热胀冷缩方法来测量电流的大小,但是没有取得理想的效果. 后来他巧妙地利用电流的磁效应,设计了一个电流扭秤,才有效地解决了这个问题. 欧姆用一根扭丝悬挂一根水平放置的磁针,待测的通电导线放在磁针的下面,并和磁针平行,用铋-铜温差电池作为电源. 欧姆反复作了多次实验,得到了如下关系:

$$X = a/(b + x)$$

式中 a、b 是常数,分别和电源的电动势和内电阻相对应;X 是磁针偏转角,和导线中电流强度相对应;x 是导线长度,和外电路的电阻相对应. 这是欧姆定律的最早形式,发表在 1826 年德国《化学和物理学杂志》上,论文的题目是《金属导电定律的测定》. 拿这个公式与今天的全电路欧姆定律公式 $I = \varepsilon/(R + r)$ 相比,X 和 I 相对应,x 和外电路总电阻 R 相对应,a 和电源电动势 ε 相对应,b 和电源内电阻 r 相对应,这个公式相当于今天的全电路欧姆定律公式.

1827 年出版了他最著名的著作《伽伐尼电路的数学论述》,文中列出了公式 $S = A/L$,明确指出伽伐尼电路中电流的大小与总电压成正比,与电路的总电阻成反比,式中 S 为导体中的电流强度(I),A 为导体两端的电压(U),L 为导体的电阻(R),可见,这就是今天的部分电路欧姆定律公式.

另外,欧姆还发现了电阻与导线的长度及横截面的关系.

此外,欧姆对声学也有过研究,1843 年他发现人耳只能分辨作为纯音的正弦声波,并能自动地把任何一种周期性声波分解成各种谐音加以吸收. 1852 年他还对单轴晶体中的光的干涉现象进行了研究.

趣闻轶事

1. 灵巧的手艺是从事科学实验之本

欧姆的家境十分困难,但他从小受到良好的熏陶. 父亲是个技术熟练的锁匠,还爱好数学和哲学. 父亲对他的技术启蒙,使欧姆养成了动手的好习惯,他心灵手巧,做什么都像样. 物理是一门实验科学,如果只会动脑不会动手,那么就好像是用一条腿走路,走不快也走不远. 欧姆要不是有一手好手艺,木工、车工、钳工样样都能干,他是不可能获得如此成就的.

在进行电流随电压变化的实验中,正是欧姆巧妙地利用电流的磁效应,自己动手制成了电流扭秤,用它来测量电流强度,才取得了较精确的结果.

2. 乌云和尘埃遮不住科学真理之光

1827 年,欧姆发表《伽伐尼电路的数学论述》,从理论上论证了欧姆定律. 欧姆满以为研究成果一定会受到学术界的承认,也会请他去教课. 可是他想错了. 书的出版招来不少讽刺和诋毁,大学教授们看不起他这个中学教师．德国人鲍尔攻击他说："以虔诚的眼光看待世界的人不要去读这本书，因为它纯然是不可置信的欺骗，它的唯一目的是要亵渎自然的尊严．"这一切使欧姆十分伤心，他在给朋友的信中写道："伽伐尼电路的诞生已经给我带来了巨大的痛苦，我真抱怨它生不逢时．"

当然也有不少人为欧姆抱不平，发表欧姆论文的《化学和物理杂志》主编施韦格（即电流计发明者）写信给欧姆说："请您相信，乌云和尘埃后面的真理之光最终会透射出来，并含笑驱散它们．"直到七八年之后，随着电路研究工作的进展，人们逐渐认识到欧姆定律的重要性，1841 年英国皇家学会授予他科普利奖章，1842 年他被聘为国外会员，1845 年被接纳为巴伐利亚科学院院士．为纪念他，电阻的单位"欧姆"以他的姓氏命名．

阅读材料 B

新型智能材料——电流变液

在电影《终结者Ⅱ》中有这样一个场面：一场震耳欲聋的激烈枪战中，机器人 T-1000 被打得粉身碎骨，然而，仅仅一眨眼时间，那些碎片忽而变成了液滴，状如水银泻地一般，让人无法捉摸．更神奇的是，不一会，这些液滴又会聚集一起，或变为铺地砖的地板伪装起来，或长成人形，令他的对手措手不及……当然这是利用电影特技制作的科技神话和幻想．

但是，这些神话和幻想，如今真的变成了现实．如图 B-1 所示，烧杯中装有一种黄乎乎的糊状液体，加上电场，液体竟成了固体，接着把电场撤去，固体又立即变成液体，再加电场，又变成固体……这不是魔术表演，显然也不是电影特技，而是近几年来正在迅速发展的一门现代技术——电流变技术，相应的这种材料称为电流变液（即 ER 流体）．

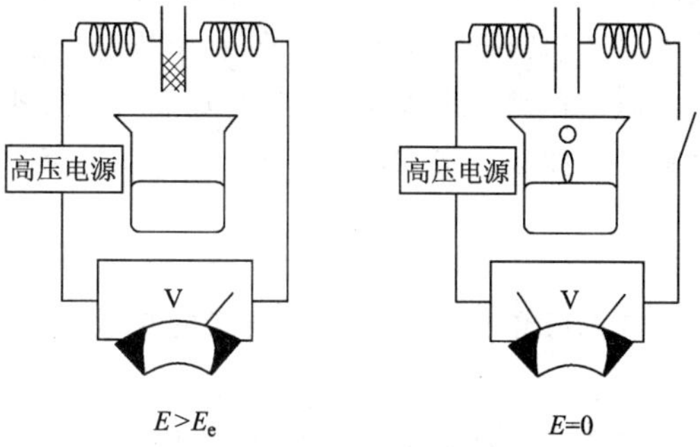

图 B-1　电流变液

我们知道，通常的流体如水、油等它们的状态变异往往取决于温度，超过沸点温度时，液态水变为水蒸气，达到冰点温度时，液态水变为固态冰．而电流变液是指某种对电场具有敏感反应而发生状态变异的流体．它不是一般的水、油，而是由高介电常数的微小颗粒和低介电常数的油液组成的均匀悬浮状液体．当外加电场强度大大低于某个临界值 E_e（通常是几千伏毫米$^{-1}$，电流密度为 $10^{-5}\sim10^{-7}\,\mathrm{A\cdot cm^{-2}}$）时，电流变液呈液态．若增大电场并大大超过该临界值，则它就变成固态．两者之间转变的时间在毫秒的量级，而且这种转变是连续可逆的，即将外电场强度减少至临界值以下时，它又立即变为液态．在临界场附近，可以有效地用外加电场来控制这种悬浮体的黏滞性．

电流变液的本质就是电场导致固体介质颗粒的极化．电相互作用和热运动之间的竞争决定了电流变液系统的状态，低电场下热运动为主，系统为液态；当电场上升使得电相互作用克服了热运动而占主导地位时，介电颗粒被极化的程度增加，突然开始沿电场方向排列，黏稠度也逐渐增加，在两极板间形成链状结构，随着电场的进一步增强，悬浮颗粒更有规则地排列起来，形成了有一定粗细、并相隔一定距离的圆形链柱近程有序结构，从而由液态进入固态．

这种新型材料从 20 世纪 80 年代后期开始出现，目前这种新型材料已显示出十分广阔的应用前景．例如，用它制作液体阀门，制作电压控制的无级可调离合器等．这些新装置一旦投入使用，将会使若干工业技术领域如自动化设备、计算机、机械工业、油压工业、交通、建筑、防震、航空航天等出现革命性的变革．

人们由电流变液还联想到磁流变液以及电磁流变液，这些研究领域正方兴未艾，受到各国科技界的重视．

第13章 电流与磁场

静止电荷在其周围激发静电场,如果电荷在运动,那么在它的周围不仅有电场,还存在磁场。当电荷运动形成稳恒电流时,在其周围所产生的磁场也是稳恒的,称为**稳恒磁场**(也称为**静磁场**). 如果在一已知的磁场中,放入另外的载流导体、载流线圈或运动电荷,那么这些载流体将会受到磁场的作用. 本章主要研究真空中稳恒磁场的性质、规律及稳恒磁场对电流的作用、规律.

13.1 电流 电源 电动势

13.1.1 电流 电流密度

电荷在空间有规则地定向运动就形成电流. 我们常把导体中形成电流的带电粒子统称为**载流子**. 金属导体中的载流子是自由电子,电解质溶(熔)液中的载流子是正、负离子,电离气体中是正、负离子和自由电子,在半导体中是自由电子和空穴.

电流的强弱用**电流强度** I(简称**电流**)来描述,定义为单位时间内通过导体任一截面的电荷量. 如果在 $\mathrm{d}t$ 时间内通过导体某截面的电量为 $\mathrm{d}q$,则通过该截面的电流为

$$I=\frac{\mathrm{d}q}{\mathrm{d}t} \tag{13.1}$$

在国际单位制中,电流强度的单位是安培,符号为 A,安培是 SI 单位制中的一个基本单位.

电流强度 I 只能从整体上反映导体截面的电流特征,并不能描述载流子在截面各点的分布情况. 如果电流通过粗细不均匀的导体,在不同截面上载流子的分布和流向显然不同,因此仅有电流的概念是不够的,还必须引入能够描述电流分布的物理量——**电流密度矢量 $\boldsymbol{j}$**. 导体中任意一点的电流密度矢量 $\boldsymbol{j}$ 的方向定义为该点正电荷的运动方向,其大小等于通过该点并与电流方向垂直的单位面积上的电流强度. 若在导体中某点处取一个与电流方向垂直的小面元 $\mathrm{d}S_\perp$,如图 13.1 所示,设通过 $\mathrm{d}S_\perp$ 的电流为 $\mathrm{d}I$,则该点处电流密度矢量 $\boldsymbol{j}$ 的大小为

$$j=\frac{\mathrm{d}I}{\mathrm{d}S_\perp} \tag{13.2}$$

如图 13.2 所示,若小面元 $\mathrm{d}S$ 的单位法向矢量 $\boldsymbol{e}_n$ 与电流方向成倾斜角 θ,用 $\mathrm{d}S_\perp$ 表示面元 $\mathrm{d}S$ 在与电流方向垂直的平面上的投影,因通过 $\mathrm{d}S_\perp$ 和 $\mathrm{d}S$ 的电流均为 $\mathrm{d}I$,则由(13.2)式可得

$$\mathrm{d}I=j\mathrm{d}S_\perp=j\mathrm{d}S\cos\theta$$

或写成矢量的标积形式

$$\mathrm{d}I=\boldsymbol{j}\cdot\mathrm{d}\boldsymbol{S} \tag{13.3}$$

那么通过截面 S 的电流强度 I 可以计算为

$$I=\int_S\boldsymbol{j}\cdot\mathrm{d}\boldsymbol{S}=\int_S j\mathrm{d}S\cos\theta \tag{13.4}$$

式(13.4)说明,通过某一截面 S 的电流强度 I 就是此截面上电流密度矢量 $\boldsymbol{j}$ 的通量.

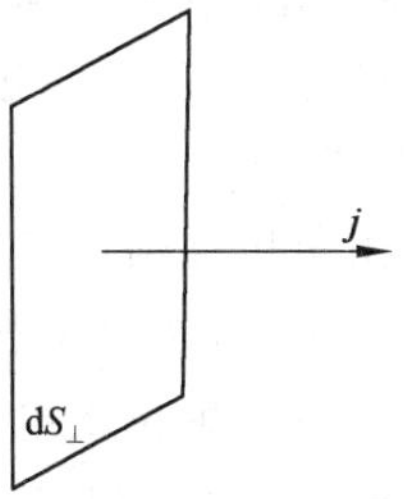

图 13.1

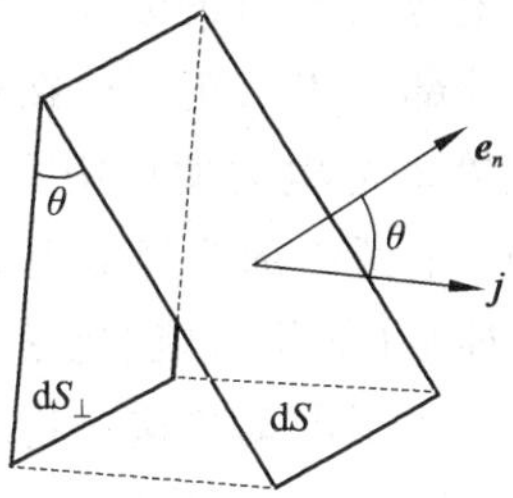

图 13.2

13.1.2　电流的连续性方程

设想在导体内任取一闭合曲面 S,并规定曲面的外法线方向为正,根据式(13.4),通过闭合曲面 S 上的 $\boldsymbol{j}$ 通量为

$$I = \oint_S \boldsymbol{j} \cdot \mathrm{d}\boldsymbol{S} = \frac{\mathrm{d}q_{出}}{\mathrm{d}t} \tag{13.5}$$

即单位时间内从闭合曲面 S 内向外流出的净电荷量. 根据电荷守恒定律,单位时间内通过闭合曲面 S 向外流出的电量必等于单位时间内曲面 S 内减少的电量,即

$$\oint_S \boldsymbol{j} \cdot \mathrm{d}\boldsymbol{S} = -\frac{\mathrm{d}q}{\mathrm{d}t} \tag{13.6}$$

式(13.6)称为**电流的连续性方程**,它是电荷守恒定律在电流场中的数学表述.

如果闭合曲面 S 内的电荷不随时间变化,即 $\frac{\mathrm{d}q}{\mathrm{d}t}=0$,则由式(13.4)可表示为

$$\oint_S \boldsymbol{j} \cdot \mathrm{d}\boldsymbol{S} = 0 \tag{13.7}$$

这就是说,流入闭合曲面 S 内的电量,恒等于流出闭合曲面 S 的电量,也即在闭合曲面内没有电荷被积累起来,说明通过闭合曲面的电流是恒定的,称为**稳恒电流**. 因此,式(13.7)又称为**稳恒电流条件**.

13.1.3　电源　电动势

要在导体中维持稳恒电流,必须在导体两端维持恒定的电势差,怎样才能满足这一条件呢?

我们先来观察如图 13.3(a)所示的带电电容器的放电实验. 当用导线把电容器的两极连接时,在电场力的作用下,自由电子从极板 B 通过导线流向极板 A,形成从 A 流向 B 的电流. 与此同时,极板 B 上的自由电子不断减少,极板 A 上的正电荷则不断地和由极板 B 运动过来的负电荷中和,使两极板间的电势差很快降低到零,导线中的电流也随之很快降为零. 由此可见,只有静电力的作用是不能在导体中维持稳恒电流的. 由于静电力的作用,正电荷只能从高电势向低电势运动,因此必须依靠非静电起源的力——**非静电力**,才能把正电荷逆着静电场的方向,由低电势处移动到高电势处. 这种能提供非静电力的装置称为**电源**.

在不同类型的电源中,非静电力的起源不同. 化学电源中的非静电力起源于物质的物理化学作用,发电机中的非静电力起源于磁场对运动电荷的作用,温差电池中的非静电力起源于

自由电子的扩散作用.

电源的两个极中,电势高的叫**正极**,电势低的叫**负极**. 用导体连接两极就形成一个闭合回路. 在外电路上(电源外部导体),正电荷在稳恒静电力的作用下,从正极流向负极;在内电路上(电源内部),正电荷在非静电力的作用下,从负极流向正极.

如图 13.3(b)所示,电源内部非静电力 $\boldsymbol{F}'$将正电荷由负极移到正极需要克服静电力 $\boldsymbol{F}$ 作功,从而使其他形式的能量(如机械能、化学能、太阳能、热能等)转化为电势能. 为了表征电源转化能量的能力,人们引入了电动势这一物理量,其定义为:把单位正电荷从电源负极经过电源内部移到电源正极时非静电力所作的功,称为电源的**电动势**. 如以 W 表示非静电力对电荷 q 所作的功,ε 表示电源的电动势,则有

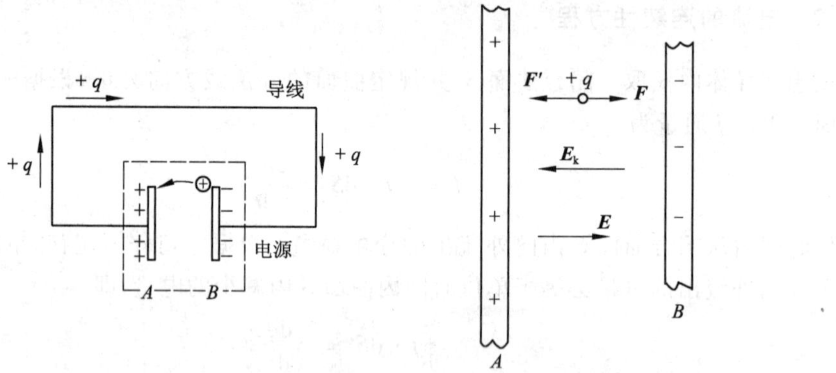

图 13.3 电源内的非静电力把正电荷从负极板移到正极板

$$\varepsilon = \frac{W}{q} = \oint_L \frac{\boldsymbol{F}'}{q}\cdot \mathrm{d}\boldsymbol{l} = \oint_L \boldsymbol{E}_{\mathrm{k}} \cdot \mathrm{d}\boldsymbol{l} \tag{13.8}$$

式(13.8)中

$$\boldsymbol{E}_{\mathrm{k}} = \frac{\boldsymbol{F}'}{q} \tag{13.9}$$

表示单位正电荷所受的非静电力,称为**非静电场强**. 考虑到如图 13.3(a)所示的闭合电路中,外电路的导线中没有非静电场,非静电场强 $\boldsymbol{E}_{\mathrm{k}}$ 只存在于电源的内部,故在外电路上有

$$\int_{外} \boldsymbol{E}_{\mathrm{k}} \cdot \mathrm{d}\boldsymbol{l} = 0 \tag{13.10}$$

这样,式(13.8)可改写为

$$\varepsilon = \oint_L \boldsymbol{E}_{\mathrm{k}} \cdot \mathrm{d}\boldsymbol{l} = \int_{内} \boldsymbol{E}_{\mathrm{k}} \cdot \mathrm{d}\boldsymbol{l} \tag{13.11}$$

式(13.11)表示电源电动势的大小等于把单位正电荷从负极经电源内部移到正极时非静电力所作的功. 由电动势的定义可知,电动势的单位和电势相同,也是焦耳/库仑,即伏特(V),但是它们是两个完全不同的物理量. 电动势是与非静电力的功联系在一起的,而电势是与静电力的功联系在一起的.

电动势是标量,我们规定非静电场强的方向为电动势的方向,在电源内部由负极指向正极.

13.2　电流的磁场

早在公元前 3 世纪,我国就有磁石吸铁的记载,东汉“司南勺”被公认为最早的磁性指南器具,后发展成为指南针,于 12 世纪用于航海.

19 世纪以前,磁学和静电学是各自独立地发展着,直到 1820 年以后,才由奥斯特和安培通过实验将电和磁的联系揭示出来.

13.2.1　磁起源于电流

1. 奥斯特实验

奥斯特是哥本哈根大学的教授,自 1812 年他的脑海中就盘旋着一个问题:“电是否以其隐蔽的方式对磁体有类似的作用?”1820 年 4 月,奥斯特在一次讲课时,偶然发现一根通电导线平行置于磁针上方时,引起了磁针的偏转(见图 13.4),随后他做了数月的研究工作,于 1820 年 7 月发表了他的研究结果,这便是历史上著名的奥斯特实验. 结果表明,当电流从 A 流向 B 时,俯视则看到磁针作逆时针方向的偏转;当电流反向时,则磁针的偏转方向变为顺时针. 这表明,电流的附近存在磁场. 正是这种磁场导致了小磁针的偏转,从而揭示了电流与磁场的联系.

奥斯特的新发现,使其他物理学家得到了开拓性的启发,纷纷沿着这个方向开展了大量的研究工作,从而揭开了电磁现象研究的新篇章. 从 1820 年起,法国物理学家安培、阿拉果、毕奥和萨伐尔以及奥斯特本人相继发现:载流导线附近的磁场与电流的流向服从**右手螺旋定则**,即用右手握住直导线,使大拇指伸直指向电流方向,其他四指弯曲方向就是磁场方向. 而对圆电流,则用大拇指指示磁场方向,把四指弯曲方向表示电流流向. 图 13.5 分别表示了载流直导线和载流螺线管的磁场与电流的方向关系.

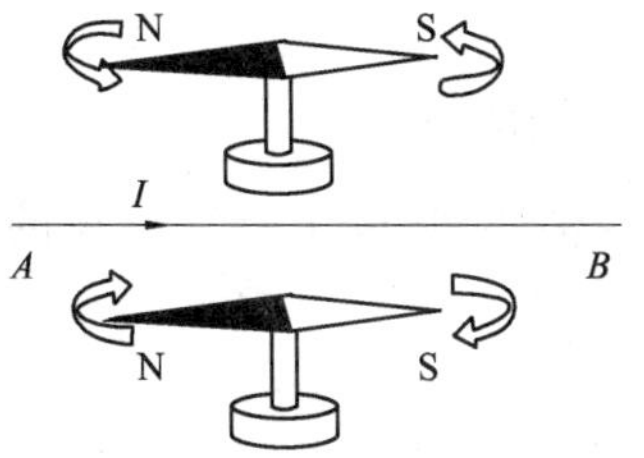

图 13.4　奥斯特实验

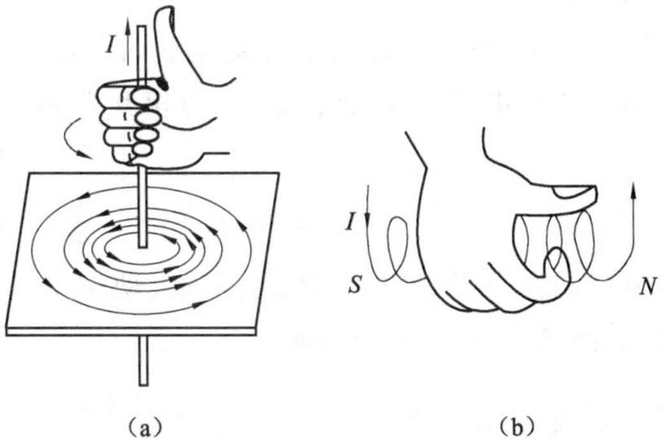

图 13.5　磁场与电流方向关系

同年,安培发现放在磁铁附近的载流导线或载流线圈,也会受到磁力的作用而运动(见图 13.6和图 13.7),即磁铁也会对电流施加作用. 如果导线或线框中的电流反向,则它们的运动方向也反向. 随后安培又发现载流导线之间也存在相互作用力,当两根平行直导线中的电流方向相同时,它们相互吸引,当电流方向相反时,它们相互排斥(见图 13.8).

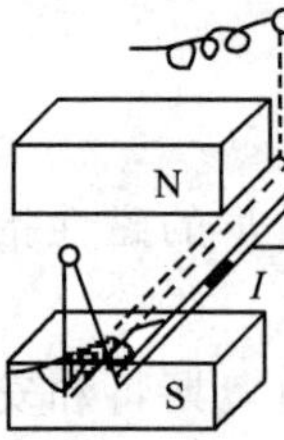

图 13.6 磁场对载流导线的作用

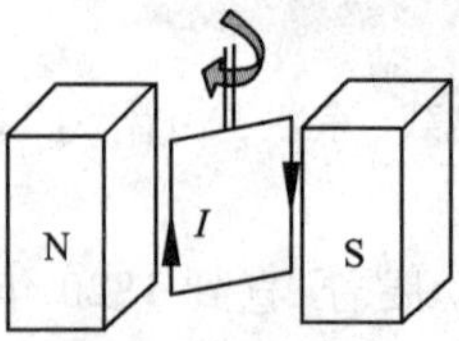

图 13.7 磁场对载流线圈的作用

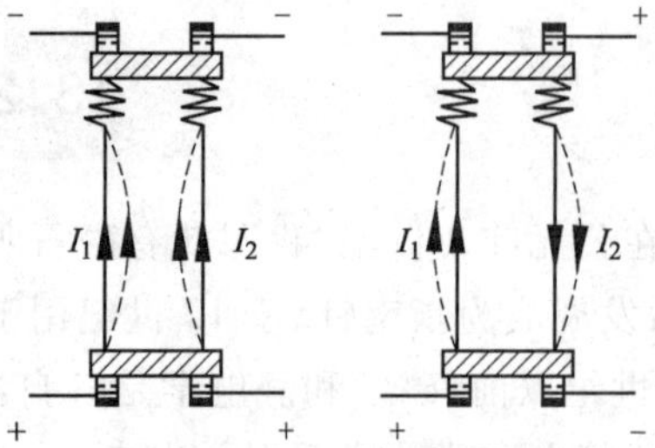

图 13.8 两条平行载流导线间的相互作用

1820 年秋,安培在巴黎科学院会议上介绍了他的实验结果,指出了载流线框、螺线管或载流导线的行为就像一块磁铁的行为一样,它们也可以相互吸引或相互排斥. 这使人们进一步确认磁现象与电荷的运动是密切相关的.

2. 安培分子环流假设

但是,人们马上联想到,磁铁中并没有传导电流,可它却有很强的磁性,能在周围激发很强的磁场,那么,它的场源又是什么呢?

安培在大量实验的启发下,确信一切磁现象的根源是电流. 为了说明磁铁磁性的本质,安培在尚不知道原子结构的情况下,大胆提出了分子电流的假设:物质中的每一个分子都存在着回路电流,称为**分子电流**(见图 13.9(a)),如果这些分子电流作定向排列,则在宏观上就会显现出磁性来(见图 13.9(b)). 近代物理的研究结果表明,安培的假设是符合实际的. 原子是由带正电的原子核和绕核旋转的电子组成的. 电子不仅绕核旋转,而且还要自转,也称为自旋,原子、分子等微观粒子内电子的这些运动形成了"分子电流",这便是物质磁性的基本来源.

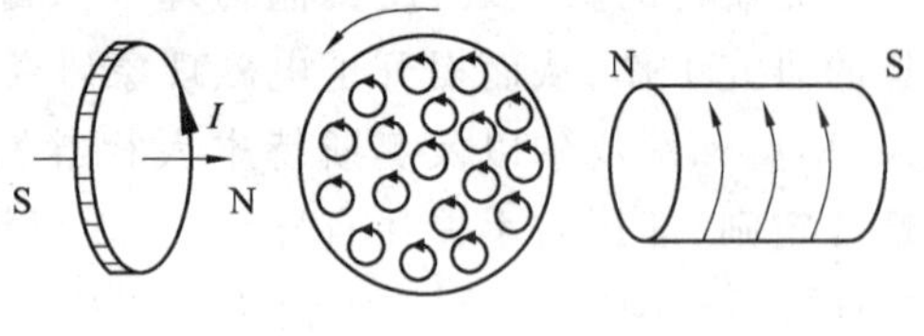

(a) (b)

图 13.9 分子电流

这样看起来,物质磁性的本源是电流,而电流又是电荷的定向运动. 因此,一切磁现象都可以归结为运动电荷(即电流)之间的相互作用,这种相互作用是通过磁场来传递的,可表示为

运动电荷 ⟷ 磁场 ⟷ 运动电荷

同电场一样,磁场也具有能量、质量、动量等物质的基本属性,它也是物质存在的一种形式,下面的问题是如何描述磁场.

13.2.2 磁感应强度

对于电场,我们从力的角度出发,引入了描述电场性质的物理量电场强度 $\boldsymbol{E}$. 类似地,为了描述磁场的性质,人们引入磁感应强度这个物理量,它也是一个矢量,常用 $\boldsymbol{B}$ 表示.

在电场中,我们曾用电场对试验电荷的作用来定义电场强度. 与此类同,我们也用磁场对运动电荷的作用来定义磁感应强度.

将一个速度为 $\boldsymbol{v}$、电量为 q 的运动试验电荷引入磁场,实验发现:

① 运动电荷所受磁力 $\boldsymbol{F}$ 的方向总与该电荷的运动方向垂直,即 $\boldsymbol{F} \perp \boldsymbol{v}$;

② 运动电荷所受磁力 $\boldsymbol{F}$ 的大小与该电荷的电量 q 和速率 v 的乘积成正比,即 $F \propto qv$,此

外，$\boldsymbol{F}$ 的大小还与电荷在磁场中的运动方向有关；

③ 磁场中的每一点都存在着一个与运动电荷无关的特征方向，这反映出磁场本身的一个性质．当试验电荷 q 沿该方向运动时，所受磁力为零（$\boldsymbol{F}=0$），当 q 垂直于该方向运动时，所受磁力最大（$F=F_{max}$）．

根据运动试验电荷在磁场中所受磁力的特性，我们对描述磁场性质的基本物理量——磁感应强度定义如下：

对于磁场中的任一点，运动电荷不受磁力作用的特征方向即为该点的磁感应强度 $\boldsymbol{B}$ 的方向（其指向与该点处小磁针 N 极的指向相同）．

运动电荷在磁场中某点所受最大磁力 F_{max} 与 qv 的比值与运动电荷无关，只取决于该点磁场本身的性质，故我们定义运动电荷在磁场中某点所受最大磁力 F_{max} 与 qv 的比值为该点磁感应强度 $\boldsymbol{B}$ 的大小，即

$$B=\frac{F_{max}}{qv} \tag{13.12}$$

它表示具有单位速度、单位电量的运动电荷在该点所受的最大磁力．

在 SI 制中，磁感应强度的单位为特斯拉（T，$N\cdot A^{-1}\cdot m^{-1}$）．对于弱磁场，习惯于以高斯（G）为单位，它与特斯拉的换算关系为

$$1T=10^4G$$

表 13.1 列出了一些地方的磁感应强度的数量级．

表 13.1　一些地方的磁感应强度

核表面	约 10^{12}T	太阳光线中	约 3×10^{-6}T
脉冲星表面	约 10^{8}T	无线电波中	约 10^{-9}T
太阳表面	约 10^{-2}T	人体磁场	约 3×10^{-10}T
地球表面	约 5×10^{-5}T	在磁屏蔽的抗磁质盒中	约 2×10^{-14}T

13.2.3　毕奥-萨伐尔定律

在静电场中，任意带电体所产生的电场强度 $\boldsymbol{E}$，可以看成是由无限多个电荷元 dq 所产生的电场强度 $d\boldsymbol{E}$ 的叠加．类似地，对于任意形状的载流导线，要确定其在空间任一点产生的磁感应强度 $\boldsymbol{B}$，可把载流导线分割成无限多的电流元，电流元常用矢量 $Id\boldsymbol{l}$ 表示（$d\boldsymbol{l}$ 表示载流导线沿电流方向取的线元矢量，I 为导线中的电流）．这样，载流导线在磁场中任一点产生的磁感应强度 $\boldsymbol{B}$，就是由其上所有电流元在该点产生的 $d\boldsymbol{B}$ 的叠加，即 $\boldsymbol{B}=\int_L d\boldsymbol{B}$．那么，电流元 $Id\boldsymbol{l}$ 产生的磁感应强度 $d\boldsymbol{B}$ 是怎样的呢？

1820 年，法国科学家毕奥（J. B. Biot，1774—1862）和萨伐尔（F. Savart，1791—1841）二人研究并分析了大量的实验资料，经数学家拉普拉斯（Pierre-Simon Laplace，1749—1827）进行科学抽象归纳，最后总结出一条电流元产生磁场的规律称为**毕奥-萨伐尔定律**，其内容如下：

载流导体中任一电流元 $Id\boldsymbol{l}$ 在空间某点 P 产生的磁感应强度 dB 的大小，与电流元 $Id\boldsymbol{l}$ 的大小成正比，与电流元 $Id\boldsymbol{l}$ 和矢径 $\boldsymbol{r}$（即由电流元指向场点 P 的矢量，如图 13.10 所示）之间的夹角 θ 的正弦成正比，与矢径大小 r 的平方成反比，即

$$dB=\frac{\mu_0}{4\pi}\frac{Idl\sin\theta}{r^2} \tag{13.13}$$

式（13.13）中 μ_0 为真空中的磁导率，$\mu_0=4\pi\times10^{-7}T\cdot m\cdot A^{-1}$．

$\mathrm{d}\boldsymbol{B}$ 的方向垂直于 $I\mathrm{d}\boldsymbol{l}$ 与 $\boldsymbol{r}$ 组成的平面，沿 $I\mathrm{d}\boldsymbol{l}\times\boldsymbol{r}$ 的方向. 用右手螺旋法则来判定：使右手四指指向 $I\mathrm{d}\boldsymbol{l}$ 的方向，然后经小于180°的角转向 $\boldsymbol{r}$ 的方向，则伸直的大拇指所指的方向就是 P 点 $\mathrm{d}\boldsymbol{B}$ 的方向（如图 13.10 所示）.

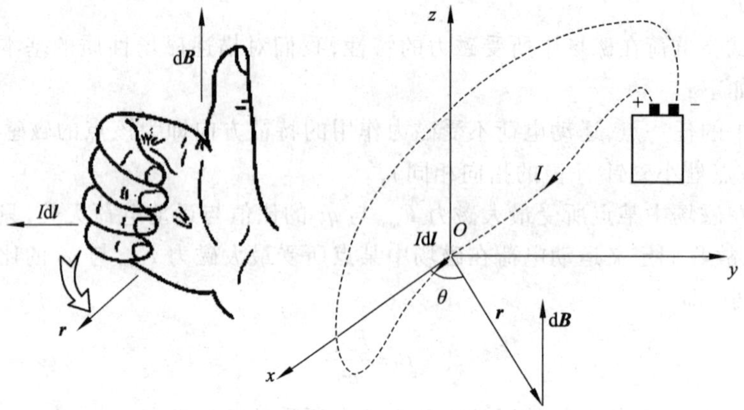

图 13.10

写成矢量式有

$$\mathrm{d}\boldsymbol{B}=\frac{\mu_0}{4\pi}\frac{I\mathrm{d}\boldsymbol{l}\times\boldsymbol{r}}{r^3}=\frac{\mu_0}{4\pi}\frac{I\mathrm{d}\boldsymbol{l}\times\boldsymbol{r}_0}{r^2} \tag{13.14}$$

式(13.14)中，$\boldsymbol{r}_0=\dfrac{\boldsymbol{r}}{r}$为矢径 $\boldsymbol{r}$ 的单位矢量.

13.2.4 磁场叠加原理　毕奥-萨伐尔定律的应用

1. 磁场的叠加原理

能够产生磁场的电流、电流元、运动电荷等统称为**磁场源**. 如果有 n 个磁场源，设第 i 个磁场源在点 P 产生的磁感应强度为 $\boldsymbol{B}_i$. 实验表明，n 个磁场源同时存在时，在空间某点 P 产生的磁感应强度 $\boldsymbol{B}$，等于各个磁场源单独存在时在该点所产生的磁感应强度的矢量和，即

$$\boldsymbol{B}=\sum_{i=1}^{n}\boldsymbol{B}_i \tag{13.15}$$

这一结论叫**磁场的叠加原理**.

2. 毕奥-萨伐尔定律的应用

利用毕奥-萨伐尔定律和磁场的叠加原理，可以求出任意形状的载流导线在空间的磁感应强度为

$$\boldsymbol{B}=\int_L\mathrm{d}\boldsymbol{B}=\frac{\mu_0}{4\pi}\int_L\frac{I\mathrm{d}\boldsymbol{l}\times\boldsymbol{r}_0}{r^2} \tag{13.16}$$

注意式(13.16)为矢量积分. 具体计算时，首先在载流导线上取电流元 $I\mathrm{d}\boldsymbol{l}$，然后根据毕奥-萨伐尔定律，确定电流元 $I\mathrm{d}\boldsymbol{l}$ 在给定场点产生的磁感应强度 $\mathrm{d}\boldsymbol{B}$，并由电流元 $I\mathrm{d}\boldsymbol{l}$ 和位矢 $\boldsymbol{r}$ 的矢积确定 $\mathrm{d}\boldsymbol{B}$ 的方向. 如果各电流元的 $\mathrm{d}\boldsymbol{B}$ 方向相同，则可直接用 $B=\int_L\mathrm{d}B$ 计算 $\boldsymbol{B}$ 的大小. 如果各电流元的 $\mathrm{d}\boldsymbol{B}$ 方向不同，则应根据题意选取适当的坐标系，确定 $\mathrm{d}\boldsymbol{B}$ 沿各坐标轴的分量，通过积分求出 $\boldsymbol{B}$ 的各分量值. 最后根据 $\boldsymbol{B}=B_x\boldsymbol{i}+B_y\boldsymbol{j}+B_z\boldsymbol{k}$，确定载流导线产生的磁感应强度 $\boldsymbol{B}$ 的大小和方向.

下面我们举例来说明毕奥-萨伐尔定律的应用.

例 13.1　试求长为 L 的载流直导线附近任一点 P 的磁感应强度 $\boldsymbol{B}$. 设已知电流为 I,θ_1、θ_2 分别为这段载流直导线两端的电流元与其到场点 P 的矢径间的夹角.

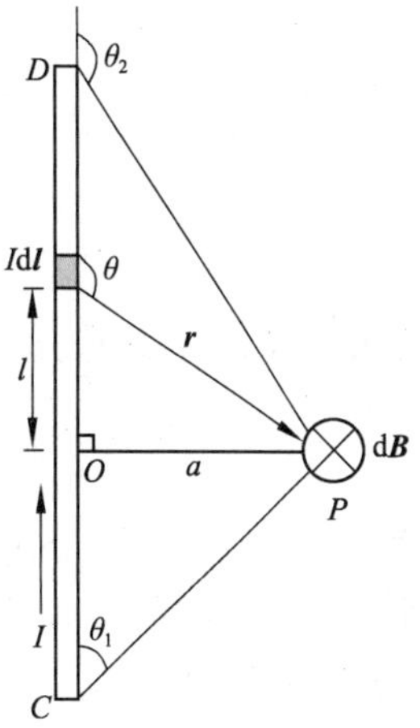

例 13.1 图

解　在直导线上任取电流元 $I\mathrm{d}\boldsymbol{l}$,如例 13.1 图所示,按毕奥-萨伐尔定律,电流元在给定点 P 的磁感应强度 $\mathrm{d}\boldsymbol{B}$ 为

$$\mathrm{d}\boldsymbol{B}=\frac{\mu_0}{4\pi}\frac{I\mathrm{d}\boldsymbol{l}\times\boldsymbol{r}_0}{r^2}$$

$\mathrm{d}\boldsymbol{B}$ 的方向按 $I\mathrm{d}\boldsymbol{l}\times\boldsymbol{r}_0$ 来确定,即垂直纸面向内,在图中用⊗表示. 由于长直导线 L 上的每一个电流元在点 P 的磁感应强度 $\mathrm{d}\boldsymbol{B}$ 的方向都是一致的(垂直纸面向内),则

$$B=\int_C^D \mathrm{d}B=\int_C^D\frac{\mu_0}{4\pi}\frac{I\mathrm{d}l\sin\theta}{r^2}$$

式中 l,r,θ 都是变量,必须统一到同一变量才能积分. 由例 13.1 图可得

$$l=-a\cot\theta$$

$$\mathrm{d}l=\frac{a\mathrm{d}\theta}{\sin^2\theta}\qquad r=\frac{a}{\sin\theta}$$

从而

$$B=\frac{\mu_0}{4\pi}\int_{\theta_1}^{\theta_2}\frac{I\sin\theta\mathrm{d}\theta}{a}=\frac{\mu_0 I}{4\pi a}(\cos\theta_1-\cos\theta_2)\tag{13.17}$$

如果载流导线为无限长时,$\theta_1=0,\theta_2=\pi$,则任一点 P 的磁感应强度为

$$B=\frac{\mu_0 I}{2\pi a}\tag{13.18}$$

在这种情况下,B 与场点到载流导线的垂直距离 a 成反比,磁场分布具有轴对称性,即在以导线为轴且半径相同的圆柱面上各点 $\boldsymbol{B}$ 的大小相同. 实用中,只要场点离导线足够近,又不靠近导线端点,即使有限长的载流直导线,式(13.18)也近似成立.

例 13.2　求载流圆线圈轴线上任一点 P 的磁感应强度. 已知圆线圈半径为 R,通有电流 I.

解　如例 13.2 图所示,取圆线圈轴线为 x 轴,坐标原点在圆心上. 在圆线圈上任取一电流元 $I\mathrm{d}\boldsymbol{l}$,它在 P 点的磁感应强度大小为

$$\mathrm{d}B=\frac{\mu_0}{4\pi}\frac{I\mathrm{d}l}{r^2}$$

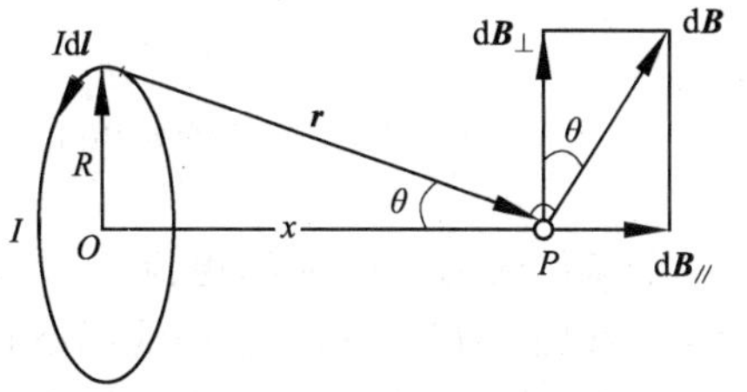

例 13.2 图

方向如例 13.2 图所示,由于圆线圈上任一电流元都与该电流元到 P 点的矢量 $\boldsymbol{r}$ 垂直,各电流元在 P 点的磁感应强度大小相等,方向各不相同. 由对称关系可知,垂直于轴线方向上的各 $\mathrm{d}\boldsymbol{B}_\perp$ 互相抵消,而沿轴线方向 $\mathrm{d}\boldsymbol{B}_{/\!/}$ 互相加强,所以 P 点的磁感应强度为

$$\boldsymbol{B}=\int\mathrm{d}\boldsymbol{B}=\boldsymbol{i}\int\mathrm{d}B_{/\!/}=\boldsymbol{i}\int\mathrm{d}B\sin\theta$$

式中,θ 为 $\boldsymbol{r}$ 与轴线的夹角. 将 $\mathrm{d}B$ 代入得

$$B = \frac{\mu_0 \boldsymbol{i}}{4\pi}\int \frac{I\mathrm{d}l}{r^2}\sin\theta$$

因为

$$r^2 = R^2 + x^2, \sin\theta = \frac{R}{r} = \frac{R}{(R^2 + x^2)^{1/2}}$$

代入上式并对 dl 积分,取积分限为 0 ~ $2\pi R$,则

$$\boldsymbol{B} = \frac{\mu_0 IR^2}{2(R^2 + x^2)^{3/2}}\boldsymbol{i} = \frac{\mu_0}{2\pi}\frac{IS}{(R^2 + x^2)^{3/2}}\boldsymbol{i} = \frac{\mu_0}{2\pi}\frac{\boldsymbol{P}_{\mathrm{m}}}{(R^2 + x^2)^{3/2}} \tag{13.19}$$

式(13.19)中,$\boldsymbol{P}_{\mathrm{m}} = IS\boldsymbol{n}_0$ 为线圈的磁矩,其大小为 IS,方向为线圈平面正法线方向,以 $\boldsymbol{n}_0$ 表示,即垂直于线圈的平面,用右手四指弯曲方向代表电流流向,则大拇指指向就是 $\boldsymbol{n}_0$ 的方向. 如果载流线圈共有 N 匝,则线圈的总磁矩 $\boldsymbol{P}_{\mathrm{m}} = NIS\boldsymbol{n}_0$. 线圈的磁矩是描述载流线圈性质的物理量.

在远离线圈处,$x \gg R$,轴线上任一点的磁感应强度为

$$\boldsymbol{B} = \frac{\mu_0}{2\pi}\frac{\boldsymbol{P}_{\mathrm{m}}}{x^3} \tag{13.20}$$

在圆心处,$x = 0$,所以磁感应强度 $\boldsymbol{B}_0$ 为

$$\boldsymbol{B}_0 = \frac{\mu_0 I}{2R}\boldsymbol{i} \tag{13.21}$$

例 13.3 求长直载流螺线管轴线上任一点 P 的磁感应强度 $\boldsymbol{B}$. 设电流为 I.

解 直螺线管就是绕在直圆柱面上的螺旋形线圈(见例 13.3(a)图). 螺线管上的各匝线圈一般绕得很紧密,每匝线圈相当于一个圆形线圈. 载流直螺线管在某点所产生的磁感应强度等于各匝线圈在该点所产生的磁感应强度之总和.

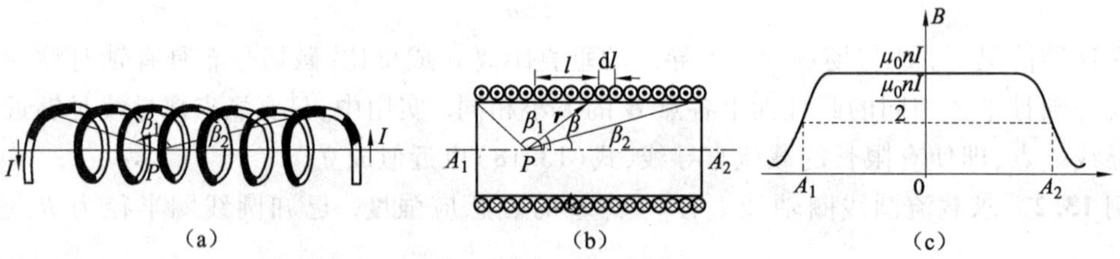

例 13.3 图

(a)直螺线管;(b)直螺线管轴上各点磁感应强度之计算用图;(c)直螺线管轴线上的磁场分布

设螺线管的半径为 R,电流为 I,每单位长度有线圈 n 匝,在螺线管上任取一小段 dl,这小段上有线圈 ndl 匝. 由于管中线圈绕得很紧密,这小段上的线圈相当于电流为 Indl 的一个圆形电流,由式(13.19),知它在轴线上某点 P 所产生的磁感应强度为

$$\mathrm{d}B = \frac{\mu_0}{2}\frac{R^2 In\mathrm{d}l}{(R^2 + l^2)^{3/2}}$$

式中,l 是点 P 离 dl 这一小段螺线管线圈的距离,磁感应强度的方向沿轴线向右,因为螺线管的各小段在点 P 所产生的磁感应强度方向都相同,因此,整个螺线管所产生的总磁感应强度为

$$B = \int_L \mathrm{d}B = \int_L \frac{\mu_0}{2}\frac{R^2 In\mathrm{d}l}{(R^2 + l^2)^{3/2}}$$

为了便于积分,我们引入参变量 β 角,这就是螺线管的轴线与从点 P 到 $\mathrm{d}l$ 处小段线圈上任一点的位矢 $\boldsymbol{r}$ 之间的夹角,于是从例 13.3(b)图中可以看出

$$l = R\cot\beta$$

微分上式,得

$$\mathrm{d}l = -R\csc^2\beta\mathrm{d}\beta$$

又

$$R^2 + l^2 = R^2\csc^2\beta$$

所以

$$B = \int\left(-\frac{\mu_0}{2}nI\sin\beta\right)\mathrm{d}\beta$$

β 的上下限分别为 β_1 和 β_2,代入上式后得

$$B = \frac{\mu_0}{2}nI\int_{\beta_1}^{\beta_2}(-\sin\beta)\mathrm{d}\beta = \frac{\mu_0}{2}nI(\cos\beta_2 - \cos\beta_1) \tag{13.22}$$

下面对式(13.22)作如下讨论:

(1)如果螺线管为“无限长”,亦即螺线管的长度较其直径大得很多时,$\beta_1 \to \pi$,$\beta_2 \to 0$,所以

$$B = \mu_0 nI \tag{13.23}$$

这一结果说明,任何绕得很紧密的长直螺线管内部轴线上磁感应强度是个常矢量. 此外,理论和实验证明:对于管内的任一点上述结论均成立,即“无限长”螺线管内部的磁场是匀强磁场.

(2)长直螺线管的端点处的磁感应强度恰好是内部磁感应强度的一半. 例如,在点 A_1,$\beta_1 \to \frac{\pi}{2}$,$\beta_2 \to 0$,所以在点 A_1 处有

$$B = \frac{1}{2}\mu_0 nI \tag{13.24}$$

长直螺线管所产生的磁感应强度的方向沿着螺线管轴线,其指向可按右手法则确定,右手四指表示电流方向,拇指就是磁场指向,轴线上各处 B 的量值变化情况如例13.3(c)图所示.

例 13.4　已知半径为 R 的均匀带电圆盘,带电量为 $+q$,圆盘以匀角速度 ω 绕通过圆心垂直于圆盘的轴转动,如例 13.4 图所示. 试求:

(1)带电圆盘轴线上任意一点 P 的磁感应强度 $\boldsymbol{B}$;

(2)旋转带电圆盘的磁矩 $\boldsymbol{P}_\mathrm{m}$.

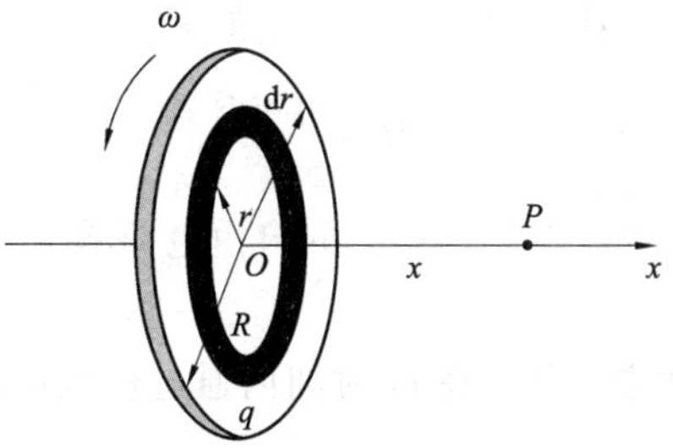

例 13.4 图

解　(1)如例 13.4 图所示,在距圆心为 r 处取一宽度为 $\mathrm{d}r$ 的圆环,当带电圆盘绕轴旋转时,圆环上的电荷做圆周运动,相当于一个载流线圈,其电流为

$$\mathrm{d}I = \frac{\omega}{2\pi}\sigma 2\pi r\mathrm{d}r = \omega\sigma r\mathrm{d}r$$

式中,$\sigma = q/\pi R^2$ 为圆盘上的电荷面密度. 应用例 13.2 中式(13.19)的结果,可得圆环在 P 点产生的磁感应强度大小为

$$\mathrm{d}B = \frac{\mu_0 r^2\mathrm{d}I}{2(r^2 + x^2)^{3/2}} = \frac{\mu_0\sigma\omega r^3\mathrm{d}r}{2(r^2 + x^2)^{3/2}}$$

由于各载流圆线圈在轴线上产生的磁感应强度方向相同,故磁感应强度 $\boldsymbol{B}$ 的大小为

$$B = \frac{\mu_0 \sigma \omega}{2}\int_0^R \frac{r^3 \mathrm{d}r}{(r^2 + x^2)^{3/2}}$$

$$= \frac{\mu_0 \sigma \omega}{2}\left(\frac{R^2 + 2x^2}{\sqrt{R^2 + x^2}} - 2x\right) = \frac{\mu_0 q\omega}{2\pi R^2}\left(\frac{R^2 + 2x^2}{\sqrt{R^2 + x^2}} - 2x\right)$$

绕轴旋转的带电圆盘产生的磁感应强度 $\boldsymbol{B}$ 的方向沿 x 轴正向.

当 $x=0$ 时,即旋转带电圆盘圆心处,磁感应强度的大小为

$$B = \frac{\mu_0 \sigma \omega}{2}R = \frac{\mu_0 q\omega}{2\pi R}$$

(2)该带电圆盘的磁矩是各载流圆线圈磁矩的叠加. 每一个载流 $\mathrm{d}I$ 的圆线圈磁矩为

$$\mathrm{d}\boldsymbol{P}_{\mathrm{m}} = \pi r^2 \mathrm{d}I\boldsymbol{n}_0 = \pi r^3 \omega\sigma \mathrm{d}r\boldsymbol{n}_0$$

由于所有 $\mathrm{d}\boldsymbol{P}_{\mathrm{m}}$ 都具有相同方向,所以,绕轴旋转带电圆盘的磁矩 $\boldsymbol{P}_{\mathrm{m}}$ 大小为

$$P_{\mathrm{m}} = \int \mathrm{d}P_{\mathrm{m}} = \int_0^R \pi r^3 \omega\sigma \mathrm{d}r = \frac{\pi\omega\sigma R^4}{4} = \frac{\omega q R^2}{4}$$

方向沿 x 轴正向.

13.2.5 运动电荷的磁场

电流是电荷的定向运动,电流的磁场实为大量定向运动电荷产生磁场的叠加. 由此可见,运动电荷所产生的磁感应强度可以由毕奥-萨伐尔定律求得.

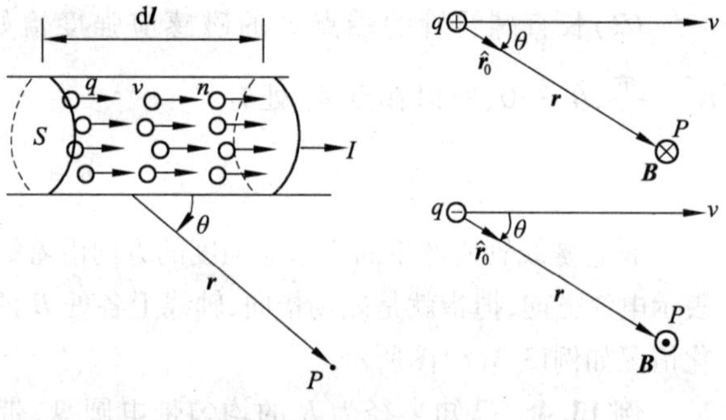

图 13.11

如图 13.11 所示,一电流元 $I\mathrm{d}\boldsymbol{l}$,截面积为 S. 设其单位体积内有 n 个做定向运动的电荷,每个电荷的电量为 q,且均以速度 $\boldsymbol{v}$ 沿电流元的方向做匀速运动. 由毕奥-萨伐尔定律,考察点 P 的磁感应强度为

$$\mathrm{d}\boldsymbol{B} = \frac{\mu_0}{4\pi}\frac{I\mathrm{d}\boldsymbol{l} \times \boldsymbol{r}}{r^3}$$

在这段电流元中总的自由电荷数

$$\mathrm{d}N = nS\mathrm{d}l$$

设这些电荷在 $\mathrm{d}t$ 时间内通过横截面,则

$$I = \frac{\mathrm{d}Q}{\mathrm{d}t} = \frac{q\mathrm{d}N}{\mathrm{d}t} = nSqv$$

若每个定向运动的电荷的贡献相同,则一个运动电荷在点 P 处所产生的磁感应强度为

$$\boldsymbol{B} = \frac{\mathrm{d}\boldsymbol{B}}{\mathrm{d}N} = \frac{\mu_0}{4\pi}\frac{q\boldsymbol{v} \times \boldsymbol{r}_0}{r^2} \qquad (13.25)$$

式(13.25)给出了一个运动的载流子在其周围空间产生磁场的公式,该公式的适用范围是电荷的运动速度 v 远小于真空中的光速,即 $v \ll c$. 当带电粒子的速度 v 接近光速时,它不再成立.

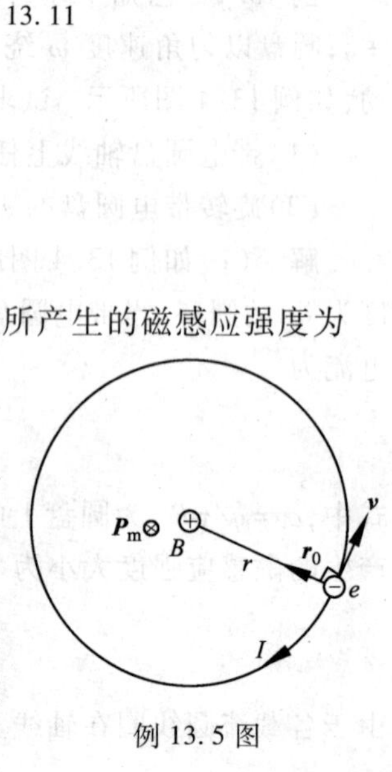

例 13.5 图

例 13.5 氢原子中的电子,以 $v=2.2\times10^6\ \mathrm{m\cdot s^{-1}}$ 的速度沿半径 $r=5.3\times10^{-11}\mathrm{m}$ 的圆轨道运动,求电子在轨道中心产生的磁感

应强度 $\boldsymbol{B}$ 和它的轨道磁矩 $\boldsymbol{P}_m$.

解　按式(13.25),氢原子中电子沿轨道运动在轨道中心产生的磁感应强度大小

$$B=\frac{\mu_0}{4\pi}\frac{ev}{r^2}=10^{-7}\times\frac{1.6\times10^{-19}\times2.2\times10^6}{(5.3\times10^{-11})^2}\ \mathrm{T}=13\ \mathrm{T}$$

方向垂直纸面向里.

电子轨道运动形成的圆电流的电流强度

$$I=\frac{\mathrm{d}q}{\mathrm{d}t}=\frac{\mathrm{e}}{T}=\frac{\mathrm{e}}{2\pi r/v}$$

式中,T 为电子回转周期. 轨道所围面积 $S=\pi r^2$,电子轨道磁矩

$$P_m=IS=\frac{ev}{2\pi r}\pi r^2=\frac{evr}{2}$$

$$=9.3\times10^{-24}\mathrm{A\cdot m^2} \tag{1}$$

方向垂直纸面向里.

按角动量的定义,电子轨道运动的角动量 $\boldsymbol{L}$ 的大小为

$$L=mvr \tag{2}$$

方向垂直纸面向外,与轨道磁矩 $\boldsymbol{P}_m$ 的方向相反. 联立(1)(2)两式,可得电子的轨道磁矩 $\boldsymbol{P}_m$ 与轨道角动量 $\boldsymbol{L}$ 的关系为

$$\boldsymbol{P}_m=-\frac{e}{2m}\boldsymbol{L} \tag{13.26}$$

13.3　磁场的性质

13.3.1　磁感应线

至此,当已知电流分布时,原则上可计算出描述磁场的 $\boldsymbol{B}$ 函数. 模仿用电场线描述电场的方法,可用磁感应线(或 $\boldsymbol{B}$ 线)形象地描述磁场. 规定磁感应线和磁感应强度 $\boldsymbol{B}$ 之间具有以下关系:

① 磁感应线上任一点的切线方向和该点处磁感应强度 $\boldsymbol{B}$ 的方向一致.

② 某点处磁感应线密度与该点磁感应强度 $\boldsymbol{B}$ 的大小相等. 若穿过某点处与 $\boldsymbol{B}$ 矢量垂直的截面 $\mathrm{d}S_\perp$ 的磁感应线条数为 $\mathrm{d}N$,则有

$$B=\frac{\mathrm{d}N}{\mathrm{d}S_\perp} \tag{13.27}$$

几种不同形状的载流导线所产生的磁场的磁感应线如图 13.12 所示.

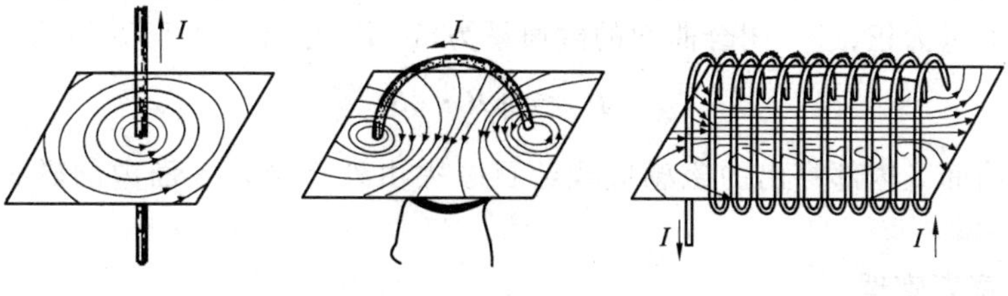

(a) 直电流　(b) 圆电流　(c) 螺线管电流

图 13.12　电流磁场中的磁感应线

磁感应线具有如下特性:

(1)任意两条磁感应线不会相交;

(2)磁感应线是环绕电流的闭合曲线,无始无终;

(3)磁感应线与电流相互环绕时,它们之间服从右手螺旋定则. 环绕方向与电流方向之间的关系,如图 13.13 所示.

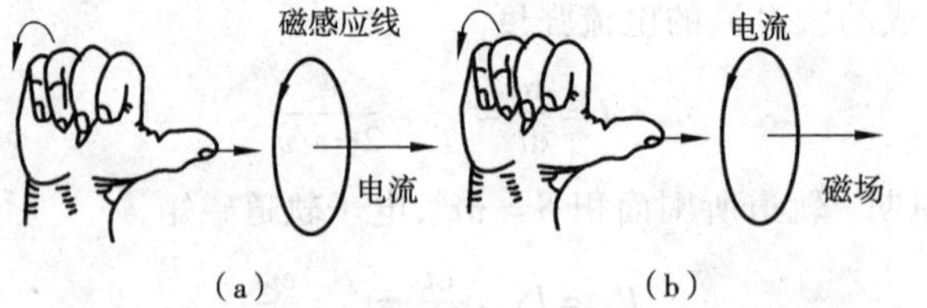

图 13.13 **B** 环绕方向与电流方向之间的关系

磁感应线的这些特点当然也反映出磁场的一般性质,这些性质如果抽象为数学表述,我们就可得到磁场的高斯定理和环路定理,它们准确地描述了磁场作为矢量场的基本性质:**无源有旋**.

13.3.2 磁通量 磁场的高斯定理

1. 磁通量

通过磁场中某一曲面的磁感应线的条数叫做通过此曲面的**磁通量**,用符号 Φ_m 表示. 根据上面对磁感应线密度的规定,我们可以计算通过任意曲面的磁通量.

由式(13.27)可得,穿过 $dS_\perp$ 面的磁通量 $d\Phi_m$ 为

$$d\Phi_m = dN = BdS_\perp \tag{13.28}$$

若磁感应线与面元 $d\boldsymbol{S}$ 的面法线方向 $\boldsymbol{n}_0$ 的夹角为 θ,如图13.14所示,则通过该面元的磁通量为

$$d\Phi_m = B\cos\theta dS = \boldsymbol{B}\cdot d\boldsymbol{S}$$

通过任一曲面的磁通量

$$\Phi_m = \int_S B\cos\theta dS = \int_S \boldsymbol{B}\cdot d\boldsymbol{S} \tag{13.29}$$

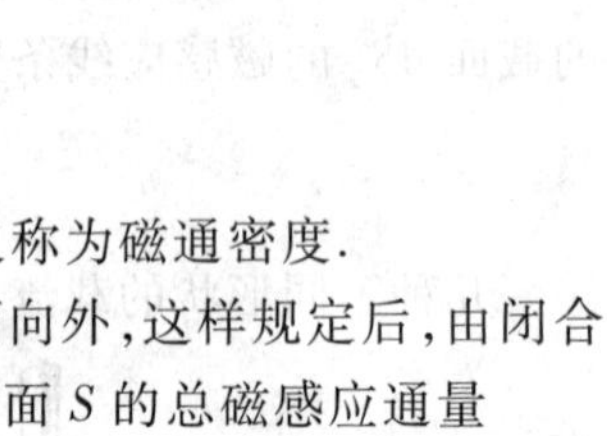

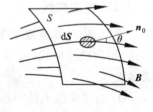

图 13.14 磁通量

在国际单位制中,磁通量的单位是韦伯,符号为 Wb. 有

$$1\text{Wb} = 1\text{T}\times 1\text{m}^2$$

反过来,

$$1\text{T} = 1\text{Wb}\cdot\text{m}^{-2}$$

由此可见,磁感应强度的大小还可看成是单位面积上的磁通量,故又称为磁通密度.

对于闭合曲面来说,我们规定正法线矢量 $\boldsymbol{n}_0$ 的方向垂直于曲面向外,这样规定后,由闭合曲面穿出的磁通量为正,进入闭合曲面的磁通量为负. 因此,闭合曲面 S 的总磁感应通量

$$\Phi_m = \oint_S \boldsymbol{B}\cdot d\boldsymbol{S}$$

它等于自闭合曲面 S 内部穿出的磁感应线数目减去由外部穿入 S 面内的磁感应线数目所得之差.

2. 磁场的高斯定理

由于磁感应线是闭合的,因此对任一闭合曲面 S 来说,穿入闭合曲面的磁感应线数目一定等于穿出该闭合曲面的磁感应线数目. 也就是说,**通过任意闭合曲面的磁通量必等于零**. 即

$$\oint_S \boldsymbol{B} \cdot \mathrm{d}\boldsymbol{S} = 0 \tag{13.30}$$

这就是**磁场的高斯定理**,它是电磁场的一条基本规律. 大量的实验证明,这一结论对于变化的磁场仍然成立.

将磁场的高斯定理 $\oint_S \boldsymbol{B} \cdot \mathrm{d}\boldsymbol{S} = 0$ 与静电场的高斯定理 $\oint_S \boldsymbol{E} \cdot \mathrm{d}\boldsymbol{S} = \frac{1}{\varepsilon_0}\sum_{S内} q_i$ 比较,就可以看出静电场与磁场本质上的区别. 静电场是有源场,其场源是自然界可以单独存在的正、负电荷. 而**磁场是一个无源场**,即迄今人们还没有发现自然界存在与电荷相对应的“磁荷”,即磁单极(单独的 N 或 S 极). 所以静电场中闭合曲面的电通量可以不为零,说明电场线起于正电荷,止于负电荷,无电荷处不中断. 磁场中任何闭合曲面的磁通量一定等于零,说明磁感应线是无头无尾的闭合曲线.

关于磁单极还要说明一点,1931 年狄拉克就从理论上预言磁单极的存在,但至今还没有得到实验证实. 如果实验中找到了磁单极,磁场的高斯定理乃至整个电磁场理论就要做重大的修改. 因此,寻找磁单极的实验研究具有重要的理论意义.

13.3.3　安培环路定理

在静电场中,电场强度沿任何闭合环路的线积分恒为零,即 $\oint_L \boldsymbol{E} \cdot \mathrm{d}\boldsymbol{l} = 0$,它说明静电场是无旋场,是保守力场,可以引入电势来描述静电场. 在磁场中,由于磁感应线是闭合曲线,若沿磁感应线取积分回路 L,则因 $\boldsymbol{B}$ 与 $\mathrm{d}\boldsymbol{l}$ 的夹角 $\theta = 0$,故在磁感应线上 $\boldsymbol{B} \cdot \mathrm{d}\boldsymbol{l} > 0$,从而 $\oint_L \boldsymbol{B} \cdot \mathrm{d}\boldsymbol{l} \neq 0$,这说明磁场的基本属性与静电场有显著的区别. 那么,在恒定磁场中,$\boldsymbol{B}$ 的环流 $\oint_L \boldsymbol{B} \cdot \mathrm{d}\boldsymbol{l}$ 又服从什么规律?

下面,我们以无限长载流直导线的磁场为例,分析三种情况下磁感应强度 $\boldsymbol{B}$ 沿任意闭合环路的线积分,以归纳得出安培环路定理.

(1)回路仅包围一条长直载流导线.

设闭合曲线 L 在垂直于无限长载流直导线的平面内,电流 I 穿过 L,如图 13.15 所示. 自 L 上任一点 P 出发,沿图示方向积分一周.

点 P 到导线的距离为 r,点 P 处的磁感应强度为

$$B = \frac{\mu_0 I}{2\pi r}$$

所以

$$\oint_L \boldsymbol{B} \cdot \mathrm{d}\boldsymbol{l} = \oint_L B\cos\theta \mathrm{d}l$$

由图 13.15 可知,$\cos\theta \mathrm{d}l = r\mathrm{d}\varphi$,所以

$$\oint_L B\cos\theta \mathrm{d}l = \oint_L \frac{\mu_0 I}{2\pi r} r\mathrm{d}\varphi = \frac{\mu_0 I}{2\pi}\int_0^{2\pi} \mathrm{d}\varphi = \mu_0 I$$

如果上述积分按相反的方向沿 L 积分一周,则 $\boldsymbol{B}$ 与 $\mathrm{d}\boldsymbol{l}$ 的夹角 θ' 与 θ 互补(如图 13.15 所示),积分值为负,即

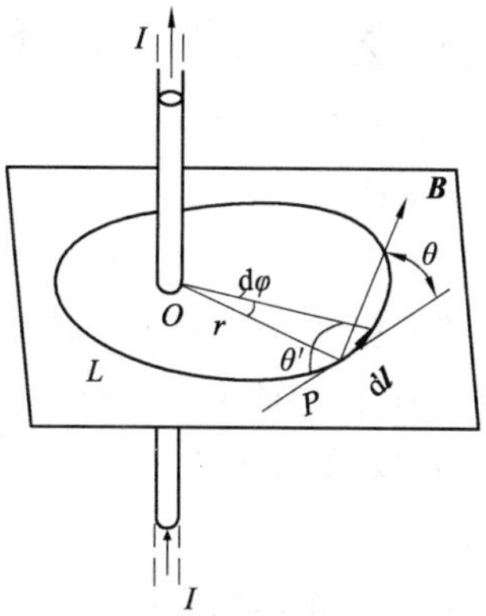

图 13.15　回路 L 包围长直载流导线

$$\oint_L B\cos\theta'\mathrm{d}l = \oint_L B\cos(\pi-\theta)\mathrm{d}l = -\mu_0 I$$

(2)回路不包围长直载流导线.

如图13.16所示,将回路L从M、N两点分成l_1、l_2两段,它们对O点的张角分别为φ_1和φ_2,故

$$\oint_L \boldsymbol{B}\cdot\mathrm{d}\boldsymbol{l} = \int_{l_1}\boldsymbol{B}\cdot\mathrm{d}\boldsymbol{l} + \int_{l_2}\boldsymbol{B}\cdot\mathrm{d}\boldsymbol{l}$$

$$= \frac{\mu_0 I}{2\pi}\int_0^{\varphi_1}\mathrm{d}\varphi + \frac{\mu_0 I}{2\pi}\int_0^{\varphi_2}\mathrm{d}\varphi = \frac{\mu_0 I}{2\pi}(\varphi_1+\varphi_2) = 0$$

这说明沿不包围电流的闭合回路对$\boldsymbol{B}$的线积分为零.

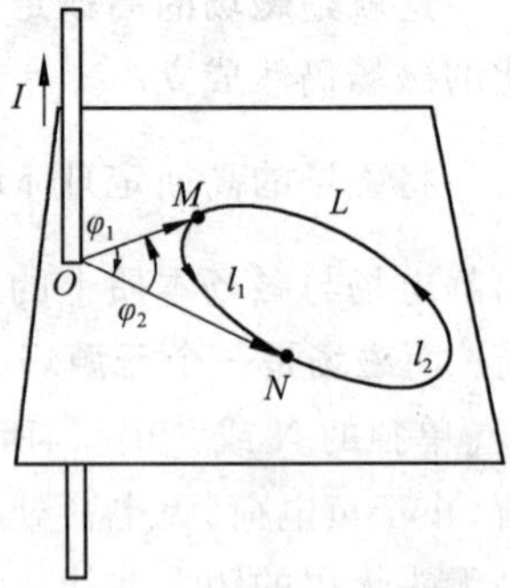

图13.16 回路L不包围长直载流导线

(3)闭合回路包围多根长直载流导线.

设有n条无限长载流直导线,其中I_1、I_2、…、I_k被闭合曲线L所包围,而I_{k+1}、I_{k+2}、…、I_n未被L所包围,根据磁场叠加原理,总磁感应强度$\boldsymbol{B}$沿L的环流应为

$$\oint_L \boldsymbol{B}\cdot\mathrm{d}\boldsymbol{l} = \oint_L(\boldsymbol{B}_1+\boldsymbol{B}_2+\cdots+\boldsymbol{B}_k+\boldsymbol{B}_{k+1}+\cdots+\boldsymbol{B}_n)\cdot\mathrm{d}\boldsymbol{l}$$

$$= \left(\oint_L\boldsymbol{B}_1\cdot\mathrm{d}\boldsymbol{l}+\cdots+\oint_L\boldsymbol{B}_k\cdot\mathrm{d}\boldsymbol{l}\right)+\left(\oint_L\boldsymbol{B}_{k+1}\cdot\mathrm{d}\boldsymbol{l}+\cdots+\oint_L\boldsymbol{B}_n\cdot\mathrm{d}\boldsymbol{l}\right)$$

$$= \mu_0(I_1+I_2+\cdots+I_k) = \mu_0\sum_{i=1}^{k}I_i$$

即

$$\oint_L \boldsymbol{B}\cdot\mathrm{d}\boldsymbol{l} = \mu_0\sum_{L内}I_i \tag{13.31}$$

此结果表明,**在恒定磁场中,磁感应强度$\boldsymbol{B}$沿任一闭合路径的线积分等于穿过该环路的所有电流的代数和的μ_0倍**,这就是**安培环路定理**.它表明**磁力是非保守力,磁场是有旋场,是非保守场**.这也是对磁场起源于电流的一种表达.

以上虽然只是从无限长直线电流这一特例导出了安培环路定理,但可以证明式(13.31)对任意形状的载流回路以及任意形状的闭合路径都是成立的,它是一个普遍的结论.对此定理还需说明的是:

(1)$\sum_{L内}I_i$为安培环路L所包围的电流的代数和,I_i作为代数量来处理.式中电流I的正负规定:当穿过环路L的电流方向与环路L的环绕方向服从右手螺旋法则时,式中I取正值;反之取负值.

(2)式(13.31)中的$\boldsymbol{B}$是L上各点的$\boldsymbol{B}$,它是L内、外所有电流共同激发的总磁场.但是,只有被L包围的电流才对$\boldsymbol{B}$沿L的环流有贡献.

(3)L包围的电流是指穿过以L为边界的任意曲面的电流.

(4)安培环路定理仅适用于闭合的稳恒电流回路,对于一段电流及非恒定磁场的情况不适用.

安培环路定理除了反映磁场的非保守性外,也可以用来简便地计算某些对称场或均匀场的磁感应强度.这一点与静电场的高斯定理非常相似.计算的一般步骤:

(1)首先分析磁场分布的对称性.

(2)根据磁场分布对称性的特点,选取适当的积分回路 L,并规定回路的绕行方向. 所取积分回路 L 必须满足:①回路必须通过拟考察的场点;②整个回路或部分回路上各点 $\boldsymbol{B}$ 的大小相等,而 $\boldsymbol{B}$ 的方向与 $\mathrm{d}\boldsymbol{l}$ 平行或垂直;③回路应取规则几何形状,以便计算.

(3)根据安培环路定理列方程求解.

下面举例说明这种计算磁感应强度的简便方法.

例 13.6　求载流长直螺线管内外的磁场分布. 设载流长直导线电流为 I,单位长度上的匝数为 n.

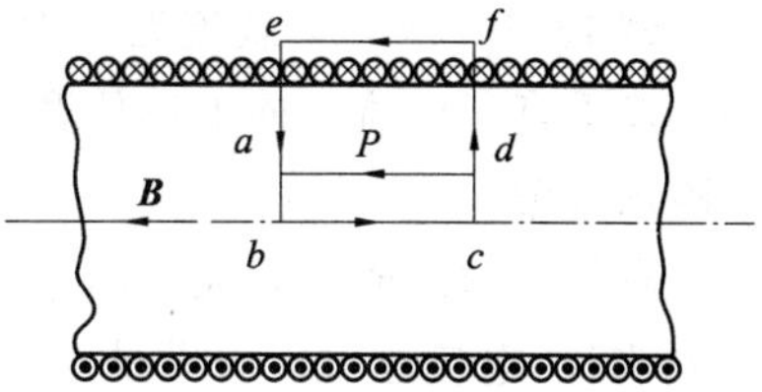

例 13.6 图

解　本例中电流分布具有轴对称性,可用安培环路定理求解.

① 求管内任一点的磁场分布. 过管内任一点 P 做矩形 $abcda$ 为积分回路 L,其绕行方向如例 13.6 图所示,该闭合回路不包围电流,bc 在轴线上,且 $\overline{bc}=\overline{da}=l$. 利用安培环路定理得

$$\oint_L \boldsymbol{B}\cdot\mathrm{d}\boldsymbol{l}=\int_a^b \boldsymbol{B}\cdot\mathrm{d}\boldsymbol{l}+\int_b^c \boldsymbol{B}\cdot\mathrm{d}\boldsymbol{l}+\int_c^d \boldsymbol{B}\cdot\mathrm{d}\boldsymbol{l}+\int_d^a \boldsymbol{B}\cdot\mathrm{d}\boldsymbol{l}=0$$

在 ab 和 cd 段,由于 $\boldsymbol{B}$ 与 $\mathrm{d}\boldsymbol{l}$ 垂直,则

$$\int_a^b \boldsymbol{B}\cdot\mathrm{d}\boldsymbol{l}=\int_c^d \boldsymbol{B}\cdot\mathrm{d}\boldsymbol{l}=0$$

由于螺线管无限长,在 bc 段上各点 $\boldsymbol{B}$ 相同,da 段上各点 $\boldsymbol{B}$ 也相同,$B_{bc}=\mu_0 nI$(参见式(13.23)),所以有

$$\oint_L \boldsymbol{B}\cdot\mathrm{d}\boldsymbol{l}=\int_d^a \boldsymbol{B}\cdot\mathrm{d}\boldsymbol{l}+\int_b^c \boldsymbol{B}\cdot\mathrm{d}\boldsymbol{l}=(B_{da}-B_{bc})l=0$$

$$B_{da}=B_{bc}=\mu_0 nI$$

由此可知

$$B_{\text{内}}=\mu_0 nI$$

可见,载流长直螺线管内为均匀磁场,各点 $\boldsymbol{B}$ 的大小为 $\mu_0 nI$.

② 求管外任一点的磁场分布.

若载流无限长螺线管外存在磁场,则磁感应强度 $\boldsymbol{B}$ 的方向平行于轴线向右. 过管外一点做矩形闭合回路 $bcfeb$ 为积分回路 L,如例 13.6 图所示,该回路 L 包围的电流为 $-nIl$,根据安培环路定理

$$\oint_L \boldsymbol{B}\cdot\mathrm{d}\boldsymbol{l}=\int_b^c \boldsymbol{B}\cdot\mathrm{d}\boldsymbol{l}+\int_c^f \boldsymbol{B}\cdot\mathrm{d}\boldsymbol{l}+\int_f^e \boldsymbol{B}\cdot\mathrm{d}\boldsymbol{l}+\int_e^b \boldsymbol{B}\cdot\mathrm{d}\boldsymbol{l}=-\mu_0 nIl$$

其中

$$\int_c^f \boldsymbol{B}\cdot\mathrm{d}\boldsymbol{l}=\int_e^b \boldsymbol{B}\cdot\mathrm{d}\boldsymbol{l}=0$$

故

$$\oint_L \boldsymbol{B}\cdot\mathrm{d}\boldsymbol{l}=\int_b^c \boldsymbol{B}\cdot\mathrm{d}\boldsymbol{l}+\int_f^e \boldsymbol{B}\cdot\mathrm{d}\boldsymbol{l}=-B_{bc}l-B_{fe}l=-\mu_0 nIl$$

由此得

$$B_{bc}+B_{fe}=\mu_0 nI$$

由于

$$B_{bc}=\mu_0 nI$$

故

$$B_{外} = B_{fe} = 0$$

结果表明,载流长直螺线管外靠近管壁区域的磁感应强度 $\boldsymbol{B}_{外} = \boldsymbol{0}$.

综上所述,载流长直螺线管内各点磁感应强度的大小 $B = \mu_0 nI$,方向均平行于轴线与电流 I 成右手螺旋关系. 管外的磁感应强度 $\boldsymbol{B}_{外} = \boldsymbol{0}$. 在实际应用中常用载流长直螺线管获得匀强磁场.

例 13.7 求均匀载流无限大平面的磁场.

设垂直于电流方向上单位宽度的平面所通的电流为 j_S,称之为面电流密度,试求周围空间的磁场分布.

解 均匀载流无限大平面可视为由大量无限长载流直导线组成. 对无限大平面外的任一点 P 来说,电流总可以看做是对该点对称分布的,如例 13.7 图(图(b)是图(a)的俯视图)所示. 根据毕奥-萨伐尔定律,可以判断出 P 点的磁感应强度 $\boldsymbol{B}$ 的方向一定在垂直于载流平面的平面内,且与载流平面平行. 在载流平面的两侧,与平面距离等远的两点 $\boldsymbol{B}$ 的大小一定相等,而方向反向平行.

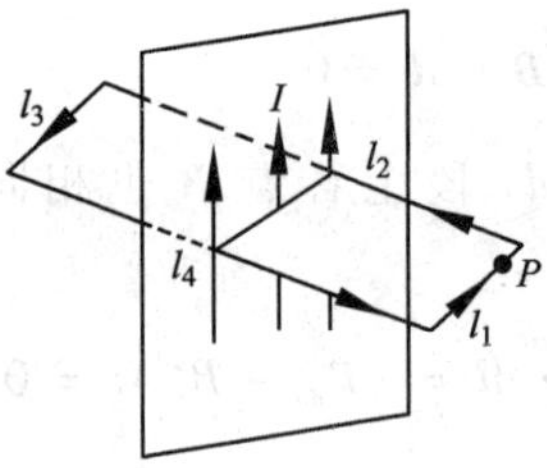

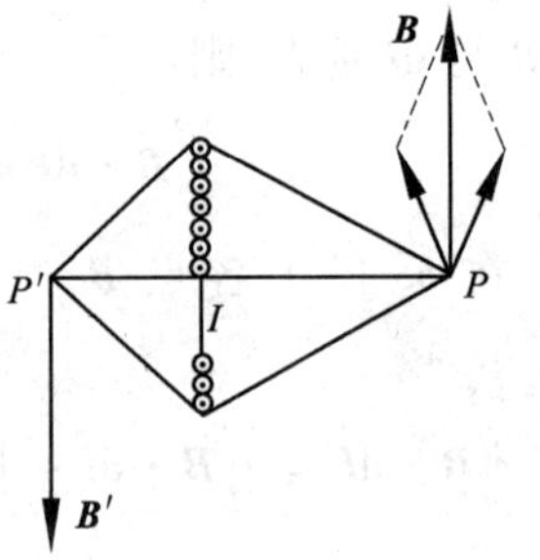

例 13.7 图

因此,过 P 点取一矩形闭合回路 L,该回路平面垂直于载流平面,其中 $l_1 = l_3 = l$,距离平面等远且平行,l_2、l_4 则垂直于载流平面,回路的绕行方向如例 13.7(a)图所示. 根据安培环路定理

$$\oint_L \boldsymbol{B} \cdot \mathrm{d}\boldsymbol{l} = \int_{l_1} \boldsymbol{B}_1 \cdot \mathrm{d}\boldsymbol{l} + \int_{l_2} \boldsymbol{B}_2 \cdot \mathrm{d}\boldsymbol{l} + \int_{l_3} \boldsymbol{B}_3 \cdot \mathrm{d}\boldsymbol{l} + \int_{l_4} \boldsymbol{B}_4 \cdot \mathrm{d}\boldsymbol{l} = \mu_0 j_S l$$

根据前面的分析,在 l_2、l_4 上各点磁感应强度的方向与 $\mathrm{d}\boldsymbol{l}$ 垂直,于是有

$$\int_{l_2} \boldsymbol{B}_2 \cdot \mathrm{d}\boldsymbol{l} = \int_{l_4} \boldsymbol{B}_4 \cdot \mathrm{d}\boldsymbol{l} = 0$$

而 l_1 上各点 $\boldsymbol{B}_1$ 的大小相等,l_3 上各点 $\boldsymbol{B}_3$ 的大小也相等,且 $B_1 = B_3 = B$,于是

$$\oint_L \boldsymbol{B} \cdot \mathrm{d}\boldsymbol{l} = \int_{l_1} \boldsymbol{B}_1 \cdot \mathrm{d}\boldsymbol{l} + \int_{l_3} \boldsymbol{B}_3 \cdot \mathrm{d}\boldsymbol{l} = B_1 l_1 + B_3 l_3 = 2Bl = \mu_0 j_S l$$

由此得

$$B = \frac{\mu_0 j_S}{2} \tag{13.32}$$

结果表明,均匀载流无限大平面两侧的磁场是一均匀磁场,磁场的分布与场点的位置无关.

例 13.8 均匀载流无限长圆柱导体内外的磁场.

设无限长圆柱导体的横截面半径为 R,电流 I 沿轴线方向流动,且沿导体横截面均匀分布. 试计算均匀载流无限长圆柱导体内外的磁感应强度 $\boldsymbol{B}$.

解　根据电流分布的轴对称性,可分析得磁场分布也具有轴对称性:在与圆柱垂直的平面内,磁感应强度 $\boldsymbol{B}$ 的方向沿圆心在轴线上的同心圆的切向,与电流方向成右手螺旋关系;同一圆上各点 $\boldsymbol{B}$ 的大小相等(请读者参看例 13.8(a)图自行思考).

以上结果对导线内外都适用,现在利用例 13.8(b)图计算.

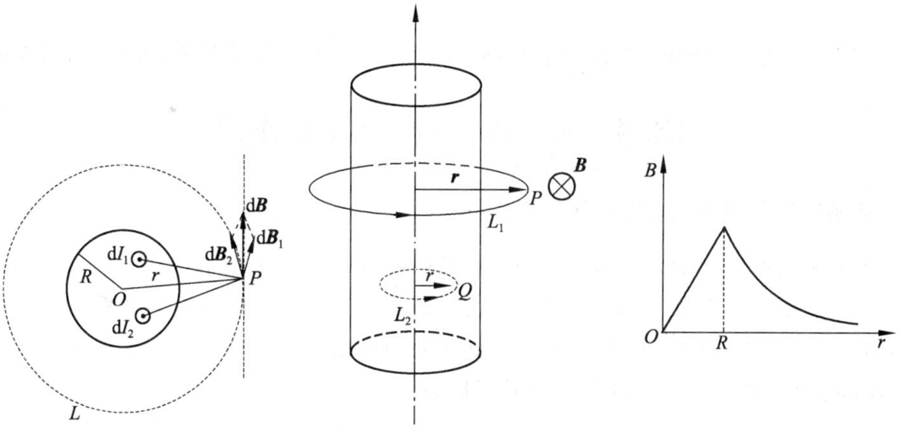

(a)　(b)　(c)

例 13.8 图

柱外:过 P 点做半径为 r 的同轴圆周作为积分回路. 取逆时针方向为回路 L 的绕行方向. 因为全部电流 I 都穿过积分回路,则由安培环路定理可知

$$\oint_L \boldsymbol{B} \cdot \mathrm{d}\boldsymbol{l} = \mu_0 I$$

由于 $\boldsymbol{B}$ 与 $\mathrm{d}\boldsymbol{l}$ 夹角为零,且在同一圆周上各点 $\boldsymbol{B}$ 的大小相等,则有

$$B2\pi r = \mu_0 I$$

故

$$B = \frac{\mu_0 I}{2\pi r}, \qquad r > R \tag{13.33}$$

可见,在无限长均匀载流圆柱导体外部,磁场分布与全部电流 I 集中在圆柱轴线上的一根无限长载流直导线所产生的磁场相同. $\boldsymbol{B}$ 的大小与该点到轴线的距离 r 成反比.

柱内:设柱内任一点 Q 到轴线距离为 r,则 $r < R$. 在垂直于轴线的平面内,过 Q 点作半径为 r 的积分环路,绕行方向如例 13.8(b)图所示. 回路所包围的电流 I'只是导体中电流 I 的一部分,由于导体中的电流密度为

$$j = \frac{I}{\pi R^2}$$

所以回路 L 所包围的电流为

$$I' = j\pi r^2 = \frac{Ir^2}{R^2}$$

由安培环路定理得

$$\oint_L \boldsymbol{B} \cdot \mathrm{d}\boldsymbol{l} = \mu_0 I'$$

$$B2\pi r=\mu_0\frac{Ir^2}{R^2}$$

$$B=\frac{\mu_0 I}{2\pi R^2}r,\quad r<R \tag{13.34}$$

结果表明,在无限长均匀载流圆柱导体内部,磁感应强度 $\boldsymbol{B}$ 的大小与该点到轴线的距离 r 成正比.

无限长均匀载流圆柱导体内外的磁感应强度 B 与 r 的关系曲线如例 13.8(c)图所示.

13.4 磁场对载流导线的作用

13.4.1 磁场对载流导线的作用力 安培定律

载流导线在磁场中会受到磁场力的作用,安培通过分析大量的实验结果,总结出了载流导线上一段电流元在磁场中受力的基本规律,这就是安培定律:**位于磁场中某点的电流元 $I\mathrm{d}\boldsymbol{l}$ 要受到磁场的作用力 $\mathrm{d}\boldsymbol{F}$. $\mathrm{d}\boldsymbol{F}$ 的大小与电流元所在处的磁感强度 $\boldsymbol{B}$ 的大小、电流元 $I\mathrm{d}\boldsymbol{l}$ 的大小以及 $I\mathrm{d}\boldsymbol{l}$ 与 $\boldsymbol{B}$ 的夹角(小于 180°)的正弦均成正比**,即

$$\mathrm{d}F=kBI\mathrm{d}l\sin(I\mathrm{d}\widehat{\boldsymbol{l},\boldsymbol{B}})$$

$\mathrm{d}\boldsymbol{F}$ 的方向垂直于 $I\mathrm{d}\boldsymbol{l}$ 与 $\boldsymbol{B}$ 所组成的平面,其指向满足右手螺旋法则,如图 13.17 所示. 式中的 k 为比例系数,决定于各个物理量所用的单位,在国际单位制中,$k=1$,则上式写为

$$\mathrm{d}F=BI\mathrm{d}l\sin(I\mathrm{d}\widehat{\boldsymbol{l},\boldsymbol{B}})$$

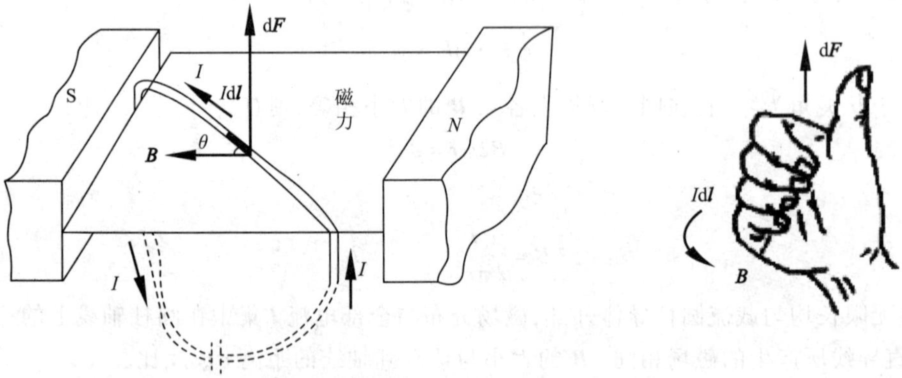

图 13.17 电流元在磁场中的受力

写成矢量式为

$$\mathrm{d}\boldsymbol{F}=I\mathrm{d}\boldsymbol{l}\times\boldsymbol{B} \tag{13.35}$$

对于任意形状的载流导线,可认为是由无限多个连续的电流元所组成的,将各个电流元所受的磁场力进行矢量叠加,便可得到载流导线的受力,即

$$\boldsymbol{F}=\int_L \mathrm{d}\boldsymbol{F}=\int_L I\mathrm{d}\boldsymbol{l}\times\boldsymbol{B} \tag{13.36}$$

载流导线所受的磁场力通常也称为**安培力**.

需要注意的是,式(13.36)为矢量积分,不可直接计算. 一般需要将矢量积分化为标量积分,分别求得 F_x、F_y、F_z,最后进行矢量合成. 但如果各电流元所受安培力的方向都相同,则矢

量积分可直接变为标量积分.

例 13.9 在磁感强度为 $\boldsymbol{B}$ 的均匀磁场中,放一段长为 l 的载流直导线,电流强度为 l,导线与 $\boldsymbol{B}$ 的夹角为 θ,如例 13.9 图所示.求这段载流直导线所受的安培力.

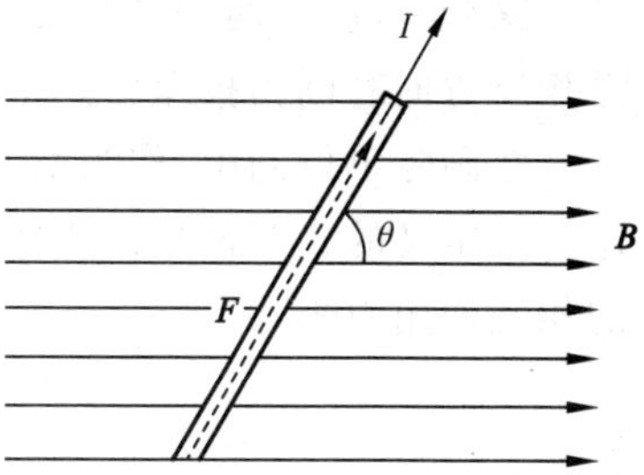

例 13.9 图

解 在载流直导线上任取一段电流元 $Id\boldsymbol{l}$,按安培定律,它所受安培力 $d\boldsymbol{F}$ 的大小为

$$dF = BIdl\sin\theta$$

$d\boldsymbol{F}$ 的方向按照右手螺旋法则,为垂直纸面向里.

可以判定,直导线上所有电流元所受磁场力的方向都相同,因此,整个载流直导线所受的安培力可用标量积分直接求出

$$F = \int_l dF = \int_0^l BIdl\sin\theta = BIl\sin\theta \qquad (13.37)$$

$\boldsymbol{F}$ 作用在载流导线的中点,其方向显然也是垂直纸面向里的.

当 $\theta=0$ 或 π 时,$F=0$;当 $\theta=\dfrac{\pi}{2}$ 时,$F=F_{max}=BIl.$

例 13.10 求两平行无限长载流直导线间的相互作用力.

解 我们已经知道,电流与电流间的相互作用是按照以下方式进行的.

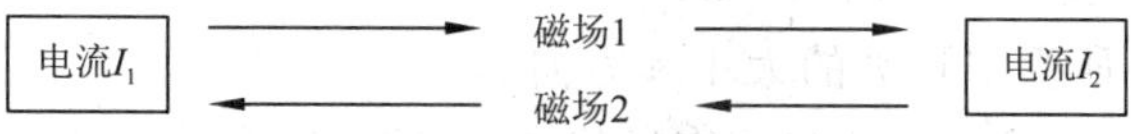

因此,要求出电流 l_2 所受的来自电流 l_1 的作用力,应该先求出电流 l_1 在电流 l_2 所在处产生的磁场 $\boldsymbol{B}_1$,然后再根据安培定律求出电流 l_2 所受到的安培力.反之亦然.

如例 13.10 图所示,两导线间的垂直距离为 α,导线中的电流分别为 I_1 和 I_2,并设两电流的方向相同,电流 I_1 在电流 I_2 处所产生的磁感应强度 $\boldsymbol{B}_1$ 的大小为

$$B_1 = \frac{\mu_0 I_1}{2\pi a}$$

$\boldsymbol{B}_1$ 的方向与导线 2 垂直.

导线 2 上的电流元 $I_2 d\boldsymbol{l}_2$ 与 $\boldsymbol{B}_1$ 垂直,故 $I_2 d\boldsymbol{l}_2$ 所受的安培力的大小为

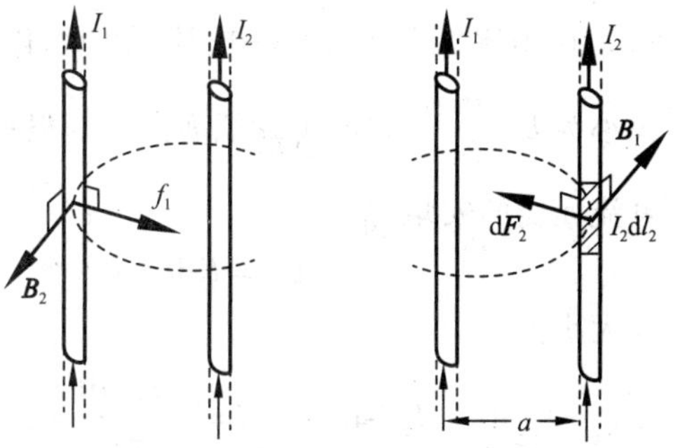

例 13.10 图

$$dF_2 = I_2 dl_2 B_1 = \frac{\mu_0 I_0 I_2}{2\pi\alpha} dl_2$$

$d\boldsymbol{F}_2$ 的方向在两导线所决定的平面内,并垂直导线 2 指向导线 1. 在导线 2 上各个电流元所受的安培力的方向都相同.因此,导线 2 上单位长度所受的安培力的大小为

$$f_2 = \frac{dF_2}{dl_2} = \frac{\mu_0 I_0 I_2}{2\pi\alpha}$$

同理可知,导线 1 上单位长度所受的安培力的大小为

$$f_1 = f_2 = \frac{\mu_0 I_0 I_2}{2\pi\alpha}$$

方向指向导线 2.

这就是说,当两条平行长直导线中的电流同向时,它们间的磁相互作用为吸引力;当电流沿相反方向时则为排斥力.

在国际单位制中,作为基本单位之一的安培,就是根据两平行长直载流导线之间的相互作用力来定义的. 当两导线中的电流相等,即 $I_1=I_2=I$ 时,两平行长直载流导线每单位长度上的相互作用力为

$$f=\frac{\mu_0 I^2}{2\pi\alpha}$$

由此得

$$I=\sqrt{\frac{2\pi\alpha f}{\mu_0}}=\sqrt{\frac{\alpha f}{2\times10^{-7}}}\mathrm{A}$$

取 $\alpha=1$ m,当 $f=2\times10^{-7}\mathrm{N}\cdot\mathrm{m}^{-1}$时,则有 $I=1\mathrm{A}$.

这就是说,当真空中相距1m的两无限长而截面极小的平行直导线中载有相等的电流时,若每米长度上的作用力正好等于 2×10^{-7}N,则每根导线中的电流定义为1A. 这就是"**安培**"的定义.

例 13.11 如例 13.11 图所示,载有电流 I_1 的无限长直导线,沿一半径为 R 的圆形电流 I_2 的直径 AB 放置,方向如例 13.11 图所示. 试求:

(1)半圆弧 ACB 所受安培力的大小和方向;

(2)整个圆形电流所受安培力的大小和方向.

解 整个圆形电流位于无限长载流直导线所产生的非均匀磁场中,各电流元所受安培力的大小和方向都不相同.

(1)过圆心 O 取一直角坐标系 xOy,如例 13.11 图所示. 在 ACB 圆弧上任取一电流元 $I_2\mathrm{d}l$,该处磁感应强度 $\boldsymbol{B}$ 大小为 $B=\frac{\mu_0 I_1}{2\pi x}$,方向垂直纸面向里. 根据安培力公式,该电流元受的安培力为

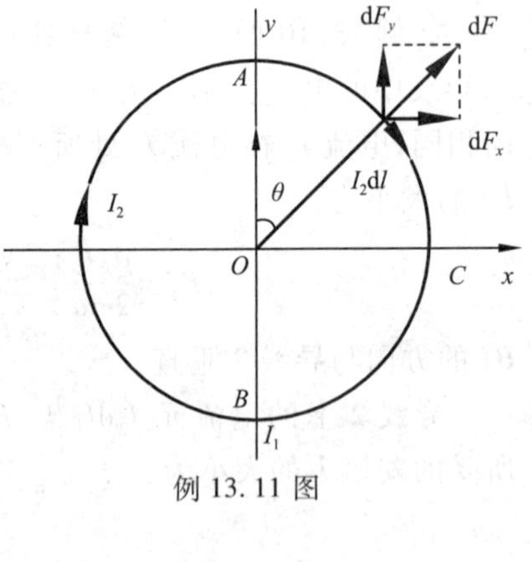

例 13.11 图

$$\mathrm{d}\boldsymbol{F}=I_2\mathrm{d}\boldsymbol{l}\times\boldsymbol{B}$$

其大小为

$$\mathrm{d}F=I_2B\sin 90^\circ\mathrm{d}l=\frac{\mu_0 I_1 I_2\mathrm{d}l}{2\pi x}=\frac{\mu_0 I_1 I_2\mathrm{d}l}{2\pi R\sin\theta}$$

$\mathrm{d}\boldsymbol{F}$ 的方向如例 13.11 图所示. 现将 $\mathrm{d}\boldsymbol{F}$ 分解

$$\mathrm{d}F_x=\mathrm{d}F\sin\theta$$
$$\mathrm{d}F_y=\mathrm{d}F\cos\theta$$

由于对称性, $F_y=\int_{ACB}\mathrm{d}F_y=0$,所以,半圆弧 ACB 受的安培力为

$$F_{ACB}=F_x=\int_{ACB}\mathrm{d}F_x=\int_0^{\pi R}\frac{\mu_0 I_1 I_2\mathrm{d}l\sin\theta}{2\pi R\sin\theta}=\frac{\mu_0 I_1 I_2\pi R}{2\pi R}=\frac{\mu_0 I_1 I_2}{2}$$

方向沿 x 轴正向,即

$$F_{ACB}\frac{\mu_0 I_1 I_2}{2}i$$

(2)左半圆弧处于与右半圆弧对称的磁场中,此处 $\boldsymbol{B}$ 的方向垂直纸面向外,因此,作用于

左半圆弧的安培力亦沿 x 轴正向，故整个圆形电流所受的安培力的大小为

$$F = \oint \mathrm{d}F_x = \int_0^{2\pi R} \frac{\mu_0 I_1 I_2 \mathrm{d}l}{2\pi R} = \mu_0 I_1 I_2$$

即得

$$F = \mu_0 I_1 I_2 \boldsymbol{i}$$

例 13.12　如例 13.12 图所示，在 xOy 平面上有一根形状不规则的载流导线，两端点 O、C 的距离为 l，通有电流 I，导线置于均匀磁场中，$\boldsymbol{B}$ 的方向垂直于导线所在的平面，求作用在此导线上的安培力．

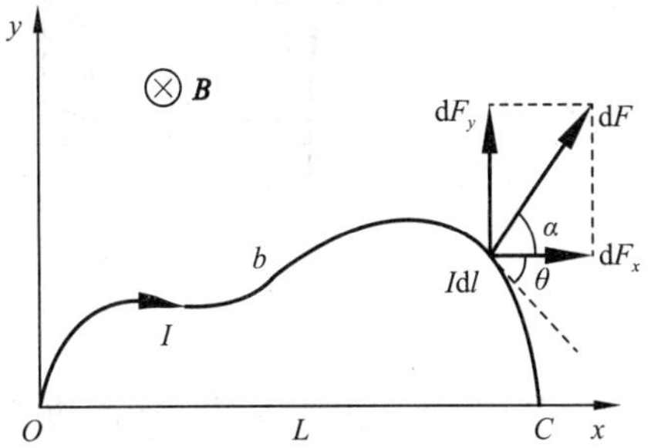

例 13.12 图

解　建立如例 13.12 图所示的坐标系，在导线上任取一电流元 $I\mathrm{d}\boldsymbol{l}$，它所受的力为 $\mathrm{d}\boldsymbol{F} = I\mathrm{d}\boldsymbol{l} \times \boldsymbol{B}$，其大小为 $\mathrm{d}F = BI\mathrm{d}l$，方向如例 13.12 图所示．设 $\mathrm{d}F$ 与 x 轴的夹角为 α，由于 $\mathrm{d}\boldsymbol{F} \perp \mathrm{d}\boldsymbol{l}$，所以 $\mathrm{d}\boldsymbol{l}$ 与 x 轴的夹角为 $\theta = \frac{\pi}{2} - \alpha$．因此，$\mathrm{d}F$ 在 x 轴和 y 轴的分量分别为

$$\mathrm{d}F_x = \mathrm{d}F\cos\alpha = \mathrm{d}F\sin\theta = BI\mathrm{d}l\sin\theta = -BI\mathrm{d}y$$

$$\mathrm{d}F_y = \mathrm{d}F\sin\alpha = \mathrm{d}F\cos\theta = BI\mathrm{d}l\cos\theta = -BI\mathrm{d}x$$

从而，整个载流导线在 x 轴和 y 轴方向的分力分别为

$$F_x = \int \mathrm{d}F_x = -BI\int_0^0 \mathrm{d}y = 0$$

$$F_y = \int \mathrm{d}F_y = -BI\int_0^L \mathrm{d}x = BIL$$

于是，载流导线所受的磁场力为

$$F = F_y = BIL\boldsymbol{j}$$

由以上结果可以看出，在均匀磁场中，任意形状的平面载流导线所受的磁场力，与始点和终点相同的载流直导线所受的磁场力是相等的．如果载流导线的始点和终点重合，即构成闭合载流导线，则其所受合外力必为零．但这并不意味着闭合载流导线在匀强磁场中所受的安培力矩也为零．下面我们对此进行讨论分析．

13.4.2　磁场对载流线圈作用的磁力矩

1. 均匀磁场中的矩形线圈

如图 13.18 所示，一个边长分别为 l_1 和 l_2 的刚性长方形平面载流线圈，电流为 I，可绕垂直于磁场的轴 OO' 自由转动．当线圈平面法线方向的单位矢量 $\boldsymbol{n}$ 与均匀磁场 $\boldsymbol{B}$ 的夹角为 θ 时，由安培定律可知 ab 和 cd 两边所受磁力大小为

$$F_{ab} = F_{cd} = Il_1 B\sin\left(\frac{\pi}{2} - \theta\right) = Il_1 B\cos\theta$$

由于 ab 和 cd 两边互相平行，电流方向相反，它们所受的力大小相等，方向相反，并作用在一条直线上，因此合力为零，对 OO'轴的力矩为零，因而对刚性线圈的运动不起作用．对于 bc 和 da 两边，尽管它们所受到的力也是大小相等，方向相反，其合力也为零，但是，由于这两个力的作用线不在同一条直线上，因此构成了绕 OO'轴的力偶矩．在这个力偶矩的作用下，线圈的

法线方向 $\boldsymbol{n}$ 向磁场 $\boldsymbol{B}$ 的方向旋转.

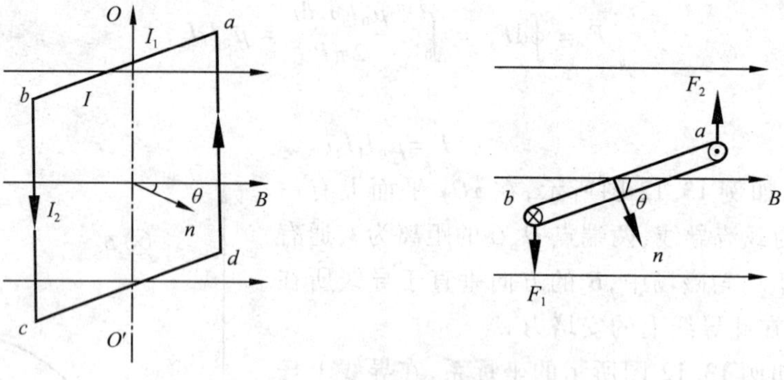

图 13.18 线圈所受磁力矩

具体而言,由于 bc 和 da 两边都与 $\boldsymbol{B}$ 垂直,它们所受力的大小为

$$F_1 = F_2 = Il_2B$$

对转轴 OO' 的合力矩大小为

$$M = F_1\frac{l_1}{2}\sin\theta + F_2\frac{l_1}{2}\sin\theta = Il_1l_2B\sin\theta = ISB\sin\theta$$

式中 $S = l_1l_2$ 是平面线圈的面积. 如果线圈有 N 匝,那么线圈所受的总力矩为

$$M = NBIS\sin\theta = P_mB\sin\theta \tag{13.38}$$

式 13.38 中的 $P_m = NIS$ 为 N 匝线圈的总**磁矩** $\boldsymbol{P}_m$ 的大小,其方向与线圈的电流方向符合右手螺旋法则,也即载流线圈平面的正法线方向 $\boldsymbol{n}$. 把式(13.38)写成矢量式,有

$$\boldsymbol{M} = \boldsymbol{P}_m \times \boldsymbol{B} \tag{13.39}$$

由式(13.38)可知,磁场对载流线圈作用的力矩,不仅与线圈中的电流强度 I、线圈面积以及磁感应强度 $\boldsymbol{B}$ 有关,而且还与载流线圈的法线方向 $\boldsymbol{n}$ 与 $\boldsymbol{B}$ 的夹角 θ 有关. 当 $\theta = 0$,即载流线圈平面垂直于 $\boldsymbol{B}$ 或线圈磁矩 $\boldsymbol{P}_m$ 与 $\boldsymbol{B}$ 平行时,线圈所受的磁力矩为零,线圈处于稳定平衡状态;当 $\theta = \frac{\pi}{2}$,即载流线圈平面平行于 $\boldsymbol{B}$ 或线圈磁矩 $\boldsymbol{P}_m$ 与 $\boldsymbol{B}$ 垂直时,线圈所受的磁力矩最大;当 $\theta = \pi$ 时,线圈平面虽然也与磁场垂直,但线圈的磁矩 $\boldsymbol{P}_m$ 与 $\boldsymbol{B}$ 反向. 此时,虽然线圈所受力矩也为零,但这一平衡位置是不稳定的,线圈稍受扰动,就会在磁力矩的作用下越来越偏离这个位置,直到转到 $\theta = 0$ 的稳定平衡位置处. 由此可见,载流线圈在磁场中所受的磁力矩,总是促使线圈的磁矩方向趋于转向外磁场 $\boldsymbol{B}$ 的方向.

2. 均匀磁场中的任意平面线圈

如图 13.19 所示,均匀磁场 $\boldsymbol{B}$ 中一任意形状的平面线圈,通有电流 I. 假设用一组平行线把线圈分成无限多个小窄条,每个窄条都可看成一个元矩形线圈,每一个元线圈都以与原线圈相同的电流 I 沿相同的绕向流动. 由于相邻矩形长边上的电流效应会因两次大小相同、方向相反的电流互相抵消,边缘部分电流就和原来的电流分布相同了. 所以这些矩形元线圈所受磁力矩的和等于整个载流线圈所受到的磁力矩. 根据式(13.39),任一元线圈受到的磁力矩为

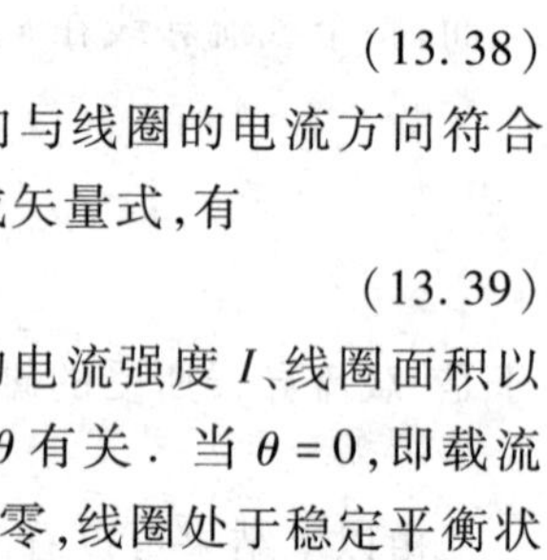

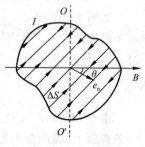

图 13.19 载有电流 I 的任意平面线圈的磁矩

$$\mathrm{d}\boldsymbol{M} = I\mathrm{d}\boldsymbol{S} \times \boldsymbol{B} = I\mathrm{d}S\boldsymbol{e}_n \times \boldsymbol{B}$$

所以,整个载流线圈所受的总力矩为

$$M = \int dM = \int (IdSe_n \times B) = (Ie_n \times B)\int_s dS$$

$$M = IS \times B = P_m \times B$$

综上所述,均匀磁场中的任意形状载流平面线圈,仅受磁力矩作用而合外力为零．因此,刚性线圈在匀强磁场中只转动而不会平动．但是,当在非均匀磁场中时,载流线圈除受到磁力矩作用外,还要受到磁力的作用并向磁场强的方向运动,其情况复杂,这里不作详细讨论。

从上面描述的载流线圈在磁场中所受力矩的特点很容易看出,它和电偶极子在电场中所受力矩的特点是很相似的．我们不妨对此做一个比较．

一个电矩为 P_e 的电偶极子在均匀外电场 E 中受到的力矩为

$$M = P_e \times E$$

一个磁矩为 P_m 的载流线圈在均匀外磁场 B 中受到的力矩为

$$M = P_m \times B$$

以上对比表明,载流线圈的磁矩 P_m 和电偶极子的电偶极矩 P_e 是彼此对应的概念．P_e 是描述电偶极子自身性质的物理量,P_m 是描述载流线圈自身性质的物理量,二者有很大的相似性．因此通常也称小载流线圈为"磁偶极子".

13.5　磁力的功

载流导线或载流线圈在磁场中运动时,其所受的磁力或磁力矩就要作功．下面分别讨论磁力和磁力矩的功．

13.5.1　安培力对运动载流导线的功

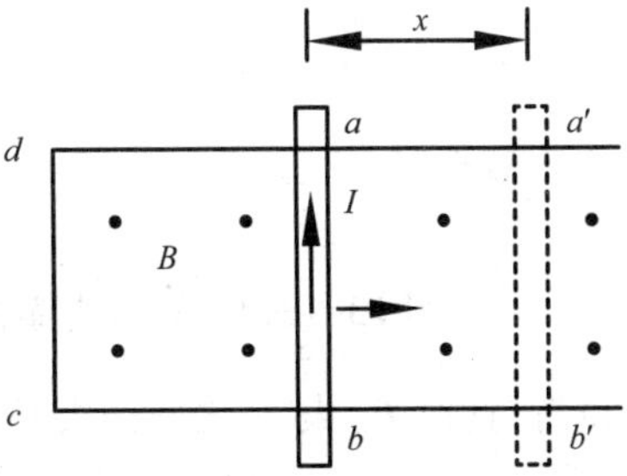

图 13.20　磁力所作的功

如图 13.20 所示,设在真空中有一均匀磁场 B,将一回路 $abcda$ 置于其中,其中导线 ab 的长度为 l,可以沿 da 和 cb 滑动,当回路中的电流 I 不变时,由安培定律,载流导线 ab 在磁场中受到向右的安培力,大小为

$$F_{ab} = BIl$$

在磁力 F_{ab} 的作用下,导线 ab 将从初始位置沿着力 F_{ab} 的方向移动,当移动到位置 $a'b'$ 时,磁力 F_{ab} 所作的功

$$A = \int F_{ab}dx = \int IBldx = \int IBdS = \int Id\Phi_m = I\int_{\Phi_{m_2}}^{\Phi_{m_1}} d\Phi_m = I(\Phi_{m_2} - \Phi_{m_1})$$

其中 Φ_{m_1}、Φ_{m_2} 分别为始、末状态的回路磁通量,则

$$A = I\Delta\Phi_m \tag{13.40}$$

式(13.40)就是导线在移动过程中磁力所作的功．它表明,当载流导线在磁场中运动时,若保持电流不变,磁力所作的功等于电流乘以通过回路所环绕的面积内的磁通量的增量．

13.5.2　磁力矩对转动载流线圈的功

设一通有电流 I 的线圈在磁感应强度为 B 的均匀磁场中转动,如图 13.21 所示,则线圈所

受磁力矩

$$\boldsymbol{M}=\boldsymbol{P}_{\mathrm{m}}\times\boldsymbol{B}$$

其大小为

$$M=P_{\mathrm{m}}B\sin\varphi=ISB\sin\varphi$$

当线圈在磁力矩作用下转过 $\mathrm{d}\varphi$ 时,磁力所作的功为

$$\mathrm{d}A=-M\mathrm{d}\varphi=-BIS\sin\varphi\mathrm{d}\varphi$$

式中的负号为考虑到磁力矩作正功时将使 φ 减小,则

$$\mathrm{d}A=BIS\mathrm{d}(\cos\varphi)=I\mathrm{d}(BS\cos\varphi)=I\mathrm{d}\Phi_{m}$$

当载流线圈从 φ_1 转到 φ_2 时,磁力矩所作的总功为

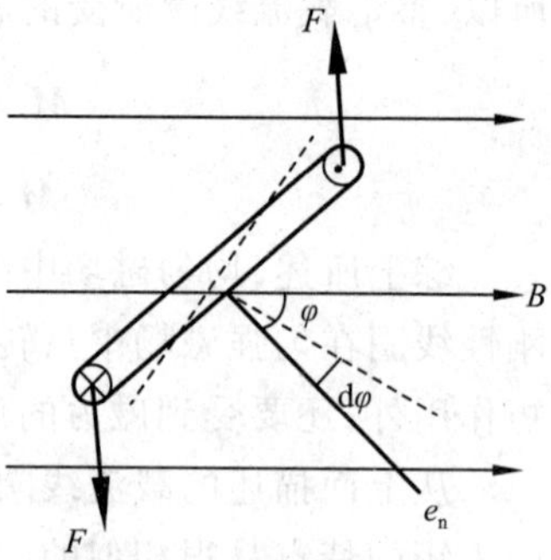

图 13.21 磁力矩所作的功

$$A=\int_{\Phi_{m_1}}^{\Phi_{m_2}}I\mathrm{d}\Phi \tag{13.41}$$

式中 Φ_{m_1} 和 Φ_{m_2} 分别表示线圈在 φ_1 和 φ_2 时通过线圈的磁通量. 如果保持电流不变,则

$$A=\int_{\varphi_1}^{\varphi_2}I\mathrm{d}\Phi=I(\Phi_2-\Phi_1)=I\Delta\Phi$$

即等于电流乘以通过载流回路的磁通量的增量,同(13.40)式.

例 13.13 半径 R=0.1 m 的半圆形闭合线圈中,载有电流 $I=10$ A. 线圈放在均匀外磁场 $\boldsymbol{B}$ 中,磁场方向与线圈平面平行,大小为 $B=0.5$T.

(1)求线圈所受磁力矩;

(2)线圈从例 13.13(a)图所示的位置转至平衡位置时,磁力矩作的功是多少?

解 (1)如例 13.13(a)图所示,线圈的磁矩 $\boldsymbol{P}_{\mathrm{m}}$ 的方向垂直于纸面向外,所以磁力矩的方向垂直于 $\boldsymbol{B}$ 向上. 由 $\boldsymbol{M}=\boldsymbol{P}_{\mathrm{m}}\times\boldsymbol{B}$ 可得

$$M=P_{\mathrm{m}}B\sin\frac{\pi}{2}=ISB=\frac{1}{2}\pi R^2IB$$

代入数据得

$$M=7.9\times10^{-2}\mathrm{N\cdot m}$$

(2)例 13.13(b)图为线圈的俯视图。图中实线为线圈的初始位置,虚线为转过 θ 角时的位置,此时 $\boldsymbol{P}_{\mathrm{m}}$ 与 $\boldsymbol{B}$ 之间的夹角为 $\left(\frac{\pi}{2}-\theta\right)$,所以

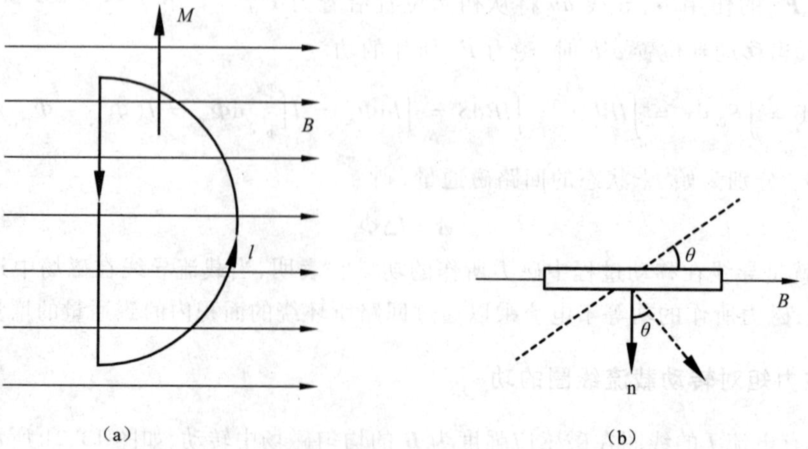

例 13.13

$$M = P_m B\sin\left(\frac{\pi}{2} - \theta\right) = IBS\cos\theta$$

当线圈转过$\frac{\pi}{2}$后，力矩所作的功为

$$A = \int_0^{\pi/2} M\mathrm{d}\alpha = IBS\int_0^{\pi/2}\cos\theta\mathrm{d}\theta = 7.9\times10^{-2}\mathrm{J}$$

13.6　带电粒子在磁场中的运动

13.6.1　洛伦兹力

实验发现，静止电荷在磁场中是不受力的作用的，只有当电荷运动时，才受到磁场力．例如，把一阴极射线管置于磁场中，电子射线在磁场作用下运动轨道发生偏转，如图 13.22 所示．磁场对运动的离子也有力的作用．取一圆筒状玻璃器皿，内盛硫酸铜溶液，器皿的侧面贴一层铜片作为一个电极，器皿中央插一金属杆，作为另一电极．当两电极间加上电压时，正负离子都沿径向运动，若将该装置放在磁极上，如图 13.23 所示，做径向运动的正负电荷将受磁场的作用而引起液体旋转．

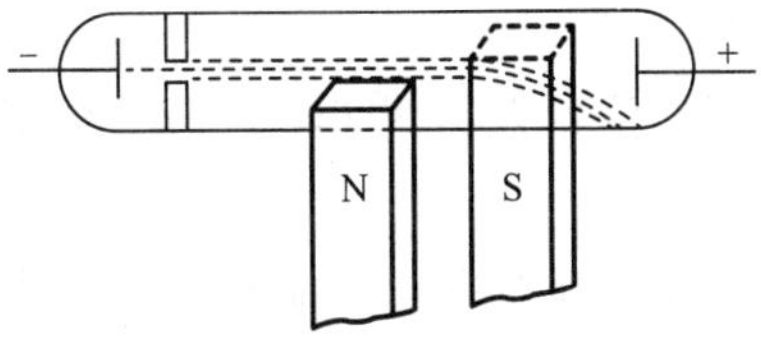

图 13.22　磁场对阴极射线的作用

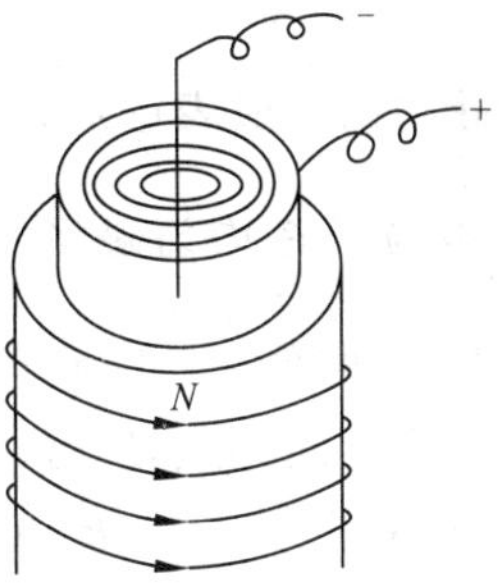

图 13.23　磁场对导电液体中图

测量结果表明，在磁场内同一点，运动电荷受到的作用力与运动电荷的电量 q、运动速度 $\boldsymbol{v}$ 的大小和方向都密切相关，力的大小为

$$f = qvB\sin\theta$$

式中，B 是电荷所在处的磁感应强度的大小，θ 是 $\boldsymbol{v}$ 与 $\boldsymbol{B}$ 的夹角，$q>0$ 时，$\boldsymbol{f}$、$\boldsymbol{v}$、$\boldsymbol{B}$ 三个量的方向符合右手螺旋法则，如图 13.24 所示．写成矢量式为

$$\boldsymbol{f} = q\boldsymbol{v}\times\boldsymbol{B} \tag{13.42}$$

磁场对运动电荷的作用力亦称为洛伦兹力．洛伦兹力垂直于电荷的速度方向，因而不作功，它只改变电荷速度的方向，不改变速度的大小．

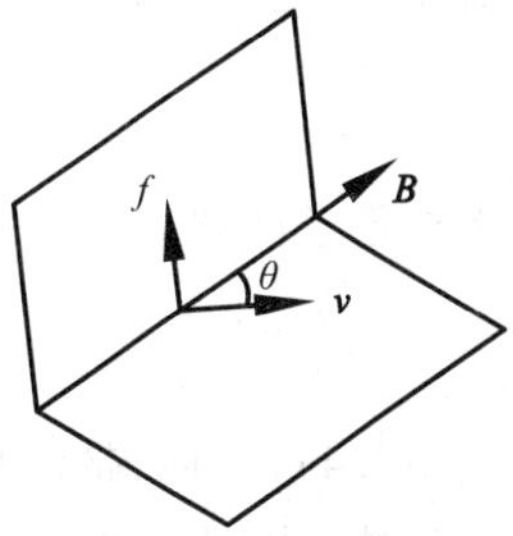

图 13.24　洛伦兹力的方向

13.6.2　洛伦兹力与安培力的关系

磁场对载流导体有力的作用，而电流又是由电荷的定向运动形成的．因此，安培力实质上是载流导体内部中各个自由电子所受洛伦兹力的宏观表现．洛伦兹力公式和安培力公式可以

互相导出,下面由安培力公式来导出洛伦兹力公式.

对于载流导线上的任一电流元 $I\mathrm{d}\boldsymbol{l}$,由安培定律知,其在磁感应强度为 $\boldsymbol{B}$ 的磁场中所受到的安培力的大小为

$$\mathrm{d}F = BI\mathrm{d}l\sin(I\mathrm{d}\widehat{\boldsymbol{l},\boldsymbol{B}})$$

设电流元的截面积为 S,导线内的带电粒子数密度为 n,且每个带电粒子的电量为 q,速度为 $\boldsymbol{v}$,则电流强度可写为

$$I = qnvS$$

因此
$$\mathrm{d}F = qnvSB\mathrm{d}l\sin(I\mathrm{d}\widehat{\boldsymbol{l},\boldsymbol{B}})$$

式中,$(\widehat{\boldsymbol{v},\boldsymbol{B}})$表示带电粒子的定向运动方向和磁场方向之间的夹角. 设在电流元 $I\mathrm{d}\boldsymbol{l}$ 所代表的一段导体内有 $\mathrm{d}N$ 个运动带电粒子,则 $\mathrm{d}N = nS\mathrm{d}l$

那么,$\mathrm{d}\boldsymbol{F}$ 就是作用在 $\mathrm{d}N$ 这个运动电荷上的力. 因此,单个运动带电粒子平均所受到的力 $\boldsymbol{f}$ 的大小应为

$$f = \frac{\mathrm{d}F}{\mathrm{d}N} = qvB\sin(\widehat{\boldsymbol{v},\boldsymbol{B}})$$

写成矢量式,则有

$$\boldsymbol{f} = q\boldsymbol{v}\times\boldsymbol{B}$$

这正是洛伦兹力的一般表达式.

13.6.3 带电粒子在均匀磁场中的运动

带电量为 q、速度为 $\boldsymbol{v}$ 的粒子在均匀磁场中受到的洛伦兹力为 $\boldsymbol{f} = q\boldsymbol{v}\times\boldsymbol{B}$. 根据速度 $\boldsymbol{v}$ 和 $\boldsymbol{B}$ 的方向间的关系不同,分别进行讨论.

(1)当 $\boldsymbol{v}/\!/\boldsymbol{B}$ 时,$\boldsymbol{f} = q\boldsymbol{v}\times\boldsymbol{B} = 0$,即磁场对粒子的作用力为零. 如果粒子所受其他力(如重力等)可忽略不计,则粒子将以进入磁场时的速度 $\boldsymbol{v}$ 做匀速直线运动.

(2)当 $\boldsymbol{v}\perp\boldsymbol{B}$ 时,粒子受到的洛伦兹力大小 $f = qvB$,且 $\boldsymbol{f}\perp\boldsymbol{v}$ 为粒子提供在垂直于 $\boldsymbol{B}$ 的平面内做圆周运动的向心力,即

$$f = qvB = m\frac{v^2}{R}$$

所以,带电粒子做圆周运动的半径,即回旋半径为

$$R = \frac{mv}{qB} \tag{13.43}$$

带电粒子做圆周运动的周期(回旋周期)T 及频率(回旋频率)分别为

$$T = \frac{2\pi R}{v} = \frac{2\pi m}{qB} \qquad \nu = \frac{1}{T} = \frac{qB}{2\pi m} \tag{13.44}$$

式(13.44)表明,带电粒子的回旋周期及回旋频率与粒子的速率和回转半径无关,这一结论在工程技术中有重要应用.

(3)当 $\boldsymbol{v}$ 与 $\boldsymbol{B}$ 有一夹角 θ 时,$\boldsymbol{v}$ 垂直 $\boldsymbol{B}$ 的分量和平行 $\boldsymbol{B}$ 的分量分别为

$$v_\perp = v\sin\theta, \qquad v_{/\!/} = v\cos\theta$$

所以,带电粒子在做垂直于 $\boldsymbol{B}$ 的圆周运动时,同时沿 $\boldsymbol{B}$ 方向做匀速直线运动,其合运动的轨迹是一条螺旋线,如图 13.25 所示,其圆周运动的周期和半径分别为

$$T=\frac{2\pi m}{qB},\qquad R_{\perp}=\frac{mv_{\perp}}{qB}\tag{13.45}$$

带电粒子每回旋一周所前进的距离称为螺距，其大小为

$$h=Tv_{//}=\frac{2\pi mv_{//}}{qB}\tag{13.46}$$

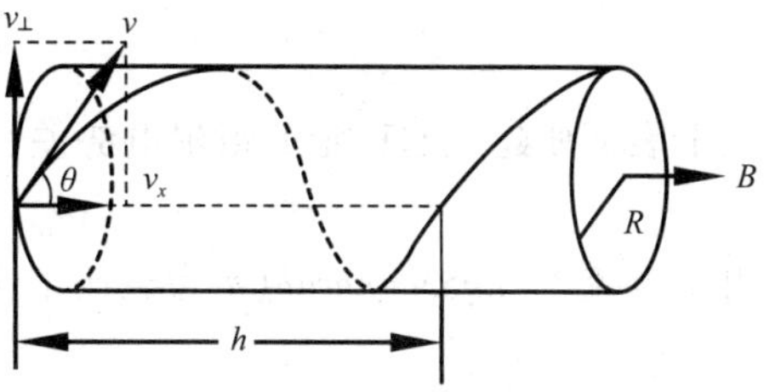

图 13.25　带电粒子的合运动

由此可见，螺距 h 只与 $v_{//}$ 有关，而与 $v_{\perp}$ 无关．利用这一特点，可以实现磁聚焦．图 13.26 是用于电真空器件的一种磁聚焦装置的示意图．从电子枪射出的电子以各种不同的初速进入近似均匀的恒定磁场 $\boldsymbol{B}$ 中．电子枪的构造保证：①各电子初速度 $\boldsymbol{v}$ 的大小近似相等（由枪内加速阳极与阴极间的电压决定）；②$\boldsymbol{v}$ 与 $\boldsymbol{B}$ 的夹角足够小，以致 $v_{\perp}=v\sin\theta\approx v\theta, v_{//}v\cos\theta\approx v$，每个电子都做螺旋线运动．因为 $v_{\perp}$ 各不相同，由式（13.45）可知螺旋线的半径也各不相同，但各电子的 $v_{//}$ 近似相同，故由式（13.46）可知它们的螺距近似相同，于是就有了这样的好事：虽然开始时各电子分道扬镳，但各自转了一圈后竟又彼此相会（殊途同归！），从而达到电子束聚焦的目的．图 13.26 表示出了三个电子的螺旋线轨迹．

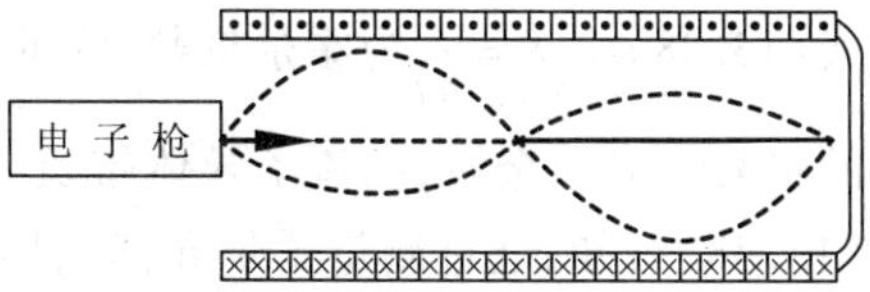

图 13.26　磁聚焦示意

磁聚焦在许多电真空系统（如电子显微镜）中得到广泛的应用，但在实际中用得更多的是非均匀磁场的磁聚焦．

13.6.4　霍尔效应

如霍尔图 13.27 所示，在一个载流子导体（宽度为 b，厚度为 d）中通以电流 I，当沿垂直电流的方向上加一磁场 $\boldsymbol{B}$ 时，便在该导体中的上下两个表面产生了电势差 $U_{AA'}$，这个现象是由美国物理学家霍尔于 1879 年发现的，后人称为霍尔效应。这个电势差称为霍尔电势差。

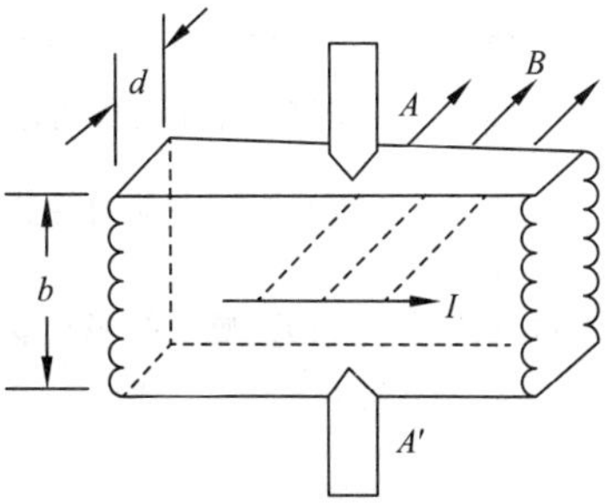

图 13.27　霍尔效应

实验表明，在磁场不太强时，$U_{AA'}$ 与电流 I 和磁感应强度 $\boldsymbol{B}$ 成正比，而与金属板的厚度 d 成反比，即

$$U_{AA'}=K\frac{IB}{d}\tag{13.47}$$

式（13.47）中，K 是只与导体材料有关的常数，称为霍尔系数．

霍尔效应可以用洛伦兹力来解释．设导体内每个载流子导体的电量为 q，定向运动的速度为 $\boldsymbol{v}$，当 $q>0$ 时，正电荷在洛伦兹力的作用下，将产生横向漂移而向 A 面偏转，结果 A 面出现净余的正电荷，而 A' 面出现负电荷；当 $q<0$ 时，负电荷在洛伦兹力的作用下，也向 A 面偏转，结果 A 面出现净余的负电荷，而 A' 面出现正电荷．根据电荷守恒定律，在导体相对侧面聚集的异号电荷，将在薄片中形成横向电场 $\boldsymbol{E}_H$，称为**霍尔电场**．霍尔电场使载流子导体受到一个电场力 $\boldsymbol{F}_e=e\boldsymbol{E}_H$ 的作用，电场力 $\boldsymbol{F}_e$ 的方向与磁场力 $\boldsymbol{F}_L$ 的方向正好相反，它将阻碍电荷在侧面继续聚集，随着上下表面电荷的不断积累，$\boldsymbol{F}_e$ 也不断增大．当 $\boldsymbol{F}_e=\boldsymbol{F}_L$ 时就达到了动平衡，此时薄片中的霍尔场强可由 $qE_H=qvB$ 得

$$E_H = \frac{F_e}{q} = \frac{F_L}{q} = vB$$

上下表面便建立起稳定的霍尔电势差,即

$$U_{AA'} = E_H b = vBb$$

由于电流 $I = nqSv = nqvdb$(**n** 为载流子密度),则

$$U_{AA'} = \frac{1}{nq}\frac{IB}{d} \tag{13.48}$$

式(13.48)中 $K = \frac{1}{nq}$为**霍尔系数**,它的大小取决于载流子导体的密度,符号取决于载流子导体的符号.对于金属,载流子导体带负电,K 为负;对带正电的载流子导体,K 为正.因此,由式(13.48)可知,通过测量霍尔导体电压,就可以确定载流子导体是带正电还是负电.而且,只要测量霍尔系数,即可测得导体中载流子的密度.由于金属载流子导体的密度很大,故金属的霍尔系数都很小,半导体的霍尔系数比较大,因为半导体的载流子导体的密度比较小.另外,霍尔效应还可用于测量磁场的磁感应强度,也可用于测量电流,特别是较大的电流.

思 考 题

13.1 在电子仪器中,为了减弱与电源相连的两条导线的磁场,通常总是把它们扭在一起,为什么?

13.2 两根通有同样电流 I 的长直导线十字交叉放在一起,交叉点相互绝缘.试判断何处的合磁场为零.

13.3 当一个闭合的面包围磁铁棒的一个磁极时,通过该闭合面的磁通量是多少?

13.4 磁场是不是保守场?

13.5 在无电流的空间区域内,如果磁感应线是平行直线,那么磁场一定是均匀场.试证明之.

13.6 用安培环路定理能否求出有限长的一段载流直导线周围的磁场?

13.7 长直螺线管中部的磁感应强度是 $\mu_0 nI$,边缘部分轴线上是$\frac{\mu_0 nI}{2}$,这是不是说明螺线管中部的磁感应线比边缘部分的磁感应线多?或者是在螺线管内部某处有$\frac{1}{2}$的磁感应线突然中断了?

习 题

13.1 一条很长的直输电线,载有 100 A 的电流,在离它 0.5 m 远的地方,它产生的磁感强度 B 有多大?

13.2 四条平行的无限长载流直导线,垂直地通过一边长为 a 的正方形顶点,每根导线中的电流都是 I,方向如题 13.2 图所示.

(1)求正方形中心处的磁感应强度 B;

(2)当 $a = 20$ cm,$I = 20$ A 时,求 B.

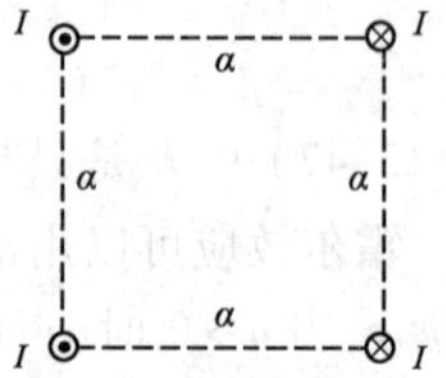

题 13.2 图

13.3 求题 13.3 图中 P 点的磁感应强度 B 的大小和方向.

13.4 高压输电线在地面上空 25 m 处,通过电流为 1.8×10^3 A,求:

(1)在地面上由此电流所产生的磁感应强度为多大?

(2)在上述地区,地磁场为 0.6×10^{-4} T,同输电线产生的磁场与地磁场相比如何?

13.5 在闪电中电流可高达 2×10^4 A,求距闪电电流为 1.0 m 处的磁感应强度.可把闪电电流视作长直电流.

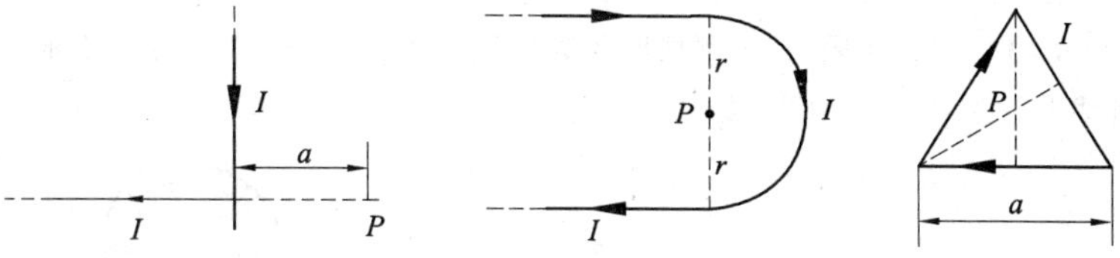

（a）　　（b）　　（c）

题 13.3 图

13.6　一内半径为 a、外半径为 b 的均匀带电圆环，绕过环心 O 且与环平面垂直的轴线以角速度 ω 逆时针方向旋转，如题 13.6 图所示．环上所带电量为 $+Q$，求环心 O 处的磁感应强度．

13.7　闭合载流导线弯成如题 13.7 图所示的形状，载有电流 I，试求：半圆圆心 O 处的磁感应强度．

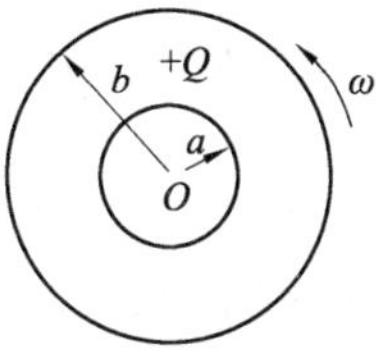

题 13.6 图

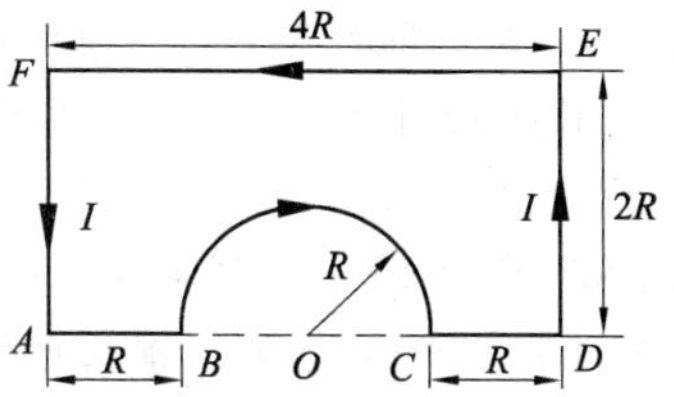

题 13.7 图

13.8　一边长为 $l=0.15$ m 的立方体如题 13.8 图放置，有一均匀磁场 $\boldsymbol{B}=(6\boldsymbol{i}+3\boldsymbol{j}+1.5\boldsymbol{k})$ T 通过立方体区域，计算：

(1)通过立方体上阴影面的磁通量；

(2)通过立方体六个面的总磁通量．

13.9　已知磁感应强度 $B=2.0\ \mathrm{Wb\cdot m^{-2}}$ 的均匀磁场，方向沿轴的正方向，如题 13.9 图所示．试求：

(1)通过图中 $abcd$ 面的磁通量；

(2)通过图中 $befc$ 面的磁通量；

(3)通过图中 $aefd$ 面的磁通量．

13.10　如题 13.10 图所示，两根长直导线互相平行地放置在真空中，其中通以同向的电流 $I_1=I_2=10$ A．试求 P 点的磁感应强度．已知 $PI_1=PI_2=0.5$ m，$PI_1\perp PI_2$．

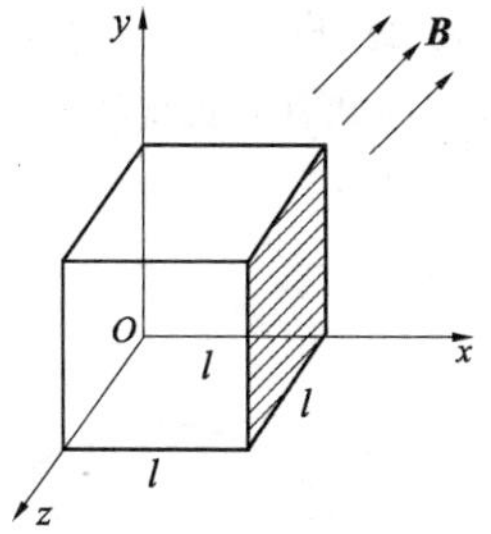

题 13.8 图

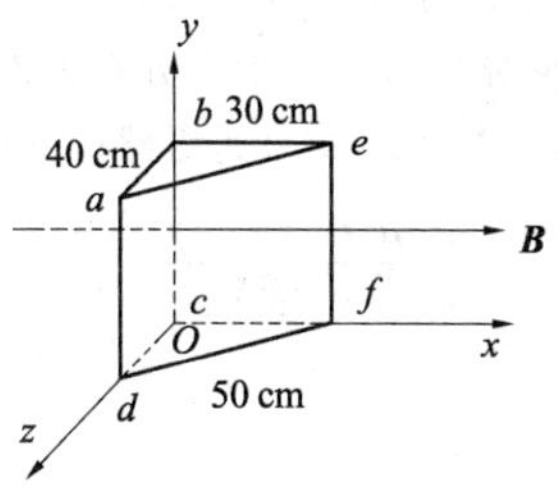

题 13.9 图

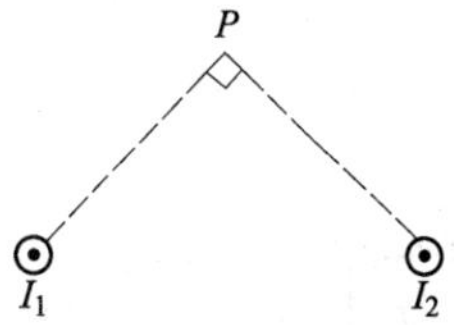

题 13.10 图

13.11　在真空中，有两根互相平行的无限长直导线 L_1 和 L_2，相距 0.10 m，通有方向相反的电流，$L_1=20$ A，$I_2=10$ A，如题 13.11 图所示，A、B 两点与导线在同一平面内．这两点与导线 L_2 距离均为 5.0 cm．试求：A、B 两点处的磁感应强度，以及磁感应强度为零的点的位置．

13.12　如题 13.12 图所示，两根长直导线沿半径方向接到铁环上的 A、B 两点，并与很远处的电源相连，

求环中心 O 的磁感应强度.

13.13 在半径 $R=1$ cm 的“无限长”半圆柱形金属薄片中,有电流 $I=5$ A 自下而上地流过,如题13.13 图所示. 试求圆柱轴线上一点 P 的磁感应强度.

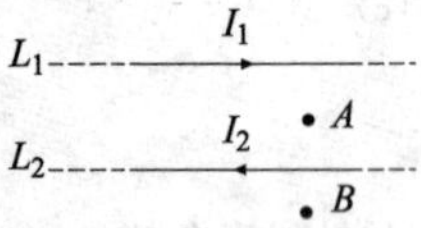

题 13.11 图

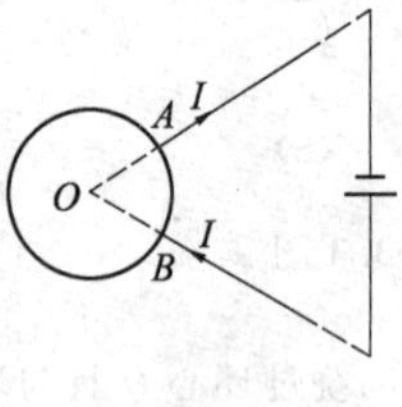

题 13.12 图

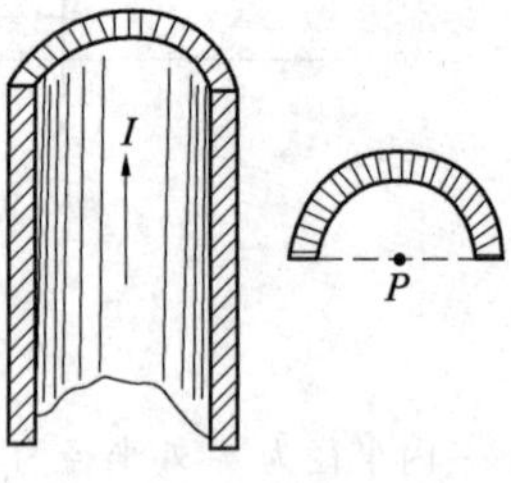

题 13.13 图

13.14 半径为 R 的木球上绕有细导线,线圈紧密环绕,相邻的线圈彼此平行地靠着,以单层盖住半个球面共有 N 匝,如题 13.14 图所示. 设导线中通有电流 I,求球心 O 处的感应强度.

13.15 两平行长直导线相距 $d=40$ cm,每根导线载有电流 $I_1=I_2=20$ A,方向相反,如题 13.15 图所示. 求:

(1)两导线所在平面内与该两导线等距的一点 A 处的磁感应强度;

(2)通过图中斜线所示面积的磁通量($r_1=r_3=10$ cm,$l=25$ cm).

13.16 10 A 的电流均匀地流过一根长直圆柱形铜导线. 在导线内部作一平面 S,一边为轴线,另一边在导线外壁上,长度为 1 m,如题 13.16 图所示. 试计算通过此平面的磁通量(铜材料本身对磁场分布无影响).

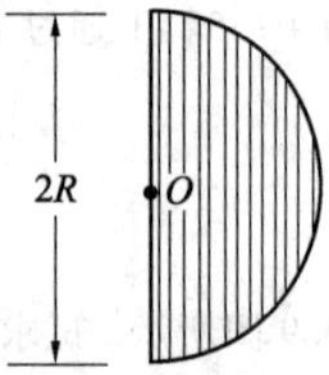

题 13.14 图

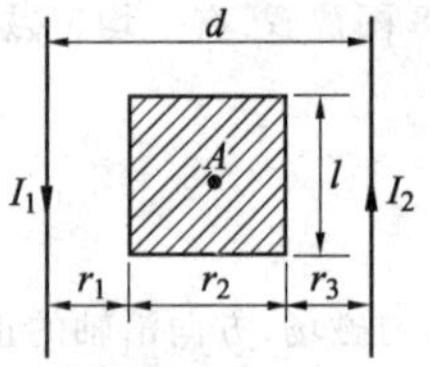

题 13.15 图

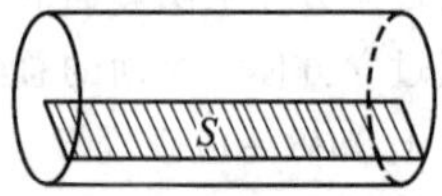

题 13.16 图

13.17 如题 13.17 图所示,一宽为 b 的薄金属板,其电流为 I,试求在薄板的平面上,距板的一边为 r 处的点 P 磁感应强度.

13.18 半径为 R 的无限长直圆筒上有一层均匀分布的面电流,电流都绕着轴线流动并与轴线垂直(如题 13.18 图示),面电流密度(即通过垂直方向单位长度上的电流)为 i,求轴线上的磁感应强度.

13.19 题 13.19 图中所示的空心柱形导体,内、外半径分别为 R_1 和 R_2,导体内载有 I,设电流 I 均匀分布在导体的横截面上. 求证:导体内部各点($R_1<r<R_2$)的磁感应强度 B 由下式给出:

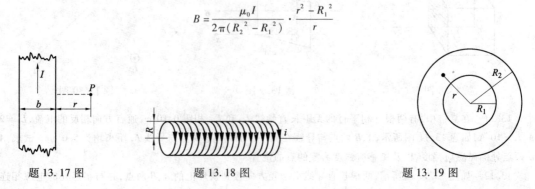

$$B=\frac{\mu_0 I}{2\pi(R_2{}^2-R_1{}^2)}\cdot\frac{r^2-R_1{}^2}{r}$$

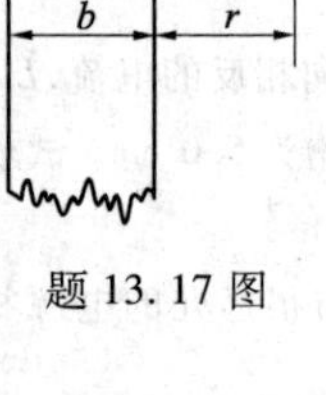

题 13.17 图

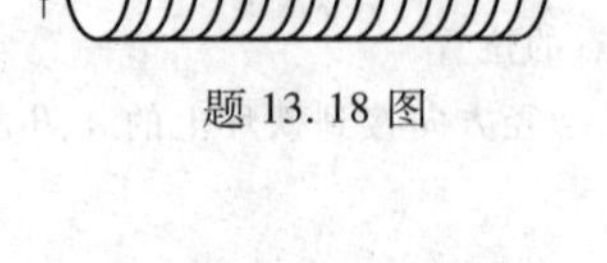

题 13.18 图

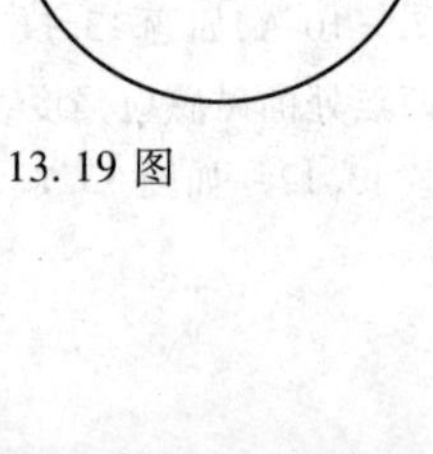

题 13.19 图

13.20　一同轴电缆由一圆柱形导体和一同轴圆筒状导体组成，圆柱的半径为 R_1，圆筒的内外半径分别为 R_2 和 R_3，如题 13.20 图所示．在这两个导体中，载有大小相等而方向相反的电流 I，电流均匀分布在各导体的截面上．求：(1) 圆柱导体内各点 ($r < R_1$)；(2) 两导体之间 ($R_1 < r < R_2$)；(3) 外圆筒导体内各点 ($R_2 < r < R_3$)；(4) 电缆外各点 ($r > R_3$) 的磁感应强度 $\boldsymbol{B}$．

13.21　如题 13.21 图所示，N 匝线圈均匀密绕在截面为矩形的中空骨架上，求通入电流 I 后，环内外的磁场分布．

13.22　如题 13.22 图所示，在半径为 R 的长直圆柱形导体内开一个半径为 r 的圆柱形空洞，空洞的轴线与导体的轴线平行，相距为 d，在导体中沿轴线方向通有均匀分布的电流，其电流密度为 j.

(1) 求 O、O' 处的磁感强度；

(2) 证明空腔内的磁场是均匀场．

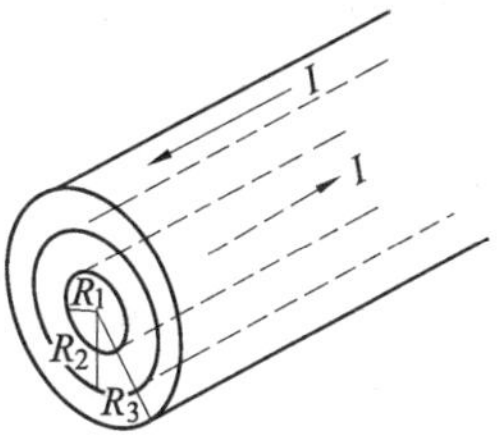

题 13.20 图

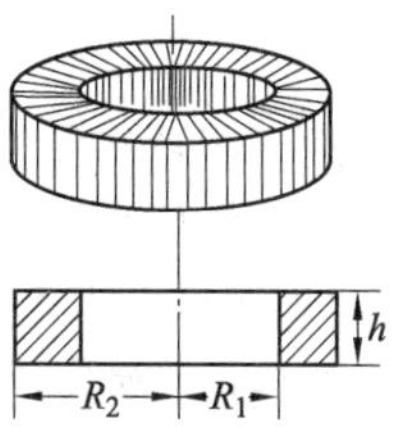

题 13.21 图

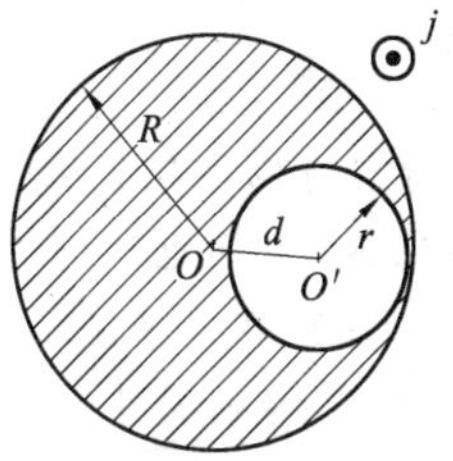

题 13.22 图

科学家简介

奥　斯　特

奥斯特（Hans Christian Oersted，1777—1851），丹麦物理学家、化学家．

生平简介

奥斯特 1777 年 8 月 14 日生于丹麦的路克宾．1794 年他进入哥本哈根大学学习医学和自然科学，1799 年获得博士学位．1801—1803 年他游学德国、法国等地，于 1804 年回国．1806 年被聘为哥本哈根大学物理、化学教授，研究电流和声等课题．1824 年倡议成立丹麦自然科学促进会，1829 年出任哥本哈根理工学院院长，直到 1851 年 3 月 9 日在哥本哈根逝世，终年 74 岁．

主要科学贡献

(1) 1820 年，自从库仑提出电和磁有本质上的区别以来，很少有人再会去考虑它们之间的联系．而安培和毕奥等物理学家认为电和磁不会有任何联系．可是奥斯特一直相信电、磁、光、热等现象相互存在内在的联系，尤其是富兰克林曾经发现莱顿瓶放电能使钢针磁化，更坚定了他的观点．当时，有些人做过实验，寻求电和磁的联系，结果都失败了．奥斯特分析这些实验后认为：在电流方向上去找效应，看来是不可能的，那么磁效应的作用会不会是横向的？沿着这一新的方向探索，他终于取得重大的突破．

在 1820 年 4 月，有一次晚上讲座，奥斯特演示了电流磁效应的实验．当伽伐尼电池与铂丝相连时，靠近铂丝的小磁针摆动了．这一不显眼的现象没有引起听众的注意，而奥斯特非常兴奋，他接连三个月深入地研究，在 1820 年 7 月 21 日，他宣布了实验情况．奥斯特将导线的一端和伽伐尼电池正极连接，导线沿南北方向平行地放在小磁针的上方，当导线另一端连到负极时，磁针立即指向东西方向．把玻璃板、木片、石块等非磁性物体插在导线和磁针之间,甚至把小磁针浸在盛水的铜盒子里,磁针照样偏转.

奥斯特认为在通电导线的周围,发生一种“电流冲击”.这种冲击只能作用在磁性粒子上,对非磁性物体是可以穿过的.磁性物质或磁性粒子受到这些冲击时,阻碍它穿过,于是就被带动,发生了偏转.

导线放在磁针的下面,小磁针就向相反方向偏转;如果导线水平地沿东西方向放置,这时不论将导线放在磁针的上面还是下面,磁针始终保持静止.他认为电流冲击是沿着以导线为轴线的螺旋线方向传播,螺纹方向与轴线保持垂直.这就是形象的横向效应的描述.奥斯特对磁效应的解释,虽然不完全正确,但并不影响这一实验的重大意义,它证明了电和磁能相互转化,为电磁学的发展打下基础.奥斯特的发现使整个科学界大为震动,人们长期以来所信奉的电和磁没有内在联系的信条崩溃了.这个发现开启了一扇通向新的研究领域的大门,导致了进一步探索的激流.正如法拉第所说:“猛然打开科学黑暗领域的一扇大门.”

(2)其他方面的成就.

奥斯特曾经对化学亲合力等作了研究.1822年他精密地测定了水的压缩系数值,论证了水的可压缩性.1823年他还对温差电作出了成功的研究.他对库仑扭秤也作了一些重要的改进.

奥斯特在1825年最早提炼出铝,但纯度不高,以致这项成就在冶金史上归属于德国化学家F·维勒(1827).他最后一项研究是19世纪40年代末期对抗磁体的研究,试图用反极性的反感应效应来解释物质的抗磁性.同一时期M·法拉第在这方面的成就超过了奥斯特及其法国的同辈.法拉第证明不存在所谓的反磁极,并用磁导率和磁力线的概念统一解释了磁性和抗磁性.不过,奥斯特研究抗磁体的方法仍具有很深的影响.

(3)出版了《奥斯特科学论文》.

他的重要论文在1920年整理出版,书名是《奥斯特科学论文》.

趣闻轶事

磁针的跳动,使他激动得摔了一跤.

奥斯特受康德哲学思想的影响,一直坚信电和磁之间一定有某种关系,电一定可以转化为磁.当务之急是怎样找到实现这种转化的条件.奥斯特仔细地审查了库仑的论断,发现库仑研究的对象全是静电和静磁,确实不可能转化.他猜测,非静电、非静磁可能是转化的条件,应该把注意力集中到电流和磁体有没有相互作用的课题上去.他决心用实验来进行探索.1819年上半年到1820年下半年,奥斯特一面担任电、磁学讲座的主讲,一面继续研究电、磁关系.1820年4月,在一次讲演快结束的时候,奥斯特抱着试试看的心情又做了一次实验.他把一条非常细的铂导线放在一根用玻璃罩罩着的小磁针上方,接通电源的瞬间,发现磁针跳动了一下.这一跳,使有心的奥斯特喜出望外,竟激动得在讲台上摔了一跤.但是因为偏转角度很小,而且不很规则,这一跳并没有引起听众注意.以后,奥斯特花了三个月,作了许多次实验,发现磁针在电流周围都会偏转.在导线的上方和导线的下方,磁针偏转方向相反.在导体和磁针之间放置非磁性物质,比如木头、玻璃、水、松香等,不会影响磁针的偏转.1820年7月21日,奥斯特写成《论磁针的电流撞击实验》的论文,正式向学术界宣告发现了电流磁效应.

第 14 章 磁场中的磁介质

上一章介绍了真空中的磁场,在实际应用中,人们常常需要了解物质中的磁场. 类似于在静电学中电场与电介质的相互作用,磁场与置于其中的物质之间也有相互作用. 磁场会使物质处于一种特殊的状态称为**磁化**,被磁化的物质又会反过来影响磁场的分布,这种物质称为**磁介质**. 本章讨论磁介质和磁场相互影响的规律.

14.1 磁介质的磁化 磁化强度矢量

14.1.1 磁介质

我们知道,电介质在电场的作用下会发生极化,并激发附加电场 $\boldsymbol{E}'$,从而使得电介质内的电场 $\boldsymbol{E}$ 是外电场 $\boldsymbol{E}_0$ 与附加电场 $\boldsymbol{E}'$的叠加. 与此类似,当把磁介质放入磁场 $\boldsymbol{B}_0$ 中时,由于磁场和磁介质的相互作用,磁介质将被磁化,而处于磁化状态的磁介质也要激发一个附加磁场 $\boldsymbol{B}'$. 因此,有磁介质时的磁场 $\boldsymbol{B}$ 是外磁场 $\boldsymbol{B}_0$ 和附加磁场 $\boldsymbol{B}'$的叠加,即

$$\boldsymbol{B}=\boldsymbol{B}_0+\boldsymbol{B}' \tag{14.1}$$

实验表明,不同的磁介质在磁场中磁化的效果是不同的. 如图 14.1(a)所示,在内部为真空的螺绕环线圈中通以电流 I,测得环内磁感应强度为 $\boldsymbol{B}_0$. 然后,保持线圈中的传导电流 I 不变,将螺绕环内部充满磁介质,如图 14.1(b)所示. 则环内会产生一附加磁场 $\boldsymbol{B}'$,此时测得环内总磁感应强度为 $\boldsymbol{B}=\boldsymbol{B}_0+\boldsymbol{B}'$. 实验表明不同的磁介质有不同的 $\boldsymbol{B}$,定义

$$\mu_r=\frac{B}{B_0} \tag{14.2}$$

μ_r 称为磁介质的**相对磁导率**,μ_r 取决于磁介质本身的性质,是一个没有单位的纯数,它反映了不同物质的磁性差异. 它与真空中磁导率的乘积 $\mu_0\mu_r=\mu$ 称为**磁介质的磁导率**.

根据 μ_r 可以将磁介质分成三类.

① 顺磁质:$\mu_r>1$ 且接近 1,当顺磁质充满如图 14.1 所示的螺绕环时,它产生的附加磁场 $\boldsymbol{B}'$与传导电流 I 产生的磁场 $\boldsymbol{B}_0$ 同向,$\boldsymbol{B}>\boldsymbol{B}_0$,即环中磁通量增加. 属于顺磁质的物质有铬、铂、氮、氧等.

② 抗磁质:$\mu_r<1$ 且接近 1,当抗磁质充满如图 14.1 所示的螺绕环时,它产生的附加磁场 $\boldsymbol{B}'$与传导电流产生的磁场 $\boldsymbol{B}_0$ 反向,磁介质中的磁场 $\boldsymbol{B}<\boldsymbol{B}_0$,环中的磁通量减少. 属于抗磁质的物质有水银、铜、铋、硫、氢、金、银、锌等.

③ 铁磁质:$\mu_r\gg1$,当铁磁质充满如图 14.1 所示的螺绕环时,它产生的附加磁场 $\boldsymbol{B}'$与 $\boldsymbol{B}_0$ 同向,且 $\boldsymbol{B}'$比传导电流产生的 $\boldsymbol{B}_0$ 大得多,环中的磁通量大增. 属于铁磁质的物质有铁、钴、镍、钆、镝,以及它们与其他元素的合金和铁氧体.

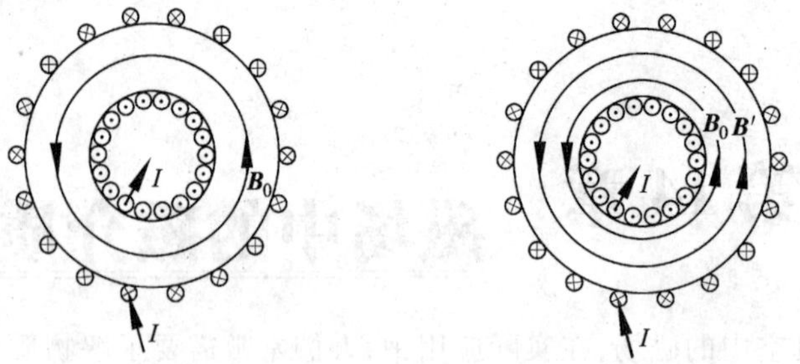

(a) 环内为真空　　(b) 环内充满磁介质

图 14.1　相对磁导率的定义

在外磁场中,磁介质表现的宏观行为是产生附加磁场 $\boldsymbol{B}'$,使磁场得以加强或削弱,这种现象称为**磁化**. 为什么不同磁介质在外磁场中有如此不同的行为? 为什么磁介质在外磁场中会引起附加磁场? 下面我们来讨论顺磁质和抗磁质磁化的微观机理.

14.1.2　顺磁质和抗磁质的磁化

物质是由分子、原子组成的,分子或原子中的每个电子都在同时参与两种运动:绕原子核的轨道运动和电子本身的自旋. 这就宛如地球绕太阳公转的同时也在绕地轴自转一样. 电子的这两种运动都能产生磁效应. 如果把分子或原子看做一个整体,则其对外界所产生的磁效应的总和,可以等效为一个圆电流,称为**分子电流**,分子电流的磁矩称为**分子磁矩**或**固有磁矩**,用 $\boldsymbol{P}_m$ 表示. 不同物质的分子磁矩的大小不同.

原子核也有磁矩,称为**核磁矩**,它是核内质子的轨道运动及质子和中子的自旋运动所产生的磁效应的总和. 但是核磁矩与核外电子的磁矩相比,要小三个数量级. 因此,计算分子或原子的总磁矩时,可以忽略核磁矩的影响.

当无外磁场作用时,对于抗磁质来说,因为每个分子中所有电子的磁效应互相抵消,分子磁矩 $\boldsymbol{P}_m=\boldsymbol{0}$,所以,抗磁质中的任何一部分对外界都不显示磁性;对于顺磁质来说,虽然每个分子都有一定的磁矩,但是由于热运动,各分子磁矩 $\boldsymbol{P}_m$ 的取向杂乱无章,因此,对于顺磁质内的任何一个体积元,其中所有分子磁矩的矢量和 $\sum \boldsymbol{P}_m=\boldsymbol{0}$. 所以,顺磁质对外界也不显示磁性.

当有外磁场 $\boldsymbol{B}_0$ 存在时,对于顺磁质,其内所有分子磁矩 $\boldsymbol{P}_m$ 在磁力矩的作用下都趋于外磁场 $\boldsymbol{B}_0$ 的方向,从而在磁介质内部出现了分子磁矩的有序排列,这时任一个体积元中所有分子磁矩的矢量和 $\sum \boldsymbol{P}_m\neq\boldsymbol{0}$,这些有序排列的分子磁矩产生了一个与 $\boldsymbol{B}_0$ 方向一致的附加磁场 $\boldsymbol{B}'$,使磁介质内部的磁场增强,这就是顺磁质的磁化机理. 顺磁质磁化的微观过程如图 14.2(a)所示.

对于抗磁质来说,在无外磁场作用时,虽然其每个分子的分子磁矩 $\boldsymbol{P}_m=\boldsymbol{0}$,但就分子中的每个电子而言,无论是电子的轨道运动还是自旋运动都有磁矩. 当有外磁场 $\boldsymbol{B}_0$ 作用时,每个电子的运动轨道将会受到影响,从而产生附加分子磁矩 $\Delta\boldsymbol{P}_m$. 可以证明,无论电子轨道磁矩的方向如何,附加磁矩 $\Delta\boldsymbol{P}_m$ 的方向必与外磁场 $\boldsymbol{B}_0$ 的方向相反. 因此,在磁化后的抗磁质内,任一体积元中所有分子附加磁矩的矢量和 $\sum \Delta\boldsymbol{P}_m\neq\boldsymbol{0}$,结果就在磁介质内产生了一个与 $\boldsymbol{B}_0$ 反向的附加磁场 $\boldsymbol{B}'$,使磁场削弱. 这就是抗磁质磁化的微观机制. 图 14.2(b)所示为抗磁质磁化的微观过程.

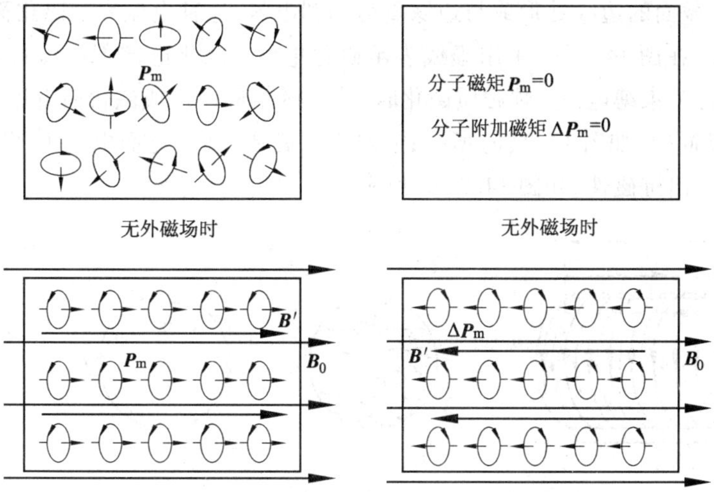

(a) 顺磁质的磁化　　(b) 抗磁质的磁化

图 14.2　顺磁质和抗磁质的磁化

应当指出,抗磁性不只是抗磁质所独有的特性,由上面分析可知,顺磁质也应具有这种抗磁性．只不过顺磁质中抗磁性的效应较之顺磁性效应要小得多,因此,在研究顺磁质的磁化时可以不计其抗磁性效应．

总之,无论是顺磁质还是抗磁质,经外磁场作用后:磁介质内任一体积元的总磁矩 $\sum \boldsymbol{P}_m$ 由 $\sum \boldsymbol{P}_m = \boldsymbol{0}$ 变为 $\sum \boldsymbol{P}_m \neq \boldsymbol{0}$,对外显示出顺磁性或抗磁性,这就是磁介质的磁化. 为表征物质磁化的程度,引入一个物理量——磁化强度矢量.

14.1.3　磁化强度　磁化电流

1. 磁化强度

在磁化的磁介质中任取体积元 ΔV,若该体积中总磁矩为 $\sum \boldsymbol{P}_m$,则磁化强度矢量定义为

$$\boldsymbol{M} = \frac{\sum \boldsymbol{P}_m}{\Delta V} \tag{14.3}$$

它表示单位体积内分子磁矩的矢量和. 在国际单位制中,磁化强度的单位为安培每米($A \cdot m^{-1}$). 对于顺磁质,$\boldsymbol{M}$ 与外磁场 $\boldsymbol{B}_0$ 方向相同,它在磁介质内产生的附加磁场 $\boldsymbol{B}'$ 也与 $\boldsymbol{B}_0$ 同向. 对于抗磁质,$\boldsymbol{M}$ 与外磁场 $\boldsymbol{B}_0$ 方向相反,它在磁介质内产生的附加磁场 $\boldsymbol{B}'$ 与 $\boldsymbol{B}_0$ 也是反向的.

磁化强度 $\boldsymbol{M}$ 是定量描述磁介质磁化程度的物理量. 一般情况下,介质内各点的 $\boldsymbol{M}$ 是不同的. 如果介质内各点的 $\boldsymbol{M}$ 都相同,则称磁介质被均匀磁化.

2. 磁化电流

磁介质被磁化后,与分子磁矩相联系的分子电流也趋于有序排列. 图 14.3(a)所示为充满无限长螺线管的磁介质被磁化时,分子电流的流动情况. 图 14.3(b)为磁化的磁介质内任意横截面上分子电流的排列情况. 如果磁介质均匀分布,则在其内部任意位置,总是有相反方向的分子电流流过,它们的磁作用相互抵消,只有在磁介质边缘处的分子电流未被抵消. 其宏

观效果是在介质截面的边缘处形成与边缘重合的圆电流，这种电流称为**磁化面电流**，简称**磁化电流**，用 I_S 表示. 在图 14.3(a)中用虚线表示磁化电流. 磁化电流不能像传导电流那样能用导线引出，故也称为束缚电流. 顺磁质磁化时，分子磁矩取向造成磁化面电流 I_S 与激发外磁场 $\boldsymbol{B}_0$ 的传导电流 I 同向，如图 14.3(c)所示；而对于抗磁质，其磁化面电流 I_S 则与传导电流 I 反向，因而对外显示出抗磁性，如图 14.3(d)所示.

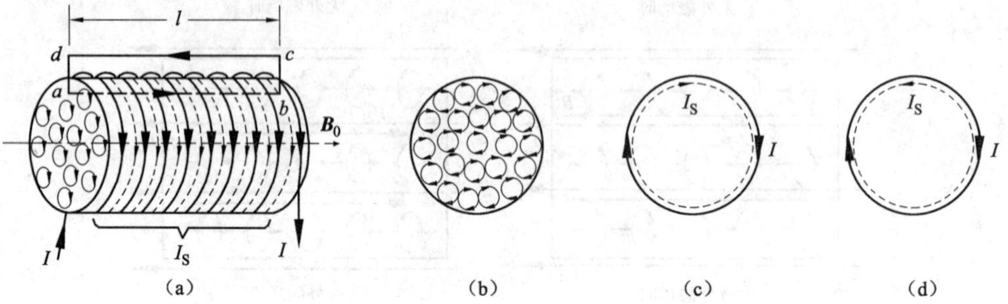

图 14.3　磁介质磁化时分子电流的排布

我们看到，磁介质的磁化情况可以用磁化强度来描述，也可以用磁化电流来反映，二者之间必然存在着一定联系. 可以证明(从略)：磁化强度 $\boldsymbol{M}$ 的环流为

$$\oint \boldsymbol{M} \cdot \mathrm{d}\boldsymbol{l} = I_S \tag{14.4}$$

即：磁化强度沿任意闭合回路的环流，等于闭合回路所包围的面积内磁化电流的代数和. 式(14.4)是在任何情况下都成立的普遍规律.

14.2　有磁介质时磁场的基本规律

14.2.1　磁场强度　有磁介质存在时的安培环路定理

有磁介质存在时，空间(磁介质内部和外部)任一点的磁感应强度 $\boldsymbol{B}$ 是传导电流所产生的磁场 $\boldsymbol{B}_0$ 与磁化电流所产生的附加磁场 $\boldsymbol{B}'$ 的矢量和，即 $\boldsymbol{B} = \boldsymbol{B}_0 + \boldsymbol{B}'$. 因此，在磁介质中应用安培环路定理时，须把被闭合回路所包围的磁化电流 I_S 计算在内，即

$$\oint_L \boldsymbol{B} \cdot \mathrm{d}\boldsymbol{l} = \mu_0\left(\sum I_0 + I_S\right) \tag{14.5}$$

式(14.5)中的 I_0 和 I_S 分别为穿过以回路 L 为边界的任一曲面的传导电流和磁化电流. 由于磁化电流难于测量，上式不便于直接应用. 所以，利用式(14.4)将式(14.5)改写为

$$\oint_L \boldsymbol{B} \cdot \mathrm{d}\boldsymbol{l} = \mu_0\left(\sum I_0 + \oint_L \boldsymbol{M} \cdot \mathrm{d}\boldsymbol{l}\right)$$

或

$$\oint_L \left(\frac{\boldsymbol{B}}{\mu_0} - \boldsymbol{M}\right) \cdot \mathrm{d}\boldsymbol{l} = \sum I_0$$

令

$$\boldsymbol{H} = \frac{\boldsymbol{B}}{\mu_0} - \boldsymbol{M} \tag{14.6}$$

则有

$$\oint_L \boldsymbol{H} \cdot \mathrm{d}\boldsymbol{l} = I_0 \tag{14.7}$$

式(14.6)定义的矢量 $\boldsymbol{H}$ 称为**磁场强度**,它是描述磁场性质的辅助量. 在国际单位制中,磁场强度的单位是 $\mathrm{A \cdot m^{-1}}$. 式(14.8)称为**有磁介质时的安培环路定理**. 该定理表明,$\boldsymbol{H}$ 的环流仅与传导电流有关,与磁介质无关,只要传导电流 I 一定,不管磁场中填充什么磁介质,$\boldsymbol{H}$ 的环流都是一样的. 值得一提的是,该定理并不意味着磁场强度 $\boldsymbol{H}$ 也与磁介质无关. 由于 $\boldsymbol{H}$ 和 $\boldsymbol{B}$ 与传导电流、磁化电流都有关系,因此,磁场中各点的 $\boldsymbol{H}$、$\boldsymbol{B}$ 会随所填充磁介质的不同而变化.

14.2.2　有磁介质时的高斯定理

磁介质中任一点的磁感应强度 $\boldsymbol{B} = \boldsymbol{B}_0 + \boldsymbol{B}'$,由于磁化电流所激发的磁场 $\boldsymbol{B}'$ 与传导电流激发的磁场等效,均为有旋场,所以对 $\boldsymbol{B}'$ 也有

$$\oint_S \boldsymbol{B}' \cdot \mathrm{d}\boldsymbol{S} = 0$$

因此,可以得到

$$\oint_S \boldsymbol{B} \cdot \mathrm{d}\boldsymbol{S} = \oint_S (\boldsymbol{B}_0 + \boldsymbol{B}') \cdot \mathrm{d}\boldsymbol{S} = 0 \tag{14.8}$$

式(14.8)称为**有磁介质时的高斯定理**,是磁场的普遍公式.

14.2.3　线性磁介质

实验研究结果表明,除铁磁质外,只要所在处的磁场不太强,多数各向同性磁介质中的磁化强度 $\boldsymbol{M}$ 与磁场强度 $\boldsymbol{H}$ 的关系为

$$\boldsymbol{M} = \chi_{\mathrm{m}} \boldsymbol{H} \tag{14.9}$$

满足上述关系的磁介质称为**线性磁介质**. 由于在 SI 制中 $\boldsymbol{M}$ 与 $\boldsymbol{H}$ 的单位相同,比例系数 χ_{m} 的量纲为 1,χ_{m} 称为**磁介质的磁化率**,大小由介质的物理性质决定,线性磁介质中的磁化强度 $\boldsymbol{M}$ 的方向与磁场强度 $\boldsymbol{H}$ 的方向总是在同一条直线上.

把式(14.9)代入磁场强度的定义式,即可得到 $\boldsymbol{H}$ 与 $\boldsymbol{B}$ 的关系

$$\boldsymbol{B} = \mu \boldsymbol{H} \tag{14.10}$$

式中 $\mu = \mu_0 \mu_{\mathrm{r}}$,$\mu_{\mathrm{r}} = 1 + \chi_{\mathrm{m}}$.

式(14.7)和式(14.10)是分析计算有磁介质存在时磁场分布问题的两个常用公式. 一般根据传导电流的分布先用式(14.7)求出 $\boldsymbol{H}$ 的分布,然后再利用式(14.10)求出 $\boldsymbol{B}$ 的分布. 下面我们举例说明.

例 14.1　在均匀密绕的螺绕环内充满均匀的顺磁质,已知螺绕环中的传导电流为 I,单位长度上的匝数为 n,环的横截面半径比环的平均半径小得多,磁介质的相对磁导率为 μ_{r},求环内的磁感应强度.

解　密绕螺绕环,磁场几乎全部集中在环管内部,环管外磁场接近于零. 根据电流分布的对称性可知,环管内磁场的 $\boldsymbol{B}$ 线和 $\boldsymbol{H}$ 线均为以 O 为圆心的圆,在同一圆周上各点的 $\boldsymbol{H}$ 的大小相等,方向沿圆周的切线方向. 如例14.1图所示,在环管内任取一点,过该点作一和环同心、半径为 r 的圆周作为积分回路 L,根据安培环路定理知

$$\oint_L \boldsymbol{H} \cdot d\boldsymbol{l} = NI$$

N是螺绕环上线圈的总匝数. 由于所取圆形回路上各点的磁场强度的大小相等,方向都沿切线. 于是

$$H2\pi r = NI$$

$$H = \frac{NI}{2\pi r} = nI$$

所以 $$B = \mu H = \mu_0\mu_r H = \mu_0\mu_r nI$$

当环内是真空时

$$B_0 = \mu_0 H = \mu_0 nI$$

$$\frac{B}{B_0} = \mu_r$$

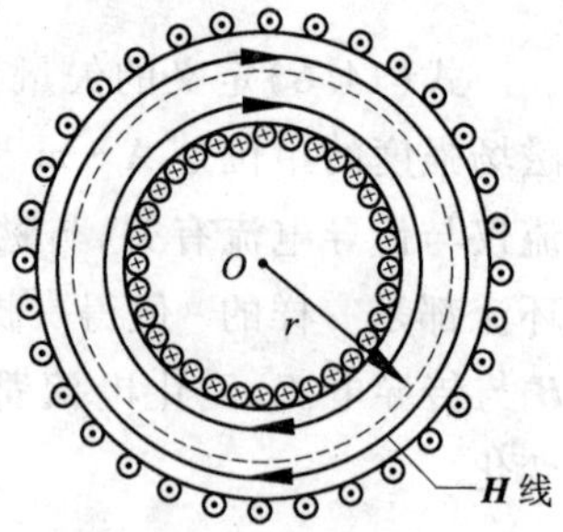

例 14.1 图

由此可知,当环内充满均匀磁介质后,环内的磁感应强度是真空时的 μ_r 倍.

14.3 铁磁质

铁磁质是一种性能特异、用途广泛的磁介质. 铁、钴、镍及许多合金和含铁的氧化物都属于铁磁质.

14.3.1 铁磁质的基本性质

铁磁质的相对磁导率 $\mu_r \gg 1$,能产生很强的附加磁场,可以使铁磁质中的磁场增强 $10^2 \sim 10^4$ 倍,这使得铁磁质在实际工程中具有很高的应用价值.

铁磁质的相对磁导率 μ_r 不仅很大,而且还随磁场强度的变化而变化. μ_r 随 H 变化的关系曲线如图 14.4 中虚线所示. 从曲线上可以看出,最初磁介质的相对磁导率 μ_r 随磁场强度 H 的增加而急剧地增加,直到最大值;此后,μ_r 随 H 的增加又逐渐减小. 铁磁质中的磁感应强度 B 与磁场强度 H 之间呈非线性关系,如图 14.4 中实线所示. 由图可以看出,随着磁介质中 H 的逐渐增加,所测得的 B 经历了缓慢增加(Oa 段)、急剧增加(ab 段)、缓慢增加(bc 段),最后当 H 达到某一值后,B 值逐渐趋于饱和(cS 段). 从 S 点开始铁磁质的磁化达到饱和状态,对应 S 点的磁场强度称为**饱和磁场强度**,从 O 到 S 的这一段曲线称为**起始磁化曲线**.

如果在磁感应强度达到饱和状态后,将磁场强度 H 逐渐减小为零,则发现 B 并不沿着起始磁化曲线逆向减小,而是沿图中另一条曲线 SR 比较缓慢地减小,如图 14.5 所示. 这种 B 的变化落后于 H 变化的现象,叫做**磁滞现象**,简称**磁滞**. 磁滞现象的一个显著特点是,当 H 降为零时,磁感应强度 B 并不等于零(如图 14.5 中的 R 点),这说明铁磁质在没有传导电流时也可以有磁性,B_r 称为**剩磁**. 为使 B 减少到零(通常称为**退磁**),必须加一个反向磁场 H_C,该值称为**矫顽力**,矫顽力的大小反映了铁磁材料保存剩磁状态的能力. 若再增加反向磁场,则 B 又可达到反向饱和值 S'点. 如果再使反向磁场的绝对值逐渐减弱到零,随后再使正向磁场逐渐增加,则铁磁质的磁化状态将沿 $S' \to R' \to C' \to S$ 回到正向饱和状态 S,完成一个 $SRS'R'S$ 的循环曲线,这条闭合曲线叫做**磁滞回线**.

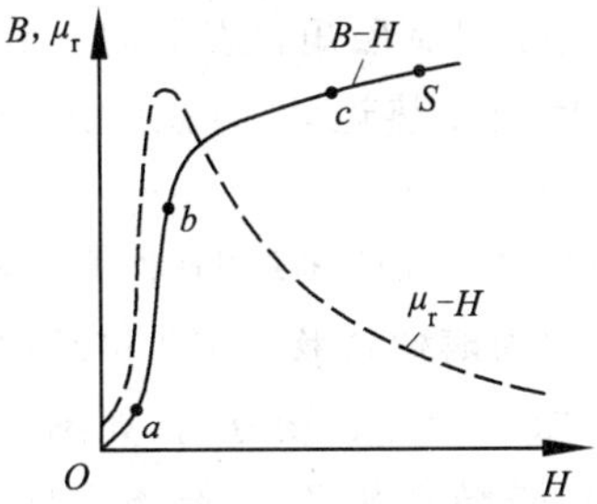

图 14.4　起始磁化曲线

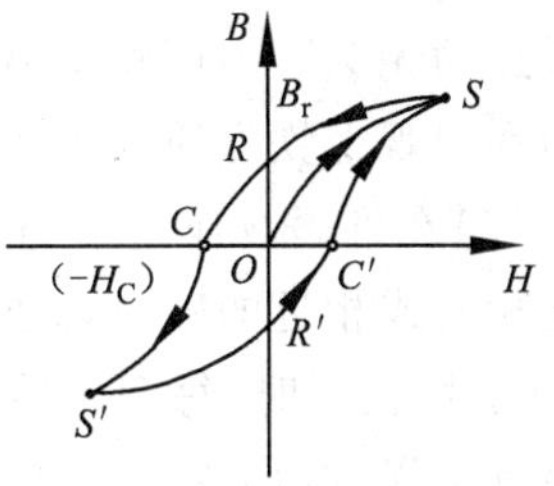

图 14.5　磁滞回线

14.3.2　铁磁质的分类

在实际应用中，通常按照矫顽力的大小把铁磁质分成软磁材料和硬磁材料．矫顽力小的称为**软磁材料**；矫顽力大的称为**硬磁材料**．矫顽力小，表示剩磁容易消除；矫顽力大，表示剩磁容易保持．

按照磁滞回线的特点也可以将铁磁质分成三类：

(1) **软磁材料**，如图 14.6(a)所示，软磁材料的特点是磁导率大，矫顽力小，磁滞回线窄，容易磁化，也容易退磁，可用来制造变压器、电机和电磁铁的铁心．对于软磁材料，可以近似认为有固定的相对磁导率 μ_r，B 与 H 成线性关系．

(2) **硬磁材料**，如图 14.6(b)所示，其特点是剩磁和矫顽力都比较大，磁滞回线所包围的面积也较大，磁滞现象非常明显．该类材料在充磁后，能保留较强的磁性，且剩磁不易消除，故适合做永久磁体，例如磁电式电表、永磁扬声器、小型直流电机、电话等所用的磁铁都是用硬磁材料做成的．

(3) **矩磁材料**，如图 14.6(c)所示，磁滞回线呈矩形，剩磁 B_r 和饱和磁感应强度 B 几乎相同．由于它在两个方向的剩磁为 $\pm B_r$，因而可以用来表示计算机的两个数码"0"和"1"，制成所谓的记忆元件．最常用的矩磁材料是锰-镁和锂-锰铁氧体．

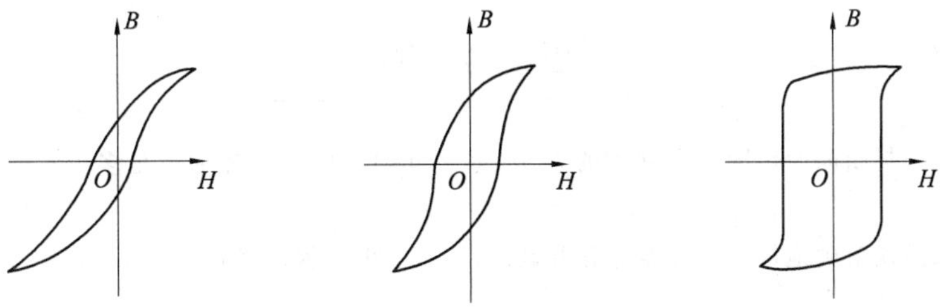

(a) 软磁材料　　(b) 硬磁材料　　(c) 矩磁铁氧体材料

图 14.6　不同铁磁质的磁滞回线

14.3.3　铁磁质的磁化机制

虽然人类对永磁体早有认识，但铁磁质的磁化机制一直令人困惑不解，直到近代量子论的出现，才使人类较好地解决了这个问题．由于磁化过程很复杂，我们这里只介绍几个结论．

(1) 近代科学实验证明，铁磁质的磁性主要来源于电子的自旋磁矩．在没有外磁场时，铁磁质中电子自旋磁矩可以在小范围内"自发地"排列起来，形成一个个小的"自发磁化区"，称作**磁畴**，如图 14.7(a)所示．磁畴的大小和形状不一，大致来说，每个磁畴体积约为 $10^{-15}\,\text{m}^3$，大约含有10^{15}个原子．每个磁畴都有一定的磁矩，由电子自旋磁矩自发取向一致产生，与电子轨道运动无关．因而每个磁畴中的磁化强度非常大，但由于热运动，各磁畴的磁化方向不同，从而在宏观上铁磁质并不显现磁性．

（2）在外磁场作用下，磁畴会发生变化，可分为两步：① 外磁场较弱时，凡是磁矩方向与外磁场相同或相近的磁畴都要扩大自己的体积，此现象称为**畴壁位移**，如图 14.7(b)、(c)所示；② 外磁场较强时，每个磁畴的磁矩方向都不同程度地取向于外磁场方向，如图 14.7(d)所示，外磁场越强，取向作用就越大，直到铁磁质中的所有磁畴都沿着外磁场方向排列起来，如图 14.7(e)所示．此时，铁磁质磁化达到饱和，并产生了一个远大于外磁场的附加磁场．

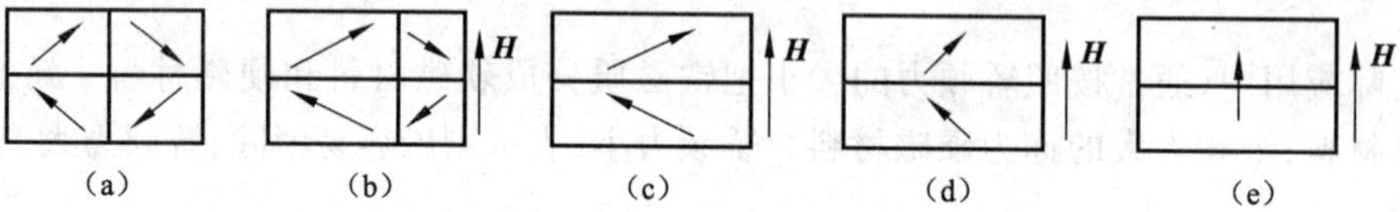

图 14.7 单晶结构铁磁体磁化过程示意图

在上述磁畴的两个变化过程（畴壁位移和磁矩取向）中，磁化强度沿外场方向会逐渐增大．当铁磁质磁化达到饱和之后，由于所有磁畴的磁矩都已沿外场方向排列，即便是再增强外磁场也不会使磁化强度增大．这便是起始磁化曲线的成因．

（3）既然磁畴起因于电子自旋磁矩的自发有序排列，而热运动又是有序排列的破坏者，因此，每一种铁磁质都有一个临界温度，当温度超过这一临界温度时，分子热运动加剧到了可使磁畴瓦解的程度，磁畴便不复存在，使铁磁性消失而退变为顺磁性，而当温度低于这一临界温度时则又还原为铁磁质．这个临界温度叫做铁磁质的**居里点**．不同的铁磁质有不同的居里点，纯铁和纯镍的居里点分别为770℃及358℃．这一性质可用于制造温控装置．例如，电饭锅中装有两块互相吸引的永磁钢，其中一块叫**感温磁钢**，当温度达到其居里点（103℃）时失去剩磁，使另一磁钢因自重而下落，从而切断电源．

思 考 题

14.1 设想一个封闭曲面包围住永磁体的 N 极，通过此封闭曲面的磁通量是多少？通过此封闭曲面的 $\boldsymbol{H}$ 通量如何？

14.2 一块永磁铁落到地板上就可能部分退磁，为什么？把一根铁条南北放置，敲它几下，就可能磁化，又为什么？

14.3 为什么一块磁铁能吸引一块原来并未磁化的铁块？

14.4 马蹄形磁铁不用时，要用一铁片吸到两极上；条形磁铁不用时，要成对的将 N、S 极方向相反地靠在一起放置，为什么？有什么作用？

14.5 下面几种说法是否正确，试说明理由．

（1）$\boldsymbol{H}$ 仅与传导电流（自由电流）有关；

（2）不论顺磁质与抗磁质，$\boldsymbol{B}$ 与 $\boldsymbol{H}$ 同向；

（3）通过以闭合曲线 L 为边线的任意曲面的 $\boldsymbol{B}$ 通量均相等；

（4）通过以闭合曲线 L 为边线的任意曲面的 $\boldsymbol{H}$ 通量均相等．

习　题

14.1　一均匀磁化的介质棒,其直径为1 cm,长为20 cm,磁化强度为100 $A\cdot m^{-1}$,求磁棒的磁矩.

14.2　螺绕环中心周长$l=10$ cm,环上线圈匝数$N=200$,线圈中通有电流$I=100$ mA,求:

(1)管内的磁感应强度B_0和磁场强度H_0;

(2)若管内充满相对磁导率$\mu_r=4\,200$的磁介质,则管内的B和H是多少?

14.3　在铁磁质磁化特性的测量实验中,设所用的环形螺线管上共有1 000匝线圈,平均半径为15.0 cm,当通有2.0 A电流时,测得环内磁感应强度$B=1.0$ T,求:

(1)螺绕环铁芯内的磁场强度H;

(2)该铁磁质的磁导率μ和相对磁导率μ_r.

14.4　螺绕环的导线内通有电流20 A,利用冲击电流计测得环内磁感应强度的大小是1.0 $Wb\cdot m^{-2}$. 已知环的平均周长是40 cm,绕有导线400匝. 试计算:

(1)磁场强度;(2)磁化强度;(3)磁化率;(4)相对磁导率.

14.5　一铁制的螺绕环,其平均圆周长$L=30$ cm,截面积为1.0 cm^2,在环上均匀绕以300匝的导线,当绕组内的电流为0.032 A时,环内的磁通量为2.0×10^{-6}Wb. 试计算:

(1)环内的平均磁通量密度;

(2)圆环截面中心处的磁场强度大小.

14.6　在实验室,为了测试某种磁性材料的相对磁导率μ_r,常将这种材料做成截面为矩形的环形样品,然后用漆包线绕成一螺绕环,设圆环的平均周长为0.10 m,横截面积为$0.50\times10^{-4}m^2$,线圈的匝数为200匝,当线圈通以0.10 A的电流时,测得穿过圆环横截面的磁通量为6.0×10^{-5}Wb. 求此时该材料的相对磁导率μ_r.

14.7　一个截面为正方形的环形铁芯,其磁导率为μ. 若在此环形铁芯上绕有N匝线圈,线圈中的电流为I,环的平均半径为r. 求此铁芯的磁化强度.

科学家简介

从学徒工到科学家

——法拉第及其对电磁学的贡献

法拉第(Michael Faraday 1791—1867)是19世纪最伟大的实验物理学家,同时又是杰出的化学家和自然哲学家,他在电磁学研究方面的卓越贡献如同伽利略、牛顿在力学方面的贡献一样,具有划时代的意义.

生平简介

1791年9月22日,法拉第诞生在伦敦南面的萨里郡纽因顿一个贫困的铁匠家庭. 5岁那年,全家为谋生迁居伦敦,靠有病的父亲一人工作维持全家的生计,艰苦的生活造就了法拉第勤劳、刻苦的品格. 1804年,13岁的法拉第离开学校,成了G·黎堡先生书店的小报童,第二年他被正式收为学徒学习装订技术. 在书店里,法拉第接触到了大量的书籍,这启发了他强烈的求知欲望,他利用所有的工余时间贪婪地阅读各种书籍,正是通过大量地、勤奋地读书,法拉第才走上了科学之路. 最早使法拉第对科学产生兴趣的是《大英百科全书》. 当读到其中梯特勒(Tytler)撰写的"电学"条目时,他被深深地吸引住了,他用自己微薄的工钱买来实验器具,照着书上的实验一个个地做,并作了实验记录,这位伟大的实验大师的最初实践就这样开始了.

1810 年,法拉第参加了塔特姆(Tatum)组织的“市哲学学会”,在那里,他获得了力学、电学、光学、化学等基础学科的启蒙知识,对科学的兴趣与日俱增.在此期间,玛丽特(Marcet)夫人所写的《化学对话》一书使著名化学家戴维(Davy)爵士成了年轻的法拉第所崇拜的榜样.戴维当时任皇家研究院化学教授,经常举行化学讲座,一个偶然的机会,法拉第听了 4 次戴维的讲演,他被深深地感动了,决心寻找自己的科学道路.

1812 年,法拉第学徒期满,他怀着敬仰之情将经过自己补充、整理的戴维讲演记录装订成册,并在书脊上烫上金字寄给了戴维,并附上了一封信,请求戴维帮助他到皇家学院工作.收到法拉第寄来的书,戴维大为感动.他向皇家学院理事建议录用法拉第.1813 年,法拉第的愿望终于实现了,他成为皇家研究院实验室助理,搬进了研究院的顶楼,从此开始了他献身科学的历程.由于他工作勤恳、聪明机敏,很快便掌握了实验技术,成为戴维的得力助手.1813 年 10 月 ~1815 年 4 月,法拉第随戴维夫妇到欧洲作科学旅行.一路上,他听取戴维介绍各种科学知识,并有机会见到了安培、伏打等知名科学家,参观了他们的实验室.这使法拉第眼界大开,他称这次旅行为一所社会大学.1815 年回到英国后,法拉第开始独立进行科学研究,发挥了惊人的才干,获得了累累硕果.1821 年,法拉第任皇家学院实验室总监和代理实验室主任.此时,他开始进行电和磁的研究.

1855 年他从皇家学院退休.1867 年 8 月 25 日在伦敦去世.遵照他“一辈子当一个平凡的迈克尔·法拉第”的意愿,遗体被安葬在海格特公墓.为了纪念他,用他的名字命名电容的单位——法拉.

主要科学贡献

法拉第的最大贡献是发现了电磁感应现象.电磁感应现象的发现是 19 世纪最伟大的发现,也是整个科学史上最伟大的发现之一,它具有划时代的意义.它不仅奠定了电力工业最重要的基础,而且在奥斯特实验的基础上进一步揭示了电现象和磁现象的紧密联系.法拉第研究电磁学的工作后来汇集在《电学实验研究》这部凝结着他毕生心血的巨著中.1831 年 11 月 24 日,法拉第在皇家学会上宣读了他的《电学实验研究》第一辑的 4 篇论文,公布了他发现的电磁感应现象.

法拉第对电磁学的贡献不仅是发现了电磁感应现象,他还发现了电解定律(1833 ~1834 年)、光磁效应(也叫法拉第效应,1845 年)、物质的抗磁性(1845 年)等.1851 年,他发表了《论磁感线》的论文,在大量实验的基础上创建了力线思想和场的概念,为麦克斯韦电磁场理论奠定了基础.

法拉第一生致力于科学研究事业,不恋钱财、不图虚荣,为科学事业贡献了毕生精力.

阅读材料 C

地 磁 场

远在距今 1 900 多年前,在我国历史上就已有“磁勺柄指南”的记载,到了公元 11 世纪,我国宋代的航海家已使用指南针——罗盘来导航.但是长久以来,人们一直不明白,磁针静止时为什么总是指向南北方向,在观察了小磁针在一根条形磁铁近旁的指向后,人们才猜想地球本身应该具有磁性.

一个用细线悬挂在水平位置的小磁针,在四周没有磁性物体和电流的影响时,小磁针的静止方位指向接近地理南、北极方向,这好像小磁针被一块磁铁紧紧吸引住那样,由此人们更确信地球是一个大磁体,上述现象是地球表面处的磁场对小磁针的作用所致.地球自转轴与地面的两个交点,分别称为地理的南、北两极,而地球内部的磁化强度(猜测的)的方向与地球的自转轴的交角约为 15°,所以地球两个磁极中心位于地理南、北极的附近.上述小磁针在静止时,磁针北端的磁极称为“指北极”,简称北极;南端的磁极称为“指南极”,简称南极.按此,则在地理北极附近的地磁极是磁南极 S_m;而在地理南极附近的

地磁极是磁北极 N_m,(见图 C-1). 根据近代的正确测量,地磁的 S_m 极在北半球加拿大北海岸以北北纬 70°50′和西经 90°的地方,而地磁的 N_m 极则处于南半球罗斯海西部南纬 70°10′和东经 150°45′的地方.

地球是一个大磁体,因此在它的周围存在着磁场,我们称地球周围的磁场为地球磁场或地磁场,简称地磁. 在离地球约 5 倍地球半径空间处,地球的磁场分布近似一个均匀磁化了的球产生的磁场. 在不同的地点,磁场强度是不同的,而且除在磁赤道处,地磁场都不是水平的,因此,地面上任一点磁场可分为水平分量 B_θ(θ 为磁纬度)和径向分量 B_r. 小磁针静止时所在的直立平面称为地磁子午面,这个平面与地球的地理子午面间的夹角称为磁偏角,根据测定发现地面上不同地点的磁偏角是不相同的,在赤道地区较小,但在高纬度区可以很大. 小磁针静止时与水平面间的夹角称为磁倾角,在地磁赤道上,磁倾角为零;在磁南极和磁北极处的磁倾角为 90°. 磁场强度的水平分量、磁偏角和磁倾角三个量通常称为地磁的三个要素,地球磁场的研究必须先从这三个要素的测定入手. 在北京地区,地磁场 $B=0.548\times10^{-4}$T,磁偏角为 $-6°$(偏东为正,偏西为负),磁倾角为 57°1′.

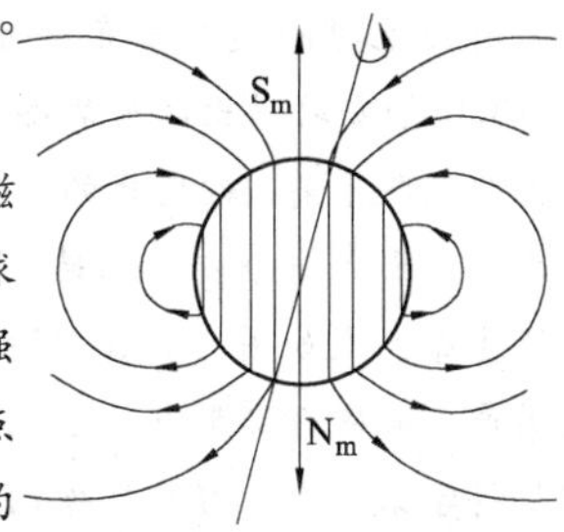

图 C-1　地磁极

根据测量发现,在地面不同点地磁的三个要素是不同的,如在地图上将要素相同的点连成曲线可得出一张地磁图. 早在 1581 年,英国的诺尔曼绘制了第一张世界地磁图,在图上标明世界各地罗盘指针所指示的实际方向,此图无疑对航行和探险事业中的导向以及发现地磁异常等方面有很大的参考价值. 例如,当发现某一地区的地磁显著偏离地磁图上标明的数据资料时,也就是出现地磁异常时,这往往是该地区即将出现地震或气象突变的预兆;或者当从地磁图上发现某一地区的地磁数据与相邻地区相差悬殊时,则可能表明该地区地下深处蕴藏着丰富的磁铁矿(磁法探矿).

我国已于 1950 年、1960 年和 1970 年先后发表了由地面测量得到的不同比例尺的全国地磁图. 1960 年 10 月,国际上采用了一个“国际参考地磁场”,以此作为计算全球性地磁异常的参考.

人们还发现,地磁场的强度和方向已经过多次的循环变化:其强度由强变弱,以至消失变为零,然后地磁方向倒转,强度再由弱变至反方向的最大值,地壳中的火山岩石清楚地保留了地磁变化的资料. 自从地球形成以来,自远古至今,地球上各处频频出现火山爆发,每一次爆发时从地球内部喷射出大量的岩浆,在这些岩浆逐渐冷却凝固过程中,它里面的结晶体便会顺着当时地磁场方向有序地排列起来,采用现代检测手段,人们很容易推断出熔岩凝固的年代,从而可推知不同历史时期地磁场的方向和强度. 根据对这些火山岩的精确测定,已知在过去 4 000 000 年内,地球磁场的方向倒转——即地磁的 N_m 极和 S_m 极南北移位——已经有 9 次,而在近 3 000 000 年内,地球磁极也曾 3 次南北移位.

最近几个世纪以来,科学家们连续测量和记载了地磁场强度的数据,发现地磁强度一直在不断地减弱. 美国曾经通过所发射的地磁卫星对地磁进行了长时间的精密测量和仔细研究,得出了一个精确的地磁减弱速度,由此推算到公元 32 世纪(即 1 100 年后)来临之前,地磁将消失殆尽. 根据以往地磁变化、南北移位的历史在 32 世纪开始时是否会像过去那样出现地磁方向的转向呢? 到那时人们又将怎样来适应这样的地磁变化呢? 在漫长的历史时期中,多次地磁转向时我们的祖先并没有留下真实情况及人们感受的记录,那么我们期望下一次地磁倒转历史能被我们的子孙描绘得一清二楚. 至于是什么原因引起地磁场的循环变化,直到现在仍懵然无知. 另外,昼、夜和季节更换也会引起地磁场有规律的变化,这种变化一般很小,在几十年中并不明显.

地磁场除了上述有规律的变化之外,还会突然出现不规则的变化,这种变化称为磁暴. 产生磁暴的主要原因是:当太阳活动时,在太阳黑子区域有一股连续发出的带电粒子流射向地球,由这些粒子流所形成的电流产生一个附加磁场,这附加磁场强烈地干扰地磁场而产生了磁暴. 有时磁暴非常强烈,它能使指南针失效,它还会在地面上的输电线、电话线、输油管道和一切细长的金属导体中产生感应电流而引起破坏作用. 磁暴和北极光往往同时发生.

有关地磁的起源一直是科学家们力图探明的一个基本课题. 自从1820年奥斯特发现电流的磁效应,1820年安培提出物质的磁性来源于分子电流的假设后,科学家们很自然地想到地磁场应和地球内部的电流源相联系着. 按现代的观点,地磁场来源于磁流体力学机制:地球炽热核心内的导电流体的运动和磁场的存在形成一个自行维持着的巨大直流发电机,使在地球核心内导电流体形成一个巨大的环形电流,从而使地球产生如图C-1所示的磁场. 但是内部的环形电流又是怎样形成的呢? 因为地磁方向每倒转一次,表明产生地磁的环形电流也已反向,又是什么机制促使如此巨大的环形电流周期性地变换方向的呢? 这些都是科学家们正在努力探索的课题.

所有生物,包括人类在内,都已完全适应和习惯于在地磁环境下生活和繁衍,可以认为,地磁一方面对地球上的生命起着保护作用,一方面也为他们的生存创造了条件. 根据人造卫星的探测,地面周围的磁场并不延伸到很遥远的区域,这是因为从太阳发射出来的等离子体阻止了地磁场的向外延伸. 因此,地磁场局限在地球周围的有限区域之内,这个区域称为磁层或地磁层,它随地球一起运动,就是这个磁层挡住了由宇宙空间射来的、足以使生物致命的高能粒子流,使所有生物得以安全地栖息在地球上. 还有人类和生物赖以生存的水,也是依靠地磁场将大量的氢离子吸引到地球表面,从而使它和空气中的氧化合而形成水滴和雨降落到地面的. 所以也可以这样说,地球上的生命是伴随着地磁场的形成并增强到足以对生命起保护作用时才出现的,即生命与地磁两者是紧紧地联系在一起的.

第15章 电磁感应

我们已经分别研究了静电场和稳恒磁场的基本规律，还未涉及场随时间变化的问题．如果电场或磁场随着时间变化，则变化的磁场会产生电场，变化的电场又会产生磁场．这时，电与磁成为紧密相关、不可分割的统一的电磁场．本章将要分析电场与磁场之间这种相互关联、相互激发的关系以及电磁场的普遍规律．

15.1 法拉第电磁感应定律

15.1.1 基本的电磁感应现象

自1820年奥斯特发现电流的磁效应后，人们一直在设法寻找其逆效应，即利用磁场产生电流．历史上曾进行过许多实验，直到1831年法拉第（M. Faraday）才找到了正确的实验方法．下面我们通过几组实验来观察一些电磁感应现象，并通过归纳分析实验结果，弄清产生电磁感应现象的条件．

1. 实验现象观察

实验1 线圈与磁铁有相对运动

如图15.1所示，一个线圈与一个电流计串接成一个闭合回路，这时电流计指示为零．将条形磁铁相对于固定线圈运动，发现磁铁插入或拔出的同时，电流计的指针都发生偏转，而且相对运动的方向改变时，指针的偏转方向也改变．

实验2 用线圈代替实验1中的磁铁

用一个带有电源、电键的闭合线圈 B 来代替实验1中的磁铁（见图15.2），线圈中流过的稳恒电流为 I，若保持线圈 A、B 的相对位置不变，则 A 回路中电流计不偏转，但当打开或闭合电键时，就可观察到电流计的指针偏转，而且对应于开关的打开或闭合，电流计的偏转方向相反．如果保持线圈 B 中的电流稳恒不变，但左右移动，则同样可以观察到电流计的偏转．

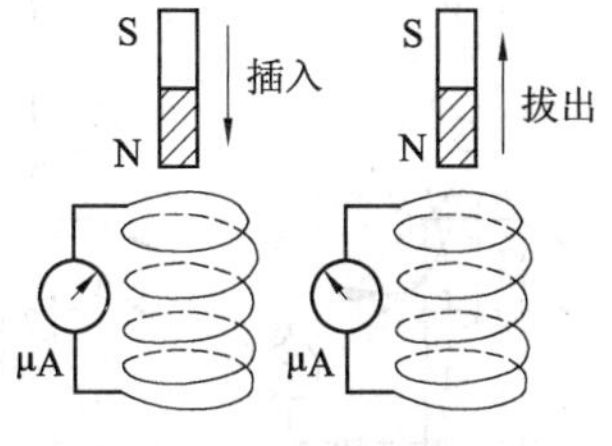

图15.1 线圈与磁铁相对运动

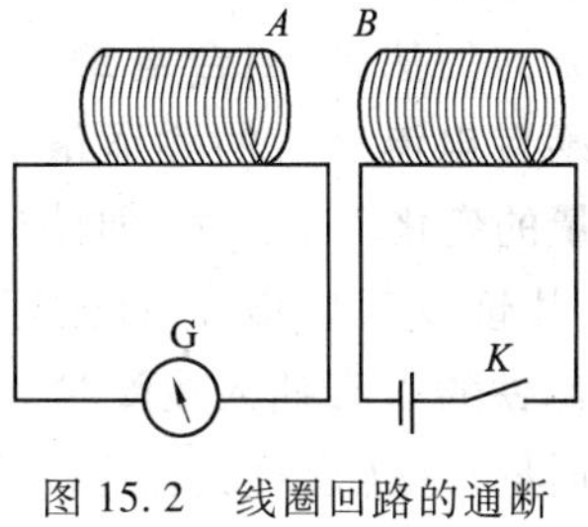

图15.2 线圈回路的通断

实验3 导线切割磁导线

在一块磁铁的两极之间，放置一个与磁场方向垂直的平面导体框架，导线 ab 放置在框架上并串接一个电流计组成电流回路(见图15.3).当 ab 导线在框架上滑动时,电流计的指针就会偏转,表明回路中产生了电流.当 ab 导线反向滑动时,电流计指针的偏转方向随即反向;如果 ab 导线停止滑动,则电流计指针回到零点.

实验4 线圈在磁场中转动

如图15.4所示,在两个磁极之间有一线圈可以绕轴 OO' 转动,线圈的两端通过电刷连接到一个电流计上,当线圈以一定的角速度绕轴转动时,电流计指针在零点的两侧来回摆动,即这一电流是周期性变化的.线圈停止转动后则电流计指针又回到零点.

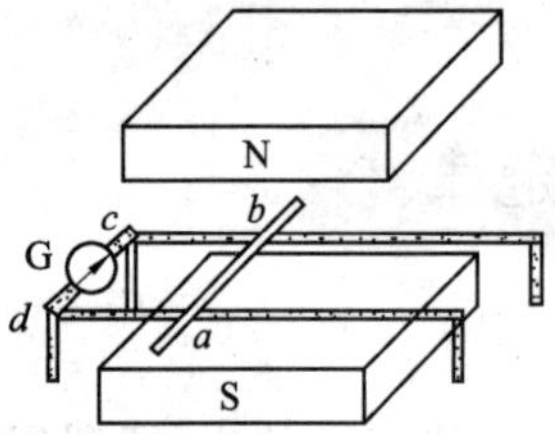

图15.3 导线切割磁力线

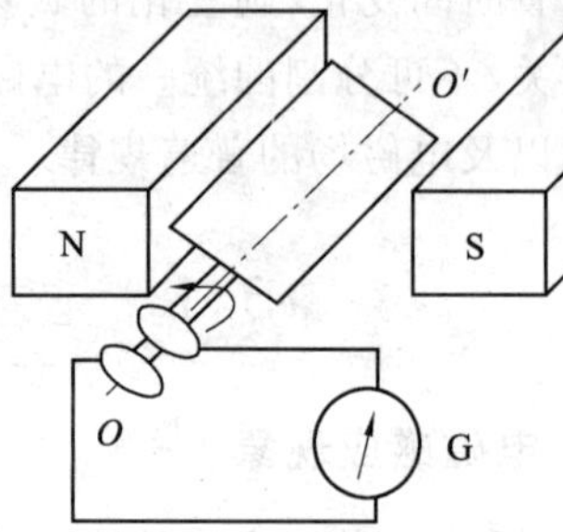

图15.4 线圈在磁场中转动

2. 实验结果分析

在实验1和实验2中,线圈中之所以产生电流,是因为线圈所在处的磁场发生了变化,从而使穿过线圈中的磁通量发生了变化,当线圈中的磁场不发生变化时,则线圈中的电流为零.

实验3和实验4则不同,其磁场不变.实验3中的导线 ab 在作切割磁感应线运动时,与导线框架构成的面积发生了变化,因而穿过该面积的磁通量也在变化;而实验4中线圈的面积虽然保持不变,但线圈在转动过程中,通过线圈的磁通量是变化的.

由以上分析我们可以得出如下结论:当穿过闭合导电回路的磁通量发生变化时,不管这种变化是由什么原因引起的,回路中都会有电流产生,这种现象叫做**电磁感应现象**.既然回路中产生了感应电流,那么,也必然有电动势存在,这种电动势称为**感应电动势**.如果回路中的磁通量发生变化时,将回路断开,虽然感应电流没有了,但感应电动势仍然存在.

15.1.2 楞次定律

1834年,俄国物理学家楞次概括总结出可以直接判断感应电流方向的法则:**闭合电路中感应电流的方向,总是企图使感应电流产生的磁通量去阻碍引起该感应电流的磁通量的变化**.简言之,即感应电流的磁通量总是企图阻碍引起该感应电流的磁通量的变化.如图15.5(a),当磁铁的N极插入线圈时,感应电流产生的磁通量与原磁通量相反(指两磁感应线产生的磁通量相互削弱),如图中虚线所示,这样,就阻碍了原磁通量的变化(增加);如图15.5(b),当磁铁的N极从线圈拔出时,

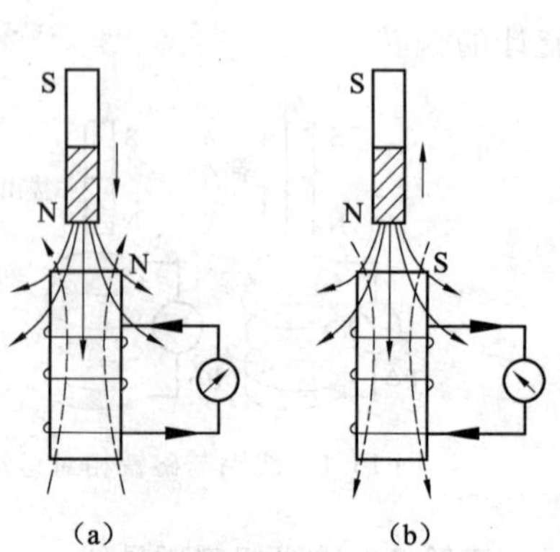

图15.5 楞次定律

感应电流产生的磁通量与原磁通量相互补充,以阻碍原磁通量的变化(减少).

楞次定律是符合能量守恒定律的. 如当磁铁的 N 极插入线圈时,要反抗感应电流的磁场而作功,外力作功转化为感应电流产生的焦耳热. 设想如感应电流与楞次定律的结论相反,则当磁铁的 N 极向线圈插入时,感应电流产生的磁场不是阻碍而是吸引磁铁更快地插入,于是产生更大的感应电流,从而对磁铁的吸引力更强,则插入再加快,如此循环下去,感应电流会产生越来越多的焦耳热,这显然是违反能量守恒定律的. 感应电流的方向遵从楞次定律的事实表明,楞次定律本质上就是能量守恒定律在电磁感应现象中的具体表现.

15.1.3 法拉第电磁感应定律

法拉第电磁感应定律可表述为:当穿过闭合回路所包围面积的磁通量发生变化时,回路中产生的感应电动势与磁通量对时间的变化率成正比. 数学表达式为

$$\varepsilon_i = -\frac{\mathrm{d}\Phi}{\mathrm{d}t} \tag{15.1}$$

式(15.1)中的负号反映了感应电动势的方向,它是楞次定律的数学表现.

由式(15.1)确定感应电动势的方向符号规则如下:在回路上先任意选定一个转向作为回路的绕行正方向,再用右手螺旋法则确定此回路所围面积的正法线单位矢量 $\boldsymbol{n}$ 的方向,如图 15.6 所示;然后确定磁通量的正、负,凡是穿过回路面积的磁场 $\boldsymbol{B}$ 的方向与正法线方向相同者为正,相反者为负;最后再考虑 Φ 的变化,从式(15.1)来看,感应电动势 ε_i 的正、负只由$\frac{\mathrm{d}\Phi}{\mathrm{d}t}$决定. 在图 15.6 中,(a)、(c)图中 $\boldsymbol{B}$ 在增大,(b)、(d)中 $\boldsymbol{B}$ 在减小. 当 $\Phi>0$ 时,在图(a)中,$\varepsilon_i<0$,表示感应电动势的方向和回路所选定的正方向相反;在图(b)中,$\varepsilon_i>0$,表示 ε_i 和回路正方向相同. 对于图(c)、(d)中 $\Phi<0$ 的情况可作同样的讨论. 用这种方法确定感应电动势方向的方法和用楞次定律确定感应电动势的方向完全一致,但在实际问题中用楞次定律确定感应电动势方向比较简便.

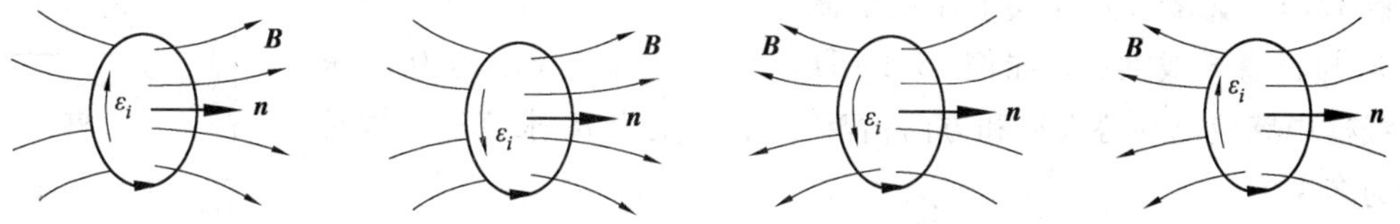

(a) Φ为正值,$\frac{\mathrm{d}\Phi}{\mathrm{d}t}>0$ (b) Φ为正值,$\frac{\mathrm{d}\Phi}{\mathrm{d}t}<0$ (c) Φ为负值,$\frac{\mathrm{d}\Phi}{\mathrm{d}t}<0$ (d) Φ为负值,$\frac{\mathrm{d}\Phi}{\mathrm{d}t}>0$

图 15.6 感应电动势的方向与 Φ 的变化之间的关系

应该指出,以上所讨论的回路都是由导线组成的单匝回路,实际上用到的线圈常常是许多匝串联而成的,在这种情况下,在整个线圈中产生的感应电动势应是每匝线圈中产生的感应电动势之和. 当穿过各匝线圈的磁通量分别为 Φ_1、Φ_2、…、Φ_n 时,总电动势则应为

$$\varepsilon = -\left(\frac{\mathrm{d}\Phi_1}{\mathrm{d}t}+\frac{\mathrm{d}\Phi_2}{\mathrm{d}t}+\cdots+\frac{\mathrm{d}\Phi_n}{\mathrm{d}t}\right) = -\frac{\mathrm{d}}{\mathrm{d}t}\left(\sum_{i=1}^{n}\Phi_i\right) = -\frac{\mathrm{d}\Psi}{\mathrm{d}t}$$

其中 $\Psi=\sum_{i=1}^{n}\Phi_i$ 是穿过各匝线圈的磁通量的总和,称为穿过线圈的**全磁通**. 当穿过各匝线圈的磁通量相等时,N 匝线圈的全磁通为 $\Psi=N\Phi$,称为**磁通链**,这时

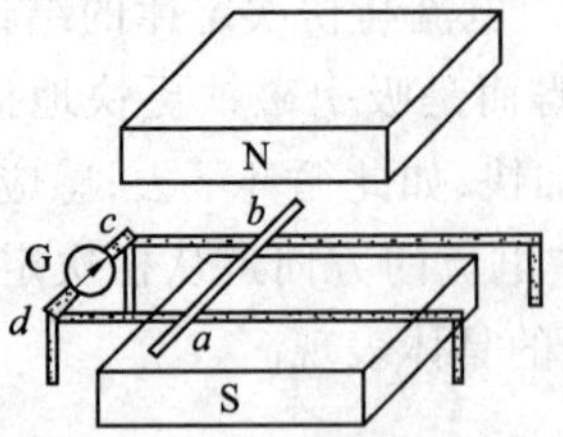

图 15.7 导线切割磁力线

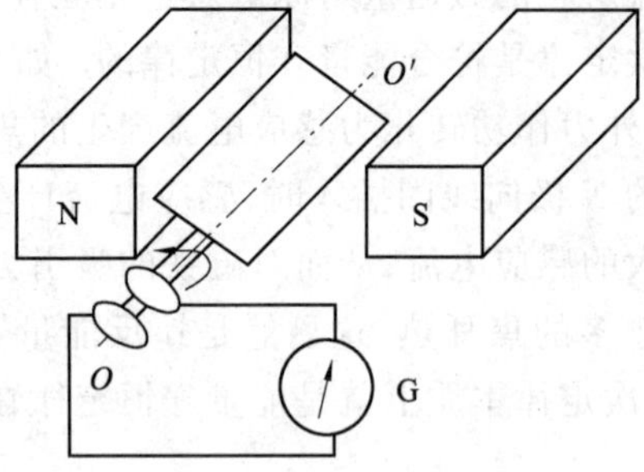

图 15.8 线圈在磁场中转动

$$\varepsilon_i = -\frac{d\Psi}{dt} = -N\frac{d\Phi}{dt} \tag{15.2}$$

如果闭合回路的电阻为 R,则在回路中的感应电流为

$$I = \frac{\varepsilon_i}{R} = -\frac{1}{R}\frac{d\Phi}{dt} \tag{15.3}$$

利用 $I = \frac{dq}{dt}$,可算出在 t_1 到 t_2 这段时间内通过导线的任一截面的感生电荷量为

$$q = \int_{t_1}^{t_2} I_i dt = -\frac{1}{R}\int_{\Phi_1}^{\Phi_2} d\Phi = \frac{1}{R}(\Phi_1 - \Phi_2) \tag{15.4}$$

式(15.4)中,Φ_2、Φ_2 分别是 t_1、t_2 时刻通过导线回路所包围面积的磁通量. 式(15.4)表明,在一段时间内通过导线任一截面的电量,与这段时间内导线所包围的面积的磁通量的变化量成正比,而与磁通量变化的快慢无关. 如果测出感生电量,而回路的电阻又为已知时,就可以计算磁通量的变化量. 常用的测量磁感应强度的磁通计就是根据这个原理而设计的.

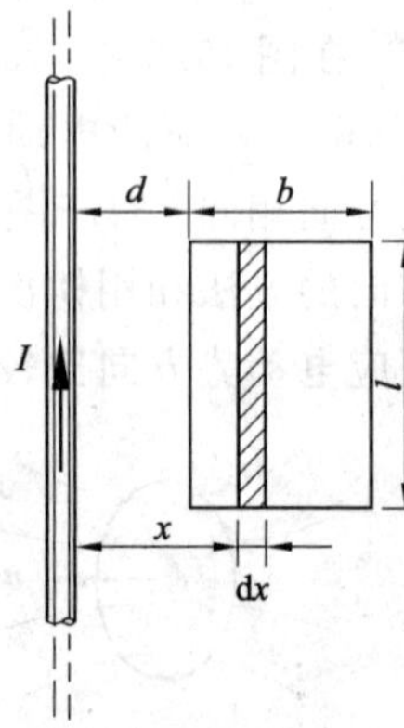

例 15.1 图

例 15.1 无限长直导线中流过电流 $I = I_0 e^{-\alpha t}$ A,矩形线框长为 l,宽为 b,与长直导线共面. 如例 15.1 图所示,长边与导线距离为 d,求矩形线框中感应电动势大小和方向;若线框总电阻为 R,求流过线框总电量为多少?

解 选逆时针方向为线框回路正绕向方向($\varepsilon > 0$). 回路所在处的磁场是非均匀的,任取距无限长直导线距离为 x 的面元 $dS = l dx$,此处的 $B = \frac{\mu_0 I}{2\pi x}$,通过 dS 面元的磁通量为

$$d\Phi = \boldsymbol{B} \cdot d\boldsymbol{S} = -\frac{\mu_0 Il}{2\pi x}dx$$

通过矩形回路的总磁通

$$\Phi = \int_d^{b+d} -\frac{\mu_0 Il}{2\pi x}dx = -\left(\frac{\mu_0 l}{2\pi}\ln\frac{b+d}{d}\right)I_0 e^{-\alpha t}$$

$$\varepsilon_i = -\frac{d\Phi}{dt} = -\frac{\mu_0 l\alpha}{2\pi}\ln\frac{b+d}{d}I_0 e^{-\alpha t} < 0$$

$\varepsilon_i<0$,说明 ε_i 与所选回路绕行正向相反,即感应电动势、感应电流沿顺时针方向. 感应电流

$$i(t)=\frac{\varepsilon_i}{R}=-\frac{\mu_0 l\alpha}{2\pi R}\ln\frac{b+d}{d}I_0\mathrm{e}^{-\alpha t}$$

因 $i(t)=\frac{\mathrm{d}q}{\mathrm{d}t}$得

$$q=\int_0^\infty i(t)\,\mathrm{d}t=\frac{\mu_0 l}{2\pi R}\ln\frac{b+d}{d}I_0\int_0^\infty \mathrm{e}^{-\alpha t}\mathrm{d}(-\alpha t)$$

$$=-\frac{\mu_0 l}{2\pi R}\ln\frac{b+d}{d}I_0$$

例 15.2　例 15.2(a)图是交流发电机的原理图,面积为 S,绕有 N 匝的矩形线圈,在磁感应强度为 $\boldsymbol{B}$ 的均匀磁场中以角速度 ω 定轴转动,求线圈中的感应电动势.

解　选线圈逆时针绕向为正,线圈面法线为 $\boldsymbol{n}$(见例 15.2(b)图). 设 $t=0$ 时,$\theta_0=0$,则任一时刻 t 时,$\theta=\omega t$.

t 时刻通过线圈的磁通量

$$\Phi=\boldsymbol{B}\cdot\boldsymbol{S}=BS\cos\omega t$$

磁通链

$$\Psi=NBS\cos\omega t$$

线圈中的感应电动势

$$\varepsilon_i=-\frac{\mathrm{d}\Psi}{\mathrm{d}t}=NBS\omega\sin\omega t$$

令 $\varepsilon_m=NBS\omega$(恒量)

$$\varepsilon_i=\varepsilon_m\sin\omega t$$

感应电动势随时间的变化示于例 15.2(c)图. 该电动势的大小、方向随时间周期性变化,故称为交流电. 交流电的频率取决于线圈转动的角速度,如 $\omega=2\pi\nu=100\pi\ \mathrm{rad\cdot s^{-1}}$,即每秒转 50 圈.

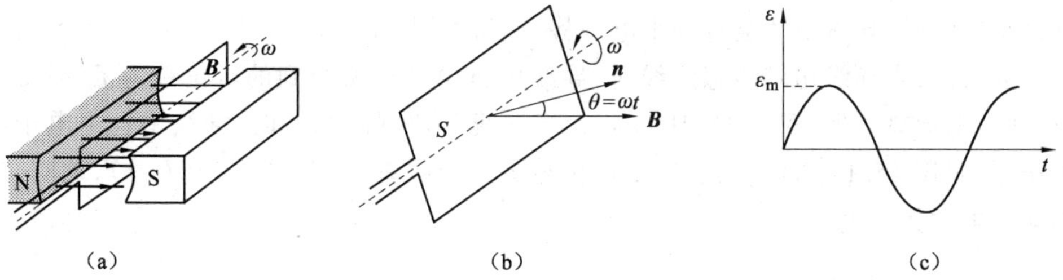

例 15.2 图

由此可见,在均匀磁场中做匀速转动的线圈能产生交流电,这就是交流发电机的基本原理.

从能量观点来看,当线圈中有感应电流时,根据感应电流的方向可知,这时线圈在磁场中受到一个阻止它转动的力矩. 因此,要使线圈能够在磁场中不停地匀速转动,就必须消耗其他形式的能量来反抗这一力矩作功. 实际上,发电机就是把其他形式的能量转换成电能的装置.

15.2 动生电动势

法拉第电磁感应定律告诉我们,不管什么原因,只要回路中的磁通量发生变化,回路中就有感应电动势产生. 实际上,使回路中磁通量发生变化的方式是多种多样的,但是,最基本的方式只有两种. 一是由于导线和磁场之间的相对运动所引起的回路中磁通量的变化;另一个是由于磁场随时间的变化所引起的回路中磁通量的变化. 按照回路中磁通量变化的原因不同,我们将感应电动势分为动生电动势和感生电动势两类. 本节我们讨论动生电动势.

15.2.1 动生电动势及其非静电力

在稳恒磁场中,由于导体或导体回路在磁场中运动而产生的感应电动势叫做**动生电动势**. 比较形象地说,动生电动势就是运动导线切割磁感应线时在导线中所产生的感应电动势.

我们来讨论一段金属导体棒 ab 在均匀磁场 $\boldsymbol{B}$ 中平动时,产生动生电动势的物理过程. 由图 15.9 所示,当导体棒 ab 以速度 $\boldsymbol{v}$ 向右运动时,导体内的自由电子也以同样的速度 $\boldsymbol{v}$ 随棒一起向右做定向运动. 而运动电荷在磁场中要受到洛伦兹力作用,根据洛伦兹力公式,导体棒中自由电子所受的洛伦兹力为 $\boldsymbol{f}_{\mathrm{m}}=-e(\boldsymbol{v}\times\boldsymbol{B})$,其方向由 a 指向 b. 在洛伦兹力的推动下,自由电子将沿 ab 方向运动,在导体回路中形成电流. 显然,动生电动势的非静电力是洛伦兹力. 如果图 15.9 中固定框架是绝缘的,则形不成导体回路,这时洛伦兹力将使自由电子向棒的 b 端聚集,使 b 端带负电,而 a 端带正电. 可见,在磁场中运动的一段导体就相当于一个电源,a 端为电源正极,b 端为电源负极.

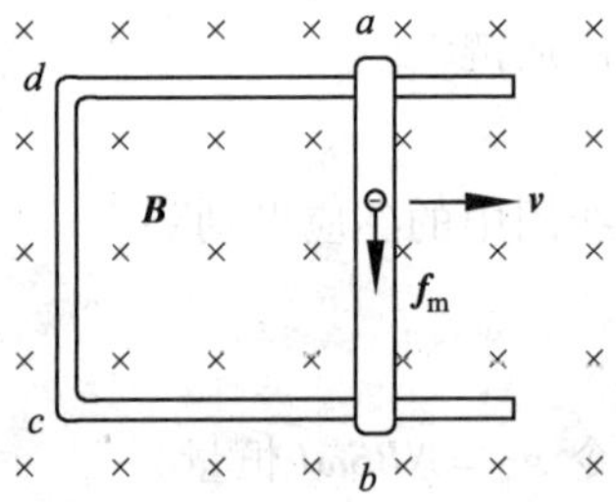

图 15.9 动生电动势的非静电力

应该注意到,并非所有在磁场中运动的导体中都会产生动生电动势. 实验表明,只有当导体切割磁感应线时,导体中才会有动生电动势产生,否则,无电动势产生. 从图 15.8 所示的几种情况可以看出,当导线切割磁感应线时,导线中自由电子所受到的洛伦兹力 $\boldsymbol{f}_{\mathrm{m}}$ 沿着导线方向,故有动生电动势产生(见图 15.10(a)). 当导线不切割磁场线时,导线中自由电子不受洛伦兹力作用(见图 15.10(b)),或者所受洛伦兹力与导线垂直(见图 15.10(c)),这时,导线中就没有动生电动势产生.

15.2.2 动生电动势过程中的能量转换

下面分析在出现动生电动势过程中的能量转换和守恒问题. 为简单起见,仅讨论一导体棒在平行导轨上滑动,并与导轨构成一闭合回路的情形(见图 15.11). 设与回路平面垂直方向上有稳恒的匀强磁场 $\boldsymbol{B}$. 当在回路平面内以恒定的外力拉动导体棒使之向右滑动时,在导体棒滑动过程中,棒中产生动生电动势,从而在回路中出现感应电流,感应电流在磁场 $\boldsymbol{B}$ 中又受到安培力的作用,安培力的方向向左,从而阻碍导体棒滑动. 随着导体棒运动速度的增大,安培力逐渐增大,当安培力增大到与外力相平衡时,导体开始以匀速 $\boldsymbol{v}$ 运动,这时导体回路内的感应电流也达到稳定值,即达到平衡状态. 显然,在平衡时,导体棒中的载流子参与了两个运动,即随导体以速度 $\boldsymbol{v}$ 运动和沿导体棒的漂移运动,两运动方向是垂直的. 设载流子的电量

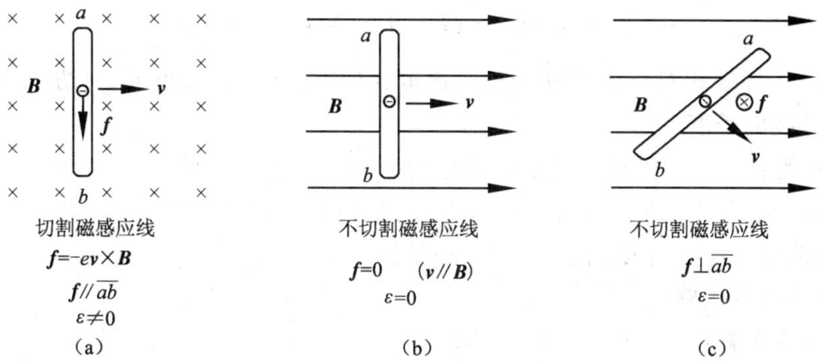

图 15.10　切割磁感应线运动产生电动势的理论分析

为 q,漂移速度为 $\boldsymbol{u}$,则载流子受到的洛伦兹力

$$\boldsymbol{F}=q(\boldsymbol{v}+\boldsymbol{u})\times\boldsymbol{B}=q\boldsymbol{v}\times\boldsymbol{B}+q\boldsymbol{u}\times\boldsymbol{B}$$

分力 $q\boldsymbol{v}\times\boldsymbol{B}$ 沿导体棒向上,相应功率为

$$q(\boldsymbol{v}\times\boldsymbol{B})\cdot\boldsymbol{u}$$

分力 $q\boldsymbol{u}\times\boldsymbol{B}$ 垂直于导体棒向左,相应功率

$$q(\boldsymbol{u}\times\boldsymbol{B})\cdot\boldsymbol{v}$$

由矢量积混合公式

$$\boldsymbol{u}\cdot(\boldsymbol{v}\times\boldsymbol{B})=\boldsymbol{B}\cdot(\boldsymbol{u}\times\boldsymbol{v})=\boldsymbol{v}\cdot(\boldsymbol{B}\times\boldsymbol{u})$$

得

$$(\boldsymbol{v}\times\boldsymbol{B})\cdot\boldsymbol{u}=-(\boldsymbol{u}\times\boldsymbol{B})\cdot\boldsymbol{v}$$

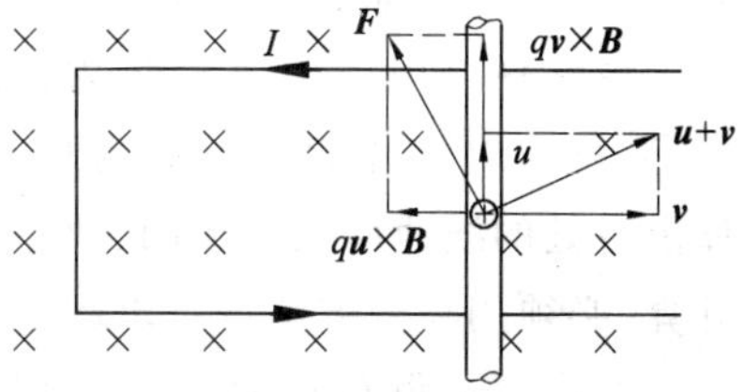

图 15.11　动生电动势过程中的能量转换和守恒一

由此可见,洛伦兹力的总功率为零. 即分力 $q\boldsymbol{v}\times\boldsymbol{B}$ 作为产生动生电动势的非静电力作正功,而分力 $q\boldsymbol{u}\times\boldsymbol{B}$(它在宏观上表现为安培力)作负功,两者功率大小相等,故正好相消. 而能量转换关系是:**外力作正功输入机械能,安培力作负功吸收了它,同时感应电动势在回路中作正功又以电能的形式输出这个份额的能量**. 这一过程就是大家熟知的发电机中的能量转换.

类似地,也可以说明电动机中能量转换的过程. 在图 15.12中,如果连接电源使回路通以电流,电流使得导体棒受到安培力的作用运动起来,在磁场 $\boldsymbol{B}$ 中运动的导体棒又产生动生电动势,而动生电动势同电源电动势的方向总相反(称反电动势),从而消耗了电源能量. 其能量转移关系是:**电源消耗电能,安培力作正功,对外界输出机械能**.

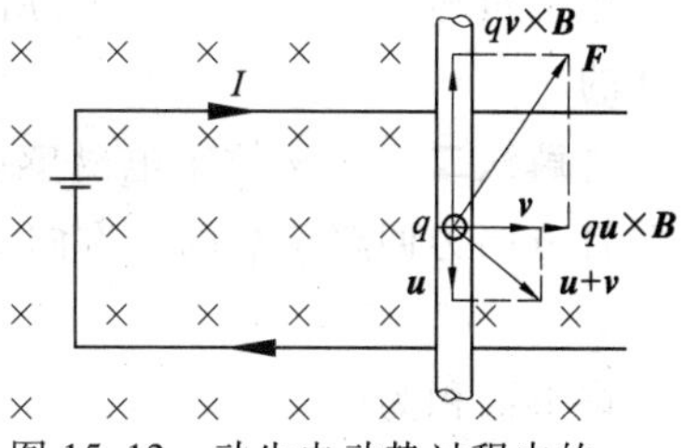

图 15.12　动生电动势过程中的能量转换和守恒二

15.2.3　动生电动势的计算

动生电动势的非静电力为洛伦兹力,即

$$\boldsymbol{f}=-e\boldsymbol{v}\times\boldsymbol{B}\tag{15.5}$$

则单位正电荷所受到的非静电力,亦即非静电性场强为

$$\boldsymbol{E}_{\mathrm{k}}=\frac{\boldsymbol{f}}{-e}=\boldsymbol{v}\times\boldsymbol{B}$$

根据电动势的定义可知,动生电动势为

$$\varepsilon = \int_L \boldsymbol{E}_k \cdot d\boldsymbol{l} = \int_L (\boldsymbol{v} \times \boldsymbol{B}) \cdot d\boldsymbol{l} \tag{15.6}$$

式(15.6)中,$\boldsymbol{v}$ 为导线相对于磁场 $\boldsymbol{B}$ 的运动速度,$d\boldsymbol{l}$ 为导线上的长度元,其方向沿回路绕行的正方向,L 为导线的长度.

式(15.6)为我们提供了计算动生电动势的一种重要方法. 当然,动生电动势也可以根据法拉第电磁感应定律来计算. 由此可见,动生电动势的计算有两种方法可供选择:

(1)由电动势的定义出发,根据式(15.6)计算;

(2)用法拉第电磁感应定律计算.

下面我们举例来说明动生电动势的计算.

例 15.3 如例 15.3 图所示,一根长为 L 的铜棒在均匀磁场 $\boldsymbol{B}$ 中垂直于磁场的平面内,绕其一端 O 以角速度 ω 匀速转动. 求铜棒上的动生电动势.

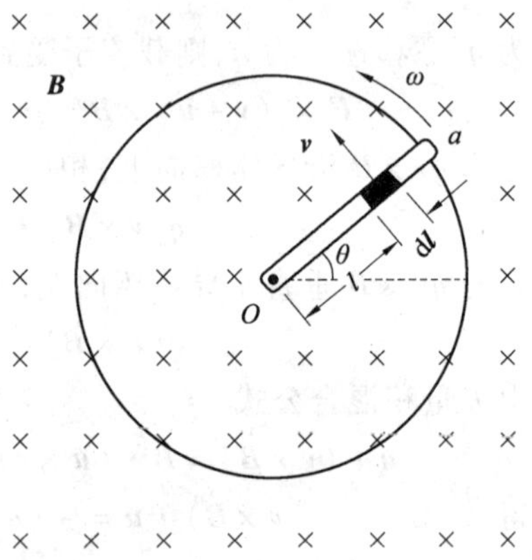

例 15.3 图

解法一 用动生电动势求解. 此题虽然 L 为直导线,磁场为均匀场,$\boldsymbol{B}$、L、$\boldsymbol{v}$ 也两两正交,但铜棒在旋转中,棒上各处的线速度均不相同,故不能直接用 $\varepsilon = Blv$ 进行计算,必须用积分方法进行求解.

在铜棒上距 O 点为 l 处取一长度为 dl 的线元,规定其方向由 O 指向 a,则该线元上的电动势为

$$d\varepsilon = (\boldsymbol{v} \times \boldsymbol{B}) \cdot d\boldsymbol{l} = vB\cos\pi dl$$

$$d\varepsilon = -\omega Bl dl$$

积分得铜棒上的电动势为

$$\varepsilon = -\omega B\int_0^L l dl = -\frac{1}{2}\omega BL^2$$

式中的负号表明 ε 的方向与所选取的线元 $d\boldsymbol{l}$ 的方向相反,即电动势 ε 的方向是由 a 指向 O 的.

解法二 用法拉第电磁感应定律求解. 铜棒在转动中所扫过的面积 S 为一扇形,设沿逆时针方向为回路绕行的正方向,则 S 的正法线方向垂直纸面向上,故通过扇形面积的磁通量为

$$\Phi = \boldsymbol{B} \cdot \boldsymbol{S} = -BS$$

而扇形面积为

$$S = \frac{1}{2}L^2\theta = \frac{1}{2}L^2\omega t$$

所以

$$\Phi = -BS = -\frac{1}{2}\omega BL^2 t$$

由电磁感应定律得

$$\varepsilon = -\frac{d\Phi}{dt} = -\frac{d}{dt}\left(-\frac{1}{2}\omega BL^2 t\right)$$

$$\varepsilon = \frac{1}{2}\omega BL^2 > 0$$

$\varepsilon > 0$ 表明它的方向与所选取的回路绕行正方向相同,即由 a 指向 O. 这一结果与第一种

解法所得结论完全一致.

例 15.4 如例 15.4 图所示,一无限长直导线中通有电流 I_0 = 10 A,有一根长 l = 0.2 m 的金属棒 AB,以 v = 2 m/s 的速度平行于长直导线做匀速运动. 棒的一端与导线距离 a = 0.1 m,求金属棒中的动生电动势.

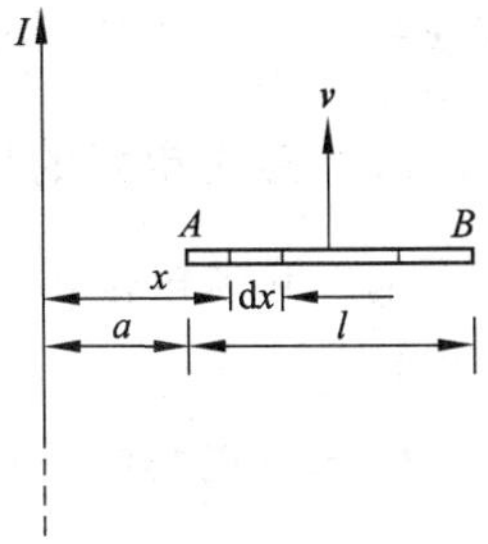

例 15.4 图

解 先将金属棒分成许多线元 dx,这样,每一线元 dx 处的磁场都可以看做是均匀的,磁感应强度的大小为

$$B = \frac{\mu_0 I_0}{2\pi x}$$

运动线元 dx 上的电动势为

$$\mathrm{d}\varepsilon = (\boldsymbol{v} \times \boldsymbol{B}) \cdot \mathrm{d}\boldsymbol{l} = -vB\mathrm{d}x = -\frac{\mu_0 I_0}{2\pi x}v\mathrm{d}x$$

由于所有线元上产生的动生电动势的方向都是相同的,所以金属棒中的总电动势为

$$\varepsilon = \int \mathrm{d}\varepsilon = \int_a^{a+l} -\frac{\mu_0 I_0}{2\pi x}v\mathrm{d}x = -\frac{\mu_0 I_0}{2\pi}v\ln\frac{a+l}{a}$$

$$= -\frac{4\pi \times 10^{-7} \times 10}{2\pi} \times 2 \times \ln 3 = -4.4 \times 10^{-6}(\mathrm{V})$$

ε 的方向是由 B 到 A 的方向,即 A 点电势比 B 点电势高.

15.3 感生电动势 感生电场

在如图 15.13 所示的实验中,将带有小灯泡的小线圈放置在螺线管的铁芯之上,给螺线管通以 220V 的高频交流电. 这样,螺线管中的交变电流将激发随时间变化的磁场,因而穿过小线圈的磁通量也就随时间变化,这时,将会看到小灯泡发光. 这表明小线圈中有电动势产生. 我们把导体回路不动、由于磁场的变化而产生的电动势叫做**感生电动势**.

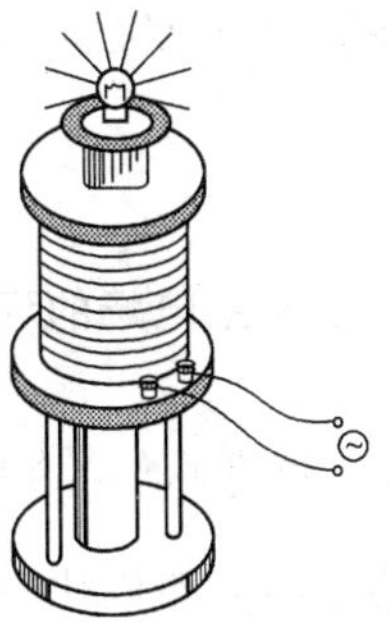

图 15.13 感生电动势

15.3.1 感生电动势的非静电力 感生电场

在上述实验中,驱动小线圈中电荷运动的非静电力是什么? 可以肯定,它不是洛伦兹力,因为线圈静止不动,线圈中的自由电子没有宏观的定向运动. 它也不会是库仑力,因为库仑力是静止电荷之间的相互作用,而这里没有对导线中自由电子施加库仑力的静止电荷. 显然,在小线圈中驱动电荷做定向运动的力是一种当时人们还没有认识到的非静电力. 实验表明,这种力与导线的形状、种类和性质无关. 天才的英国科学家麦克斯韦在系统总结法拉第等人成果的基础上,依靠直觉思维成功地提出了一个假设:随时间变化的磁场在其周围激发一种电场,这种电场被称为**感生电场**,场强以 $\boldsymbol{E}_i$ 表示. 感生电场对电荷也有力的作用($\boldsymbol{F} = q\boldsymbol{E}_i$),正是这种感生电场力充当了感生电动势的非静电力,驱动电荷在导体中做定向运动. 麦克斯韦还进一步指出,只要空间中有变化的磁场,就有感生电场存在,而与空间中有无导体或导体回路无关. 麦克斯韦的这些假说,从理论上揭示了电磁场的内

在联系,并为近代众多的实验结果所证实.

15.3.2 感生电场的性质

感生电场和静电场一个是由变化的磁场激发的,另一个则是由静止电荷所激发的. 二者的相同之处是它们对电荷都有力的作用,但是,这两种电场在性质上却有很大的区别.

1. 感生电场的环路定理

静电场的环流 $\oint_L \boldsymbol{E}_S \cdot \mathrm{d}\boldsymbol{l} = 0$, 表明静电场是保守场,作功与路径无关. 而感生电场则不同,单位正电荷在感生电场中绕闭合回路一周,感生电场力所作的功不等于零,而等于回路中的感生电动势,即

$$\varepsilon = \oint_L \boldsymbol{E}_i \cdot \mathrm{d}\boldsymbol{l} = -\frac{\mathrm{d}\Phi}{\mathrm{d}t} \tag{15.7}$$

式(15.7)中,Φ 为通过回路 L 所围曲面内的磁通量. 式(15.7)表明感生电场的环流不等于零,这就说明感生电场是非保守力场. 同时它也说明**感生电场线是无头无尾的闭合曲线**. 一簇这样的电场线很像水的旋涡,所以也常把感生电场叫做**涡旋电场**.

由于磁通量

$$\Phi = \int_S \boldsymbol{B} \cdot \mathrm{d}\boldsymbol{S}$$

所以式(15.7)可以写成如下的形式

$$\oint_L \boldsymbol{E}_i \cdot \mathrm{d}\boldsymbol{l} = -\frac{\mathrm{d}\Phi}{\mathrm{d}t} = -\frac{\mathrm{d}}{\mathrm{d}t}\int_S \boldsymbol{B} \cdot \mathrm{d}\boldsymbol{S}$$

式中,S 是以 L 为周界的任意曲面. 当回路不动时,有

$$\oint_L \boldsymbol{E}_i \cdot \mathrm{d}\boldsymbol{l} = -\int_S \frac{\mathrm{d}\boldsymbol{B}}{\mathrm{d}t} \cdot \mathrm{d}\boldsymbol{S}$$

考虑到 $\boldsymbol{B}$ 不仅是时间的函数,而且也是空间坐标的函数,所以有

$$\oint_L \boldsymbol{E}_i \cdot \mathrm{d}\boldsymbol{l} = -\int_S \frac{\partial \boldsymbol{B}}{\partial t} \cdot \mathrm{d}\boldsymbol{S} \tag{15.8}$$

这便是**感生电场的环路定理**. 它给出了变化的磁场 $\frac{\partial \boldsymbol{B}}{\partial t}$ 和它所激发的感生电场 $\boldsymbol{E}_i$ 之间的定量关系. 根据式(15.8),在具有一定对称性的条件下,可以由 $\frac{\partial \boldsymbol{B}}{\partial t}$ 求 $\boldsymbol{E}_i$. 在一般情况下,求感生电场的空间分布则比较困难.

式(15.8)中的负号表示感生电场 $\boldsymbol{E}_i$ 与变化的磁场 $\frac{\partial \boldsymbol{B}}{\partial t}$ 构成左手螺旋关系,是楞次定律的数学表示. 下面我们只讨论 $\boldsymbol{B}$ 的方向不随时间变化(只有大小变化)的简单情况. 如图 15.14 所示:当 $\boldsymbol{B}$ 增加时,$\frac{\partial B}{\partial t} > 0$,则 $\frac{\partial \boldsymbol{B}}{\partial t}$ 与 $\boldsymbol{B}$ 同向;当 $\boldsymbol{B}$ 减少时,$\frac{\partial B}{\partial t} < 0$,则 $\frac{\partial \boldsymbol{B}}{\partial t}$ 与 $\boldsymbol{B}$ 反向. 又回路 L 绕行方向与回路所围平面的正法线方向 $\boldsymbol{n}$ 服从右手螺旋法则. 当 $\frac{\partial B}{\partial t} > 0$ 时,$\int_S \frac{\partial \boldsymbol{B}}{\partial t} \cdot \mathrm{d}\boldsymbol{S} > 0$. 由式(15.8)可知,这时 $\oint_L \boldsymbol{E}_i \cdot \mathrm{d}\boldsymbol{l} < 0$, 这说明 $\boldsymbol{E}_i$ 线的方向与回路的绕行方向相反为顺时针绕行方

向. 由此可见,$\boldsymbol{E}_i$ **线与 B 线互相套合,在方向上** $\boldsymbol{E}_i$ **与**$\frac{\partial \boldsymbol{B}}{\partial t}$**成左旋关系**.

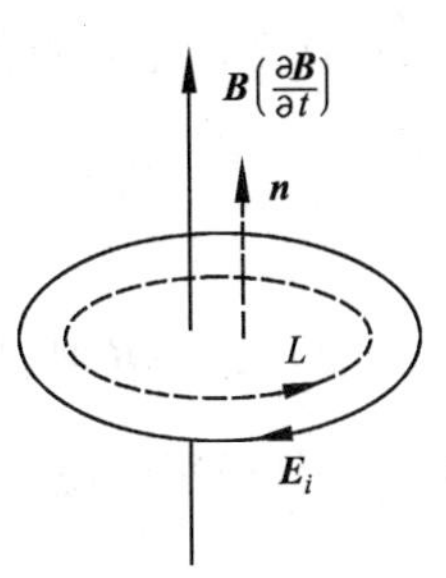

图 15.14　$\boldsymbol{E}_i$ 与$\frac{\partial \boldsymbol{B}}{\partial t}$在方向上成左旋系统

2. 感生电场的高斯定理

感生电场的电场线是无头无尾的闭合曲线,很显然,在感生电场中,通过任意封闭曲面的电通量恒为零,即

$$\oint_S \boldsymbol{E}_i \cdot \mathrm{d}\boldsymbol{S} = 0 \tag{15.9}$$

这就是**感生电场的高斯定理**,它表明感生电场是无源场.

综上所述,在自然界存在着两种不同的电场:一种是由静止电荷所激发的静电场. 静电场的电场线不闭合,它是有源场;场强环流恒为零,它是有势场. 另一种是由变化的磁场所激发的感生电场. 感生电场的电场线是闭合曲线,该场为无源场;场强环流不为零,它是非势场. 这两种电场的性质迥然不同,其唯一的共性就是它们都能对场中的电荷施以力的作用,正是感生电场力形成了感生电动势.

例 15.5　长直螺线管通以随时间变化的电流,即可在半径为 R 的圆柱形空间中获得随时间变化的磁场 $\boldsymbol{B}$,磁场方向沿螺线管的轴向. 当磁场以匀变速率增加(即$\frac{\mathrm{d}B}{\mathrm{d}t}=$恒量$>0$)时,求空间感生电场的分布.

解　螺线管截面如例 15.5(a)图所示,由于$\frac{\mathrm{d}\boldsymbol{B}}{\mathrm{d}t}$处处相同,螺线管磁场分布满足轴对称性,感生电场 $\boldsymbol{E}_i$ 的电场线与 $\boldsymbol{B}$ 线互相套合,由于场的对称性,变化磁场所激发的感生电场的电场线在管内外是以螺线管轴线为中心的一系列同心圆. 在同一圆周上各点 $\boldsymbol{E}_i$ 的大小处处相等,方向沿圆周切向,且与$\frac{\partial \boldsymbol{B}}{\partial t}$方向成左旋关系.

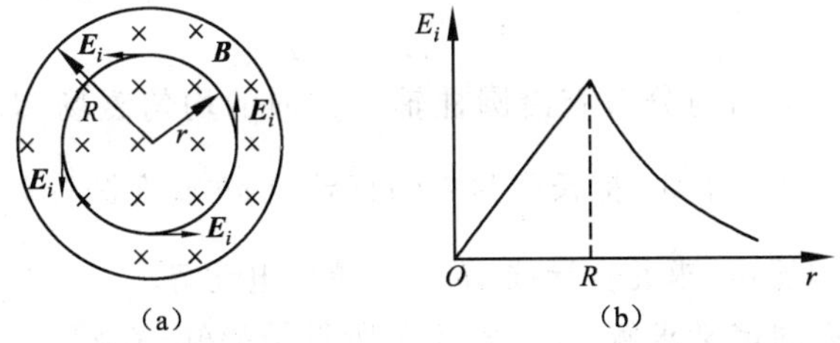

例 15.5 图

任取一距轴线为 r 的电场线作为闭合回路,并设回路的回转方向与 $\boldsymbol{B}$ 的方向成左旋关系. 则由式(15.8)可求出离轴线为 r 处的感生电场 $\boldsymbol{E}_i$ 的大小

$$\oint_L \boldsymbol{E}_i \cdot \mathrm{d}\boldsymbol{l} = \oint_L E_i \mathrm{d}l = 2\pi r E_i = -\int_S \frac{\partial \boldsymbol{B}}{\partial t} \cdot \mathrm{d}\boldsymbol{S}$$

即

$$E_i = -\frac{1}{2\pi r}\int_S \frac{\partial \boldsymbol{B}}{\partial t} \cdot \mathrm{d}\boldsymbol{S}$$

式中的 S 是以所取回路为边线的任一曲面.

(1)当 $r<R$ 时,即所考察的场点在螺线管内时,我们选此回路为边线的平面面积为积分

面,在这个面上各点的$\frac{\partial \boldsymbol{B}}{\partial t}$大小相等,方向和面法线的方向平行,因此 $r<R$ 处的感生电场为

$$E_i = -\frac{1}{2\pi r}\int_S \frac{\partial \boldsymbol{B}}{\partial t}\cdot \mathrm{d}\boldsymbol{S} = \frac{1}{2\pi r}\pi r^2\frac{\mathrm{d}B}{\mathrm{d}t} = \frac{r}{2}\frac{\mathrm{d}B}{\mathrm{d}t}$$

(2)当 $r>R$ 时,即所考察的场点在螺线管外时,所选回路包围的面积内只有管内的$\frac{\mathrm{d}\boldsymbol{B}}{\mathrm{d}t}$不为零,所以管外各点的感生电场为

$$E_i = -\frac{1}{2\pi r}\int_S \frac{\partial \boldsymbol{B}}{\partial t}\cdot \mathrm{d}\boldsymbol{S} = \frac{1}{2\pi r}\pi R^2\frac{\mathrm{d}B}{\mathrm{d}t} = \frac{R^2}{2r}\frac{\mathrm{d}B}{\mathrm{d}t}$$

可见,当 $r<R$ 时,$E_i\propto r$;当 $r>R$ 时,$E_i\propto\frac{1}{r}$. 螺线管内外的 E_i 随 r 的变化规律如例 15.5(b)图所示.

15.3.3 感生电动势的计算

计算感生电动势,可以用以下两种方法:

1. 由电动势的定义出发进行计算

$$\varepsilon = \oint_L \boldsymbol{E}_i\cdot \mathrm{d}\boldsymbol{l} \tag{15.10a}$$

用这种方法求解,必须先求出感生电场 $\boldsymbol{E}_i$ 的空间分布,然后再做积分运算. 这里 L 可以是一段导线,也可以是闭合导体回路.

2. 用法拉第电磁感应定律计算

$$\varepsilon = -\frac{\mathrm{d}\Phi}{\mathrm{d}t} = -\int_S \frac{\partial \boldsymbol{B}}{\partial t}\cdot \mathrm{d}\boldsymbol{S} \tag{15.10b}$$

用这种方法求解时,不论导体是否闭合,同样都能适用. 对于闭合导体回路 L,可以直接运用式(15.10b)求解,式中的 S 就是 L 所包围的面积. 如果导体不是闭合的,则需用辅助线构成闭合回路.

例 15.6 在圆柱形空间内分布有沿圆柱轴线方向的均匀磁场,若磁场方向垂直纸面向里,其变化率$\frac{\mathrm{d}B}{\mathrm{d}t}$=常量,且大于0. 把长度为 L 的直导线 ab 放在圆柱截面上,且距圆心垂直距离为 h,如例 15.6 图(a)所示,求此直导线 ab 上的感生电动势.

解法一 由电动势的定义求解. 由例 15.5 所得结果知,在圆柱形磁场内部 $E_i=\frac{r}{2}\frac{\mathrm{d}B}{\mathrm{d}t}$,$\frac{\mathrm{d}B}{\mathrm{d}t}>0$,由楞次定律可判定 $\boldsymbol{E}_i$ 的方向为逆时针并垂直于过该点处的半径,如例 15.6 图(a)所示.

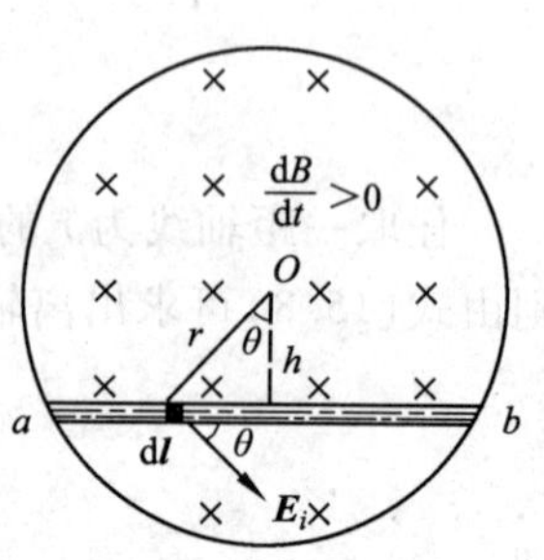

(a)

例 15.6 图

在 ab 上距 O 为 r 处取线元 $\mathrm{d}\boldsymbol{l}$,方向由 a 指向 b,则

$$\mathrm{d}\varepsilon = \boldsymbol{E}_i\cdot \mathrm{d}\boldsymbol{l} = \frac{r}{2}\frac{\mathrm{d}B}{\mathrm{d}t}\cos\theta\mathrm{d}l = \frac{h}{2}\frac{\mathrm{d}B}{\mathrm{d}t}\mathrm{d}l$$

所以直导线 ab 上的感生电动势为

$$\varepsilon_{ab} = \int_a^b \mathrm{d}\varepsilon = \int_a^b \frac{h}{2}\frac{\mathrm{d}B}{\mathrm{d}t}\mathrm{d}l = \frac{hL}{2}\frac{\mathrm{d}B}{\mathrm{d}t}$$

因为 $\varepsilon_{ab}>0$,所以 ε 的方向自 a 到 b,即 b 端电势高.

解法二　由法拉第电磁感应定律求解. 连接 Oa、Ob,作闭合回路 $abOa$,绕行方向为逆时针,如例 15.6 图(b)所示,回路内的感应电动势

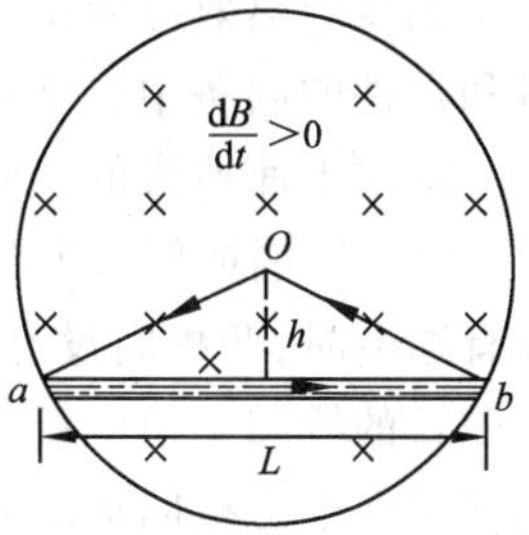

(b)
例 15.6 图(续)

$$\varepsilon = -\frac{d\Phi_m}{dt} = -\int_S \frac{\partial \boldsymbol{B}}{\partial t}\cdot d\boldsymbol{S} = \frac{hL}{2}\frac{dB}{dt}$$

因为在 Oa 和 Ob 直线上,$\boldsymbol{E}_i$ 的方向与 Oa、Ob 垂直,因此

$$\varepsilon = \oint_L \boldsymbol{E}_i\cdot d\boldsymbol{l} = \int_0^a \boldsymbol{E}_i\cdot d\boldsymbol{l} + \int_a^b \boldsymbol{E}_i\cdot d\boldsymbol{l} + \int_b^0 \boldsymbol{E}_i\cdot d\boldsymbol{l}$$
$$= 0 + \varepsilon_{ab} + 0$$

即
$$\varepsilon_{ab} = \frac{hL dB}{2\ dt}$$

回路电动势的方向由楞次定律决定,由 a 到 b,其结果与解法一相同.

15.3.4　涡流

感应电场的存在,已被许多实验事实所证明,并在现代科技中得到广泛应用. 涡电流就是例证之一.

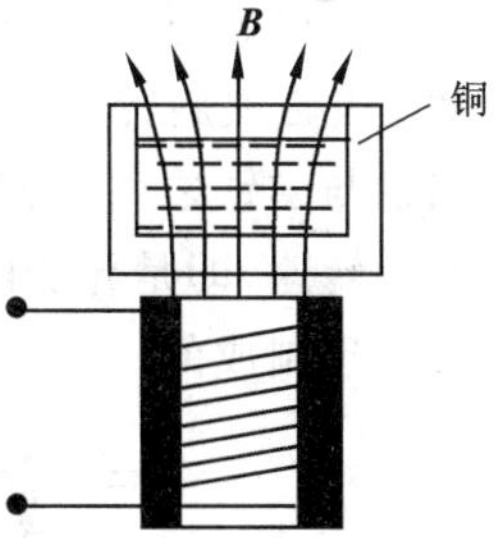

图 15.15　涡流的热效应

当大块导体处在变化的磁场中,或相对于磁场有相对运动时,由于感应电场力的作用,在这块导体中就会产生感应电流,并自动形成闭合回路,这种在大块导体内流动的感应电流,称为**涡流**. 由于大块导体的电阻很小,涡流可以达到很大的值,从而产生很强的热效应.

如图 15.15 所示,在一个绕有线圈的铁芯上端,放置一个盛有冷水的铜杯. 把线圈的两端接到交流电源上,只需几分钟,杯内的冷水就会变热,甚至沸腾起来.

为了说明上述实验,我们把铜杯看成是由一层一层的金属圆筒套在一起构成的,每一层圆筒都相当于一个回路. 当绕在铁芯上的线圈中通有交流电时,穿过铜杯中每个回路面积的磁通量都在不断地变化,因此,在这些回路中便产生感生电动势,并形成环形感应电流. 由于铜的电阻很小,涡流很大,所以能够产生大量热量,使杯中的冷水变热,以至沸腾起来. 工厂中冶炼合金时常用的工频感应炉(见图 15.16)就是利用金属块中产生的涡流所发出的热量使金属块熔化. 又如制造显像管、电子管,在做好后要抽气封口,但管子里金属电极上吸附气体不易很快放出,必须高温加热才能放出而被抽走. 这样利用涡流加热的方法,一边加热,一边抽气,然后封口(见图 15.17).

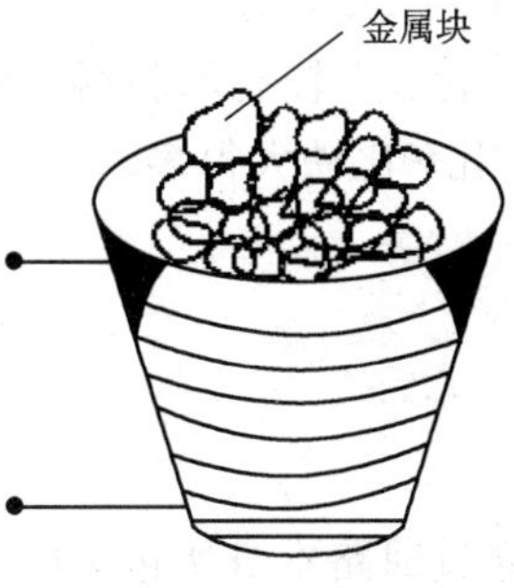

图 15.16　工频感应炉

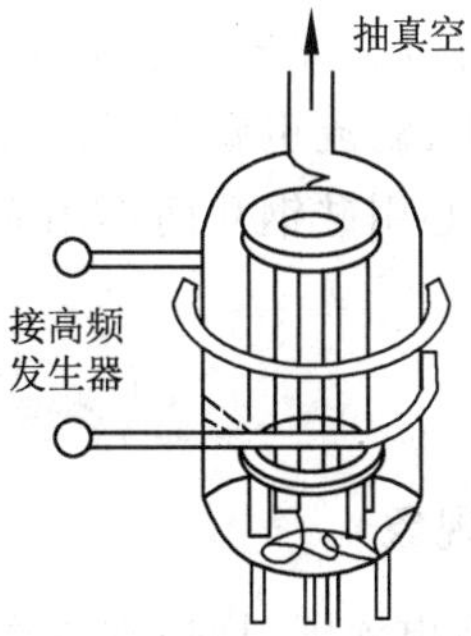

图 15.17　用涡流加热金属电极

涡流的热效应应用很广,除上述介绍的以外,还可以用来进行表面淬火、焊接,在半导体材料和器件的制备中也常用到.

除了上面所讲的热效应以外,涡流还可以起阻尼作用,这可以由图 15.18 所示的实验来说明. 把一块铜或铅等非铁磁性物质制成的金属板悬挂在电磁铁的两极之间,在电磁铁的线圈没有通电时,两极间没有磁场,这时使摆摆动后,要经过相当长的时间,摆才会停止下来. 当在电磁铁的线圈中通电后,两极间有了磁场,这时使摆摆动后,它会很快停止下来. 这是因为当摆朝着两个磁极间运动时,穿过金属板的磁通量增加,在板中产生了涡流(涡流的方向如图中虚线所示),载流的金属板在磁场中受到力的作用,其作用方向与摆运动方向相反,阻碍摆的运动. 同样,当摆由两极间的磁场离开时,磁场对金属板的作用力的方向也是与摆的运动方向相反,所以,摆很快就会停止下来. 磁场对金属板的这种阻尼作用称为**电磁阻尼**. 在一些电磁仪表中,如检流计,常利用电磁阻尼来使摆动的指针迅速地停在平衡位置上. 电度表中的制动铝盘也利用了电磁阻尼效应.

利用电磁感应还可以实现电磁驱动. 如图 15.19 所示,一金属圆盘紧靠磁铁的两极但不接触. 当磁铁旋转起来时,圆盘中各区域内的磁通量发生变化,因而要产生涡流,其作用将阻碍圆盘与磁铁之间的相对运动. 这样圆盘就跟磁铁一起转动起来. 当然圆盘的转速总要小于磁铁的转速,即是异步的,不然两者间就不会出现电磁感应现象. 感应式异步电动机就是根据这个原理制成的.

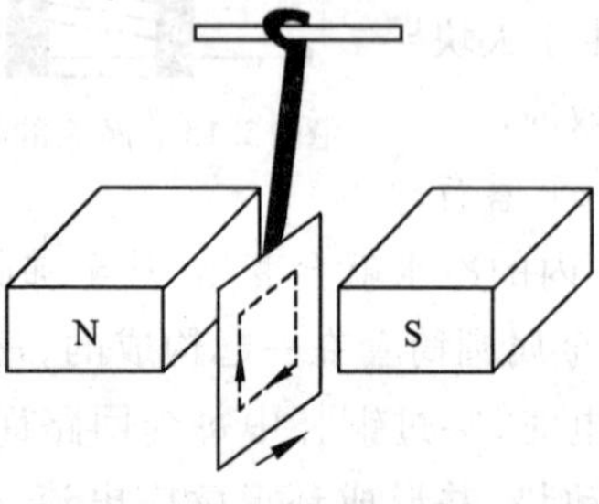

图 15.18 阻尼摆

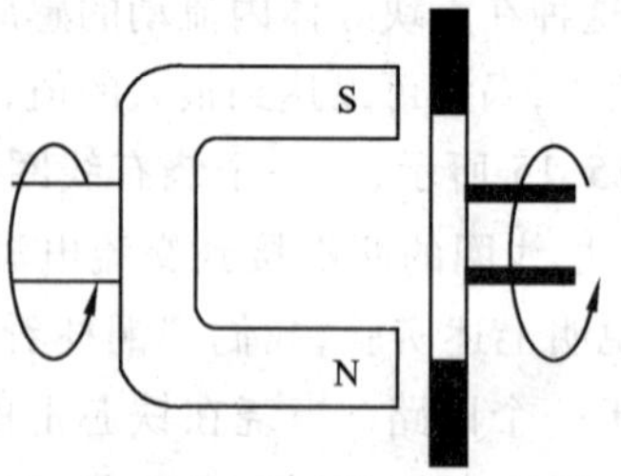

图 15.19 电磁驱动

上面所讨论的是涡流的一些实际应用. 但是,在有些情况下,涡流发热是有害的. 例如变压器和电机中的铁芯,由于处在交流电的变化磁场中,而使铁芯内部产生涡流,使铁芯发热. 这不仅浪费了电能,而且由于铁芯的温度不断升高,会引起导线间绝缘材料性能的下降. 当温度过高时,绝缘材料就会被烧坏,使变压器或电机损坏,造成事故. 因此,对变压器、电机这类设备,应当尽量减少涡流. 为此,一般电机和变压器中的铁芯都不是整块的,而是用一片片彼此绝缘的硅钢片叠合而成. 这样,虽然穿过整个铁芯的磁通量不变,但对每一片来说,产生的感应电动势就小,涡流也就小了. 减少涡流的另一措施是选择电阻率较高的材料做铁芯,如电机、变压器的铁心用硅钢片而不用铁片,就是因为硅钢片的电阻率比铁大得多.

15.4 自感和互感

15.4.1 自感现象

当回路中有电流通过时,电流产生的磁场的磁感应线将穿过回路本身所包围的面积,当回路中的电流随时间变化时,通过回路所包围面积的磁通量也发生变化,因而亦要在回路中产生感应电动势和感应电流，这种现象称为**自感现象**，所产生的电动势称为**自感电动势**.

许多实验可以演示自感现象. 在图 15.20 所示的电路中，S_1 和 S_2 是两个完全相同的灯泡，S_1 与一电阻器串联，S_2 与一具有铁芯的线圈串联，并联在电源上，电阻器的阻值选择是保证电路接通并达到稳定后，通过两个灯泡的电流相等. 实验结果表明，在接通此电路的瞬间，S_1 在瞬间即达到最大亮度，S_2 则要稍晚一段时间后才达到最大亮度. 也就是说，通过 S_2 的电流比通过 S_1 的电流增长得慢些.

我们知道，接通电路后，回路中的电流由零增长到稳定值. 在 S_2 支路中，通过线圈的磁通量在电流增长的过程中增大，因而在线圈中产生自感电动势，其作用是阻碍电流的增大，因而使得电流增长较慢. 但在 S_1 支路中，由于没有线圈，几乎没有自感电动势出现，所以灯泡 S_1 在瞬间即亮.

图 15.21 也是演示自感现象的实验，其中灯泡 S_2 与线圈串联，适当选择线圈的电阻和灯泡的内阻，使得电流达到稳定时，通过 S_2 的电流 I_2 比通过 S_1 的电流 I_1 大得多，即 $I_2 \gg I_1$. 实验表明，在切断电路的瞬间，S_1 在熄灭前变得猛然一亮. 这是因为在切断电路时，I_1 立即趋向于零，但 I_2 从有到无，是一个减小的变化过程，电流的变化在线圈中产生自感电动势，其作用是抵制电流 I_2 的变化，因此 I_2 并不立即消失，而是慢慢趋向于零. 但此时电路已切断，只有 S_1 和 S_2 组成一回路，慢慢减小着的电流 I_2 将经过 S_1，由于 $I_2 \gg I_1$，因此在切断电路时，S_1 先比原来更亮，然后熄灭.

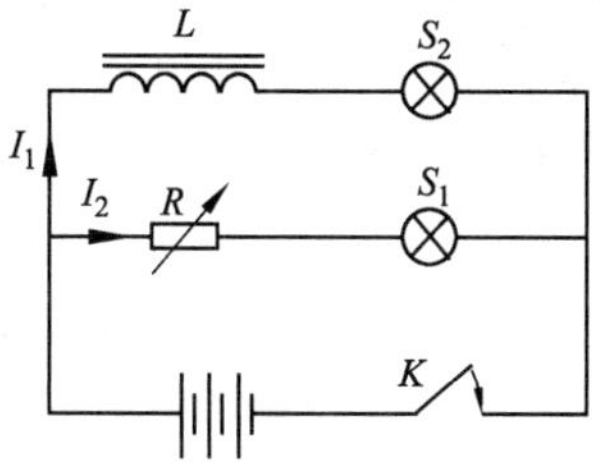

图 15.20　一种自感现象的演示

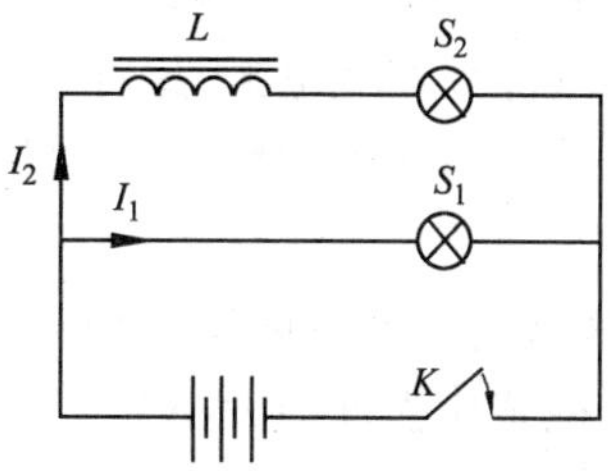

图 15.21　另一种自感现象的演示

以上的实验都表明，当线圈中通过变化的电流时，在线圈中将产生自感电动势. 对于一个给定的线圈，其磁场与线圈中的电流、线圈的形状、匝数、周围磁介质的性质等有关. 当线圈的形状、周围的介质（设介质是非铁磁性的）等都确定时，线圈中的电流所产生的磁场对线圈本身的磁通链与线圈中的电流成正比，即

$$\Psi = LI \tag{15.11}$$

比例系数 L 称为该线圈的**自感系数**，简称**自感**或**电感**. 自感系数在量值上等于线圈中的电流为一个单位时通过线圈的全磁通. 它是一个表征线圈本身电磁性质的物理量，仅由线圈的形状、匝数和磁介质的性质决定，在无铁磁质的情况下，它与线圈中的电流是无关的. 在 SI 制中，自感的单位为亨利，用符号 H 表示，由式(15.11)可知，$1\ \mathrm{H} = 1\ \mathrm{Wb \cdot A^{-1}}$. 由于 H 这个单位较大，实用中常用毫亨利(mH)、微亨利(μH)，与亨利的换算关系是

$$1\ \mathrm{mH} = 10^{-3}\ \mathrm{H}$$

$$1\ \mu\mathrm{H} = 10^{-6}\ \mathrm{H}$$

当线圈本身参数不变，且周围介质为弱磁质（无铁磁质）时，自感系数 L 是一个与电流无关的恒量. 由法拉第电磁感应定律可知，线圈中的自感电动势为

$$\varepsilon_L = -L\frac{\mathrm{d}I}{\mathrm{d}t} \tag{15.12}$$

沿电流 I 的方向取回路绕行正方向，当电流增大时，$\frac{\mathrm{d}I}{\mathrm{d}t}>0$，由式(15.12)知，$\varepsilon_L<0$，这说明 ε_L 的方向与回路绕行方向、亦即电流 I 的方向相反；当电流减小时，$\frac{\mathrm{d}I}{\mathrm{d}t}<0$，$\varepsilon_L>0$，这说明 ε_L 的方向与电流 I 的方向相同. 由此可见，自感电动势 ε_L 的作用是反抗回路中电流的变化. 换句话说就是：任何载流回路都具有试图保持原有电流不变的特性，这种性质被称之为"**电磁惯性**". 由式(15.12)可知，对于相同的电流变化率$\frac{\mathrm{d}I}{\mathrm{d}t}$，$L$ 越大，自感电动势 ε_L 也就越大，回路中的电流也就越难改变，所以，自感系数 L 是电路中电磁惯性的量度.

在工程技术和日常生活中，自感现象的应用非常广泛，如无线电技术和电工中常用的扼流圈、日光灯上用的镇流器（见图 15.22）等，都是自感应用最简单的实例. 但是在有些情况下，自感现象会带来危害，必须采取措施给予预防. 例如，无轨电车行驶时，若路面不平，在车顶上的受电弓由于车身颠簸，有时会短时间脱离电网而使电路突然断开. 这时由于自感而产生的自感电动势，在电网与受电弓之间形成一较高的电压，常常大到使原来不导电的空气隙被"击穿"而导电，以致在空气隙处产生电弧，这种电弧对电网起着损坏作用.

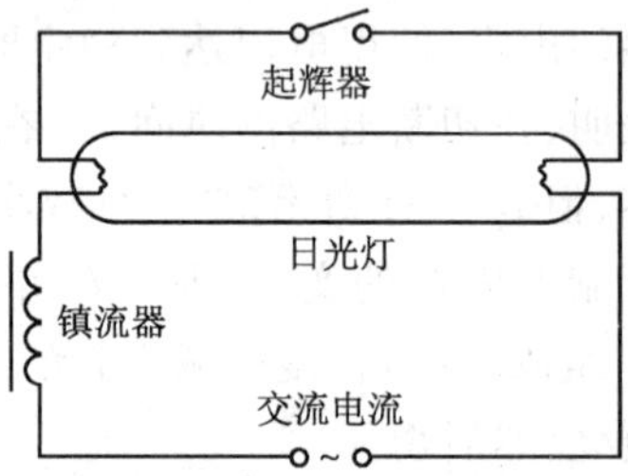

图 15.22　日光灯的镇流器

例 15.7　一空心单层密绕长直螺线管，总匝数为 N，长为 l，半径为 R，且 $l \gg R$，求长直螺线管的自感系数.

解　设螺线管中通有电流 I，由于 $l \gg R$，对于长直螺线管，管内各处的磁场可近似地看做是均匀的，且磁感应强度的大小为

$$B=\mu_0 nI=\mu_0\frac{N}{l}I$$

全磁通 Ψ 为

$$\Psi = N\Phi = NBS = \mu_0\frac{N^2 I}{l}\pi R^2$$

代入式(15.11)得

$$L=\frac{\Psi}{I}=\frac{\mu_0 N^2\pi R^2}{l}=\mu_0 n^2 V$$

式中 $V=\pi R^2 l$ 是螺线管的体积. 可见 L 与 I 无关，仅由 n、V 决定. 若采用较细的导线制成螺线管，可使单位长度上的匝数 n 增大，使自感 L 变大. 另外若螺线管中充满磁介质时，可使 L 增大 μ_r 倍. 但用铁磁质作为铁芯时，由于铁磁质的磁导率 μ 与 I 有关，此时 L 值与 I 有关.

例 15.8　同轴电缆由两个共轴的长圆筒状导体所组成，其间充满磁导率为 μ 的磁介质（μ 为常量），内外圆筒的半径分别为 R_1 和 R_2，电缆中沿内、外圆筒流过的电流大小相等而方向相反. 求单位长度电缆的自感系数.（见例 15.8 图）

解　设电缆中所通电流为 I，可由安培环路定理求得两圆筒之间的磁感应强度为

$$B=\frac{\mu I}{2\pi r}, R_1<r<R_2$$

而在内圆筒之内和外圆筒之外的空间中,磁感应强度为零.

在电缆上取长度为 l 的一段,则通过该段纵截面上的磁通量为

$$\Phi = \int_S \boldsymbol{B} \cdot \mathrm{d}\boldsymbol{S} = \int_{R_1}^{R_2} Bl\mathrm{d}r = \frac{\mu Il}{2\pi}\int_{R_1}^{R_2} \frac{\mathrm{d}r}{r}$$

$$\Phi = \frac{\mu Il}{2\pi}\ln\frac{R_2}{R_1}$$

由定义可知,长为 l 的一段同轴电缆的自感系数为

$$L = \frac{\Phi}{I} = \frac{\mu l}{2\pi}\ln\frac{R_2}{R_1}$$

故单位长度电缆的自感系数

$$L_0 = \frac{L}{l} = \frac{\mu}{2\pi}\ln\frac{R_2}{R_1}$$

单位长度的自感系数是传输电磁信号电缆的一个重要特性参数.

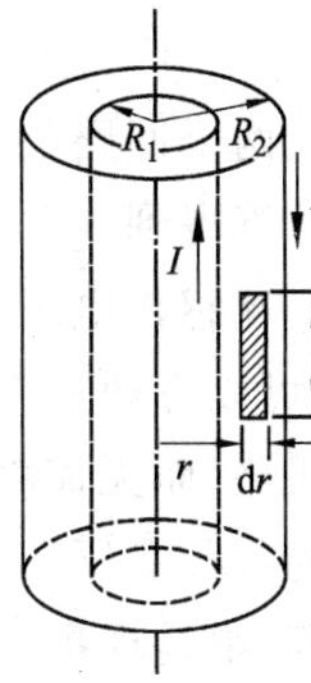

例 15.8 图

15.4.2　互感现象

考虑两个任意形状的载流回路 C_1 和 C_2,回路中的电流分别为 I_1 和 I_2,如图 15.23 所示.回路 C_1 中的电流 I_1 产生的磁场 $\boldsymbol{B}_1$,有一定的磁通量要通过回路 C_2,同样,回路 C_2 中的电流 I_2 产生的磁场 $\boldsymbol{B}_2$ 对回路 C_1 也有一定的磁通量. 当 C_1 中的电流随时间变化时,$\boldsymbol{B}_1$ 亦变化,因而在 C_2 中引起感应电动势和感应电流;同样,当 C_2 中的电流随时间变化时,$\boldsymbol{B}_2$ 亦变化,因而在 C_1 中亦引起感应电动势和感应电流. 这种现象称为**互感现象**.

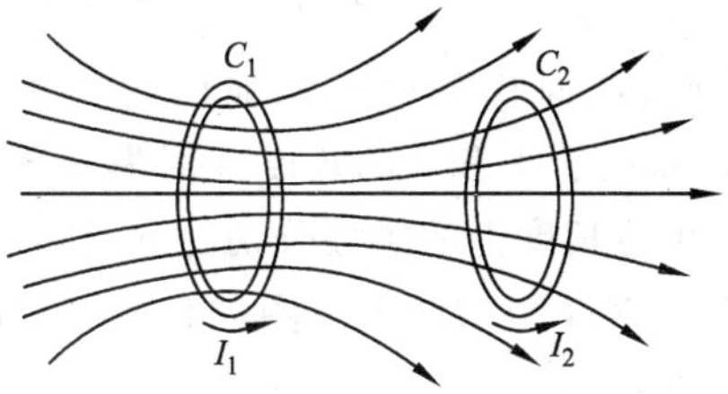

图 15.23　互感现象

我们知道,一个载流回路在空间各点产生的磁场与该回路的几何形状、考察点与载流回路的相对位置、周围磁介质的性质等因素有关. 因此,一个回路中的电流产生的磁场对另一回路的磁通链不仅与这个回路中的电流有关,还与两个回路的几何形状、匝数以及两个回路的相对位置和周围磁介质的性质有关. 设 Ψ_{12} 是 C_2 的磁场在 C_1 中的磁通链,Ψ_{21} 是 C_1 的磁场在 C_2 中的磁通链,则

$$\Psi_{12} = M_{12}I_2 \tag{15.13}$$

$$\Psi_{21} = M_{21}I_1 \tag{15.14}$$

M_{12} 称为回路 C_2 对 C_1 的互感系数,M_{21} 称为回路 C_1 对 C_2 的互感系数,它们由两个回路的几何形状、相对位置以及周围磁介质的性质决定. 若回路周围的磁介质是非铁磁性的,则互感系数与电流无关,理论和实验均可证明

$$M_{12} = M_{21} = M \tag{15.15}$$

M 称为两个回路间的**互感系数**,简称**互感**.

回路 C_2 中的电流变化在回路 C_1 中产生的感应电动势即互感电动势 ε_{12} 和回路 C_1 中的电流变化在回路 C_2 产生的互感电动势 ε_{21} 都可由法拉第电磁感应定律求得

$$\varepsilon_{12} = -\frac{\mathrm{d}\Psi_{12}}{\mathrm{d}t} = -M_{12}\frac{\mathrm{d}I_2}{\mathrm{d}t} = -M\frac{\mathrm{d}I_2}{\mathrm{d}t} \tag{15.16}$$

$$\varepsilon_{21} = -\frac{\mathrm{d}\Psi_{21}}{\mathrm{d}t} = -M_{21}\frac{\mathrm{d}I_1}{\mathrm{d}t} = -M\frac{\mathrm{d}I_1}{\mathrm{d}t} \qquad (15.17)$$

两个回路的互感系数 M 一般由实验测定. 在简单情况下可由计算得到.

互感在电工和无线电技术中有着广泛的应用. 利用互感现象,可以方便地把交变信号或者能量从一个回路直接传递给另一个回路,而无需将两个回路连接起来. 电工和无线电技术中所使用的各种变压器,例如电力变压器,中周变压器,输入、输出变压器等,都是根据互感原理制成的互感器件. 电工常用的钳形电流表也是一种互感器,如图 15.24 所示,它的铁芯是钳形的,可以打开和闭合. 用它来测量交变电流时,就不必断开电路,使用十分方便.

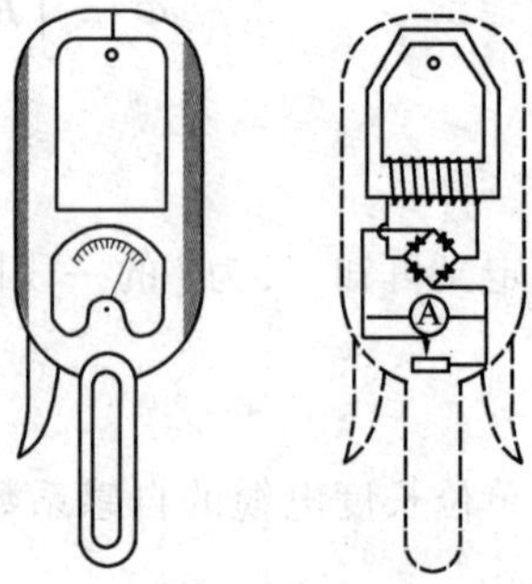

图 15.24 钳形电流表

在某些情况下,互感却是有害的. 例如有线电话往往由于两路电话之间的互感而引起串音;无线电设备中也往往由于导线间的互感而妨碍正常工作,在这种情况下则需要设法避免互感的干扰.

例 15.9 例 15.9 图所示为两个同轴螺线管 1 和 2,同绕在一个半径为 R 的长磁介质棒上. 它们的绕向相同,截面积都可近似地认为等于磁介质棒的截面积,螺线管 1 和 2 的长度分别为 l_1 和 l_2,且 $l_1 \gg R, l_2 \gg R$,单位长度上的匝数分别为 n_1 和 n_2. (1)证明 $M_{21} = M_{12} = M$;(2)求两个线圈的自感 L_1 和 L_2 与互感 M 之间的关系.

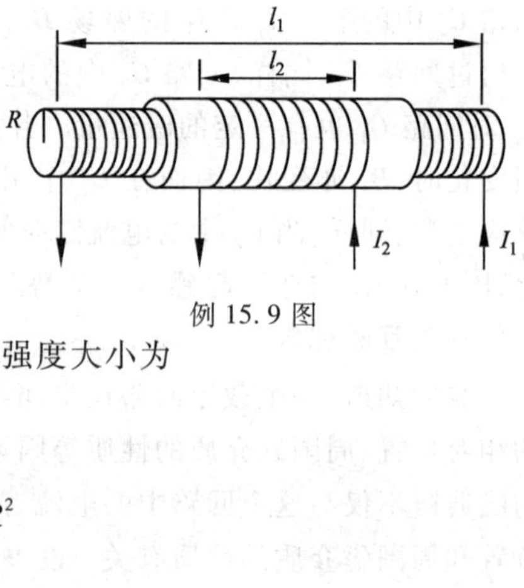

例 15.9 图

解 (1)设螺线管 1 中通有电流 I_1,它产生的磁感应强度大小为

$$B_1 = \mu n_1 I_1$$

电流 I_1 产生的磁场穿过螺线管 2 每一匝的磁通量为

$$\Phi_{21} = B_1 S_2 = \mu n_1 I_1 \pi R^2$$

因此有

$$\Psi_{21} = n_2 l_2 \Phi_{21} = \mu n_1 n_2 l_2 \pi R^2 I_1$$

由式(15.14)可得

$$M_{21} = \frac{\Psi_{21}}{I_1} = \mu n_1 n_2 l_2 \pi R^2 = \mu n_1 n_2 V_2$$

$V_2 = l_2 \pi R^2$ 是螺线管 2 的体积.

设螺线管 2 中通有电流 I_2,它产生的磁感应强度大小为

$$B_2 = \mu n_2 I_2$$

电流 I_2 产生的磁场穿过螺线管 1 的每一匝的磁通量为

$$\Phi_{12} = B_2 S_1 = \mu n_2 I_2 \pi R^2$$

我们知道长直螺线管的端口以外,B 很快减到零,因此螺线管 1 中只有 $n_1 l_2$ 匝线圈穿过 Φ_{12} 的磁通量,故 I_2 的磁场在螺线管 1 中产生的总磁通为

$$\Psi_{12} = n_1 l_2 \Phi_{12} = \mu n_1 n_2 l_2 I_2 \pi R^2$$

由式(15.14)可得

$$M_{12} = \frac{\Psi_{12}}{I_2} = \mu n_1 n_2 l_2 \pi R^2 = \mu n_1 n_2 V_2$$

两次计算的互感相等,即 $M_{21} = M_{12} = M$.

(2)例 15.7 已计算出长直螺线管的自感为 $L = \mu n^2 V$,所以

$$L_1 = \mu {n_1}^2 V_1 = \mu {n_1}^2 l_1 \pi R^2, L_2 = \mu {n_2}^2 V_2 = \mu {n_2}^2 l_2 \pi R^2$$

由此可见

$$M = \sqrt{\frac{l_2}{l_1}} \sqrt{L_1 L_2}$$

更为普遍的形式为

$$M = k\sqrt{L_1 L_2}$$

式中,k 称为耦合系数,大小由两个线圈的相对位置决定,它的取值为 $0 \leqslant k \leqslant 1$. 当两个线圈垂直放置时,$k \approx 0$.

例 15.10　一个矩形线圈 $ABCD$,长为 l,宽为 a,匝数为 N,放在一长直导线旁边与之共面,见例 15.10 图,这长直导线是闭合回路的一部分,其他部分离线圈很远,未在图中画出. 当矩形线圈中通有电流 $i = I_0 \cos \omega t$ 时,求长直导线中的互感电动势.

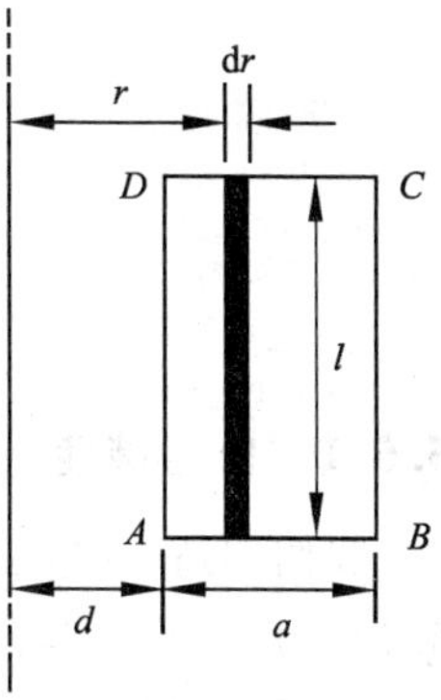

例 15.10 图

解　由 $\varepsilon_M = -M\mathrm{d}I/\mathrm{d}t$,欲求长直导线中的互感电动势 ε_M,需先求矩形线圈与长直导线间的互感.

设长直导线中通有电流 I,此电流的磁场在矩形线圈中产生的全磁通为

$$\Psi = N\iint \boldsymbol{B} \cdot \mathrm{d}\boldsymbol{S} = N\int_d^{d+a} \frac{\mu_0 I}{2\pi r} l \mathrm{d}r = \frac{\mu_0 N l I}{2\pi} \ln \frac{d+a}{d}$$

长直导线与矩形线圈间的互感

$$M = \frac{\Psi}{I} = \frac{\mu_0 N l}{2\pi} \ln \frac{d+a}{d}$$

矩形线圈中的电流 $i = I_0 \cos \omega t$,在长直导线中产生的互感电动势为

$$\varepsilon_M = -\frac{\mu_0 N l}{2\pi} \ln \frac{d+a}{d} \frac{\mathrm{d}}{\mathrm{d}t}(I_0 \cos \omega t) = \frac{\mu_0 N l I_0 \omega}{2\pi} \ln \frac{d+a}{d} \sin \omega t$$

例 15.11　自感为 L_1 和 L_2 的线圈,设两线圈间的互感为 M,见例 15.11 图. 求总自感,(1)顺串联(2 与 3 相联);(2)反串联(2 与 4 相联).

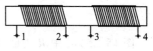

例 15.11 图

解　设线圈中通有电流 I.

(1)顺串联时

$$\varepsilon = \varepsilon_1 + \varepsilon_2$$

$$\varepsilon_1 = \varepsilon_{11} + \varepsilon_M = -\left(L_1 \frac{dI}{dt} + M \frac{dI}{dt}\right)$$

$$\varepsilon_2 = \varepsilon_{22} + \varepsilon_M = -\left(L_2 \frac{dI}{dt} + M \frac{dI}{dt}\right)$$

$$\varepsilon = -(L_1 + 2M + L_2)\frac{dI}{dt}$$

$$L = -\frac{\varepsilon}{dI/dt} = L_1 + 2M + L_2$$

(2)反串联时

$$\varepsilon = \varepsilon_1 + \varepsilon_2$$

$$\varepsilon_1 = \varepsilon_{11} - \varepsilon_M = -\left(L_1 \frac{dI}{dt} - M \frac{dI}{dt}\right)$$

$$\varepsilon_2 = \varepsilon_{22} - \varepsilon_M = -\left(L_2 \frac{dI}{dt} - M \frac{dI}{dt}\right)$$

$$\varepsilon = -(L_1 - 2M + L_2)\frac{dI}{dt}$$

$$L = -\frac{\varepsilon}{dI/dt} = L_1 - 2M + L_2$$

15.5 磁场的能量

15.5.1 自感储能

我们知道,充电后的电容器储存有一定的电能. 同理,一个通电线圈也储存有能量. 在图15.23(a)所示的实验中,当我们打开图中所示的电键 K 时,灯泡并不是立即熄灭,而是突然闪亮一下以后才慢慢地暗了下来. 打开电键后电源已不再向灯泡供给能量了,它突然强烈地闪亮一下所消耗的能量是从哪里来的? 这是因为在切断电路时,电路中的原有电流要从有到无地逐渐减小,使自感线圈中产生了自感电动势,在回路中形成感应电流. 感应电流供给灯泡的能量就是储存在通电线圈中的磁能.

通电线圈中所储存的磁能是在电流从 $0 \to I$ 的建立过程中,电源反抗感应电动势作功所转化来的能量. 我们用图15.25(b)所示的电路,来说明这一能量的转化过程.

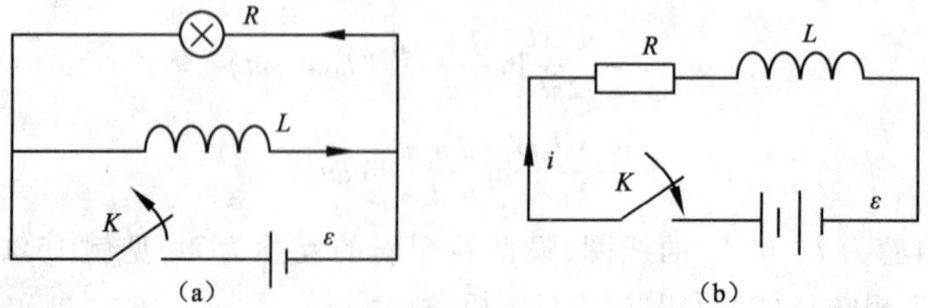

图 15.25 自感储能

图15.25(b)中 R 为回路的总电阻,包括电源内阻. 电阻 R 的自感可以略去不计,自感线圈的电阻亦可忽略不计. 当闭合电键 K 时,回路中的电流由零逐渐增大,经过一定时间后达到

它的稳定值 $I\left(I=\dfrac{\varepsilon}{R}\right)$. 在电流增大过程中,线圈中产生自感电动势$\varepsilon_L=-L\dfrac{\mathrm{d}i}{\mathrm{d}t}$,它反抗回路中电流的增加,使电流不能立即达到它的稳定值. 在这个过程中,电源必须提供能量用来克服自感电动势而作功,它所供给的能量,一部分转化为磁能并储存在线圈中,另一部分在电阻上转化为焦耳热. 根据全电路的欧姆定律有

$$\varepsilon+\varepsilon_L=iR$$

亦即

$$\varepsilon=iR-\varepsilon_L$$

方程两边同乘以电流 i 得

$$\varepsilon i=i^2R-\varepsilon_L i \tag{15.18}$$

式(15.18)中的 εi 是电源的输出功率,i^2R 是电阻放热的热功率,而$(-\varepsilon_L i)$则是自感电动势的吸收功率,亦即电源反抗自感电动势作功的功率. 显然,式(15.18)表明了电流建立过程中电路中的能量转换关系:电源所提供的能量,一部分转化为焦耳热,另一部分则用来反抗自感电动势作功,转化为磁能. 电源反抗自感电动势所作的元功为

$$\mathrm{d}A=-\varepsilon_L i\mathrm{d}t=L\frac{\mathrm{d}i}{\mathrm{d}t}i\mathrm{d}t$$

$$\mathrm{d}A=Li\mathrm{d}i$$

在电流 i 由零增大到它的稳定值 I 的过程中,电源反抗自感电动势所作的总功为

$$A=\int_0^I Li\mathrm{d}i=\frac{1}{2}LI^2$$

作功伴随着能量的转换,这部分功转换成磁能储存于线圈中. 显然,一个自感为 L 的线圈中通有电流 I 时,它所储存的磁能为

$$W_{\mathrm{m}}=\frac{1}{2}LI^2 \tag{15.19}$$

自感磁能在实际中有着很重要的应用. 例如电感储能焊接,受控热核反应等.

15.5.2　磁场的能量

自感磁能储存在载流线圈的磁场中,故可以用描述磁场的物理量来表示. 以长直螺线管为例. 当长直螺线管中通有电流 I 时,它所储存的磁能为

$$W_{\mathrm{m}}=\frac{1}{2}LI^2$$

因为管内磁场为

$$B=\mu\frac{N}{l}I$$

又螺线管的自感系数

$$L=\mu\frac{N^2}{l}S$$

所以

$$W_{\mathrm{m}}=\frac{1}{2}LI^2=\frac{1}{2}\left(\mu\frac{N^2}{l}S\right)\left(\frac{Bl}{\mu N}\right)^2$$

$$W_m = \frac{1}{2}\frac{B^2}{\mu}Sl = \frac{1}{2}\frac{B^2}{\mu}V \tag{15.20}$$

式(15.20)中，$V=Sl$ 是长直螺线管的体积，也是磁场存在的空间体积，并且螺线管内部是均匀磁场，所以

$$w_m = \frac{W_m}{V} = \frac{1}{2}\frac{B^2}{\mu} = \frac{1}{2}BH \tag{15.21}$$

式(15.21)表示磁场中单位体积中的磁场能量，称为**磁场能量密度**，简称**磁能密度**. 这一结果，虽然是从长直螺线管这一特例推导出来的，但是，可以证明它具有普遍性. 对于均匀磁场来说，磁场能量 W_m 就等于磁能密度 w_m 乘以体积 V. 当磁场分布不均匀时，则可把磁场划分为许多体积微元 dV，在任一小体积内，磁场可以认为是均匀的，故体积微元中的磁场能量为

$$dW_m = w_m dV$$

则磁场的总能量为

$$W_m = \int_V dW_m = \int_V w_m dV \tag{15.22}$$

式(15.22)说明，任何磁场都具有能量，磁能定域于磁场中，磁场的能量是储存在磁场的整个体积之中的.

例 15.12 同轴电缆由内外两个共轴圆柱筒所组成，其间充满磁导率为 μ 的磁介质(μ 为常量)，其横截面如例 15.12 图所示. 圆柱面的内、外半径分别为 R_1 和 R_2，电缆中沿内、外圆筒流过的电流大小相等而方向相反. 试求：

(1)长为 l 的一段电缆中所储存的磁场能量.

(2)该段电缆的自感系数.

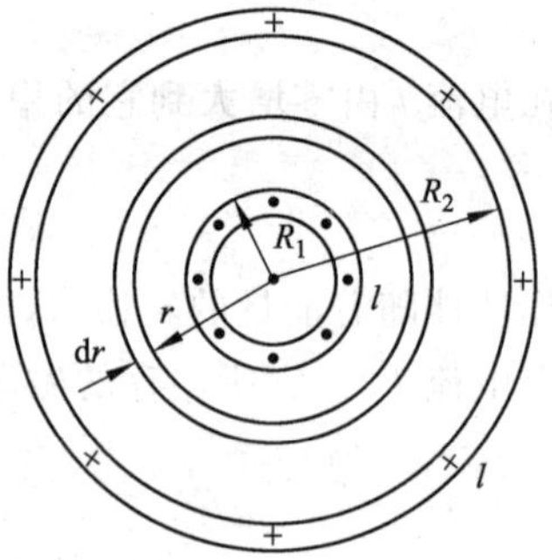

例 15.12 图

解 (1)根据安培环路定理可以求出：内圆柱面以内、外圆柱面以外不存在磁场，而两圆柱面之间的磁感应强度为

$$B = \frac{\mu I}{2\pi r}, R_1 < r < R_2$$

相应的磁场能量密度为

$$w_m = \frac{1}{2}\frac{B^2}{\mu} = \frac{1}{2\mu}\left(\frac{\mu I}{2\pi r}\right)^2 = \frac{\mu I^2}{8\pi^2 r^2}$$

取长为 l、半径为 r、厚度为 dr 的薄圆筒体积元，则

$$dV = 2\pi r dr l = 2\pi l r dr$$

$$dW_m = w_m dV = \frac{\mu I^2 l}{4\pi}\frac{dr}{r}$$

所以，长为 l 的一段电缆中所储存的磁场能量

$$W_m = \frac{\mu I^2 l}{4\pi}\int_{R_1}^{R_2}\frac{dr}{r} = \frac{\mu I^2 l}{4\pi}\ln\frac{R_2}{R_1}$$

(2)由 $W_m = \frac{1}{2}LI^2 = \frac{\mu I^2 l}{4\pi}\ln\frac{R_2}{R_1}$ 得

$$L = \frac{\mu l}{2\pi}\ln\frac{R_2}{R_1}$$

由上可知,自感磁能公式也为自感 L 提供了另一种计算方法.

15.6　电磁场的理论基础

本节中,我们将看到电场和磁场是可以相互转化的,电场和磁场实际上是同一物质——电磁场的两个方面. 麦克斯韦系统地总结了从库仑到法拉第等人关于电磁学的全部成就,并在此基础上提出了"涡旋电场"和"位移电流"的假说,揭示了电场和磁场的内在联系,并将电与磁的起源、性质及相互转化规律完美地综合于非常简洁的数学形式中,建立了完整的电磁场理论体系. 这个电磁场理论体系的核心就是我们本节要讨论的麦克斯韦方程组.

首先我们对学习过的电磁场基本理论作一简要回顾:

(1)根据库仑定律和静电场叠加原理可以得到,静止电荷所激发的静电场 $\boldsymbol{E}$ 所遵循的规律

$$\oint_S \boldsymbol{D} \cdot \mathrm{d}\boldsymbol{S} = \sum q \tag{15.23}$$

$$\oint_L \boldsymbol{E} \cdot \mathrm{d}\boldsymbol{l} = 0 \tag{15.24}$$

(2)根据毕奥-萨伐尔定律和磁场叠加原理可以得到,稳恒电流所激发的稳恒磁场 $\boldsymbol{B}$ 所遵循的规律

$$\oint_S \boldsymbol{B} \cdot \mathrm{d}\boldsymbol{S} = 0 \tag{15.25}$$

$$\oint_L \boldsymbol{H} \cdot \mathrm{d}\boldsymbol{l} = \sum I \tag{15.26}$$

(3)变化的磁场所激发的涡旋电场 $\boldsymbol{E}_i$ 所遵循的规律

$$\oint_S \boldsymbol{E}_i \cdot \mathrm{d}\boldsymbol{S} = 0 \tag{15.27}$$

$$\oint_L \boldsymbol{E}_i \cdot \mathrm{d}\boldsymbol{l} = -\int \frac{d\boldsymbol{B}}{dt} \cdot \mathrm{d}\boldsymbol{S} \tag{15.28}$$

由上述电磁场规律可见,自由电荷不是产生电场唯一的来源. 这样就很自然地会提出一个对称的问题:既然变化的磁场能产生电场,那么变化的电场会不会也产生磁场呢? 麦克斯韦根据自然界的对称性,从传导电流的连续性问题中发现了变化的电场产生磁场的规律.

15.6.1　位移电流

1. 问题的提出

前面我们曾学习了稳恒磁场中的安培环路定理

$$\oint_L \boldsymbol{H} \cdot \mathrm{d}\boldsymbol{l} = \sum I = \int_S \boldsymbol{j} \cdot \mathrm{d}\boldsymbol{S}$$

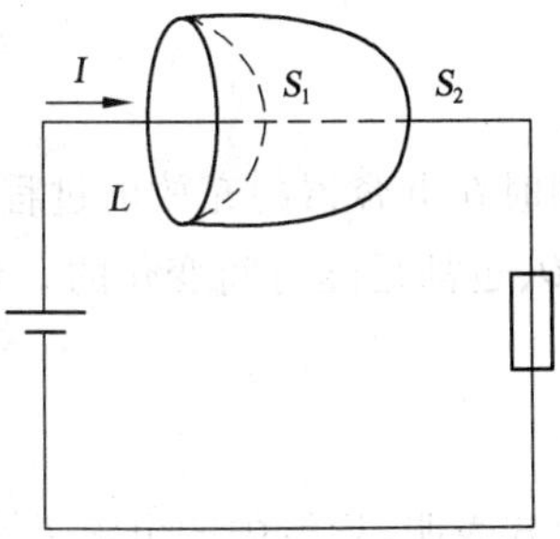

图 15.26

在稳恒电流的条件下,如图 15.26 所示,由于电流是连续的,导体回路中的传导电流在任何时刻都处处相等,因此,上式总能成立,无论以 L 为边界取 S_1 面还是 S_2 面都有相同的结论. 那么,在非稳恒电流的情况下,安培环路定理是否仍适用呢?

现在讨论有电容器时的充放电电路. 如图 15.27(a)所示

的充电电路，若在电容器的一极板左侧取环绕导线的闭合回路 L. 那么以 L 为边界作两个曲面 S_1 和 S_2，且 S_1 和 S_2 构成一闭合曲面，其中 S_1 面与导线相交，S_2 面在两极板之间，不与导线相交. 将安培环路定理分别应用到以 L 为边界的曲面 S_1 和 S_2，得到不同结果.

对于 S_1

$$\oint_L \boldsymbol{H}\cdot \mathrm{d}\boldsymbol{l} = I$$

对于 S_2

$$\oint_L \boldsymbol{H}\cdot \mathrm{d}\boldsymbol{l} = 0$$

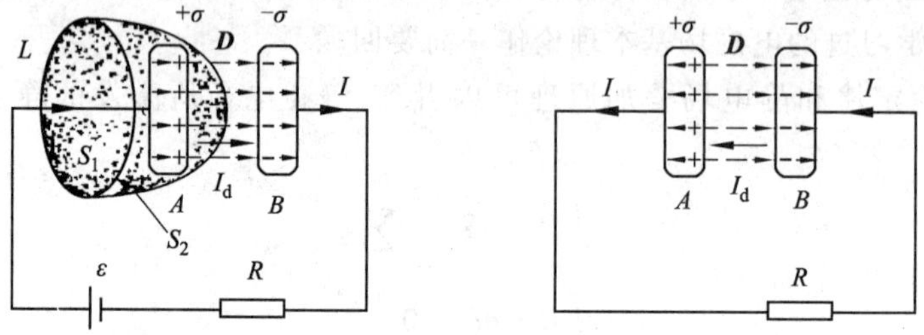

(a) 充电时　　(b) 放电时

图 15.27　位移电流

$\boldsymbol{H}$ 对同一个闭合回路 L 的积分却得出不同的值（一为 I，一为零），显然是矛盾的，这表明由于传导电流的不连续性，导致 $\boldsymbol{H}$ 的环流不再是唯一的了. 因此，在非稳恒电流的情况下，安培环路定理不再适用，必须寻找新的规律.

在科学史上，解决这类问题一般有两种途径：一种是在大量实验事实的基础上，提出新概念，建立与实验事实相符合的新理论；另一种是在原有理论的基础上，提出合理的假设，对原有的理论作必要的修正，使矛盾得到解决，并用实验检验假设的合理性. 麦克斯韦遵循第二种途径，提出了位移电流的假设，修正了安培环路定理，使之也适用于非稳恒电流的情况.

2. 麦克斯韦的位移电流假设

麦克斯韦注意到这个矛盾出自传导电流的不连续性，传导电流在电容器两极板间中断了. 既然如此，电容器极板上的电量 q 和电荷面密度 σ 必随时间变化（充电时增加，放电时减少），导线中的电流应等于极板上的电荷量的变化率，若板的面积为 S，传导电流为

$$I = \frac{\mathrm{d}q}{\mathrm{d}t} = \frac{\mathrm{d}(S\sigma)}{\mathrm{d}t} = S\frac{\mathrm{d}\sigma}{\mathrm{d}t} \tag{15.29}$$

传导电流密度为

$$j = \frac{\mathrm{d}\sigma}{\mathrm{d}t} \tag{15.30}$$

同时在电容器的充放电过程中，两极板之间的电位移 $\boldsymbol{D}$ 和通过整个截面的电位移通量 $\Phi_D = SD$，也都是随时间变化的. 对平板电容器来说，$D=\sigma$，代入式(15.29)得

$$I = S\frac{\mathrm{d}\sigma}{\mathrm{d}t} = S\frac{\mathrm{d}D}{\mathrm{d}t}$$

上式表明，导线中的电流 I 等于极板上的 $S\frac{\mathrm{d}\sigma}{\mathrm{d}t}$，又等于极板间的 $S\frac{\mathrm{d}D}{\mathrm{d}t}$. 在方向上，充电时，电场

增加，$\frac{\mathrm{d}\boldsymbol{D}}{\mathrm{d}t}$的方向与场的方向一致，也与导线中的电流方向一致（见图 15.25(a)）；当放电时，电场减少，$\frac{\mathrm{d}\boldsymbol{D}}{\mathrm{d}t}$的方向与场的方向相反，但仍与导线中的电流方向一致（见图 15.25(b)）. 我们知道，$\frac{\mathrm{d}\boldsymbol{D}}{\mathrm{d}t}$和 $\boldsymbol{j}$ 都具有电流密度的量纲，因此可以设想，如果$\frac{\mathrm{d}\boldsymbol{D}}{\mathrm{d}t}$表示某种电流密度，那么，它就可以代替在两极板间中断了的传导电流密度，从而保持电流的连续性.

由此可见，电容器电路中的电流借助于电容器内的电场的变化，仍可视为连续的. 把变化的电场看做电流的论点，就是麦克斯韦所引入的**位移电流**的概念，定义为：电场中某点的位移电流密度等于该点处电位移对时间的变化率，通过电场中的某截面的位移电流等于通过该截面的电位移通量的时间变化率. 即

$$\boldsymbol{j}_{\mathrm{d}} = \frac{\mathrm{d}\boldsymbol{D}}{\mathrm{d}t} \tag{15.31}$$

$$I_{\mathrm{d}} = \frac{\mathrm{d}\Phi_D}{\mathrm{d}t} \tag{15.32}$$

这样，按照麦克斯韦位移电流的假设，可以形象地说：在有电容器的电路中，在传导电流中断的地方，由位移电流继续下去，两者一起构成了电流的连续性.

15.6.2　全电流安培环路定理

引入位移电流后，安培环路定理中的 $\sum I$，应由传导电流和位移电流一起构成，它们之和称为**全电流** I_S，即

$$I_S = I + I_{\mathrm{d}}$$

这样就推广了电流的概念，对于任何电路来说，全电流都是连续的. 在图 15.25 所示的情况中，如果考虑穿过 S_1 和 S_2 面的为全电流，那么，安培环路定理可以修改为如下形式

$$\oint_L \boldsymbol{H}\cdot\mathrm{d}\boldsymbol{l} = \sum(I + I_{\mathrm{d}}) = \int_S \boldsymbol{j}\cdot\mathrm{d}\boldsymbol{S} + \int_S \frac{\mathrm{d}\boldsymbol{D}}{\mathrm{d}t}\cdot\mathrm{d}\boldsymbol{S} \tag{15.33}$$

式(15.33)称为**全电流安培环路定理**. 它表明，磁场强度 $\boldsymbol{H}$ 沿任意闭合回路的环流等于穿过此闭合回路所围曲面的全电流的代数和. 当我们把式(15.33)用于图 15.25(a)中取 S_2 面的情况时，得到

$$\oint_L \boldsymbol{H}\cdot\mathrm{d}\boldsymbol{l} = I_{\mathrm{d}} = \frac{\mathrm{d}\Phi_D}{\mathrm{d}t}$$

如前所述，$\frac{\mathrm{d}\Phi_D}{\mathrm{d}t} = \frac{\mathrm{d}q}{\mathrm{d}t} = I$，因而这个结果和取 S_1 面的结果

$$\oint_L \boldsymbol{H}\cdot\mathrm{d}\boldsymbol{l} = I$$

相一致，至此，矛盾解决. 同时，式(15.33)还表明：位移电流和传导电流一样能在其周围激发磁场.

位移电流的引入深刻揭示了电场和磁场之间的内在联系，反映了自然现象的对称性. 麦克斯韦位移电流假设的中心思想是变化的电场产生涡旋磁场；涡旋电场假设的中心思想是变化的磁场产生涡旋电场，并由法拉第电磁感应定律加以证明. 两种变化的场永远相互联系，形

成了统一的电磁场.

值得注意的是,位移电流和传导电流毕竟是两个截然不同的概念.它们只有在激发磁场方面是等效的,但二者之间在本质上是有区别的:

(1)位移电流本质是随时间变化着的电场,而传导电流是自由电荷的定向流动;

(2)传导电流在通过导体时会产生焦耳热,位移电流不会像传导电流那样产生热效应,也没有化学效应;

(3)位移电流也即变化的电场,可以存在于真空、导体、电介质中.在通常情况下,电介质中的电流主要是位移电流,传导电流可以忽略不计;而导体中的电流主要是传导电流,位移电流可以忽略不计.至于在高频电流的场合,导体内的位移电流和传导电流同样起作用,这时就不可忽略其中任何一个了.

例 15.13 如例 15.13 图所示,半径 $R=0.1$ m 的两块圆板,构成平板电容器,对电容器匀速充电使之两极板间电场的变化率为$\frac{\mathrm{d}E}{\mathrm{d}t}=10^{13}$ V/m·s.求电容器两极板间的位移电流(忽略边缘效应),并计算电容器内离两板中心连线为 $r(r<R)$ 处的磁感应强度 B_r 及 $r=R$ 处的 B_R.

解 电容器两板间的位移电流为

$$I_d=\frac{\mathrm{d}\Phi_D}{\mathrm{d}t}=S\frac{\mathrm{d}D}{\mathrm{d}t}=\pi R^2\varepsilon_0\frac{\mathrm{d}E}{\mathrm{d}t}$$
$$=3.14\times(0.1)^2\times8.85\times10^{-12}\times10^{13}\ \mathrm{A}=2.8\ \mathrm{A}$$

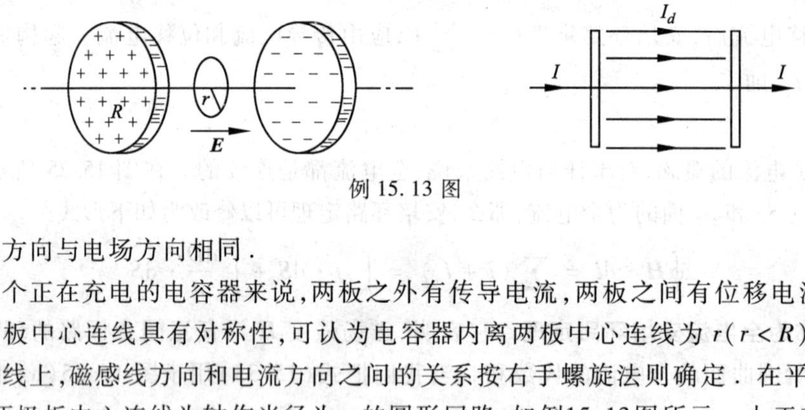

例 15.13 图

位移电流的方向与电场方向相同.

对于这个正在充电的电容器来说,两板之外有传导电流,两板之间有位移电流,所产生的磁场对于两板中心连线具有对称性,可认为电容器内离两板中心连线为 $r(r<R)$ 处的各点都在同一磁感线上,磁感线方向和电流方向之间的关系按右手螺旋法则确定.在平行于极板的平面内,以两极板中心连线为轴作半径为 r 的圆形回路,如例15.13图所示.由于对称性,圆形回路上各点磁感应强度的大小都为 B_r,方向沿回路的切向方向.应用全电流定律得

$$\oint_L \boldsymbol{H}\cdot\mathrm{d}\boldsymbol{l}=\frac{1}{\mu_0}B_r 2\pi r=\frac{\mathrm{d}\Phi_D}{\mathrm{d}t}=\varepsilon_0\frac{\mathrm{d}}{\mathrm{d}t}\int_S\boldsymbol{E}\cdot\mathrm{d}\boldsymbol{S}=\varepsilon_0\frac{\mathrm{d}E}{\mathrm{d}t}\pi r^2$$

所以

$$B_r=\frac{\mu_0\varepsilon_0}{2}r\frac{\mathrm{d}E}{\mathrm{d}t}$$

当 $r=R$ 时

$$B_R=\frac{\mu_0\varepsilon_0}{2}R\frac{\mathrm{d}E}{\mathrm{d}t}=\frac{1}{2}\times4\pi\times10^{-7}\times8.85\times10^{-12}\times0.1\times10^{13}$$
$$=5.6\times10^{-6}(\mathrm{T})$$

计算结果表明,虽然位移电流相当大,但它产生的磁场在一般情况下是比较小的,要用实验测量是很困难的.这和感生电场截然不同,感生电场通常比较强,很容易显示出来.不过在

超高频的情况下,较强的位移电流将会产生较大的磁场.

15.6.3　麦克斯韦方程组

1873 年前后,麦克斯韦出版了以《电学和磁学通论》为代表的一系列论著,提出了表述电磁场普遍规律的四个方程——**麦克斯韦方程组**,将电场和磁场的所有规律完美地综合了起来,建立了完整的电磁场理论体系.

1. 麦克斯韦方程组的积分形式

$$\text{Ⅰ}.\quad \oint_S \boldsymbol{D}\cdot \mathrm{d}\boldsymbol{S} = \sum q \tag{15.34}$$

$$\text{Ⅱ}.\quad \oint_S \boldsymbol{B}\cdot \mathrm{d}\boldsymbol{S} = 0 \tag{15.35}$$

$$\text{Ⅲ}.\quad \oint_L \boldsymbol{E}\cdot \mathrm{d}\boldsymbol{l} = -\int \frac{\mathrm{d}\boldsymbol{B}}{\mathrm{d}t}\cdot \mathrm{d}\boldsymbol{S} \tag{15.36}$$

$$\text{Ⅳ}.\quad \oint_L \boldsymbol{H}\cdot \mathrm{d}\boldsymbol{l} = \int_S \boldsymbol{j}\cdot \mathrm{d}\boldsymbol{S} + \int_S \frac{\mathrm{d}\boldsymbol{D}}{\mathrm{d}t}\cdot \mathrm{d}\boldsymbol{S} \tag{15.37}$$

这四个方程就是麦克斯韦电磁场方程组的积分形式.各方程的物理意义为:

方程Ⅰ即电场的高斯定理,说明了电场的性质.方程中的 $\boldsymbol{D}$ 不仅包括了自由电荷激发的电场(库仑电场),还包括了变化磁场激发的感应电场,二者性质不同.库仑场是有源场,感生电场是涡旋场,它的电位移线是闭合的,对闭合面通量无贡献.因此,对任意闭合面,电位移 $\boldsymbol{D}$ 的通量等于面内自由电荷量的代数和,方程Ⅰ是总电场所遵循的普遍规律.

方程Ⅱ描述了磁场的性质.磁场可以由传导电流激发,也可以由变化电场的位移电流激发,它们所产生的磁场都是无源涡旋场,磁感应线都是闭合曲线,对闭合面的通量无贡献.

方程Ⅲ和方程Ⅳ则揭示了变化电场和变化磁场之间相互激发的规律,这是电磁场理论的中心思想.

特例,在 $\frac{\mathrm{d}\boldsymbol{B}}{\mathrm{d}t}=0$, $\frac{\mathrm{d}\boldsymbol{D}}{\mathrm{d}t}=0$ 的条件下,方程组则简化为静电场和稳恒磁场的方程组,即式(15.23)、式(15.24)、式(15.25)和式(15.26).

2. 麦克斯韦方程组的微分形式

麦克斯韦方程组的积分形式描述的是电磁场在一定范围(一个闭合曲面或一个闭合回路)内的电磁场量和电荷、电流之间的依存关系.而在实际应用中,更重要的是要了解场中任一点上各场量和该点电荷、电流之间的相互依存关系.这就需要用到麦克斯韦方程组的微分形式.

利用矢量场论的高斯定理和斯托克斯定理,可以将麦克斯韦方程组的积分形式化为微分形式:

$$\nabla\cdot\boldsymbol{D} = \rho \tag{15.38}$$

它表明,电磁场中任一点处电位移的散度等于该点处自由电荷的体密度.

$$\nabla\times\boldsymbol{E} = -\frac{\partial \boldsymbol{B}}{\partial t} \tag{15.39}$$

它表明,电磁场中任一点处电场强度的旋度等于磁感应强度变化率的负值.

$$\nabla\cdot\boldsymbol{B} = 0 \tag{15.40}$$

它表明,电磁场中任一点处磁感应强度的散度恒为零.这个结论说明了磁极 N 和 S 不能分割成孤立的单个磁极.

$$\nabla \times \boldsymbol{B} = \boldsymbol{j} + \frac{\partial \boldsymbol{D}}{\partial t} \tag{15.41}$$

它表明,电磁场中任一点处磁感应强度的旋度等于该点处传导电流密度和位移电流密度的矢量和.

麦克斯韦方程组支配着一切电磁现象.麦克斯韦方程组在电磁学中的地位,犹如牛顿定律的微分方程在力学中的地位.由该方程组,再辅以有关系统的物态方程,如

$$\boldsymbol{D} = \varepsilon \boldsymbol{E} \tag{15.42}$$

$$\boldsymbol{B} = \mu \boldsymbol{H} \tag{15.43}$$

$$\boldsymbol{j} = \sigma \boldsymbol{E} \tag{15.44}$$

及电场、磁场的边界条件和初始条件,便可求解出所有的电磁问题.

麦克斯韦电磁场理论的建立是19世纪物理学发展史上又一个重要的里程碑.正如爱因斯坦所说:“这是自牛顿以来物理学所经历的最深刻和最有成果的一项真正观念上的变革”.它不仅在于揭示了统一的电磁场的规律,而且预言了电磁波的存在,并指出光也是一种电磁波,这个预言于1888年得到赫兹实验的证实,从而揭示了光、电、磁现象的内在联系及统一性,完成了物理学史上的又一次大综合.他的理论成果为现代无线电电子工业奠定了理论基础.

思 考 题

15.1 灵敏电流计的线圈处于永磁体的磁场中,通入电流,线圈就发生偏转.切断电流后,线圈在回复原来位置前总要来回摆动好多次.这时如果用导线把线圈的两个接头短路,则摆动马上停止.这是什么缘故?

15.2 熔化金属的一种方法是用“工频炉”.它的主要部件是一个铜制线圈,线圈中有一坩埚,埚中放待熔的金属块.当线圈中通以高频交流电时,埚中金属块就可以被熔化.这是什么缘故?

15.3 变压器的铁芯为什么总做成片状的,而且涂上绝缘漆相互隔开?铁片放置的方向应和线圈中磁场的方向有什么关系?

15.4 将尺寸完全相同的铜环和铝环适当放置,使通过环内的磁通量的变化率相等.问这两个环中的感应电流及感生电场是否相等?

15.5 电子感应加速器中,电子加速所得到的能量是从哪里来的?试定性解释.

15.6 三个线圈中心在一条直线上,相隔的距离很近,如何放置可使它们两两之间的互感系数为零?

15.7 有两个金属环,其中一个环的半径略小于另一个.为了得到最大互感,应把两环面对面放置还是一环套在另一环中?如何套?

15.8 如果电路中通有强电流,当突然打开刀闸断电时,就有一大火花跳过刀闸.试解释这一现象.

15.9 利用楞次定律说明为什么一个小的条形磁铁能悬浮在用超导材料做成的盘上?

15.10 麦克斯韦方程组中各方程的物理意义是什么?

15.11 位移电流密度的方向是否与电位移 $\boldsymbol{D}$ 的方向平行?

习 题

15.1 如题15.1图所示,导体棒 ab 与金属轨道 ca 和 db 接触,整个线框放在 $B = 0.50$ T 的均匀磁场中,

磁场方向与图面垂直.

(1)若导体棒以 $4.0\ \mathrm{m\cdot s^{-1}}$ 的速度向右运动,求棒内感应电动势的大小和方向;

(2)若导体棒运动到某一位置时,电路的电阻为 $0.20\ \Omega$,求此时棒所受的力. 摩擦力可不计.

(3)比较外力作功的功率和电路中所消耗的热功率.

15.2 如题 15.2 图所示,无限长直导线,通以电流 I. 有一与之共面的直角三角形线圈 ABC,已知 AB 边长为 b,且与长直导线平行,BC 边长为 a,若线圈以垂直于导线方向的速度 $\boldsymbol{v}$ 向右平移,当 B 点与长直导线的距离为 d 时,求线圈 ABC 内的感应电动势的大小和感应电动势的方向.

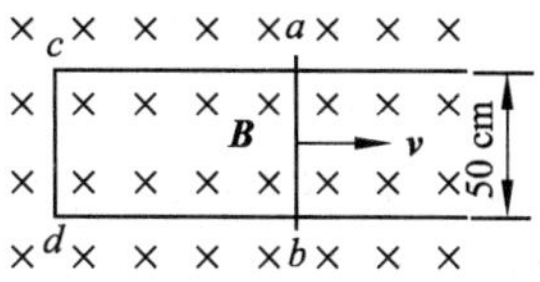

题 15.1 图

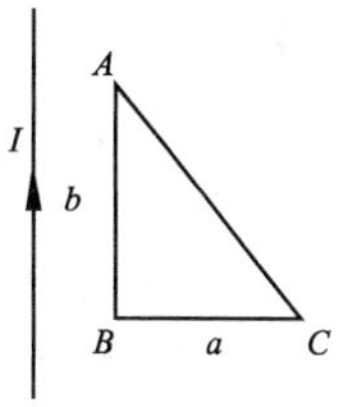

题 15.2 图

15.3 如题 15.3 图所示,矩形线框与长直载流线共面,已知线框的长和宽分别为 l 和 b,求下列各情形中矩形线框中的感应电动势.

(1)$I=I_0$(I_0 为常量),矩形线圈以恒定速率 v 平移至距载流线为 a 的位置时;

(2)$I=I_0\sin\omega t$,矩形线圈不动时;

(3)$I=I_0\sin\omega t$,矩形线圈以恒定速率 v 平移至距载流线为 a 的位置时.

15.4 如题 15.4 图所示,有一弯成 θ 角的金属架 COD 放在磁场中,磁感应强度 $\boldsymbol{B}$ 的方向垂直于金属架 COD 所在平面. 一导体杆 MN 垂直于 OD 边,并在金属架上以恒定速度 $\boldsymbol{v}$ 向右滑动,$\boldsymbol{v}$ 与 MN 垂直,设 $t=0$ 时,$x=0$. 求下列两情形中,框架内的感应电动势 ε_i.

(1)磁场分布均匀,且 $\boldsymbol{B}$ 不随时间改变.

(2)非均匀的时变磁场 $B=kx\cos\omega t$. 其中 k 为常量.

15.5 一半径为 $r=10\ \mathrm{cm}$ 的圆形回路放在 $B=0.8\ \mathrm{T}$ 的均匀磁场中. 回路平面与 $\boldsymbol{B}$ 垂直. 当回路半径以恒定速率 $\dfrac{\mathrm{d}r}{\mathrm{d}t}=80\ \mathrm{cm\cdot s^{-1}}$ 收缩时,求回路中感应电动势的大小.

15.6 如题 15.6 图所示,一对互相垂直的半径相等的半圆形导线构成回路,已知 $R=5\ \mathrm{cm}$,均匀磁场 $B=8\times10^{-2}\ \mathrm{T}$,$\boldsymbol{B}$ 的方向与两半圆的公共直径(在 Oz 轴上)垂直,且与两个半圆构成相等的角 α. 当磁场在 5 ms 内均匀降为零时,求回路中的感应电动势的大小及方向.

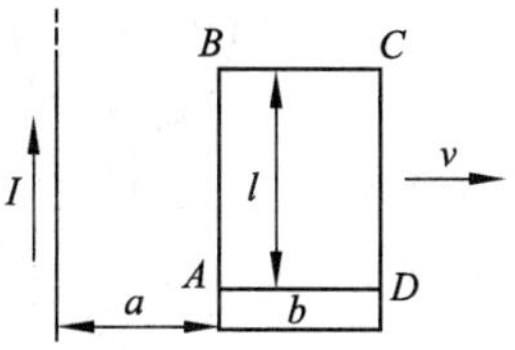

题 15.3 图

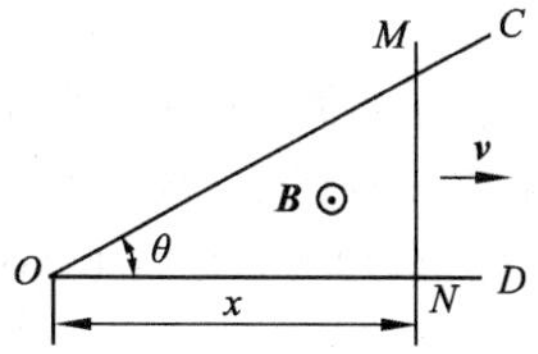

题 15.4 图

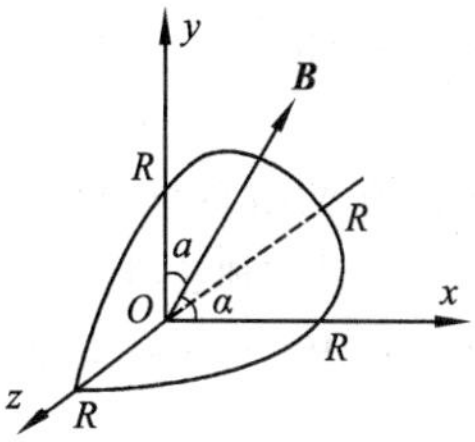

题 15.6 图

15.7 如题 15.7 图所示,一根导线弯成抛物线形状 $y=ax^2$ 放在均匀磁场中. $\boldsymbol{B}$ 与 xOy 平面垂直,细杆 CD 平行于 x 轴并以加速度 a 从抛物线的底部向开口处作平动. 求 CD 距 O 点为 y 处时回路中产生的感应电动势.

15.8 如题 15.8 图所示,载有电流 I 的长直导线附近,放一导体半圆环 MeN 与长直导线共面,且端点 MN 的连线与长直导线垂直. 半圆环的半径为 b,环心 O 与导线相距 a. 设半圆环以速度 v 平行于导线平移. 求半圆环内感应电动势的大小和方向及 MN 两端的电压 U_{M-N}.

15.9 (1)如题 15.9 图所示,质量为 M、长度为 l 的金属棒 ab 从静止开始沿倾斜的绝缘框架下滑,设磁

场 B 竖直向上,求棒内的动生电动势与时间的函数关系,假定摩擦可忽略不计.

(2)如果金属棒 ab 是沿光滑的金属框架下滑,结果有何不同?(提示:回路 $abcd$ 中将产生感应电流. 可设回路的电阻为 R,并作为常量考虑.)

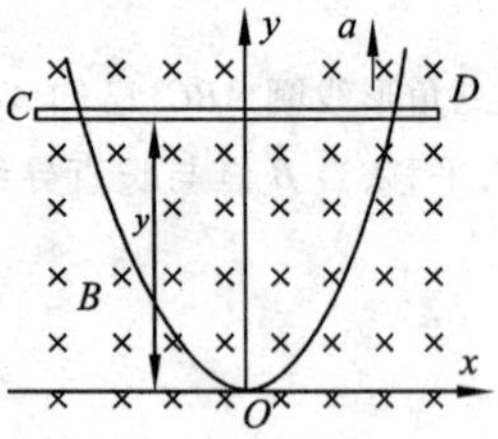

题 15.7 图

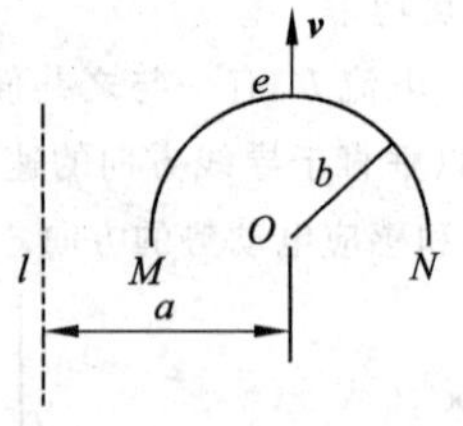

题 15.8 图

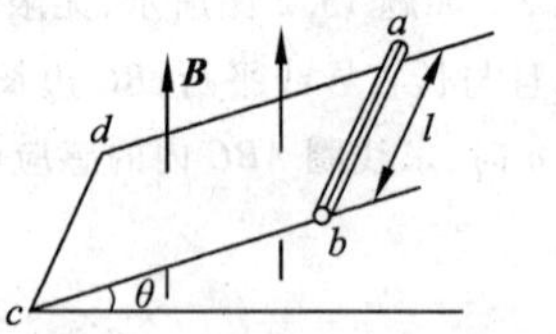

题 15.9 图

15.10 如题 15.10 图所示,一个恒力 $\boldsymbol{F}$ 作用在质量为 m、长为 l 的水平滑动导线 ab 上,该导线两端与电阻 R(导线电阻也计入 R)连接. 导线从静止开始,在均匀磁场 $\boldsymbol{B}$ 中运动,其速度 $\boldsymbol{v}$ 的方向与 $\boldsymbol{B}$ 和导线皆垂直,假定滑动是无摩擦的,且忽略导线与电阻 R 形成的环路自感,试求导线的速度与时间的关系式.

15.11 有一螺线管,每米有 800 匝. 在管内中心放置一绕有 30 圈的半径为 1 cm 的圆形小回路,在 1/100 s 的时间内,螺线管中产生 5 A 的电流. 求小回路中的感生电动势为多少?

15.12 一半径为 R 的圆柱形空间内,充满磁感应强度为 $\boldsymbol{B}$ 的均匀磁场,一金属杆放在题 15.12 图中位置,杆长为 $2R$,其中一半位于磁场内、另一半在磁场外,当 $\frac{dB}{dt}>0$ 时,求:杆两端的感应电动势的大小和方向.

15.13 半径为 R 的直螺线管中,有 $\frac{dB}{dt}>0$ 的磁场,一任意闭合导线 $abca$,一部分在螺线管内绷成 ab 弦,a、b 两点与螺线管绝缘,如题 15.13 图所示. 设 $ab=R$,试求:闭合导线中的感应电动势.

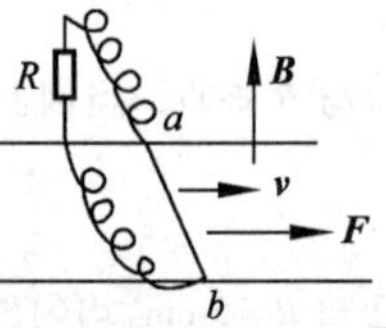

题 15.10 图

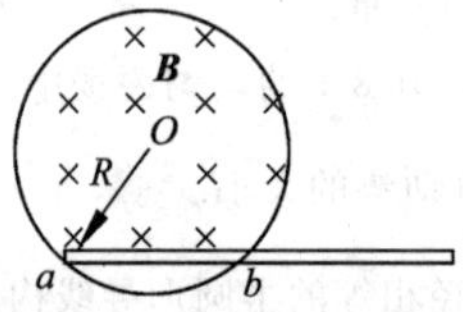

题 15.12 图

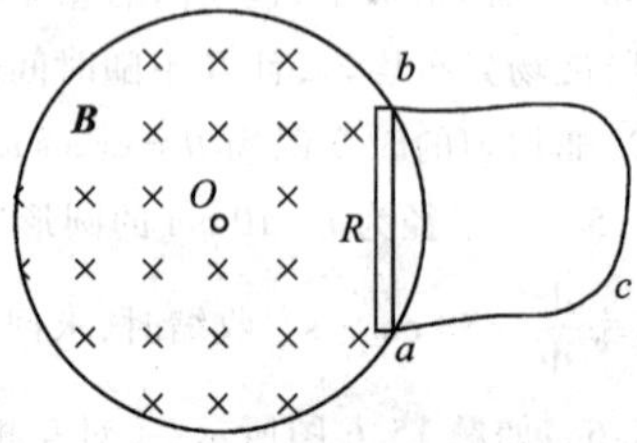

题 15.13 图

15.14 如题 15.14 图所示,通过回路的磁通量与线圈平面垂直,且指向图面,设磁通量依如下关系变化:

$$\Phi = 6t^2 + 7t + 1$$

式中 Φ 的单位为 Wb,t 的单位为 s,求 $t=2$ s 时,回路中的感生电动势的量值和方向.

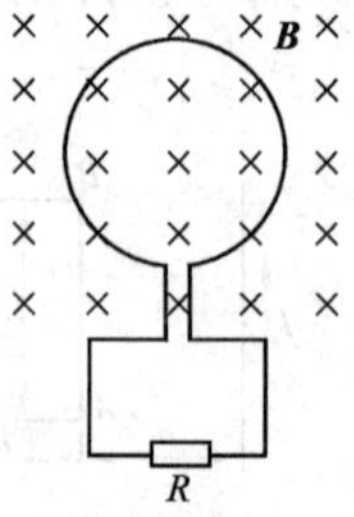

题 15.14 图

15.15 电子感应加速器中的磁场在直径为 0.50 m 圆柱形区域内是匀强的,若磁场的变化率为 $1.0\times10^{-2}\ \mathrm{T\cdot s^{-1}}$. 试计算距中心距离为 0.10 m、0.50 m、1.0 m 处各点的感生电场.

15.16 如题 15.16 图所示,在垂直于直螺线管管轴的平面上放置导体 ab 于直径位置,另一导体 cd 在一弦上,导体均与螺线管绝缘. 当螺线管接通电源的一瞬间,管内磁场的方向如图所示. 试求:(1) ab 两端的电势差;(2) cd 两点的电势哪点的高.

15.17 一无限长的直导线和一正方形的线圈如题 15.17 图所示放置(导线与线圈接触处绝缘). 求:线圈与导线间的互感系数.

15.18 一矩形线圈长为 $l=20$ cm,宽为 $b=10$ cm,由 100 匝表面绝缘的导线绕成,放置在一根长直导线的旁边,并和长直导线在同一平面内,该长直导线可看做一个闭合回路的一部分,其余部分离线圈很远,其影响可以略去不计. 求:题 15.18 图中(a)和(b)两种情况下,线圈与长直导线间的互感.

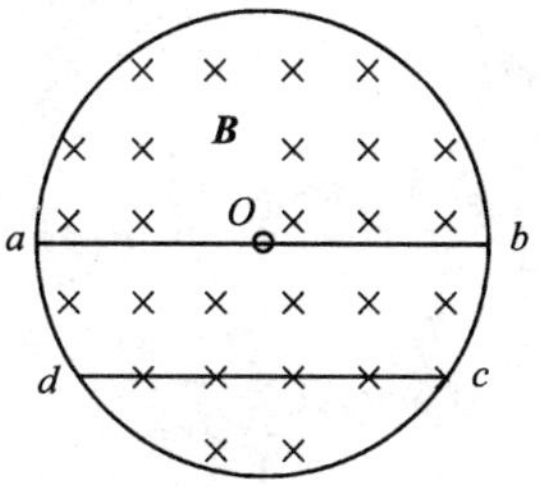

题 15.16 图

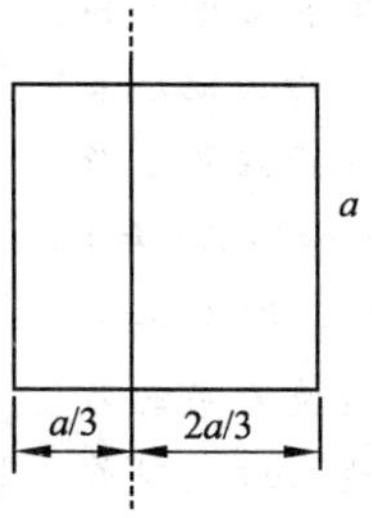

题 15.17 图

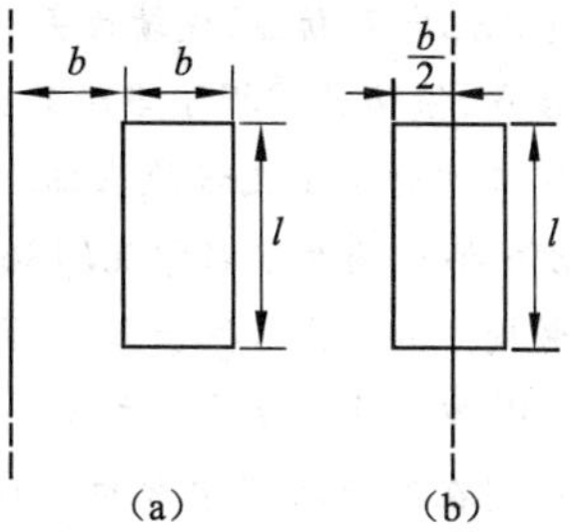

题 15.18 图

15.19　已知一个空心密绕螺线环,其平均半径为 0.10 m,横截面积为 6 cm^2,环上共有线圈 250 匝,求螺绕环的自感系数.

15.20　一截面为长方形的螺线管. 其尺寸如题 15.20 图所示,共有 N 匝,求(1)此螺线管的自感;(2)若导线内通有电流 I,环内磁能为多少?

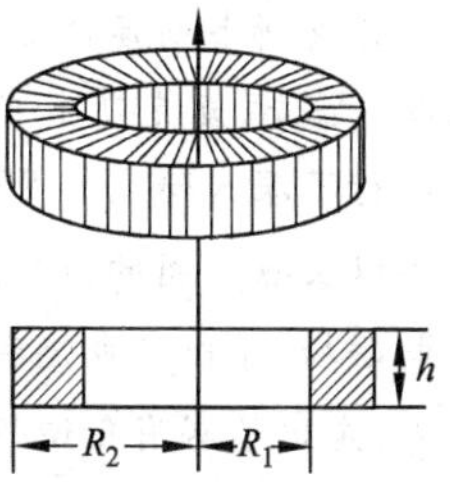

题 15.20 图

15.21　一无限长圆柱形直导线,其截面各处的电流密度相等,总电流为 I. 求:导线内部单位长度上所储存的磁能.

15.22　圆柱形电容器,内、外导体截面半径分别为 R_1 和 R_2($R_1 < R_2$),中间充满介电常数为 ε 的电介质. 当两极板间的电压随时间的变化为$\frac{\mathrm{d}U}{\mathrm{d}t} = k$ 时(k 为常数),求介质内距圆柱轴线为 r 处的位移电流密度.

15.23　试证:平行板电容器的位移电流可写成 $I_{\mathrm{d}} = C\frac{\mathrm{d}U}{\mathrm{d}t}$,式中 C 为电容器的电容,U 是电容器两极板的电势差. 如果不是平板电容器,以上关系还适用吗?

15.24　在半径为 R 的圆筒内,有方向与轴线平行的均匀磁场 B,以 $10^{-2}\ \mathrm{T \cdot s^{-1}}$ 的速率减小,a、b、c 各点离轴线的距离均为 $r = 5.0$ cm,试问电子在各点处可获得多大的加速度?加速度的方向如何?如果电子处在圆筒的轴线上,它的加速度又是多大?

15.25　一电子在电子感应加速器中沿半径为 1 m 的轨道做圆周运动,如果电子每转一周动能增加 700 eV,试计算轨道内磁通量的变化率.

15.26　在真空中,若一均匀电场中的电场能量密度与一磁感应强度为 0.50 T 的均匀磁场中的磁场能量密度相等,该电场的电场强度是多少?

15.27　一螺线管的自感系数为 0.010 H,通过它的电流为4 A,试求螺线管内储藏的磁场能量.

15.28　如题 15.28 图示,电荷 $+q$ 以速度 v 向 O 点运动($+q$ 到 O 点的距离以 x 表示). 在 O 点处作一半径为 a 的圆,圆面与 $\boldsymbol{v}$ 垂直,试计算通过此圆面的位移电流.

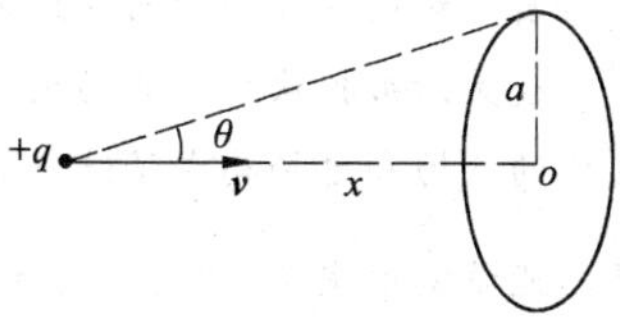

题 15.28 图

科学家简介

麦 克 斯 韦

生平简介

麦克斯韦(J. C. Maxwell,1831—1879)于 1831 年出生于英国爱丁堡,自幼聪敏好学,青年时代就显露出数学和物理上的才能,15 岁时发表了一篇关于卵形电线的论文,并参加了在爱丁堡举行的皇家学会会议. 1847 年秋,16 岁的麦克斯韦考入爱丁堡大学,1850 年又转入剑桥大学. 他学习勤奋,成绩优异,经著名数学家霍普金斯和斯托克的指点,很快就掌握了当时的先进数学理论,这为他后来的理论研究工作打下了良好的基础. 麦克斯韦曾先后在马里斯查学院(1856 年)、伦敦皇家学院(1860 年)、剑桥大学(1871 年)任物理学教授. 由于肺结核长久不治,麦克斯韦于 1879 年英年早逝,年仅 48 岁. 量子论的创立者普朗克指出:"麦克斯韦的名字将永远镌刻在经典物理学家的门扉上,他的理论永远放射着灿烂的光芒. 从出生地来说,他属于爱丁堡;从个性来说,他属于剑桥大学;从功绩来说,他属于全世界."

主要科学贡献

麦克斯韦创建电磁场理论,历时十年,中间经历了三个大的飞跃. 首先,麦克斯韦在开尔芬的启发下,对法拉第的力线、力管进行了深入研究. 1855 年在《论法拉第力线》一文中,认为电荷间以及磁极间的力线是靠场来传递的,并把力线看成不可压流体. 麦克斯韦引入一种新的矢量场来描述电磁场,导出了电流和磁力线之间的定量关系的微分方程,以及电流的作用力和电磁感应定律的定量公式,走出了富有创造性的第一步. 法拉第看到这篇文章后大为赞扬地说:"我惊讶地看到,这个主题居然处理得如此好!"

随后,麦克斯韦于 1861 年对磁场变化产生感应电动势的现象进行深入研究,敏锐地感觉到即使不存在导体回路也会在其周围激发一种场,他称为涡旋场,这是他为统一电磁场理论做出的第一个重大假设;同年 12 月 10 日他在给开尔文的信中又提出了"位移电流"的假设. 这两个假设对电磁场理论做出了突破性的贡献,为电磁场理论的统一奠定了基础. 1862 年麦克斯韦在英国《哲学杂志》发表了第二篇论文《论物理力线》,对位移电流等问题作了明确的阐述. 他写道:"只要位移电流作用在导体上,它就产生一个电流……作用在介质上的位移电流,使介质产生一种极化状态,如同铁的颗粒在磁场影响下的极性分布一样……".

1864 年麦克斯韦在英国皇家学会宣读了一篇著名论文《电磁场的动力理论》. 论文中,他总结了前人和自己对电磁理论的研究成果,提出了"电磁场理论",文中提出了现今所称的麦克斯韦方程组.

麦克斯韦把法拉第的场模型发展成电磁场理论,即变化的电场激发磁场,变化的磁场激发电场,这种变化的磁场和电场构成了统一的电磁场,并以横波形式在空间传播形成电磁波. 他还推出了统一的电磁场的能量密度定义,即能流密度矢量——坡印廷矢量,推出了电磁波传播速度 $v=\dfrac{1}{\sqrt{\varepsilon\mu}}$,证明了电磁波在真空中的速度为 $c=\dfrac{1}{\sqrt{\varepsilon_0\mu_0}}$.

麦克斯韦是一位极有胆识和远见的理论物理学家,他预言了电磁波的存在,提出了光的电磁理论,认为光是一种波长更短的电磁波. 20 年后,赫兹的实验证实了电磁波的存在. 麦克斯韦到此并没止步,他于 1873 年公开出版《电磁学通论》一书,达到了当时电磁理论的顶峰. 这是一本囊括了电学和磁学的百科全书. 该书从电磁研究的开门鼻祖库仑一直讲述到麦克斯韦时代已认识到的全部电磁学理论.

麦克斯韦的电磁理论具有以下几个特点:(1)物理概念创新;(2)逻辑体系严密;(3)数学形式简洁优美;(4)演绎方法出色;(5)电场与磁场以及时间和空间的明显对称性. 爱因斯坦为之赞叹不已,予以高度评价:"这个理论从超距作用过渡到以场作为基本变量,以致成为一个革命性的理论."

阅读材料 D

磁悬浮列车

自 1979 年日本研制出第一列磁悬浮列车的样机至今已 30 多年了. 磁悬浮列车具有行进平稳无颠簸、噪声小、无污染等特性,所需牵引力也很小,只需要几个兆瓦的功率就能使悬浮列车的速度达到 500 $km \cdot h^{-1}$. 随着超导技术的发展和高温超导的发现,对磁悬浮列车的研制起到了积极推动作用.

超导磁悬浮列车的原理可分为两大部分:一是悬浮作用,二是推进作用.

一、悬浮原理

超导磁悬浮列车的铁轨为 U 字形,在 U 字形铁轨底部铺设有若干个悬浮用的铝线圈,在每列车厢两侧底部装有 6~8 个超导线圈. 当列车起动或进站时,列车依靠车轮行驶,随着列车加速,超导线圈通电,超导线圈产生的磁场可达 5 T. 当超导线圈随列车向前运动时,固定在铁轨上的铝线圈中产生感应电流,感应电流产生的磁场方向与超导线圈产生的磁场方向相反,两者互相排斥,使列车悬浮,车体与铁轨间保持约 10 cm 的空隙,图 D-1 是磁悬浮列车的结构示意图.

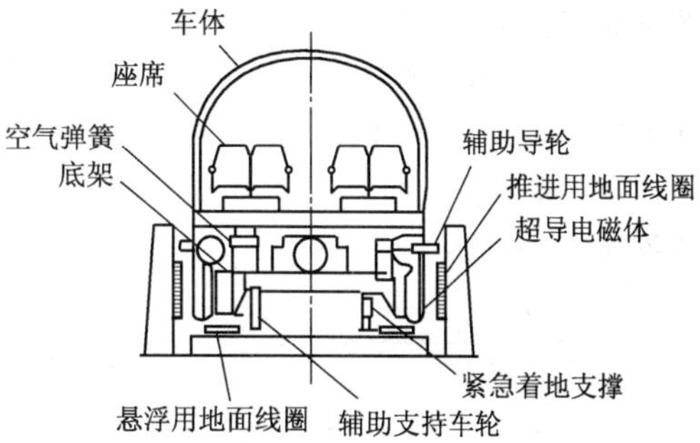

图 D-1　磁悬浮列车结构示意

下面估算一下超导线圈所需的匝数. 设每个超导线圈为矩形线圈,宽 1 m,长 2 m,超导线圈与铁轨上的铝线圈相距 $h = 10$ cm,设对应于每个超导线圈的悬浮力需举起10 t 重的物体. 若采用二根平行载流直导线相互作用力公式计算,单位长度导线的相互作用力为

$$F_1 = \frac{\mu_0 I^2}{2\pi h}$$

对于长度为矩形线圈周长的超导线圈,$L = 2(1+2) = 6$ m,设导线共 N 匝,则对于每一个超导线圈,排斥力为

$$F = \frac{\mu_0 (NI)^2 L}{2\pi h}$$

如需举起重物的重量为 $F' = mg$,则应有 $F = F'$

$$\frac{\mu_0 (NI)^2 L}{2\pi h} = mg$$

$$NI = \sqrt{\frac{2\pi hmg}{\mu_0 L}} = \sqrt{\frac{2 \times 3.14 \times 0.1 \times 10 \times 10^3 \times 9.8}{4\pi \times 10^{-7} \times 6}}$$

$$= 9.0 \times 10^4 \text{(安匝)}$$

对于这样大的安匝数,功率又要限制在可能的使用范围内,只能使用超导材料制作线圈.

二、推—挽型磁推进系统原理

前述超导线圈只起到使列车悬浮的作用,这样可以大大减少行进阻力,但没解决使列车前进的动力. 推—挽型磁推进系统是提供列车前进的动力装置,图 D-2 所示为原理图. 在列车两侧装置着由超导线圈制成的电磁铁,简称为列车电磁铁(即

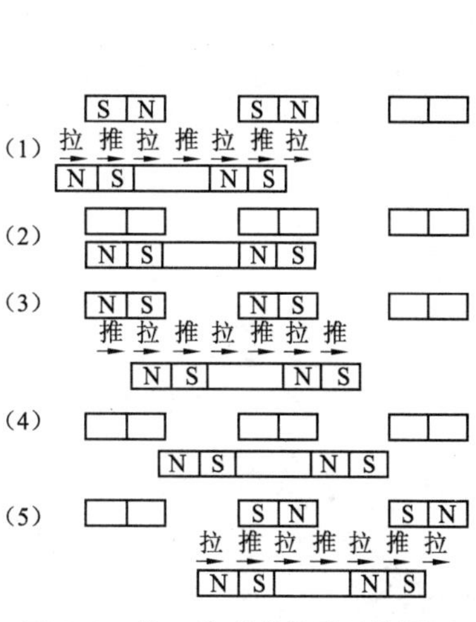

图 D-2　推—挽型磁推进系统原理

图D-1中的推进地面线圈)，仅当列车经过时，该处的轨道电磁铁才按顺序接通和断开电流. 图D-2中只画出列车左侧的列车电磁铁和轨道电磁铁. 每个图的上排为轨道电磁铁，下排为列车电磁铁.

当列车到达图D-2中的位置(1)时，仅有两组轨道电磁铁接通电流，极性如图. 由于列车电磁铁和轨道电磁铁的相对位置，存在四组N-S拉力和S-S或N-N推力，所有这些推—挽力的总效果是推动列车向前运动.

当列车到达位置(2)时，轨道电磁铁的电流被断开，列车借助惯性前进，直至到达位置(3)时这两组轨道电磁铁的电流又接通，但其极性与(1)相反，结果仍使列车加速. 当列车到达位置(4)时，轨道电磁铁的电流又断开，列车又借助惯性到达位置(5). 这时所接通的轨道电磁铁已有一组改换了. 即沿着列车前进的方向，轨道电磁铁的接通和断开是按一定顺序进行的. 若按车速 $500\ \mathrm{km\cdot h^{-1}}\approx 140\ \mathrm{m\cdot s^{-1}}$，轨道电磁铁长2 m，间距2 m计算，轨道电磁铁的开关频率约为 $140/4\ \mathrm{Hz}=35\ \mathrm{Hz}$，因而对列车运动的自动控制系统要求相当高.

我国目前也在研制磁悬浮列车，1994年10月西南交通大学建成我国第一条常规悬浮列车实验线，并开始研究超导悬浮技术.

上海磁悬浮列车示范运营线工程于2001年3月1日在浦东新区正式开工，2003年底竣工，现已投入商业运行.

第 16 章 气体动理论

热运动是物质世界的一种基本运动形式，是构成宏观物体的大量微观粒子的永不停息的无规则运动. 热现象是构成宏观物体的大量微观粒子热运动的集体表现. 在日常生活中所遇到的有关物质的溶解、蒸发、沸腾、气化、液化、凝结、凝固和化学变化等现象中，人们往往感觉到有一定程度的冷热的变化，而这种冷热的程度是用温度表征的. 因此，宏观上凡是与温度有关的一切物理现象都称为热现象.

气体动理论以气体作为研究对象，研究物质热运动的微观理论. 它从物质的分子、原子学说和大量分子热运动的特征出发，用统计方法演绎和阐明气体中发生的各种热现象及其微观本质. 气体动理论是统计物理学的基础.

宏观物体是由大量的微观粒子(分子或原子)组成的. 计算表明，在标准状态下(温度 0℃，压强 1.013×105 Pa)，1 cm^3 气体中含有 2.69×1 019 个分子. 1s 内每个分子与其他分子碰撞几十亿次之多. 虽然单个分子的运动仍属机械运动，满足力学定律，但由于分子的数目十分巨大，以及因频繁碰撞引起的每个分子的速度又瞬息万变，使得追踪某一个分子的行为既不可能，也无必要. 因而对大量分子热运动的研究，采用了与研究机械运动不同的方法.

表征系统状态的物理量称为宏观量. 宏观量是反映大量粒子的集体特征的物理量，可以直接测量，如气体的温度、体积、压强等. 描写单个分子特征的物理量称为微观量，如分子尺度大小，每个分子的质量、速度、能量等. 微观量一般是不能用实验直接测量的. 因为系统的宏观现象是大量微观粒子热运动的集体表现，宏观量与微观量之间存在着必然内在的联系. 宏观量总与相应微观量的统计平均值相联系. 利用统计的方法，可以求出大量分子的一些微观量的统计平均值，找出其与宏观量的关系，从而揭示宏观量的微观本质. 统计的方法是物理学的一个重要方法，而且其重要性和应用不只局限于物理学范畴之内，让读者领悟和学习这个方法也是本篇的重要内容之一.

本章将介绍气体动理论的初级理论，以期对气体动理论的统计学方法有所了解.

16.1 平衡态 温度 理想气体状态方程

16.1.1 平衡态与状态参量

热学研究的对象主要是一些包含有大量微观粒子(如分子、原子)的物体或物体系，这些物体或物体系称为**热力学系统**，简称**系统**. 系统以外的物体称为**外界**或**环境**. 与外界没有任何相互作用的热力学系统称为**孤立系统**，它是一种理想化模型. 当实际热力学系统与外界作用十分微弱，以至于其相互作用能量远小于系统本身的能量时，可近似视其为孤立系统. 与外界没有物质交换但有能量交换的系统称为**封闭系统**，与外界既有物质交换又有能量交换的系统称为**开放系统**.

平衡态 对于一个孤立系，经过足够长的时间后，系统必将达到一个宏观性质不随时间变化的状态，这种状态称为**平衡态**．需说明的是，即使在平衡态下，组成系统的微观粒子仍处在不停的无规则热运动之中，只是它们的统计平均效果不变，因此，这是一种动态的平衡，又称为**热动平衡**．

状态参量 在平衡态下，热力学系统的宏观性质可以用一些确定的宏观参量来描述，这种描述系统状态的宏观参量称为**状态参量**．比如对于一定量处于平衡态的气体，可以用体积 V、压强 p、温度 T 三个状态参量来描述系统的宏观状态[注]．但在这三个状态参量之中只有两个是独立的，第三个与它们之间有一定的函数关系．

事实上，描述平衡态的各宏观量之间一般都存在着一定的内在联系，并不完全都是独立参量．如果由平衡态确定的其他宏观物理量可以表达为一组独立状态参量的函数，我们称这些物理量为"**态函数**"，比如选取 V、p 为独立参量，则温度便可看成 V、p 的函数，并可称之为态函数．"态函数"的数值由系统状态唯一地确定，与系统如何到达这个状态无关．

体积 V 是气体分子所能到达的空间，即气体容器的容积，在国际单位制(SI)中单位是立方米(m^3)，有时也用升(L)为单位，$1L=1dm^3=10^{-3}m^3$．

压强 p 是气体作用于容器壁单位面积上的压力，是大量分子对器壁碰撞的宏观表现．在SI单位制中单位是帕斯卡，简称帕(Pa)，$1\ Pa=1\ N\cdot m^{-2}$．有时压强的单位还用大气压(atm)和毫米汞柱(mmHg)表示，它们与Pa的换算关系是

$$1\ atm=1.013\times10^5\ Pa, 1\ mm\ Hg=\frac{1}{760}\ atm=1.33\times10^2\ Pa$$

16.1.2 温度

通俗的讲，温度是表征物体的冷热程度的物理量．而冷热是人们靠身体感官对物质世界的直接感觉．但是，单凭人的感觉，不但不能定量表示系统的温度，而且有时甚至会得出错误的结论．因此，要定量表示出系统的温度，必须给温度一个严格而科学的定义．

温度概念的建立是以热平衡为基础的．在与外界影响隔绝的条件下，使两个热力学系统互相接触(如在两个系统之间放置一导热板)，让它们之间能发生传热，这时会发现热的系统慢慢变冷，冷的系统渐渐变热．经过一段时间后，它们会达到一个共同的平衡状态．我们称这两个系统达到了**热平衡**．达到热平衡的两个系统，宏观性质不再随时间变化，它们一定是同样冷热的．因此，两个处于相互热平衡的系统的温度相同，这就是**温度相同**的定义．

热力学第零定律指出：在与外界影响隔绝的条件下，如果处于确定状态下的物体 C 分别与物体 A、B 达到热平衡，则物体 A、B 也是相互热平衡的．这是关于温度最基本的实验事实．

根据热力学第零定律可知，处于同一热平衡的所有系统应具有某一个共同的宏观性质，我们把表征这一性质的物理量称为**温度**．即温度是决定系统是否与其他系统处于热平衡的物理量．一切处于热平衡的系统都具有相同的温度．

热力学第零定律还为温度计测量系统温度提供了依据，由于一切处于热平衡的系统都具有相同的温度，当温度计与待测系统达到热平衡后，温度计指示的温度即为系统温度．

温度计是测温的基本工具，最早由伽利略发明，之后日趋完善，并建立了若干种温标．温

注：体积 V 是几何参量，压强 p 是力学参量，另外还有描述混合气体不同组分含量的化学参量及电磁参量．严格来讲，温度 T 是态函数，但为了方便起见，有时把 T 也称为状态参量．

度的数值表示法称为**温标**,物理学中常用的温标有摄氏温标和热力学温标. 摄氏温标是我们日常生活中常使用的温标,它所确定的温度称**摄氏温度**,符号是 t,单位是摄氏度(℃). 摄氏温标规定,在标准大气压下,冰水混合物的平衡温度为0℃,水沸腾的温度为100℃. 热力学温标所确定的温度称**热力学温度**,用符号 T 表示,单位是开尔文,简称开(K). 开是国际单位制中七个基本单位之一. 热力学温度中的0 K叫做绝对零度,1 K定义为水的三相点热力学温度的1/273.16. 热力学温度 T 与摄氏温度 t 的关系是

$$T = t + 273.15 \tag{16.1}$$

即规定热力学温标的273.15 K为摄氏温标的零度.

16.1.3 理想气体的状态方程

一定量的气体处于平衡态时,描述其状态的三个状态参量 p、V、T 之间存在着一定的关系. 我们把平衡态下反映气体的 p、V、T 之间关系的函数式叫做**气体的状态方程**. 实验表明,在压强不太大(与大气压相比)和温度不太低(与室温相比)的情况下,各种气体都遵守玻意耳-马略特定律、盖-吕萨克定律和查理定律三条实验定律. 我们把在任何情况下都严格遵从三条实验定律的气体称为**理想气体**. 理想气体是一个重要的理想模型,它反映了各种气体在密度趋近于零时共同的极限性质. 实际气体在压强不太大(与大气压相比)和温度不太低(与室温相比)的情况下可视为理想气体. 一定量的理想气体在平衡状态下的状态参量(p,V,T)之间有下面的关系

$$\frac{pV}{T} = 常量$$

阿伏伽德罗定律指出:在相同的温度和压强下,摩尔数相等的各种气体(严格来讲应为理想气体)所占的体积相同. 我们把气体在 $T_0 = 273.15\ \text{K}$,$p_0 = 1\ \text{atm}$①下的状态称为标准状态,其相应的体积为 V_0. 实验指出,1 mol的任何气体在标准状态下所占有的体积都是 $V_{0,\text{mol}} = 22.414\,1 \times 10^{-3}\ \text{m}^3$. 设气体的质量为 M,每摩尔气体的质量(也称为气体的分子量)为 M_{mol},则气体的摩尔数为 $\nu = M/M_{\text{mol}}$,在标准状态下气体占有的体积 $V_0 = (M/M_{\text{mol}})V_{0,\text{mol}}$,于是上式可写成

$$\frac{pV}{T} = \frac{p_0 V_0}{T_0} = \frac{p_0}{T_0}\frac{M}{M_{\text{mol}}}V_{0,\text{mol}}$$

其中 $\frac{p_0 V_{0,\text{mol}}}{T_0}$ 对各种理想气体都是常量,用 R 表示,则 R 称为**普适气体常量**.

$$R = \frac{p_0 V_{0,\text{mol}}}{T_0} = \frac{1.013 \times 10^5 \times 22.4 \times 10^{-3}}{273.15}\ \text{J} \cdot \text{mol}^{-1} \cdot \text{K}^{-1} = 8.31\ \text{J} \cdot \text{mol}^{-1} \cdot \text{K}^{-1}$$

如果压强用atm作单位,体积用L作单位,则

$$R = \frac{1 \times 22.4}{273.15}\ \text{atm} \cdot \text{L} \cdot \text{mol}^{-1} \cdot \text{K}^{-1} = 0.082\ \text{atm} \cdot \text{L} \cdot \text{mol}^{-1} \cdot \text{K}^{-1}$$

这样,可写为

$$pV = \frac{M}{M_{\text{mol}}}RT = \nu RT \tag{16.2}$$

注:① 1 atm = 101 325 帕.

式(16.2)称为理想气体的**状态方程**(或称为**物态方程**).

例 16.1 容器内装有氧气,质量为 0.10 kg,压强为 10×10^5 Pa,温度为 47℃. 因为容器漏气,经过若干时间后,压强降到原来的 5/8,温度降到 27℃. 问:(1)容器的容积有多大? (2)漏去了多少氧气? (假设氧气可看做理想气体)

解 (1)根据理想气体状态方程,$pV=\frac{M}{M_{mol}}RT$,求得容器的容积 V 为

$$V=\frac{MRT}{M_{mol}p}=\frac{0.10\times8.31\times(273+47)}{0.032\times10\times10^5}\ \mathrm{m}^3=8.31\times10^{-3}\mathrm{m}^3$$

(2)设漏气若干时间之后,压强减小到 p',温度降到 T',容器中剩余氧气的质量为 M',则

$$M'=\frac{M_{mol}p'V}{RT'}=\frac{0.032\times(5/8)\times10\times10^5\times8.31\times10^{-3}}{8.31\times(273+27)}\ \mathrm{kg}$$
$$=6.67\times10^{-2}\mathrm{kg}$$

所以漏去的氧气的质量为

$$\Delta M=M-M'=0.10-6.67\times10^{-2}=3.33\times10^{-2}\ \mathrm{kg}$$

16.2 理想气体的压强公式

从本节开始,我们将根据气体动理论的基本概念,运用统计的方法,寻找气体宏观量和微观量的统计平均值之间的关系,逐步揭示气体宏观现象的微观本质. 本节首先讨论气体压强与气体分子热运动之间的关系.

16.2.1 理想气体的分子模型

液体密度的数量级为 10^3 kg/m^3,气体密度的数量级为 1 kg/m^3,因此,相同数量的气体分子占有的体积为液体分子体积的 1 000 倍,或者说气态分子之间的平均距离为液态分子之间平均距离的 $\sqrt[3]{1\,000}=10$ 倍. 气体中分子间的距离比它们的直径大许多,由于分子之间的相互作用随距离增加很快衰减,其相互作用可忽略,只有在两个分子相遇的瞬间,强大的排斥力才起作用,使分子再度分开,并改变它们原先的运动状态,这便是气体分子间的碰撞过程. 从分子运动和分子相互作用来看,理想气体的分子模型为:

(1)气体分子本身的大小与分子之间的距离相比可以忽略不计,即分子可视为质点.

(2)每个分子都可视为完全弹性的小球,分子之间的碰撞以及分子与器壁的碰撞都是完全弹性碰撞.

(3)除碰撞瞬间外,分子间的相互作用可忽略不计,两次碰撞之间分子做匀速直线运动.

(4)气体分子运动过程中,距地面的高度变化不大,分子重力势能的改变远小于其平动动能,因此,分子受的重力可忽略不计.

对于平衡态下的理想气体,容器中气体的分子数密度处处均匀. 当用统计方法处理理想气体的热运动时,还要作如下统计假设:

气体处于平衡态时,其分子向各个方向运动的概率相等,并且分子速度在各个方向的分量的各种平均值也相等,如$\overline{v_x}=\overline{v_y}=\overline{v_z}$,$\overline{v_x^2}=\overline{v_y^2}=\overline{v_z^2}$,这称为**等概率假设**. 它的正确性已由大量实验所证实,这种简单而又合理的假设正是统计物理学理论的美妙所在.

16.2.2　理想气体压强公式的推导

气体的压强是气体的基本性质之一. 从宏观上来看,气体的压强是器壁单位面积上受到的气体的压力;从气体动理论来看,则是大量气体分子对器壁不断碰撞的平均结果. 对于某一个分子来讲,它对器壁的碰撞是不连续的,但对于一定量的气体来讲,由于分子数目非常巨大,对于器壁上任一宏观微小面元,时刻都有大量分子与其碰撞,在宏观上表现出一个持续的压力,这和雨点打在伞面上的情形相似. 下面,我们应用上述理想气体分子模型以及统计假设推导理想气体的压强公式.

为计算方便,选取一个边长分别为 l_1、l_2、l_3 的长方形容器,如图 16.1 所示. 设器壁光滑,容器内共有 N 个质量为 m 的相同的理想气体分子,它们在容器中做无规则运动,不断与器壁碰撞. 下面计算器壁 A_1 面上所受的压力.

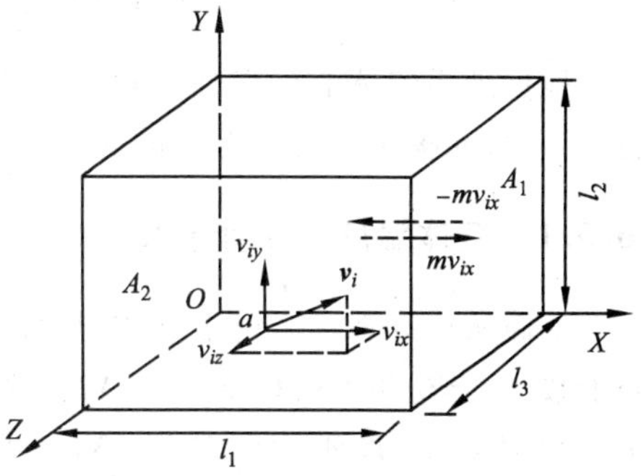

图 16.1　推导气体压强公式用图

首先讨论分子 i 在一次碰撞中对 A_1 面的作用,分子 i 的速度为 $\boldsymbol{v}_i = v_{ix}\boldsymbol{i} + v_{iy}\boldsymbol{j} + v_{iz}\boldsymbol{k}$,当它与 A_1 面进行完全弹性碰撞后,x 方向上的速度分量由 v_{ix} 变为 $-v_{ix}$,而在 y、z 两方向上速度分量不变,一次碰撞 i 分子作用于 A_1 面的冲量为 $I_i = 2m\,v_{ix}$.

由于 i 分子在与 A_1 面连续两次碰撞之间在 x 方向的行程为 $2l_1$,两次碰撞的时间间隔为 $\Delta t = 2l_1/v_{ix}$,因而单位时间内该分子对 A_1 面的平均作用力为

$$\bar{f}_i = \frac{I_i}{\Delta t} = \frac{2mv_{ix}}{2l_1/v_{ix}} = \frac{mv_{ix}^2}{l_1}$$

这里我们认为分子与器壁碰撞过程的时间忽略不计,$\bar{f}_i$ 是整个飞行过程中的平均效果.

A_1 面受到的平均压力即为单位时间内所有分子对 A_1 面的平均作用力之和,即

$$\overline{F} = \sum_{i=1}^{N}\bar{f}_i = \sum_{i=1}^{N}\frac{mv_{ix}^2}{l_1}$$

根据压强定义得

$$p = \frac{\overline{F}}{l_2 l_3} = \frac{m}{l_1 l_2 l_3}\sum_{i=1}^{N} v_{ix}^2 = \frac{mN}{l_1 l_2 l_3}\left(\frac{v_{1x}^2 + v_{2x}^2 + \cdots + v_{Nx}^2}{N}\right) = nm\,\overline{v_x^2} \tag{16.3}$$

式(16.3)中,$\dfrac{N}{l_1 l_2 l_3}$为单位体积分子数,称为**分子数密度**,用 n 表示,$\overline{v_x^2}$为分子沿 x 方向速度分量平方的平均值. 由于

$$\overline{v^2} = \overline{v_x^2} + \overline{v_y^2} + \overline{v_z^2} = 3\,\overline{v_x^2}$$

代入(16.3),得

$$p = \frac{1}{3}nm\,\overline{v^2} = \frac{2}{3}n\,\frac{1}{2}m\,\overline{v^2} = \frac{2}{3}n\,\overline{w} \tag{16.4}$$

这就是**理想气体的压强公式**,式(16.4)中 $\overline{w} = \dfrac{1}{2}m\,\overline{v^2}$称为**分子平均平动动能**. 公式表明,气体作用于器壁上的压强是大量气体分子对器壁不断碰撞的平均效果,压强正比于分子数密度 n

和分子平均平动动能$\overline{w}$. 分子数密度n越大,单位时间与器壁碰撞的分子数就越多;分子平均平动动能$\overline{w}$越大,每次碰撞对器壁的作用力就越大,它们都使压强p变大.

由此可以看出,气体压强是一个统计平均值,它是大量分子热运动的集体表现;在气体中,单位体积的分子数n也是一个统计平均值. 因而,式(16.4)是表述三个统计平均量p、n、$\overline{w}$相互联系的一个统计规律. 目前世界上实验室中所达到的最高真空度$p\approx 10^{-13}$ mmHg,即10^{-7} N·cm^{-2},分子数密度$n\approx 10^{4}$ cm^{-3},上述公式仍然适用.

16.3 理想气体的温度公式

根据理想气体的压强公式和状态方程,可以导出气体的温度与分子的平均平动动能之间的关系,从而揭示宏观量温度的微观本质.

16.3.1 气体温度的统计意义

下面从统计观点来讨论气体温度的微观本质. 令m表示每个分子的质量,N为系统的总分子数,$N_A=6.022\times 10^{23}$ mol^{-1}(N_A称阿伏伽德罗常数,表示1 mol气体的分子数),则分子总质量为$M=Nm$,摩尔质量$M_{mol}=N_A m$,代入理想气体状态方程,并消去m,有

$$p=\frac{NR}{VN_A}T=nkT \tag{16.5}$$

式中,$n=\dfrac{N}{V}$为分子数密度,$k=\dfrac{R}{N_A}$为一常量,称为**玻耳兹曼常量**,其值为

$$k=1.38\times 10^{-23}\ \text{J}\cdot\text{K}^{-1} \tag{16.6}$$

式(16.5)是理想气体状态方程的另一种形式,该式说明气体压强与分子数密度n及气体的热力学温度T成正比.

将式(16.5)与压强公式(16.4)比较,可得

$$\overline{w}=\frac{1}{2}m\overline{v^2}=\frac{3}{2}kT \tag{16.7a}$$

或

$$T=\frac{2}{3k}\overline{w} \tag{16.7b}$$

这就是**理想气体的温度公式**,公式说明宏观量T——热力学温度与微观量——分子平均平动动能$\overline{w}$成正比. 由于气体分子平均平动动能反映了分子热运动的剧烈程度,因而,**热力学温度T可看做大量分子无规则热运动剧烈程度的量度**,这是温度的微观解释. 由于$\overline{w}$是大量分子平动动能的统计平均值,因而温度T与压强p同样是具有统计意义的量,它们是大量分子热运动的宏观量度,离开大量分子温度便失去了意义. 因而对个别或极少数分子没有温度可言,真空中的温度也是没有意义的.

目前,对世界上科学实验室所能获得的最大真空度$p\approx 10^{-13}$ mmHg,$n\approx 10^{4}$ cm^{-3},温度的概念是同样存在的.

必须指出,当$T\to 0$时,式(16.7)不成立. 因为在此条件下,气体已变成液体或固体. **绝对零度不能达到原理**指出:不可能施行有限的过程把一个物体冷却到绝对零度. 1990年,采用核绝热退磁方法,使银的核自旋温度达到了8×10^{-10} K. 现代理论和实验表明,即使在$T\to 0$的条件下,组成固体点阵的粒子还保持某种振动能量,称为**零点能**. 理想气体的温度公式不能解释

零点能的存在,这正说明了经典理论的局限性. 用量子理论可得出零点能存在的结论.

例 16.2　一容器内贮有气体,温度为 27℃. 问:(1)压强为 1.013×10^5 Pa 时,在1 m^3中有多少个分子? (2)在高真空时,压强为 1.33×10^{-5} Pa,在 1 m^3 中有多少个分子?

解　按公式 $p=nkT$ 可知,

$$(1)\ n=\frac{p}{kT}=\frac{1.013\times10^5}{1.38\times10^{-23}\times300}\ \mathrm{m^{-3}}=2.45\times10^{25}\ \mathrm{m^{-3}}$$

$$(2)\ n=\frac{p}{kT}=\frac{1.33\times10^{-5}}{1.38\times10^{-23}\times300}\ \mathrm{m^{-3}}=3.21\times10^{15}\ \mathrm{m^{-3}}$$

16.3.2　气体分子的方均根速率

从气体分子的平均平动动能公式 $\overline{w}=\frac{1}{2}m\overline{v^2}=\frac{3}{2}kT$ 中,我们可以计算在任意温度下的方均根速率$\sqrt{\overline{v^2}}$,它是气体分子速率的一种平均值.

$$\sqrt{\overline{v^2}}=\sqrt{\frac{3kT}{m}}=\sqrt{\frac{3RT}{M_{\mathrm{mol}}}} \tag{16.8}$$

0℃时,气体分子的方向均根速率见表 16.1.

注意:在相同温度时,虽然各种分子的平均平动动能相等,但是它们的方均根速率并不相等.

表 16.1　在0℃时气体分子的方均根速率

气体种类	方均根速率/($m\cdot s^{-1}$)	摩尔质量/($g\cdot mol^{-1}$)
O_2	4.61×10^2	32.0
N_2	4.93×10^2	28.0
H_2	1.84×10^3	2.02
CO_2	3.93×10^2	44.0
H_2O	6.15×10^2	18.0

例 16.3　试分别求出温度 t = 1 000℃、0℃、-150℃时,氮气分子的平均平动动能和方均根速率.

解　在 t = 1 000℃时,

$$\overline{w}=\frac{3}{2}kT=\frac{3}{2}\times1.38\times10^{-23}\times(273+1\,000)\ \mathrm{J}=2.63\times10^{-20}\ \mathrm{J}$$

$$\sqrt{\overline{v^2}}=\sqrt{\frac{3RT}{M_{\mathrm{mol}}}}=\sqrt{\frac{3\times8.31\times1\,273}{28\times10^{-3}}}\ \mathrm{m\cdot s^{-1}}=1.06\times10^3\ \mathrm{m\cdot s^{-1}}$$

同理可以求出,在 t = 0℃时,$\overline{w}=5.65\times10^{-21}$ J,$\sqrt{\overline{v^2}}=493\ \mathrm{m\cdot s^{-1}}$

在 t = -150℃时,$\overline{w}=2.55\times10^{-21}$ J,$\sqrt{\overline{v^2}}=331\ \mathrm{m\cdot s^{-1}}$

16.4　能量均分定理　理想气体的内能

前面讨论分子的无规则热运动时,将分子视为一个质点,仅考虑了分子的平动. 在讨论分子热运动能量时,应考虑分子各种运动形式的能量. 实际上,除单原子分子(如惰性气体)外,一般分子的运动并不只限于平动,还会有转动和分子内原子之间的振动. 为了计算分子各种运动形式能量的统计规律,需要先介绍物体自由度的概念.

16.4.1 自由度

完全确定一个物体的空间位置所需要的独立坐标数目称为此物体的**自由度**.

如果一个质点在空间自由运动,则其位置需由三个独立坐标(如 x、y、z)决定,因此一个自由质点具有 3 个自由度. 如果一质点被限制在平面或曲面上运动,则它的位置只需用 2 个独立坐标决定,因此,它只有两个自由度. 同理,若质点被限制在一直线或曲线上运动,则只有一个自由度.

自由刚体的运动可分解为随质心的平动和绕质心轴的转动,所以刚体的位置可决定如下(见图 16.2):(1)用三个独立的坐标 x、y、z 决定质心的位置;(2)用两个独立的坐标,如三个方位角中的两个 α、β,决定转轴的方位(因 $\cos^2\alpha+\cos^2\beta+\cos^2\gamma=1$,三个方位角中有一个不是独立的,任两个确定之后,第三个不能任意选取);(3)用一个独立的坐标,如 φ,决定刚体绕轴转动的角度. 因此,自由刚体有六个自由度,其中三个是平动的,三个是转动的. 当刚体的运动受到某种限制时,其自由度要相应减少. 如门的转动,转轴位置固定,这时只用一个绕轴转动的角度 φ 即可描述刚体的运动情况,所以在这种情况下,刚体只有一个自由度.

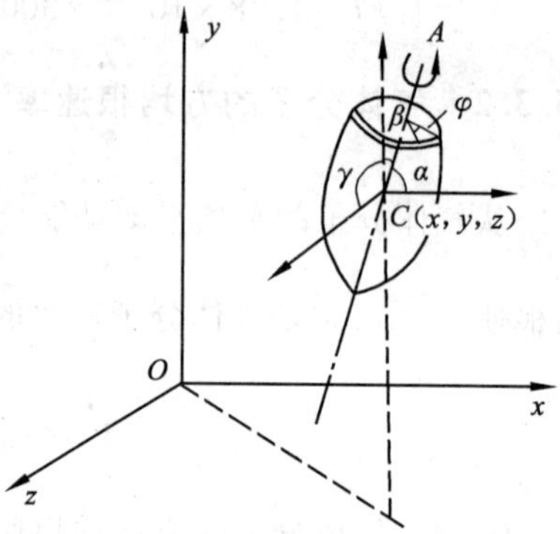

图 16.2 刚体的自由度

如果组成分子的原子之间无相对位置的变化,这样的分子称为**刚性分子**,否则称为**非刚性分子**. 根据上述概念可确定气体分子的自由度,单原子分子(如氦、氖、氩等)可视为自由运动的质点,有 3 个自由度;双原子分子(如氢、氧、氮、一氧化碳等)如果视为刚性的,则需要 3 个独立坐标决定其质心位置,2 个独立坐标决定其连线的方位,而以连线为轴的转动可以不考虑,因而双原子刚性分子具有 5 个自由度;对于三原子或三个以上原子组成的刚性分子,如水蒸气分子 H_2O,可视为自由刚体,有 3 个平动自由度和 3 个转动自由度,即共有 6 个自由度.

事实上,双原子或多原子气体分子都是非刚性的,分子内原子的相对位置会发生变化. 如双原子分子中两个原子还会沿连线方向作微振动,因而还存在振动自由度,即非刚性的双原子分子还有一个振动自由度,总自由度为6. 对于非刚性的多原子分子,设分子由 n 个原子组成,则它最多可以有 $3n$ 个自由度,其中 3 个是平动的,3 个是转动的,其他$(3n-6)$个是振动自由度.

16.4.2 能量按自由度均分定理

由前面我们知道,在平衡状态下气体分子的平均平动动能为

$$\overline{w}=\frac{1}{2}m\overline{v^2}=\frac{3}{2}kT$$

因为上式中$\overline{v^2}=\overline{v_x^2}+\overline{v_y^2}+\overline{v_z^2}$,此处$\overline{v_x^2}$、$\overline{v_y^2}$、$\overline{v_z^2}$分别表示气体分子沿 x、y、z 三个方向上速度分量的平方的平均值,而$\overline{v_x^2}=\overline{v_y^2}=\overline{v_z^2}$,也就是说

$$\frac{1}{2}m\overline{v_x^2}=\frac{1}{2}m\overline{v_y^2}=\frac{1}{2}m\overline{v_z^2}=\frac{1}{3}\left(\frac{1}{2}m\overline{v^2}\right)=\frac{1}{2}kT$$

即分子沿 x、y、z 三个坐标轴运动的平均平动动能相等;由于这三个坐标轴对应着三个平动自

由度，因此，可以认为气体分子的平均平动动能是按三个平动自由度平分的，每个自由度上的平均平动动能均为$\frac{1}{2}kT$.

以上结论可以推广到转动和振动的情况中. 这是因为在热运动中，各种运动形式机会相等. 这也是等概率假设.

根据经典统计物理学的原理，可以导出一个定理：**在温度为 T 的热平衡状态下，物质分子的每一个自由度都具有相同的平均动能$\frac{1}{2}kT$. 此定理称为能量按自由度均分定理，或简称为能量均分定理.**

因此，如果某种气体的分子有 t 个平动自由度，r 个转动自由度，s 个振动自由度，则分子的平均平动、转动、振动动能分别为$\frac{t}{2}kT$、$\frac{r}{2}kT$、$\frac{s}{2}kT$，分子的平均总动能为$\frac{1}{2}(t+r+s)kT$.

分子的振动除动能外还有势能，在振幅不大的情况下，分子的振动可看做谐振动，谐振子在一周期内平均振动动能与平均振动势能相等. 所以，分子运动的总能量中还应加上一势能项$\frac{s}{2}kT$，因而分子的平均总能量是

$$\bar{\varepsilon}=\frac{1}{2}(t+r+2s)kT=\frac{i}{2}kT \tag{16.9}$$

式(16.9)中，$i=t+r+2s$.　(16.10)

实验表明：一般分子在低温下只存在平动，在常温下开始转动，高温时才开始振动，即在常温下，分子的振动自由度的运动被“冻结”了. 因而，通常把气体分子视为刚性分子来处理.

对于单原子分子，$t=3$，$r=0$，$s=0$，则 $\bar{\varepsilon}=\frac{3}{2}kT$.

对于双原子分子，$t=3$，$r=2$，$s=0$，则 $\bar{\varepsilon}=\frac{5}{2}kT$.

对于多原子分子，$t=3$，$r=3$，$s=0$，则 $\bar{\varepsilon}=\frac{6}{2}kT=3kT$.

从上面的讨论可以看出，理想气体的平均动能仅与自由度及气体温度有关.

能量均分定理是经典力学中的一条重要的统计规律，适用于大量分子组成的系统，包括气体和较高温度下的液体和固体，适用于分子的平动、转动和振动. 经典统计物理给出定理的严格证明.

16.4.3　理想气体的内能

气体分子的运动(平动、转动和振动)能量和分子之间的势能构成气体内部的总能量，称为**气体的内能**.

对于理想气体，分子间的相互作用可以忽略，其内能只有式(16.9)中所包含的分子的动能和分子内部势能. 在一般情况下，计算理想气体的内能时，常把气体分子视为刚性分子，只计算它们的平动动能和转动动能.

由于每个分子的平均总能量为$\frac{i}{2}kT$，1 mol 理想气体中共有 N_A 个分子. 因此，1 mol 理想气体的内能是

$$E_0 = N_A\left(\frac{i}{2}kT\right) = \frac{i}{2}RT \tag{16.11}$$

则质量为 M、摩尔质量为 M_{mol} 的理想气体，其内能为

$$E = \frac{M}{M_{mol}}\ \frac{i}{2}RT \tag{16.12}$$

式(16.12)表明，对于一定质量的某种理想气体，其内能仅与热力学温度 T 成正比，是温度 T 的单值函数. 因而，内能是态函数. 对于一个封闭的热力学系统，在其状态变化过程中，只要温度不变，其内能也不变；如果系统的温度变化为 ΔT，则其内能改变量为

$$\Delta E = \frac{M}{M_{mol}}\ \frac{i}{2}R\Delta T \tag{16.13}$$

例 16.4 当温度为 0℃时，分别求氦、氢、氧、氨、氯和二氧化碳等气体的摩尔内能，温度升高 1 K 时，其内能各增加多少？(视为刚性分子)

解 按题意，对单原子分子(氦)按 3 个平动自由度计算分子的平均动能，对双原子分子(氢、氧、氯)按 5 个自由度计算分子平均动能，对三原子或多原子气体(氨、二氧化碳)按 6 个自由度计算分子平均动能. 由式(16.11)，1 mol 理想气体的内能为

$$E_{mol} = \frac{i}{2}RT$$

可算出 0℃ 即 273 K 时，1 mol 理想气体的内能分别为

单原子气体：$E_{mol} = \frac{3}{2}\times 8.31\times 273\ \text{J} = 3.40\times 10^3\ \text{J}$

双原子气体：$E_{mol} = \frac{5}{2}\times 8.31\times 273\ \text{J} = 5.67\times 10^3\ \text{J}$

三原子及以上气体：$E_{mol} = \frac{6}{2}\times 8.31\times 273\ \text{J} = 6.81\times 10^3\ \text{J}$

由式(16.13)可知，当温度从 T 增到 $T+\Delta T$，内能增量为

$$\Delta E_{mol} = \frac{i}{2}R\Delta T$$

说明温度每升高 1 K 时，1 mol 理想气体的内能增加$\frac{i}{2}R$，因此

单原子气体：$\Delta E_{mol} = \frac{3}{2}\times 8.31\ \text{J} = 12.5\ \text{J}$

双原子气体：$\Delta E_{mol} = \frac{5}{2}\times 8.31\ \text{J} = 20.8\ \text{J}$

三原子及以上气体：$\Delta E_{mol} = \frac{6}{2}\times 8.31\ \text{J} = 24.9\ \text{J}$

16.5 麦克斯韦气体分子速率分布律

处于平衡状态下的气体，由于热运动，每个分子各以不同的速率沿不同方向运动着. 由于分子间的频繁碰撞，对每一个分子来说，速度的大小和方向瞬息万变，因此单个分子的运动情况完全是偶然的. 然而从大量分子的整体来看，平衡态下的分子速率分布却遵循着一个确定的且必

然的统计规律．本节首先从实验中认识分子的速率分布情况，然后介绍麦克斯韦速率分布律．

16.5.1　分子速率分布的实验测定

测定分子速率分布的实验装置如图 16.3 所示．图中 R 是带有狭缝 S 的转动圆筒，圆筒转动的角速度为 ω，圆筒的直径为 D，G 是贴在圆筒内壁上的弯曲玻璃板，此板可以沉积射到它上面的各种速率的分子．若在原子炉内装入待测金属使其蒸发成分子蒸气，则从原子炉中泻流出来的分子束将经过狭缝 S 进入圆筒．

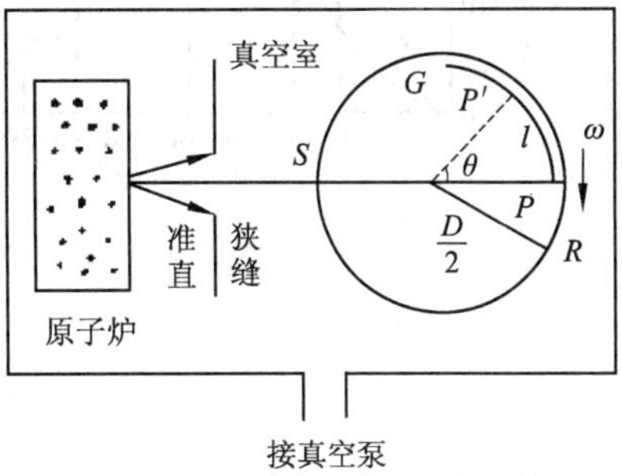

图 16.3　测定分子速率分布的实验装置

当圆筒不转动时，分子束中的分子都射在 G 板的 P 处．当圆筒以角速度 ω 顺时针转动时，速率为 v 的分子从狭缝 S 落在玻璃板 G 上需经历时间 $t=\dfrac{D}{v}$．在此时间内，圆筒会转过一个角度 θ

$$\theta=\omega t=\omega\frac{D}{v}$$

因此，分子会落在弯曲板 G 的 P' 处．设弧长 $\overset{\frown}{PP'}$ 为 l，则有

$$l=\frac{1}{2}D\theta=\frac{1}{2}D\left(\omega\frac{D}{v}\right)=\frac{D^2\omega}{2v}$$

由上式可以看出，当 D、ω 一定时，弧长 l 与分子速率 v 一一对应，且 v 越小 l 就越大，这说明不同的 l 处沉积的分子具有不同的速率．测量不同弧长 l 处沉积的分子层厚度，即可求得分子束中各种速率附近的分子数占总分子数的比率．

研究分子速率的分布规律时，我们常常需要把分子速率按大小分成若干个相等的区间，分别测出各区间的分子数（ΔN）占总分子数的百分比，以得到分子速率的分布表或分子速率分布图．如图 16.4(a) 所示为温度在 100℃ 的汞分子束的速率分布的实验结果．图中，横坐标表示划分的各速率区间，纵坐标表示各速率区间内分子的百分比．由图可以看出，速率特别大和特别小的分子数比较少，而具有中等速率的分子数百分比却很高，并且在曲线上有一个最大值．

实验表明，任何温度下的任何一种气体都遵循上面的实验规律，说明对于大量气体分子构成的系统，气体分子速率分布确实有着一定的统计分布规律．

16.5.2　分子的速率分布函数

图 16.4(a) 所示的表示法中，纵坐标百分比与所划分的速率间隔 Δv 有关，Δv 越大，百分比就越大．为了消除 Δv 的影响，我们以速率 v 为横坐标，$\dfrac{\Delta N}{N\Delta v}$ 为纵坐标，如图 16.4(b) 所示，$\dfrac{\Delta N}{N\Delta v}$ 表示单位速率区间内分子的百分比，图中每一个小矩形面积为 $\dfrac{\Delta N}{N\Delta v}\times\Delta v=\dfrac{\Delta N}{N}$．

为精确描述气体分子的速率分布，我们将速率区间取的足够小，当 $\Delta v\to 0$ 时，即取 $\mathrm{d}v$ 为分子速率区间，其相应分子数为 $\mathrm{d}N$，这时纵坐标为 $\dfrac{\mathrm{d}N}{N\mathrm{d}v}$，速率 v 为横坐标，所得 $\dfrac{\mathrm{d}N}{N\mathrm{d}v}-v$ 速率分布曲线就成为一条平滑的曲线，称为**速率分布曲线**．速率分布曲线可用函数

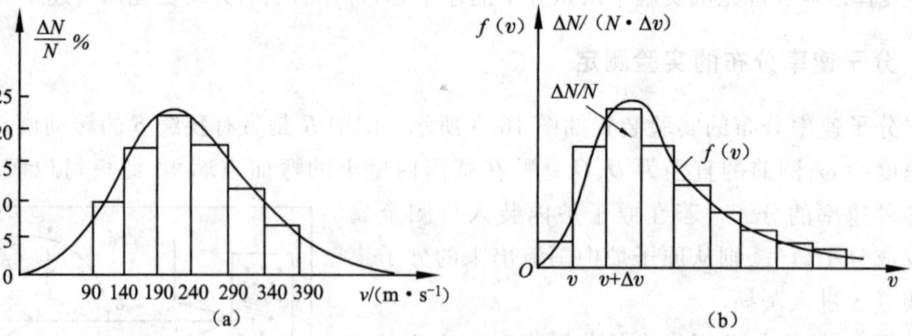

图 16.4 分子速率分布函数

$$f(v)=\lim_{\Delta v\to 0}\frac{\Delta N}{N\Delta v}=\frac{\mathrm{d}N}{N\mathrm{d}v} \tag{16.14}$$

表示,$f(v)$称为**分子的速率分布函数**,表示速率 v 附近单位速率区间内的分子数占总分子数的百分比. 或表述为任一单个分子在速率 v 附近单位速率区间内出现的概率,因此 $f(v)$ 又称为**概率密度**.

由上可知,速率分布曲线下面的小长条面积 $f(v)\,\mathrm{d}v=\frac{\mathrm{d}N}{N\mathrm{d}v}\mathrm{d}v=\frac{\mathrm{d}N}{N}$表示速率在 v 附近 $\mathrm{d}v$ 区间内的分子数占总分子数的百分比;$\int_{v_1}^{v_2}f(v)\,\mathrm{d}v=\frac{\Delta N}{N}$ 则表示速率介于 v_1 与 v_2 之间的分子数占总分子数的比率. 显然,

$$\int_0^{\infty}f(v)\,\mathrm{d}v=1 \tag{16.15}$$

即速率介于零到无穷大的整个区间内的百分比之和应为 1,也就是说分布曲线下的总面积为 1. 式(16.15)就是分布函数所必须满足的**归一化条件**.

16.5.3 麦克斯韦速率分布律

实际上,在近代测定气体分子速率的实验获得成功之前,麦克斯韦(J. C. Maxwell)已于 1860 年根据概率论从理论上导出了理想气体分子的速率分布函数

$$f(v)=4\pi\left(\frac{m}{2\pi kT}\right)^{3/2}\mathrm{e}^{-\frac{mv^2}{2kT}}v^2 \tag{16.16}$$

$f(v)$称为**麦克斯韦速率分布函数**. 式(16.16)中 T 为气体的热力学温度,m 为分子的质量,k 为玻耳兹曼常量. 由式(16.16)可得一个分子在 $v\sim v+\mathrm{d}v$ 区间内的概率为

$$f(v)\,\mathrm{d}v=\frac{\mathrm{d}N}{N}=4\pi\left(\frac{m}{2\pi kT}\right)^{3/2}\mathrm{e}^{-\frac{mv^2}{2kT}}v^2\,\mathrm{d}v \tag{16.17}$$

式(16.17)称为**麦克斯韦速率分布律**. 式(16.17)的分布与实验曲线相符.

16.5.4 分子速率的三种统计平均值

麦克斯韦速率分布律揭示了理想气体分子运动的统计规律性,应用它可以方便地得出平衡状态下分子热运动的几种统计速率.

1. 最概然速率 v_p

根据式(16.17)所作的速率分布曲线如图 16.5 所示. 由图可见,速率分布曲线从原点出发,经过一极大值后,随速率的增加而渐近于横坐标轴.

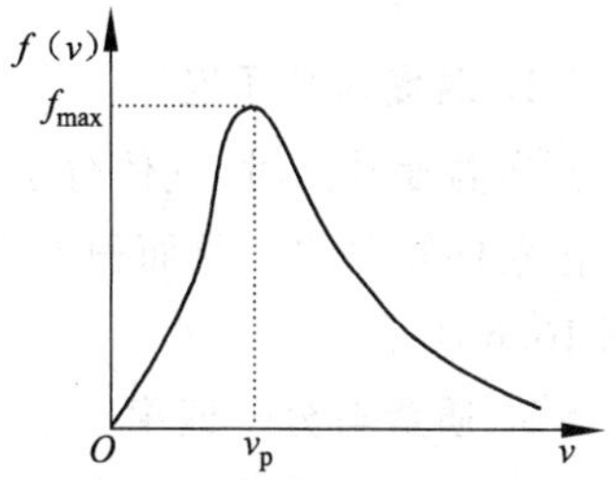

图 16.5　最概然速率

与这个极大值对应的速率称为**最概然速率**,常用 v_p 表示,它的物理意义是:在一定温度下,速度大小与 v_p 相近的气体分子的百分率为最大. 也就是说,对相同的速率区间而言,气体分子中速率在 v_p 附近的几率为最大. 由极值条件 $\frac{df(v)}{dv}=0$,可求得平衡态下满足麦克斯韦速率分布律的气体分子的最概然速率为

$$v_p=\sqrt{\frac{2kT}{m}}=\sqrt{\frac{2RT}{M_{mol}}}\approx 1.41\sqrt{\frac{RT}{M_{mol}}} \tag{16.18}$$

从最概然速率可以粗略判断热平衡状态下气体分子速率的分布情况.

2. 平均速率 $\bar{v}$

大量分子速率的算术平均值称为**平均速率**,用 $\bar{v}$ 表示,根据求平均值的定义:$\bar{v}=\frac{\sum v_i \Delta N_i}{N}$,对于连续分布,有

$$\bar{v}=\frac{\int_0^\infty v\,dN}{N}=\int_0^\infty v\frac{dN}{N}=\int_0^\infty vf(v)\,dv$$

将麦克斯韦速率分布函数 $f(v)$ 代入,可得理想气体速率从 0 到∞ 整个区间内的算术平均速率为

$$\bar{v}=\sqrt{\frac{8kT}{\pi m}}=\sqrt{\frac{8RT}{\pi M_{mol}}}\approx 1.60\sqrt{\frac{RT}{M_{mol}}} \tag{16.19}$$

3. 方均根速率 $\sqrt{\overline{v^2}}$(或 v_{rms})

同理,我们可以求出大量分子速率的平方的平均值 $\overline{v^2}$ 为

$$\overline{v^2}=\frac{\int_0^\infty v^2\,dN}{N}=\int_0^\infty v^2\frac{dN}{N}=\int_0^\infty v^2 f(v)\,dv$$

将麦克斯韦速率分布函数 $f(v)$ 代入并开方,就得到方均根速率:

$$\sqrt{\overline{v^2}}=\sqrt{\frac{3kT}{m}}=\sqrt{\frac{3RT}{M_{mol}}}\approx 1.73\sqrt{\frac{RT}{M_{mol}}} \tag{16.20}$$

即式(16.8).

由式(16.18)、式(16.19)、式(16.20)确定的最概然速率 v_p、平均速率 $\bar{v}$ 和方均根速率 $\sqrt{\overline{v^2}}$ 都是在统计意义上说明大量分子的运动速率的特征值. 它们都与 $\sqrt{T}$ 成正比,与 $\sqrt{M_{mol}}$ 成反比,且 $v_p<\bar{v}<\sqrt{\overline{v^2}}$. 三种速率各有不同的含义,也各有不同的用处. 在讨论大量分子的速率分布时,需要用到最概然速率 v_p;在研究气体分子平均自由程及迁移现象等问题时,要用到平均速率 $\bar{v}$;而方均根速率 $\sqrt{\overline{v^2}}$ 用于研究理想气体压强及分子的平均动能等问题.

16.5.5 麦克斯韦分布曲线的性质

1. 温度与分子速率

当温度升高时,气体分子的速率普遍增大,速率分布曲线中的最概然速率 v_p 右移,但由归一化条件知曲线下总面积不变,因此,分布曲线宽度增大,高度降低,整个曲线变得较平坦,如图 16.6 所示.

2. 质量与分子速率

在相同温度下,对不同种类的气体,分子质量大的速率分布曲线中的最概然速率 v_p 左移,因总面积不变,所以分布曲线宽度变窄,高度增大,整个曲线比质量小的显得陡些,即曲线随分子质量变大而左移,如图 16.7 所示.

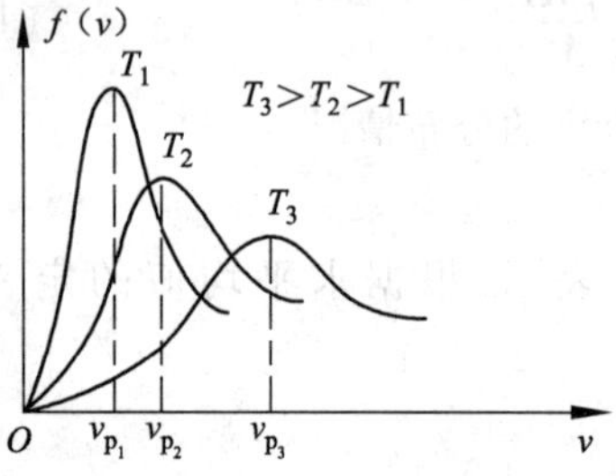

图 16.6 不同温度下分子速率分布

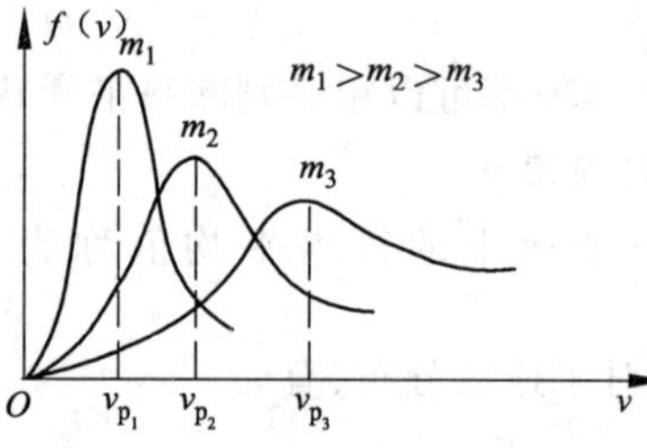

图 16.7 不同质量的分子速率分布

*16.5.6 麦克斯韦速度分布律

上面讨论的分子速率分布没有考虑分子速度方向,要找出分子按速度的分布,就是要找出速度分布在 $v_x \sim v_x + \mathrm{d}v_x, v_y \sim v_y + \mathrm{d}v_y, v_z \sim v_z + \mathrm{d}v_z$ 区间的分子数占总分子数的百分比. 麦克斯韦推导出了速度分布律

$$\frac{\mathrm{d}N}{N} = \left(\frac{m}{2\pi kT}\right)^{3/2} \mathrm{e}^{-\frac{m}{2kT}(v_x^2+v_y^2+v_z^2)} \mathrm{d}v_x\,\mathrm{d}v_y\,\mathrm{d}v_z \tag{16.21}$$

$F(v_x, v_y, v_z) = \dfrac{\mathrm{d}N}{N\mathrm{d}v_x\,\mathrm{d}v_y\,\mathrm{d}v_z}$ 表示在速度空间单位体积元内的分子数占总分子数的比率,即速度概率密度,又称气体分子的速度分布函数. 麦克斯韦速度分布函数为

$$F(v_x, v_y, v_z) = \left(\frac{m}{2\pi kT}\right)^{3/2} \mathrm{e}^{-\frac{m}{2kT}(v_x^2+v_y^2+v_z^2)}$$

例 16.5 导体中自由电子的运动类似于气体分子的运动. 设导体中共有 N 个自由电子. 电子气中电子最大速率 v_F 叫做费米速率. 电子速率在 $v \sim v + \mathrm{d}v$ 之间的概率为

$$\frac{\mathrm{d}N}{N} = \begin{cases} \dfrac{4\pi v^2 A\mathrm{d}v}{N} & \text{当 } v_F > v > 0 \\ 0 & \text{当 } v > v_F \end{cases}$$

式中 A 为常量.

(1) 由归一化条件求 A;

(2) 证明电子气中电子的平均动能 $\overline{\varepsilon} = \frac{3}{5}\left(\frac{1}{2}mv_F^2\right) = \frac{3}{5}E_F$,此处 E_F 叫做费米能.

分析　速率分布函数应满足归一化条件,即 $\int_0^\infty f(v)\,\mathrm{d}v=1$,由此可确定分布函数中的归一化常数.

解　(1)由归一化条件

$$\int_0^\infty f(v)\,\mathrm{d}v=\int_0^{v_F}\frac{4\pi v^2 A}{N}\mathrm{d}v=1$$

得

$$A=\frac{3N}{4\pi v_F^3}$$

(2)电子的平均动能为

$$\bar{\varepsilon}=\frac{1}{2}m\overline{v^2}=\frac{1}{2}m\int_0^\infty v^2 f(v)\,\mathrm{d}v=\frac{1}{2}m\int_0^{v_F}\frac{4\pi v^4 A}{N}\mathrm{d}v$$

$$=\frac{1}{2}m\left(\frac{4\pi v_F^5 A}{5N}\right)=\frac{3}{5}\left(\frac{1}{2}mv_F^2\right)=\frac{3}{5}E_F$$

*16.6　玻耳兹曼密度分布

16.6.1　等温气压公式

麦克斯韦速率分布律讨论的是在无外场(如重力场)作用的条件下,处于平衡态的气体分子按速率分布的规律,这时,气体分子在空间是均匀分布的,气体分子数密度 n 处处相等. 可以想象,如果仅存在气体分子无规则热运动,则地球表面的气体分子将弥散到整个宇宙空间. 但实际上地球表面有一个相当稳定的大气层,这是因为大气分子还受到重力所致,重力作用使气体分子聚集于地球表面. 地球表面稳定的大气层是分子无规则的热运动和地球引力作用的共同结果. 下面我们讨论平衡气体在重力场中密度随高度分布的变化.

设平衡气体的压强随高度变化的函数为 $p=p(z)$. 如图16.8所示,在气体中取一柱体,上下端面水平,面积 $\Delta S=1$(即为单位面积),高度为 $\mathrm{d}z$,此柱体体积为 $\Delta S\mathrm{d}z=\mathrm{d}z$,柱内气体分子质量为 $\rho\mathrm{d}z$,ρ 是气体分子的质量密度,等于分子质量 m 与分子数密度 n 的乘积,即 $\rho=nm$. 柱体上下端面压强分别为 $p+\mathrm{d}p$ 和 p,二者之差由重力 $nmg\mathrm{d}z$ 平衡,即

$$\mathrm{d}p=-nmg\mathrm{d}z$$

由 $p=nkT$,即 $n=p/kT$,得

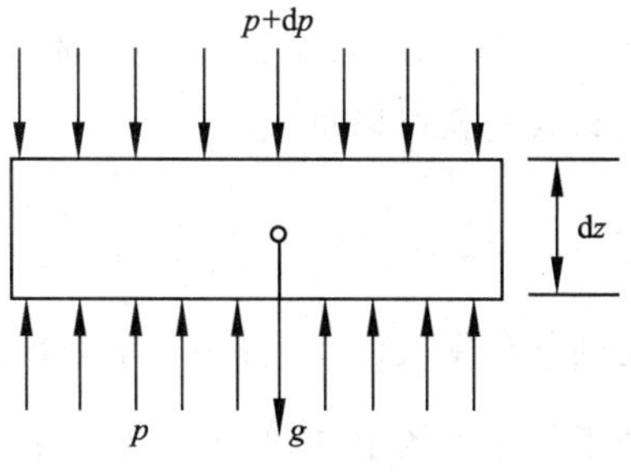

图16.8　压强梯度与重力平衡

$$\frac{\mathrm{d}p}{p}=-\frac{mg}{kT}\mathrm{d}z$$

取某个地点(如地面)高度 $z=0$,该处气体压强 $p=p_0$,对上式积分可得

$$p=p_0\mathrm{e}^{-\frac{mg}{kT}z}=p_0\mathrm{e}^{-\frac{M_{mol}g}{RT}z}\tag{16.22}$$

式(16.22)称为**等温气压公式**. 在登山运动和航空驾驶中,可以根据测出的压强变化估算出上升的高度.

以上是根据大气等温模型得出的结果,实际上大气并不等温. 图16.9(a)给出地面上温度随高度变化的实测情况,图16.9(b)给出中纬度地区夏季大气压强随高度变化的实测值(实

线)与等温模型理论值的比较. 在 30 km 内,由于温度的下降,使得大气压强的实测值小于理论值,这可由式(16.22)定性看出.

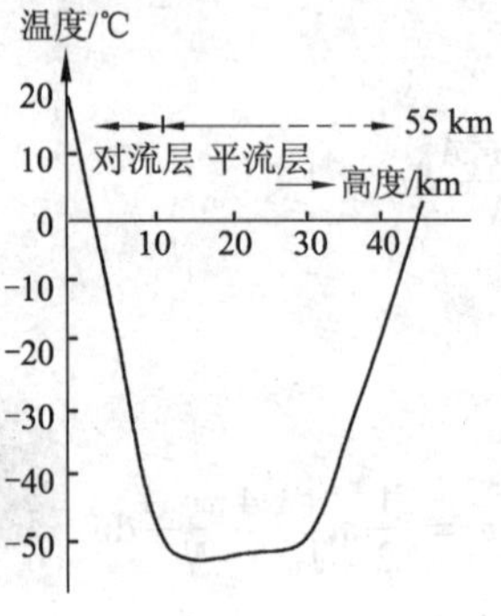

(a) 温度分布

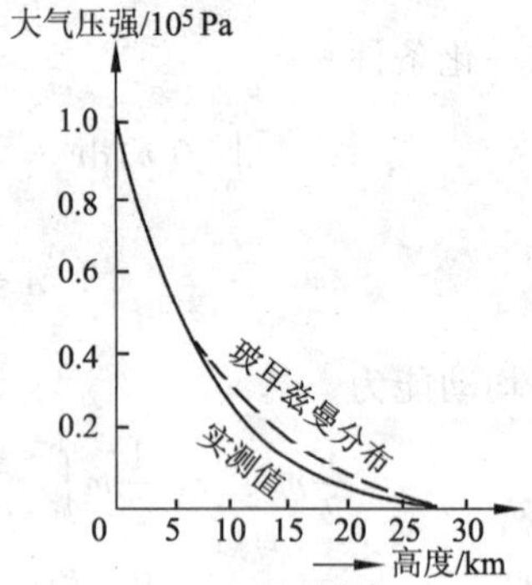

(b) 压强分布

图 16.9 实际大气压强随高度的分布

由式(16.22),利用 $p = nkT, p_0 = n_0 kT$ 还可以得出分子数密度随高度变化的规律

$$n = n_0 e^{-\frac{mg}{kT}z} \tag{16.23}$$

式(16.23)最早由皮兰通过对悬浮液中布朗粒子数密度随高度分布的研究所证实. 他还根据该式求得了阿伏伽德罗常数 N_A 的数值:先测得高度分别为 z_1、z_2 两处的粒子数密度 n_1、n_2,并根据上式求出玻耳兹曼常数 k,从而进一步求出阿伏伽德罗常数 N_A. 应注意,由于浮力的作用,悬浮在液体中布朗粒子的有效质量为 $m(1-\rho_{粒}/\rho_{液})$. 皮兰当时测得的结果是 $N_A = (6.5 \sim 6.8) \times 10^{23}\ \text{mol}^{-1}$.

16.6.2 玻耳兹曼分布律

在式(16.23)中,mgz 是气体分子的重力势能,在任意的保守力场中,用相应势能 ε_p 代替 mgz,我们就可以将式(16.23)推广得到任意势场中粒子密度分布规律:

$$n = n_0 e^{-\varepsilon_p/kT} \tag{16.24}$$

式(16.24)最早由玻耳兹曼从理论上得出. 他认为由于不考虑外力场对分子的作用,麦克斯韦速度分布律式(16.21)中的指数项只包含分子的平动动能 $\varepsilon_k = \frac{1}{2}m(v_x^2+v_y^2+v_z^2)$. 当气体分子处于保守力场中,则必须考虑分子在该保守力场中的势能 ε_p,即以总能量 $\varepsilon = \varepsilon_k + \varepsilon_p$ 代替式中的 ε_k. 他从理论上导出:当系统在外力场中处于平衡状态时,其中位置在 $x \sim x+dx, y \sim y+dy, z \sim z+dz$,同时速度介于区间 $v_x \sim v_x+dv_x, v_y \sim v_y+dv_y, v_z \sim v_z+dv_z$ 内的分子数为

$$dN = n_0 \left(\frac{m}{2\pi kT}\right)^{3/2} e^{-(\varepsilon_k+\varepsilon_p)/kT} dv_x dv_y dv_z dx dy dz \tag{16.25}$$

式(16.25)中,n_0 是 ε_p 为零处单位体积内的分子数,这个公式称为**玻耳兹曼分布律**,又称**分子按能量分布定律**.

玻耳兹曼分布律是一个普遍的规律,它对任何物质的微粒(气体、液体、固体的原子和分子、布朗粒子等)在任何保守力场(重力场、电场)中运动的情形都成立.

16.7　分子平均碰撞次数和平均自由程

由前面的讨论可知，气体分子在常温下是以每秒几百米的平均速率运动着的．如此看来，气体中的一切过程都应该进行的很快．但实际情况却是：气体的扩散过程进行得相当缓慢．例如，经验告诉我们，打开香水瓶后，香水味并不是马上就能扩散至整间屋子，而是要经过几秒到几十秒的时间才能传过几米的距离．这是由于分子由一处(见图 16.10 中的 A 点)移至另一处(如 B 点)的过程中，它要不断地与其他分子碰撞，使得分子沿着迂回的折线前进．因此，气体分子的扩散速率较之分子的平均速率小得多．事实上，气体中所发生的许多物理现象和过程，如扩散、热传导和黏滞性等，都与分子间的碰撞密切相关．

气体分子在两次连续的碰撞之间通过的自由路程称为分子的**自由程**．显然，对个别分子来说，自由程时长时短，并没有一定的量值．但在给定的气体状态下，对于大量分子而言，我们可以求出在 1 s 内一个分子和其他分子平均碰撞的次数，称为分子的**平均碰撞次数**，或**平均碰撞频率**，以 $\overline{Z}$ 表示．每两次连续碰撞间一个分子自由运动的平均路程，叫做分子的**平均自由程**，以 $\overline{\lambda}$ 表示．$\overline{Z}$ 和 $\overline{\lambda}$ 的大小反映了分子间碰撞的频繁程度．

现在，我们从计算分子的平均碰撞次数 $\overline{Z}$ 入手，导出平均自由程的公式．

为使计算简单，我们假定每个分子都是直径为 d 的弹性小球，并且假定除某一分子 A 以平均相对速率 $\overline{u}$ 运动外其他分子都静止不动．在分子 A 的运动过程中，分子 A 总是要和其他分子发生碰撞，每碰撞一次，它的速度方向就改变一次，所以分子 A 球心的运动轨迹是一条折线(如图 16.11 所示)，并且每秒钟内分子 A 所走折线的总长度可认为等于 $\overline{u}$．设想以分子 A 球心的运动轨迹为轴线，以分子球的直径 d 为半径作一圆柱体(圆柱体的轴线是折线)，凡是球心落于该圆柱体内的分子都将和分子 A 发生碰撞，而球心落在圆柱体外的分子不和 A 发生碰撞．

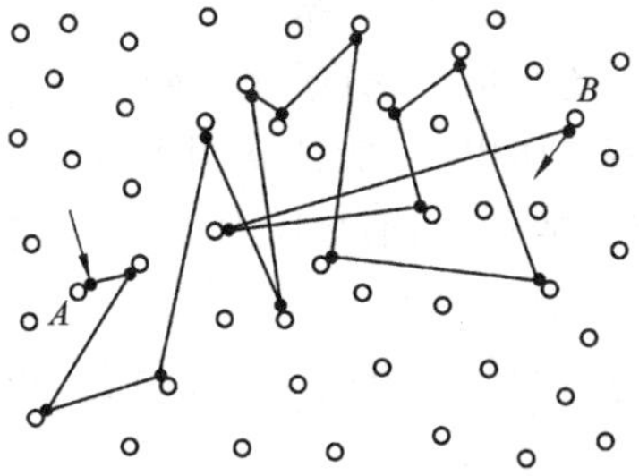

图 16.10　气体分子的碰撞

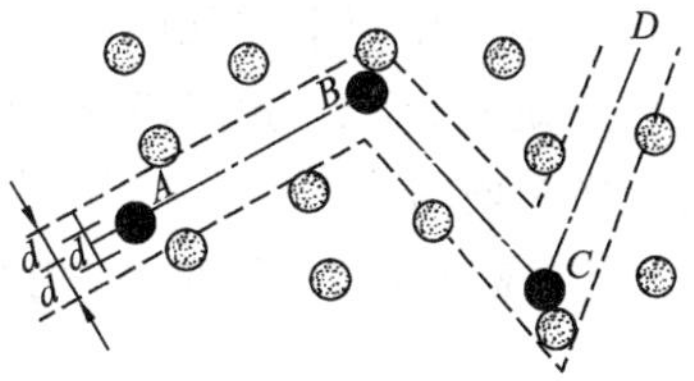

图 16.11　$\overline{Z}$ 及 $\overline{\lambda}$ 的计算

按照上面的分析，可计算出每秒钟相应的圆柱体体积为 $\pi d^2\overline{u}$．设气体的分子数密度(即单位体积内的分子数)为 n，则球心在圆柱体 $\pi d^2\overline{u}$ 内的静止分子数目为 $\pi d^2\overline{u}n$．因中心在圆柱体内的所有静止分子都将与运动分子 A 相碰，所以，我们所求的运动分子 A 在 1 s 内与其他分子碰撞的平均次数 $\overline{Z}$ 就是

$$\overline{Z} = \pi d^2\overline{u}n$$

又根据麦克斯韦速率分布律，平均相对速率与算术平均速率有关系：$\overline{u} = \sqrt{2}\overline{v}$(推导从略)，代入上式即得分子的平均碰撞次数为

$$\overline{Z}=\sqrt{2}\pi d^2\overline{v}n \tag{16.26}$$

由于1 s内每个分子平均走过的路程为$\overline{v}$，而1 s内每一个分子和其他分子碰撞的平均次数为$\overline{Z}$，所以分子的平均自由程应为

$$\overline{\lambda}=\frac{\overline{v}}{\overline{Z}}=\frac{1}{\sqrt{2}\pi d^2 n} \tag{16.27}$$

由式(16.27)可知，分子的平均自由程$\overline{\lambda}$与分子直径d的平方和分子数密度n成反比. 表16.2列出了标准状态下几种气体的平均自由程和分子直径的数值.

表16.2 标准状态下几种气体的$\overline{\lambda}$和d

气体	氢	氮	氧	氦
$\overline{\lambda}$/m	1.13×10^{-7}	0.599^{-7}	0.648^{-7}	1.793^{-7}
d/m	2.3×10^{-10}	3.1×10^{-10}	2.9×10^{-10}	1.9×10^{-10}

根据$p=nkT$，我们还可以求出$\overline{\lambda}$和温度T及压强p的关系为

$$\overline{\lambda}=\frac{kT}{\sqrt{2}\pi d^2 p} \tag{16.28}$$

由此可见，当温度一定时，$\overline{\lambda}$与p成反比，压强愈小，则平均自由程愈长(参看表16.3).

表16.3 0℃时不同压强下空气分子的$\overline{\lambda}$

压强/(133.3Pa)	760	1	10^{-2}	10^{-4}	10^{-6}
$\overline{\lambda}$/m	7×10^{-8}	5×10^{-5}	5×10^{-3}	0.5	50

从表16.3的数值可以看出，$\overline{\lambda}$的数量级为10^{-7}m，即气体分子每移动0.1 μm(约为分子直径的几百倍)就碰撞一次，每秒大约要碰撞几十亿次. 可见气体分子运动有着极大的复杂性和无规则性，而频繁的碰撞正是大量分子整体出现统计规律的基础.

应该注意，这里给出的分子直径d并不准确表示分子的实际大小. 这是因为分子不是真正的球体，它是一个由电子与原子核组成的复杂系统；分子与分子之间碰撞也不是弹性小球的接触碰撞，而是在分子力作用下相互间的散射过程. 所以，一般把d叫做分子的**有效直径**. 实验证明，气体密度一定时，分子的有效直径将随速度的增加而减小，所以当T与p的比值一定时，$\overline{\lambda}$将随温度而略有增加.

例16.6 求氢在标准状态下，在1 s内分子的平均碰撞次数. 已知氢分子的有效直径为2×10^{-10}m.

解 气体分子平均速率为

$$\overline{v}=\sqrt{\frac{8RT}{\pi M_{\text{mol}}}}=\sqrt{\frac{8\times8.31\times273}{3.14\times2\times10^{-3}}}\ \text{m}\cdot\text{s}^{-1}=1.70\times10^3\ \text{m}\cdot\text{s}^{-1}$$

按$p=nkT$算得单位体积中分子数为

$$n=\frac{p}{kT}=\frac{1.013\times10^5}{1.38\times10^{-23}\times273}\ \text{m}^{-3}=2.69\times10^{25}\ \text{m}^{-3}$$

因此

$$\overline{\lambda}=\frac{1}{\sqrt{2}\pi d^2 n}=\frac{1}{1.41\times3.14\times(2\times10^{-10})^2\times2.69\times10^{25}}\ \text{m}$$

$$= 2.10 \times 10^{-7}\,\text{m} \qquad \text{(约为分子直径的 1 000 倍)}$$

$$\overline{Z} = \frac{\bar{v}}{\lambda} = \frac{1.70 \times 10^{3}}{2.10 \times 10^{-7}}\ \text{s}^{-1} = 8.10 \times 10^{9}\ \text{s}^{-1}$$

即在标准状态下,在 1 s 内,一个氢分子的平均碰撞次数约为 80 亿次.

*16.8　非平衡态下的迁移现象

上面讨论的都是气体处于平衡态的规律. 实际上,由于不可避免的外界影响,气体常处于非平衡态. 气体处于非平衡态时,各部分物理性质是不均匀的,如气体各处的流速、温度、密度等是不相同的,相应地气体内有动量、能量或质量从一处向另一处定量迁移. 由速度梯度引起的内摩擦现象(又称黏性现象)与动量的传递相联系;由温度梯度引起的热传导现象与能量的传递相联系;由密度梯度引起的扩散现象与质量的传递相联系. 下面分别对这三种迁移现象简要作一些讨论.

由于气体各处温度、密度等不同,气体没有统一的温度或密度,因而气体处于非平衡态,气体分子的速率分布也会偏离麦克斯韦分布律. 在非平衡状态下,由于分子间的相互作用(碰撞),使气体各部分的物理性质趋于均匀而过渡到平衡态,这样的过程叫**弛豫**. 在讨论这类过程中我们可以引入局域流速、局域温度、局域密度等概念. 也就是说,在一个小区域中是有温度和密度等概念的.

下面我们仅讨论气体分子流速、温度、密度在一个方向(如 y 方向)存在差异的情况,在垂直于该方向上分子流速、温度、密度都是均匀的. 因而下面讨论的是一维的迁移现象.

16.8.1　内摩擦现象

当气体内各气层之间有相对的定向运动,即各气层的流速不同时(流速是指气层中分子群的定向运动速度,而不是指热运动中分子的速度,这种定向运动速度叠加在杂乱的热运动的速度上),在相邻的两个气层之间接触面上,形成一对阻碍两气层相对运动的等值反向的力,称为**内摩擦力**.

如图 16.12 所示,设有一气体,其温度和分子数密度均为恒定值,气体中各气层流速沿 x 方向,但其流速大小沿 y 轴发生变化. 在 y_0 处流速为 u,在 $y_0+\Delta y$ 处流速为 $u+\Delta u$,则

$$\lim_{\Delta y \to 0} \frac{\Delta u}{\Delta y} = \left(\frac{\mathrm{d}u}{\mathrm{d}y}\right)_{y_0} \tag{16.29}$$

称为 y_0 处的**速度梯度**,表示流速的不均匀程度. 速度梯度沿 y 方向. 通过 y_0 取一面元 ΔS 垂直 y 轴,从图 16.12 可以看出,在 ΔS 上边气层的流速要大于下边气层的流速,ΔS 两边气层要受到一对等值反向的内摩擦力,其作用使得上层

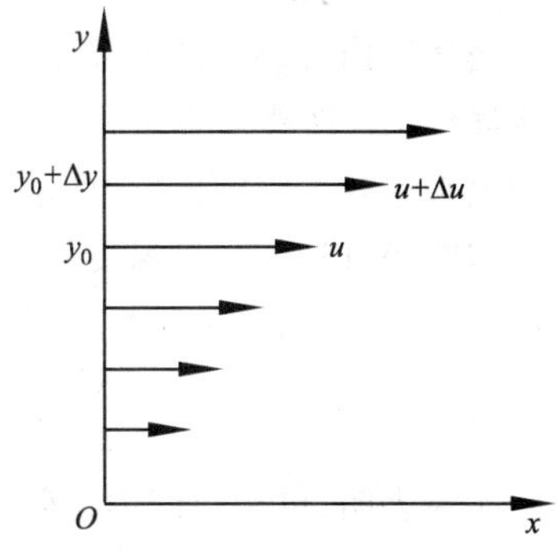

图 16.12　牛顿黏性定律

流速变慢,而下层流速变快. 实验表明,两层流体之间单位时间内穿过 $y=y_0$ 平面的动量 $\dfrac{\Delta p}{\Delta t}$(即内摩擦力 f),正比于速度梯度和面元面积 ΔS,即

$$f(y_0) = \frac{\Delta p}{\Delta t} = -\eta\left(\frac{\mathrm{d}u}{\mathrm{d}y}\right)_{y_0}\Delta S \tag{16.30}$$

式(16.30)中,负号表示动量沿流速减小的方向,即逆速度梯度的方向流动. 此式称为**牛顿黏**

性定律,式中比例系数 η 称为**内摩擦因数**或**黏滞系数**或**黏性系数**,在 SI 单位制中单位为帕秒(Pa·s).

内摩擦因数除了与气体的性质有关外,还比较敏感地依赖于温度的变化,气体的内摩擦因数大体上按正比于$\sqrt{T}$的规律增长. 但液体的内摩擦因数却随温度增加而减小.

表 16.4 给出了几种气体内摩擦因数 η 的实验值.

表 16.4 在标准状态下气体内摩擦因数 η、热传导系数 κ 和扩散系数 D 的实验值

气 体	η(Pa·s)	κ(W·m^{-2}·K^{-1})	D(m^2·s^{-1})
Ne	2.97×10^{-5}	4.60×10^{-2}	45.2×10^{-5}
Ar	2.10×10^{-5}	1.63×10^{-2}	1.57×10^{-5}
H_2	0.84×10^{-5}	1.68×10^{-2}	12.8×10^{-5}
N_2	1.66×10^{-5}	2.37×10^{-2}	1.78×10^{-5}
O_2	1.89×10^{-5}	2.42×10^{-2}	1.81×10^{-5}
CO_2	1.39×10^{-5}	1.49×10^{-2}	0.97×10^{-5}
CH_4	1.03×10^{-5}	3.04×10^{-2}	2.06×10^{-5}

从分子运动论的观点来看,对内摩擦现象可作如下解释:气体流动时,除了具有定向运动速度(即流速)外,还具有无规则的热运动. 在同一时间内,ΔS 两边气层交换的分子数相等,由于上层流速大于下层流速,即上层分子的定向动量大于下层分子的定向动量. 这样,交换分子的结果是有定向动量从上层向下层迁移,使得上层气体的定向动量减少而下层气体定向动量增加. 内摩擦现象的微观本质是分子定向动量的迁移,而这种迁移是通过气体分子无规则的热运动和频繁的碰撞来实现的;从宏观上来看,这一效应与上层对下层作用一个沿 x 轴方向的摩擦拉力相似.

16.8.2 热传导现象

当气体内各部分的温度不同时,将有热量从温度较高处向温度较低处传递,这一现象称为**热传导现象**. 将铁条一端放在火炉内,用手握着的另一端会感到愈来愈热,这就是一个明显的例子.

如图16.13所示,设温度沿 y 轴逐渐变化,在 $y=y_0$ 平面处温度为 T,$y_0+\Delta y$ 处温度为 $T+\Delta T$,则 y_0 处温度梯度为

$$\lim_{\Delta y\to 0}\frac{\Delta T}{\Delta y}=\left(\frac{\mathrm{d}T}{\mathrm{d}y}\right)_{y_0} \tag{16.31}$$

实验表明,单位时间内,通过 $y=y_0$ 平面上 ΔS 面积的热量$\dfrac{\Delta Q}{\Delta t}$(称为热流或热通量)为

$$\frac{\Delta Q}{\Delta t}=-\kappa\left(\frac{\mathrm{d}T}{\mathrm{d}y}\right)_{y_0}\Delta S \tag{16.32}$$

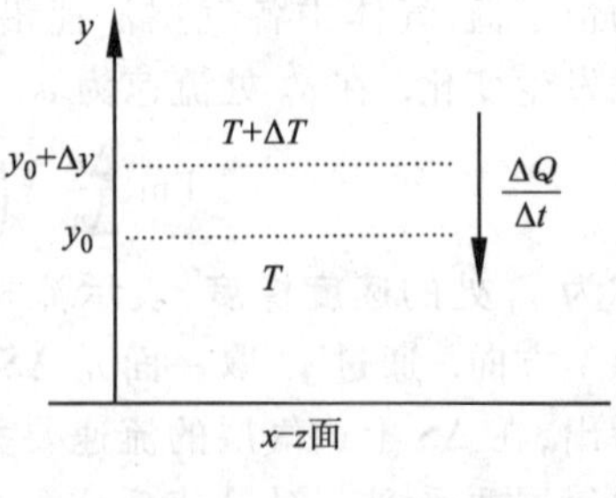

图 16.13 傅里叶热传导定律

比例系数 κ 称为**热传导系数**或**导热系数**,由气体的性质和状态决定,在 SI 单位制中单位是 W·m^{-1}·K^{-1},式中的负号表示热量传递方向与温度梯度的方向相反,即热量由温度较高处传到温度较低处. 式(16.32)称为**一维热传导的傅里叶定律**.

气体热传导的微观机制很容易理解. 设在上述 ΔS 面上侧温度较高,分子动能较大;下侧温度较低,分子动能较小. 由于分子热运动,上下侧分子互相碰撞、相互搀和,结果从"热层"到"冷层"有一净热量迁移,实现热量传递.

16.8.3　扩散现象

在混合气体内部,当某种成分的气体密度不均匀时,这种气体分子将从密度大的地方移向密度小的地方,此现象叫做**扩散**. 纯扩散过程必须是在温度均匀、压强均匀的条件下进行. 单就一种气体来说,在温度均匀的情况下,密度不均匀将导致压强不均匀,从而产生宏观气流,这种过程中占主导地位的是宏观气流而不是扩散. 对两种分子组成的混合气体来说,只有保持温度和总压强处处均匀的情况下,才可能发生纯扩散过程.

为了简单,我们只讨论分子质量基本相同的两种气体(如 N_2 和 CO,或 CO_2 和 NO_2)组成混合气体的纯扩散过程. 将这两种气体分别放在同一容器中,先用隔板隔开,两边温度和压强都相同,然后把隔板抽掉,让扩散开始. 在此情况下,由于总的密度各处一样,各部分压强是均匀的,故不产生宏观气流;又因温度均匀,两气体分子平均速率也接近. 于是,每种气体将由于本身密度的不均匀而进行纯扩散过程.

设其中一种成分的密度沿 y 轴变化. 在 $y=y_0$ 处,密度为 ρ,在 $y_0+\Delta y$ 处密度为 $\rho+\Delta\rho$,则 y_0 处密度梯度为

$$\lim_{\Delta y\to 0}\frac{\Delta\rho}{\Delta y}=\left(\frac{\mathrm{d}\rho}{\mathrm{d}y}\right)_{y_0} \tag{16.33}$$

实验表明,单位时间内通过 y_0 处 ΔS 面的质量 $\frac{\Delta M}{\Delta t}$(即质量通量或质量流)为

$$\frac{\Delta M}{\Delta t}=-D\left(\frac{\mathrm{d}\rho}{\mathrm{d}y}\right)_{y_0}\Delta S \tag{16.34}$$

D 称为**扩散系数**,在 SI 单位制中单位是 $\mathrm{m^2\cdot s}$. 式(16.34)中负号表示质量流动的方向与密度梯度的方向相反,即表示气体质量是向着密度小的方向迁移的.

扩散现象是分子热运动的必然结果,密度较高气层中的气体分子向密度较低气层中运动,同时密度较低气层中的分子向密度较高气层中运动. 前者迁移的分子数较后者多,因而造成质量的迁移.

思　考　题

16.1　气体在平衡态时有何特征?气体的平衡态与力学中的平衡态有何不同?

16.2　气体动理论的研究对象是什么?理想气体的宏观模型和微观模型各如何?

16.3　何谓微观量?何谓宏观量?它们之间有什么联系?

16.4　气体为什么容易压缩,却又不能无限地压缩?

16.5　对汽车轮胎打气,使之达到所需要的压强. 问夏天与冬天打入轮胎内的空气质量是否相同,为什么?

16.6　尖端固定在一点正在做进动的陀螺有几个自由度?

16.7　地球大气层上层的电离层中,电离气体的温度可达 2 000 K,但每 $1\,\mathrm{cm^3}$ 中的分子数不过 10^5 个. 这温度是什么意思?一块锡放到该处会不会被熔化?

16.8　速率分布函数 $f(v)$ 的物理意义是什么?试说明下列各量的物理意义(n 为分子数密度,N 为系统总分子数).

(1)$f(v)\mathrm{d}v$　　(2)$nf(v)\mathrm{d}v$　　(3)$Nf(v)\mathrm{d}v$

(4) $\int_0^v f(v)\,\mathrm{d}v$　　(5) $\int_0^\infty f(v)\,\mathrm{d}v$　　(6) $\int_{v_1}^{v_2} Nf(v)\,\mathrm{d}v$

16.9　最概然速率的物理意义是什么？方均根速率、最概然速率和平均速率，它们各有何用处？

16.10　一定质量的气体，保持容器的容积不变. 当温度增加时，分子运动更趋激烈，因而平均碰撞次数更多，平均自由程是否也因此而减小呢？

16.11　液体的蒸发过程是不是其表面一层一层地变成蒸气？为什么蒸发时液体的温度会降低？

习　题

16.1　20 个质点的速率分布如下

质点数	2	3	5	4	3	2	1
速率 v	v_0	$2v_0$	$3v_0$	$4v_0$	$5v_0$	$6v_0$	$7v_0$

试计算：(1)平均速率；(2)方均根速率；(3)最概然速率.

16.2　容积为 10 L 的容器中有 1 mol CO_2 气体，其方均根速率为 1 440 km·h^{-1}，求 CO_2 气体的压强.

16.3　体积为 $10^{-3}\,\mathrm{m}^3$，压强为 $1.013\times10^5\,\mathrm{Pa}$ 的气体，所有分子的平均平动动能的总和是多少？

16.4　求压强为 $1.013\times10^5\,\mathrm{Pa}$、质量为 $2\times10^{-3}\,\mathrm{kg}$、容积为 $1.54\times10^{-3}\,\mathrm{m}^3$ 的氧气的分子平均动能.

16.5　题 16.5 图(a)是氢和氧在同一温度下的两条麦克斯韦速率分布曲线，哪一条代表氢？题 16.5 图(b)是某种气体在不同温度下的两条麦克斯韦速率分布曲线，哪一条的温度较高？

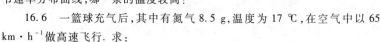

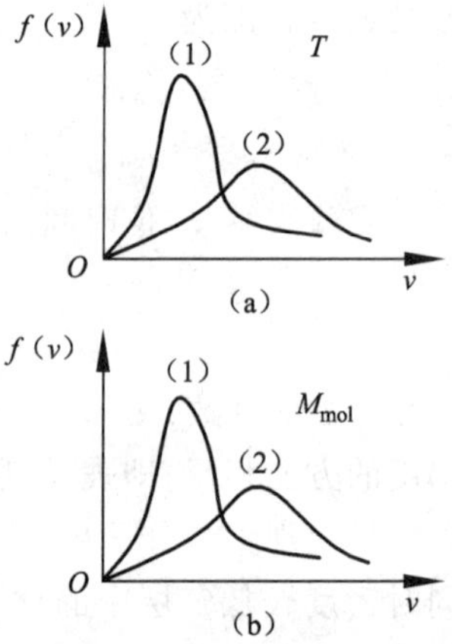

题 16.5 图

16.6　一篮球充气后，其中有氮气 8.5 g，温度为 17 ℃，在空气中以 65 km·h^{-1}做高速飞行. 求：

(1)一个氮分子(设为刚性分子)的热运动平均平动动能、平均转动动能和平均总动能；

(2)球内氮气的内能；

(3)球内氮气的动能.

16.7　质量为 50.0 kg，温度为 18.0℃的氦气装在容积为 10.0 L 的封闭容器内，容器以 $v=200\ \mathrm{m\cdot s^{-1}}$ 的速率做匀速直线运动，若容器突然停止，定向运动的动能全部转化为分子热运动的动能，试问平衡后氦气的温度和压强将增大多少？

16.8　试说明下列各量的物理意义.

(1) $\frac{1}{2}kT$　　(2) $\frac{3}{2}kT$　　(3) $\frac{i}{2}kT$

(4) $\frac{M}{M_{mol}}\frac{i}{2}RT$　　(5) $\frac{i}{2}RT$　　(6) $\frac{3}{2}RT$

16.9　假定太阳是由氢原子组成的理想气体恒星，且密度是均匀的，压强为 $p=1.35\times10^{14}\,\mathrm{Pa}$，已知氢原子质量 $m=1.67\times10^{-27}\,\mathrm{kg}$，太阳质量 $M=1.99\times10^{30}\,\mathrm{kg}$，太阳半径为 $R=6.96\times10^8\,\mathrm{m}$，试估算太阳内部的温度.

16.10　一容器被中间的隔板分成相等的两半，一半装有氦气，温度为 250 K；另一半装有氧气，温度为 310 K. 二者压强相等. 求去掉隔板两种气体混合后的温度.

16.11　烟粒悬浮在空气中受空气分子的无规则碰撞而作布朗运动的情况可用普通显微镜观察，它和空气处于同一个平衡态. 一颗烟粒的质量为 $1.6\times10^{-16}\,\mathrm{kg}$，求在 300 K 时它悬浮在空气中的方均根速率. 此烟粒如果是在 300 K 的氢气中悬浮，它的方均根速率与在空气中的相比会有什么不同？

16.12　容器中储有氧气，其压强为 $p=0.1\,\mathrm{MPa}$(即 1 atm)，温度为 27℃，求

(1)单位体积中的分子数 n;(2)氧分子的质量 m;(3)气体密度 ρ;(4)分子间的平均距离 $\bar{e}$;

(5)平均速率 $\bar{v}$;(6)方均根速率$\sqrt{\overline{v^2}}$;(7)分子的平均动能 $\bar{\varepsilon}$.

16.13 容积 $V=1\ \mathrm{m}^3$ 的容器内混有 $N_1=1.0\times10^{25}$ 个氧气分子和 $N_2=4.0\times10^{25}$ 个氮气分子,混合气体的压强是 2.76×10^5 Pa. 求:(1)分子的平均平动动能;(2)混合气体的温度.

16.14 将 1 kg 氦气和 M kg 氢气混合,平衡后混合气体的内能是 2.45×10^6 J,氦分子平均动能是 6×10^{-21} J,求氢气质量 M.

16.15 某些恒星的温度达到 10^8 K 的数量级,在此温度下原子已不存在,只有质子存在,试求:(1)质子的平均动能是多少电子伏特?(2)质子的方均根速率多大?

16.16 (1)火星的质量为地球质量的 0.108 倍,半径为地球半径的 0.531 倍,火星表面的逃逸速度多大?以表面温度 240 K 计,火星表面 CO_2 和 H_2 分子的方均根速率多大?以此说明火星表面有 CO_2 而无 H_2(实际上,火星表面大气中 96% 是 CO_2).

(2)木星的质量为地球的 318 倍,半径为地球的 11.2 倍,木星表面的逃逸速度多大?以表面温度 130 K 计,木星表面的 H_2 分子的方均根速率多大?以此说明木星表面有 H_2(实际上,木星表面大气中 78% 的质量是 H_2,其余的是 He,其上盖有冰云,木星内部为液态甚至固态氢).

16.17 一瓶气体由 N 个分子组成. 试证:不论分子速率分布函数的形式如何,总有$\sqrt{\overline{v^2}}\geqslant\bar{v}$.

16.18 设有 N 个粒子的系统,其速率分布如题 16.18 图所示. 求:

(1)分布函数 $f(v)$ 的表达式;

(2)a 与 v_0 之间的关系;

(3)速度在 $1.5v_0$ 到 $2.0v_0$ 之间的粒子数;

(4)粒子的平均速率;

(5)$0.5v_0$ 到 v_0 区间内粒子的平均速率.

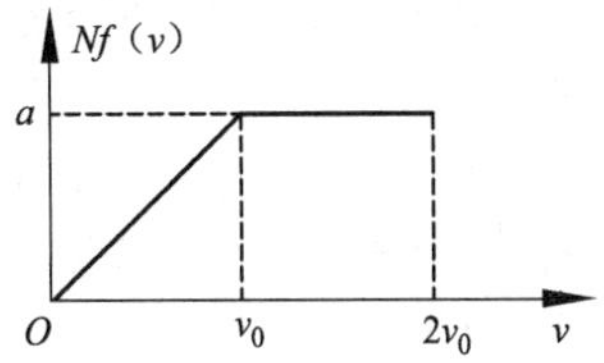

题 16.18 图

16.19 试求氢气在 300 K 时分子速率在 $v_p-10\ \mathrm{m\cdot s^{-1}}$ 与 $v_p+10\ \mathrm{m\cdot s^{-1}}$ 之间的分子数所占百分比.

16.20 试由麦克斯韦速率分布律推出相应的平均动能分布律,并求出最概然能量 E_p,它是否就等于 $\frac{1}{2}mv_p^2$?

16.21 无线电所用的真空管的真空度为 1.38×10^{-3} Pa,试求在27℃时单位体积中的分子数及分子的平均自由程(设分子的有效直径 $d=3\times10^{-10}$ m).

16.22 设电子管温度为 300 K,如果要管内分子的平均自由程大于 10 cm 时,则应将它抽到多大压强?设分子的有效直径 $d=3\times10^{-8}$ cm.

16.23 设地球大气是等温的,温度为 17℃,海平面上的气压为 $p_0=1.0\times10^5$ Pa. 已知某地的海拔高度为 $h=2\,000$ m,空气的摩尔质量 $M_{\mathrm{mol}}=29\times10^{-3}\ \mathrm{kg\cdot mol^{-1}}$,求该地的气压值.

16.24 已知大气中分子数密度随高度的变化规律为 $n=n_0\mathrm{e}^{-\mu gh/RT}$,设大气温度不随高度变化,$t=27$℃,求升高多大高度时大气压强减为原来的一半?

16.25 一长为 L、半径 $R_1=2$ cm 的蒸汽导管,外面包围一层厚度为 2 cm 的绝热材料(其 $k=0.1\ \mathrm{W\cdot m^{-1}\cdot K^{-1}}$). 蒸汽的温度为 100℃,绝热套的外表面温度为 20℃. 求:(1)单位时间单位长度传出的热量是多少?(2)绝热套外表面的温度梯度.

科学家简介

玻耳兹曼

玻耳兹曼(Ludwig Boltzmann,1844—1906),奥地利物理学家.

生平简介

玻耳兹曼1844年2月20日诞生于维也纳,从小受到良好的家庭教育.他勤奋好学,读中学时一直是班上的优等生.1863年,他以优异成绩考入著名的维也纳大学,受到J.斯忒藩、J.洛喜密脱等著名学者的赞赏和栽培.1866年获博士学位后,他在维也纳的物理学研究所任助理教授,此后历任拉茨大学(1869—1873,1876—1889)、维也纳大学(1873—1876,1894—1900,1902—1906)、慕尼黑大学(1880—1894)和莱比锡大学(1900—1902)的教授.1899年他被选为英国皇家学会会员.他还是维也纳、柏林、斯德哥尔摩、罗马、伦敦、巴黎、彼得堡等科学院院士.玻耳兹曼是个唯物论者,是维护原子论的积极斗士.他一生同马赫的经验主义和奥斯特瓦尔德为首的唯能论者进行了不懈的斗争.他的统计力学的理论受到唯能论者们的猛烈攻击,长期被误解,损害了他的身心健康,玻耳兹曼于1906年9月5日不幸自杀身亡.不过,分子、原子的存在,分子、原子作热运动的真实性以及玻耳兹曼统计理论的正确性,则由爱因斯坦、皮兰对布朗运动的理论和实验研究成果得到了直接的证实.

主要科学贡献

玻耳兹曼主要从事气体动理论、热力学、统计物理学、电磁理论的研究.在这些方面他都作出了重大的贡献.

玻耳兹曼是气体动理论的三个主要奠基人之一(还有克劳修斯和麦克斯韦),由于他们三人的工作使气体动理论最终成为定量的系统理论.1868—1871年间,玻耳兹曼把麦克斯韦的气体速率分布律推广到有势力场作用的情况,得出了有势力场中处于热平衡态的分子按能量大小分布的规律.在推导过程中,他提出的假说后被称为"各态历经假说",这样他就得到了经典统计的分布规律-玻耳兹曼分布律,又称麦克斯韦-玻耳兹曼分布律.并进而得出气体分子在重力场中按高度分布的规律,有效地说明了大气的密度和压强随高度的变化的情况.

玻耳兹曼分布律只反映气体平衡态的情况,他并不满足于已经取得的成就,进一步研究了气体从非平衡态过渡到平衡态的过程,于1872年建立了著名的玻耳兹曼微积分方程.他引进了由分子分布函数定义的一个函数H,进一步得出分子相互碰撞下H随时间单调地减小的规律,这就是著名的H定理,从而把H函数和熵函数紧密联系起来.H定理与熵增加原理相当,都表征着热力学过程由非平衡态向平衡态转化的不可逆性.H定理从微观粒子的运动上表征了自然过程的不可逆性,为当时科学家们所难于接受.1874年开尔文首先提出所谓"可逆性佯谬",即:系统中单个微观粒子运动的可逆性与由大量微观粒子在相互作用中所表现出来的宏观热力学过程的不可逆性相矛盾.由单个粒子运动的可逆性如何会得出宏观过程的不可逆性这样的结论?玻耳兹曼继续潜心研究,1877年,他圆满地解决了这一佯谬,从而将自己的研究工作推向了一个新的高峰.他建立了熵S和系统宏观态所对应的可能的微观态数目(即热力学几率)的联系:$S \propto \ln W$.1900年普朗克引进了比例系数k—称为玻耳兹曼常量,写出了玻耳兹曼-普朗克公式:$S = k\ln W$.这表明函数H和S都是同热力学几率W相联系的,从而揭示了宏观态与微观态之间的联系,指出了热力学第二定律的统计本质:H定理或熵增加原理所表示的孤立系统中热力学过程的方向性,正相应于系统从热力学几率小的状态向热力学几率大的状态过渡,平衡态热力学几率最大,对应于S取极大值或H取极小值的状态;熵自发地减小或H函数自发增加的过程不是绝对不可能的,不过几率非常小而已.

玻耳兹曼的工作是气体动理论成熟和完善的里程碑,同时也为统计力学的建立奠定了坚实的基础,从而导致了热现象理论的长足进展.美国著名理论物理学家吉布斯(Josiah Willard Gibbs,1839—1903)正是在玻耳兹曼和麦克斯韦工作的基础上建起了统计力学大厦.玻耳兹曼开创了非平衡态统计理论的研究,玻耳兹曼微积分方程对非平衡态统计物理起着奠基性的作用,无论从基础理论或实际应用上,都显示出相当重要的作用. 因此,人们将公式 $S = k\ln W$ 铭刻在他的墓碑上,以纪念他科学上的不朽功绩.

玻耳兹曼把热力学理论和麦克斯韦电磁场理论相结合,运用于黑体辐射研究. 1870 年斯忒藩在总结实验观测的基础上提出热物体发射的总能量同物体绝对温度 T 的 4 次方成正比. 1884 年玻耳兹曼从理论上严格证明了空腔辐射的辐射出射度 $M_0(T)$ 和绝对温度 T 的关系:$M_0(T) = \sigma T^4$,式中 σ 是个普适常量,后来称为斯忒藩-玻耳兹曼常量,这个关系被称为斯忒藩-玻耳兹曼定律. 它对后来普朗克的黑体辐射理论的发展起到了很大的启示作用. 在当时,科学家对麦克斯韦电磁场理论大多持不同看法,而玻耳兹曼最早认识到麦克斯韦电磁场理论的重要性. 他通过实验研究,测定了许多物质的折射率,用实验证实了麦克斯韦的预言:媒质的光折射率等于其相对介电常数和磁导率乘积的算术平方根,并从实验证明在各向异性媒质中不同方向的光速是不同的. 他用《浮士德》中的一句话"写出这些符号的是一个神吗?"来赞美麦克斯韦方程组. 这些无疑是对麦克斯韦电磁理论的有力支持.

玻耳兹曼是位很好的老师,经常被邀请到国外去讲学. 他学识渊博,对学生要求严格而从不以权威自居. 他讲课深入浅出、旁征博引、生动有趣,深受学生欢迎. 他常常主持以科学最新成就为题的讨论班,带动学生进行研究. 他对青年严格要求、热情帮助,培养了一大批物理学者.

阅读材料 E

大气与生物圈

21 世纪人类面临地球资源缺少、人口剧增、环境污染等严重问题,到目前为止,人类还没有什么好的对策. 人类是否有可能向外发展,移民到其他星球上去呢? 火星和月球是离我们最近也是人类了解得最多的天体,这些天体应当是移民首选对象,但这些天体的自然环境与地球有较大的差距. 下面我们对地球大气的成分和生物圈的状况进行简单分析.

1. 地球大气成分简单分析

当物体与地球的距离趋于无穷远时,地球对物体的引力势能为零. 若此时物体相对地球的动能为零,则物体总的机械能 $E = 0$,即

$$\frac{1}{2}mv^2 - \frac{GM_\oplus m}{R_\oplus} = 0 \tag{E-1}$$

式(E-1)中,$M_\oplus$、$R_\oplus$ 分别是地球质量与地球半径,G 为引力常数;m 为物体质量.

由式(E-1)求出的物体的速度称为第二宇宙速度,又称逃逸速度,这里用 $v_{逃}$ 表示,即

$$v_{逃} = \sqrt{\frac{2GM_\oplus}{R_\oplus}} \tag{E-2}$$

逃逸速度 $v_{逃}$ 与方均根速率之比为

$$K = \frac{v_{逃}}{\sqrt{\overline{v^2}}} = \sqrt{\frac{2GM_\oplus M_{mol}}{3R_\oplus RT}} \tag{E-3}$$

地球大气圈中几种气体的 K 值如表 E-1 所示(这里设大气温度为 290 K).

表 E-1　地球大气圈中几种气体的 K 值

气体	H_2	He	H_2O	N_2	O_2	Ar	CO_2
K	5.88	8.32	17.65	22.0	23.53	26.31	27.59

当代宇宙学告诉我们,宇宙中原始的化学成分绝大部分是氢(约占 3/4)和氦(约占 1/4),地球形成

之初,原始大气中应含大量的氢和氦;但现在地球大气中几乎没有 H_2 和 He,其主要成分为 N_2 和 O_2,为什么呢? 在一个星球上,大气分子的热运动促使其向太空逸散,万有引力阻止它们逃脱.方均根速率标志着前者动能的大小,逃逸速度标志着后者势能的大小,比值 K 标志着二者抗衡中谁占先的问题. K 值越大,表明引力势能越大,分子不易逃脱. K 值刚刚大过 1,不足以有效阻止气体分子散失,因为此时仅仅具有方均根速率的分子被引力拉住,按麦克斯韦分布律,气体中有大量分子的速率大过、甚至远大过方均根速率,它们仍可以逃脱.至于地球上 CO_2 相对于 O_2 含量特别少,人们一致认为这是生命过程参与的结果,早期地球表面有一种称为蓝藻的植物,大量吸收 CO_2,放出 O_2,导致地球大气圈中的 CO_2 减少.

2. 星球表面的大气层状况

行星形成之初曾被原始大气层包围,以后的状况会是怎样的呢?

根据表 E-2 中地球、月球、火星的半径和质量数,取温度为 290 K,由式(E-3)算出各星球上 CO_2、O_2、H_2 三种气体分子 K 值如表 E-3 所示.

在对比大量星球的 K 值和大气层状况后得出的经验数据表明,当 $K>10$ 时星球才能将气体留在表面.由此判别地球上有 CO_2 和 O_2 存于大气层中而几乎没有 H_2;火星上有少量 CO_2 而几乎没有 O_2;月球上没有大气层.

表 E-2 地球、月球、火星的半径和质量数

地　　球	月球与地球相比	火星与地球相比
半径 $R_e=6.378\times10^6$ m	$R_m/R_e=0.272$	$R_h/R_e=0.531$
质量 $M_e=5.98\times10^{24}$ kg	$M_m/M_e=0.012$	$M_h/M_e=0.108$

表 E-3 地球、火星、月球上三种气体分子 K 值

M_{mol}		CO_2:44×10^{-3} kg·mol^{-1}	O_2:32×10^{-3} kg·mol^{-1}	H_2:2×10^{-3} kg·mol^{-1}
K 值	地球	27.4	23.4	5.9
	火星	12.3	10.5	2.7
	月球	5.8	4.7	1.2

实际上决定气体分子在星球上去留的并不只这两个因素.按麦氏分布律,气体中还有大量速率大于方均根速率的分子足可能逃脱;再则,星球表面通过各种物理化学过程会释放或吸收某些气体成分,又由于太阳风的作用还会扫走许多大气分子.虽然各个星球上的实际情况比上面介绍的复杂,但这些因素的综合效果是使得星球大气逐渐散失.目前已探测到火星表面以 CO_2 为主,压强为 0.14~0.7 kPa,温度为 170~180 K,H_2O 含量是地球大气的几千分之一;月球处于超高真空状态,大气非常稀薄,温度在 190~300 K 之间变化.

3. 火星和月球的可利用资源

1965 年 7 月 15 日,美国发射的人造行星 Mariner-4 飞抵火星附近,对火星大气层进行了首次近距离观测. 1971 年 5 月 19 日前苏联发射了人造行星 Марс-2,后又发射了 Марс-3. 1975 年美国发射 Viking-1,经过 303 天航行后于次年 6 月 19 日到达环绕火星的轨道,以后又投下着陆舱,使人类对火星的了解程度大大增加.火星土壤是富含铁(80%)的粘土,还有硅、镁、铝、钙、钛等,这些都是对人类有用的元素. 20 世纪 90 年代后,美国科学家设想在火星表面就地制造返回地球的燃料:先把液氢运到火星,与火星大气中丰富的 CO_2 进行反应,就能得到甲烷和水,分解后得到 O_2.

月球上也有丰富的资源.月球的岩石和砂中含有丰富的矿物元素.月壤和月岩中有丰富的氦-3,是理想的核聚变燃料,几乎无放射性.其次,人类可以在月球表面建造宇宙飞船发射场,由于月球引力小,从这里发射火箭可以大大节省燃料.可以预料,人类往返于地球和太空之间进行各种活动的日子不会太遥远了.目前有许多科学家正致力于解决人类在外星球上的居住问题,如防止由于微重力引起的骨质疏松、预防太阳耀斑的影响、解决地球和火星间的电磁波通信、综合利用能源等等.

4. 生物圈和臭氧层

天体物理理论认为,地球、金星、火星的大气圈形成过程遵循同样的规律,有关计算结果表明地球上应该是 CO_2 特别多而 O_2 很少,从前面 K 值的计算看也应该是 CO_2 最能保留在大气中,但实际上地球的大气组分和理论值相距甚远，O_2 特别多而 CO_2 很少，如何解释这样的现象呢？

研究表明，地球上 O_2 多而 CO_2 少是生命过程造成的，地球早期的大气成分和近邻星球一样，的确主要是 CO_2，不同的是地球表面凝聚了液态水.

30 多亿年前，地球大气中 CO_2 比现在多 10 倍，氧浓度只有现在的千分之一，在这样的环境中生命过程开始了. 在无氧的条件下，厌氧生物生活在 10 m 以下的深水里，但不能到水面上来，因为当时太阳辐射的紫外线直达地面不受阻拦. 到了距今约 6 亿年时，地球大气中的氧浓度达到现在的百分之一，大气中的臭氧浓度也明显增加，形成了一道吸收紫外线的屏障，生物才得以浮出水面，水面生物通过光合作用有效地吸收二氧化碳，释放氧，使大气中氧浓度随之增长. 到距今 4 亿年时，地球大气中的氧浓度已达到现在的十分之一，臭氧层高度上升到 20 km 左右，地表形成了适合生命生存的条件，生物也从海洋登上陆地. 此后，陆地上绿色植物的光合作用大量制造氧气，使氧的浓度经过几次小的起伏后，与腐败有机物的氧化达到某种平衡，大气成分稳定在目前的水平上. 所以说，生命的出现使地球的演化过程与其他星球不同. 实际上，生物圈这个生态系统是一个由生命过程控制的动态系统.

今天，人类的活动成为生态系统进一步演化的重要因素之一. 由于人类活动的影响，地球上 CO_2 的含量已从 18 世纪工业革命以前的 2.8×10^{-4} 升高到今天的 3.5×10^{-4}. 值得指出的是，20 世纪中期，地球大气中 CO_2 的含量比例仅为 3.2×10^{-4}. 造成这种结果的原因是：地球上的原始森林被人类大量砍伐，绿色植物吸收 CO_2 的功能减弱；石油和煤的大量燃烧释放出大量 CO_2. CO_2 对中远红外辐射有强烈的吸收. 由于地球表面气温约 288 K，按维恩位移定律，其向外热辐射能量的峰值波长 λ_m 为 10.06 μm. 因此，地球表面热辐射能量主要集中在中远红外波段，地球热辐射被大气中 CO_2 强烈吸收，又被 CO_2 辐射回地球，使地球表面热量散发不出去；而 CO_2 对太阳辐射影响可忽略不计. 因此，它相当于给地球加上了一个“玻璃”罩，形成所谓温室效应.

温室效应使得地球表面气温逐渐升高，它对人类的危害尚难完全预料. 但可以肯定的是，气候变暖将使诸如飓风、暴雨、洪水或干旱等极端气候现象更加猛烈，使得气候更加不稳定. 20 世纪 90 年代地球表面平均气温上升了约 1.5 K. 计算表明，如果温室效应使地表平均气温升高5 K，将引起南北极冰层大量融化，海平面将上升 2 ~ 5 m，大量沿海地区将被淹没.

地球由大气圈、岩石土壤圈、水圈及生物圈组成，它们互相渗透，互相影响. 1990 年，当环保科学家乘宇宙飞船鸟瞰地球时，他们看到的不再是青山绿水的家园，而是千疮百孔、四处狼烟的地球. 科学技术的发展，使人类认为可以“征服自然、改造地球”，从而为满足当前的需求向地球无限制地索取. 今天，地球环境不断恶化，如大气污染、水污染、土壤污染，森林面积锐减，土壤沙漠化，水源短缺、非再生资源枯竭，生物物种大量灭绝，自然灾害频发，潜在核战争，人口急剧膨胀等. 这些危机一旦失控，后果将不堪设想. 人类的发展和生存面临着极大的挑战和威胁. 有识之士认识到，人类必须寻找一种新的模式，它既可以满足人类现在的需求，又不致损害子孙后代的生存环境，这种模式即是可持续发展的模式. 可持续发展的内涵不仅包含经济发展与自然环境、自然资源的关系，还包含社会与经济的协调发展，它涉及到人类综合素质的提高、精神文明的发展、人际关系的和谐等一系列重大问题. 它是我国经济发展的战略措施，也是我国教育和科技发展的主题.

第17章　热力学基础

热力学的理论基础是热力学第一定律与热力学第二定律. 热力学第一定律是包括热现象在内的能量转换与守恒定律;热力学第二定律则指明了过程进行的方向性与转换条件.

17.1　准静态过程　功　热量　内能

17.1.1　准静态过程

在第16章中,我们讨论了热力学系统处于平衡状态的某些性质. 一个系统的热平衡态可由宏观参量 p、V、T 来描述,在 p-V 图上可由一个点来表示. 当外界条件变化时,系统的平衡态必被破坏,之后会在新的条件下达到新的平衡. 现在我们来研究热力学系统从一个平衡态到另一个平衡态的转变过程.

当热力学系统受到外界的作用后,其状态随时间发生变化,我们称系统经历了一个**热力学过程**,简称**过程**. 根据热力学过程的中间状态不同,可把热力学过程分为两类:准静态过程和非静态过程. 如果过程进行得足够缓慢,以至系统连续经过的每个中间状态都可近似地看成平衡态的过程称为**准静态过程**(或**平衡过程**). 否则称为**非静态过程**(或**非平衡过程**). 只有准静态过程才能在相图(p-V 图、p-T 图、T-V 图)上用曲线表示出来. 下面我们举例进行说明.

如图17.1(a)所示的汽缸-活塞系统,活塞上压有很多重量相等的小砝码. 此时,系统处于平衡态1(p_1、V_1). 若如图17.1(a)A 所示,将活塞上的砝码一下子全部去掉,气体的平衡态被破坏. 由于活塞上方的压力突然减少,活塞将迅速向上推移,最后稳定在某一高度. 这样,系统会由初始的平衡态1(p_1、V_1)突变到新的平衡态2(p_2、V_2). 显然,在这个过程中,系统所经历的每一个中间态都是非平衡态,我们无法在 p-V 图上将它们表示出来;若如图17.1(a)B 所示,每次仅去掉一个质量很小的小砝码,每次都待系统恢复平衡后再去掉下一个小砝码. 这样依次取走所有的小砝码后,系统同样达到平衡态2(p_2、V_2). 但是,在这个过程中,系统经历的每一个中间态都是平衡态,都可以在 p-V 图上以点表示出来(见图17.1(b)Ⅱ),连接所有的点,便可在 p-V 图上得到一条连续的曲线(见图17.1(b)Ⅲ),将整个过程描绘出来.

准静态过程是一种理想化过程,是实际过程无限缓慢进行时的极限情况. 这里"无限"一词应从相对意义上理解. 我们把系统从一个平衡态变到相邻平衡态所经过的时间称为系统的**弛豫时间**. 如果系统的外界条件发生一微小变化所经历的时间比系统的弛豫时间长的多,那么在外界条件的变化过程中,系统有充分的时间达到平衡态. 例如,内燃机汽缸中的燃气,在实际过程中经历一次压缩的时间很短,约为 10^{-2} s,但此时间比其弛豫时间(约为 10^{-3} s)长10倍,在理论分析时,我们就可把汽缸中燃气经历的变化过程视为准静态过程.

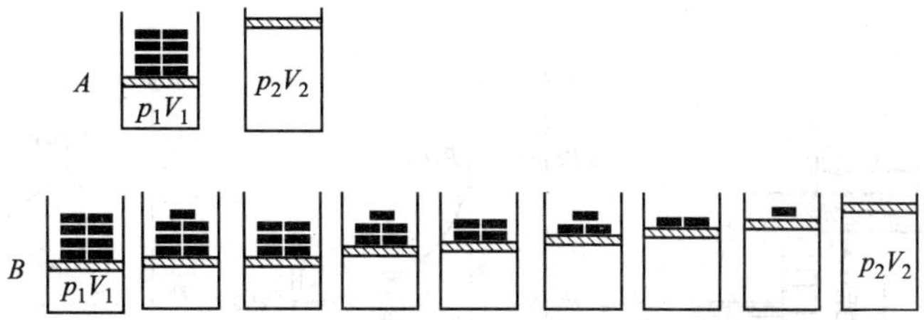

(a) 从非准静态过程向准静态过程逼近

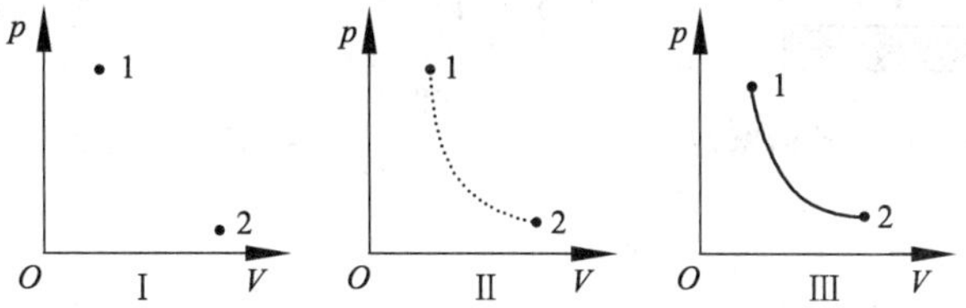

(b) 只有准静态过程才能在相图上用曲线表示出来

图 17.1　理解准静态过程示意图

17.1.2　内能

实验证明,系统状态发生变化时,只要初、末状态给定,则不论所经历的过程有何不同,系统与外界交换的能量都是相同的. 由此看来,热力学系统在一定状态下是具有确定的能量的,我们把由系统状态决定的能量称为热力学系统的"**内能**". 这样,系统内能的改变只取决于初、末两个状态,而与所经历的过程无关. 换句话说,**内能是系统状态的单值函数**. 对于理想气体,内能仅由分子的动能所决定,内能是温度的单值函数,即第 16 章给出的式(16.12),$E=\frac{M}{M_{\text{mol}}}\cdot\frac{i}{2}RT$.

17.1.3　准静态过程的功

在力学中,外界对物体作功可使物体的能量发生变化,在热学中也是如此. 作功是热力学系统之间传递能量的一种方式. 用一根棍不停地搅拌一杯水,经过一段时间后,水温将升高. 当外界推动活塞压缩气体,气温有所上升,压强也随之增大. 这都说明作功使系统的内能发生了改变.

下面我们以封闭在汽缸中的气体为例,说明如何计算准静态过程的功. 如图 17.2 所示,设活塞面积为 S,在气体压力 f 的作用下,活塞移动 $\mathrm{d}l$ 的距离,则气体对外作元功为

$$\mathrm{d}A=f\mathrm{d}l=pS\mathrm{d}l=p\mathrm{d}V \tag{17.1}$$

准静态过程可用 p-V 图上的一条曲线表示,如图 17.3(a)所示,元功 $\mathrm{d}A$ 相当于图中阴影部分的面积,从初态到末态整个过程系统对外作功是 I (p_1,V_1) 至 II (p_2,V_2) 整个曲线下的面积,即

$$A=\int_{\mathrm{I}}^{\mathrm{II}}\mathrm{d}A=\int_{V_1}^{V_2}p\mathrm{d}V \tag{17.2}$$

图 17.3(a)与图 17.3(b)虽然都表示气体从同一初态 I (p_1,V_1) 到同一末态 II (p_2,V_2),但由于经历的过程不同,气体对外作功也不同. 这说明功是一个与过程有关的过程量.

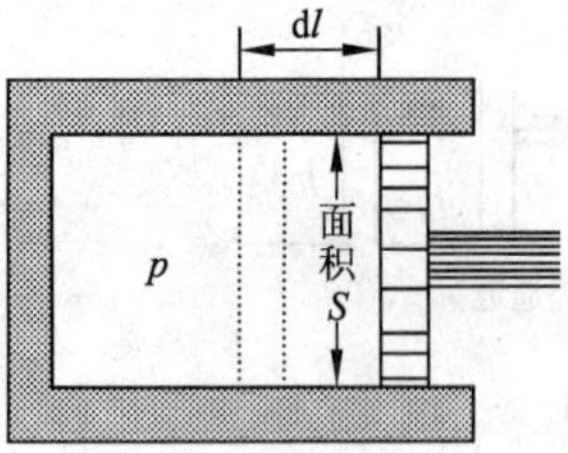

图 17.2　汽缸内气体推动活塞作功

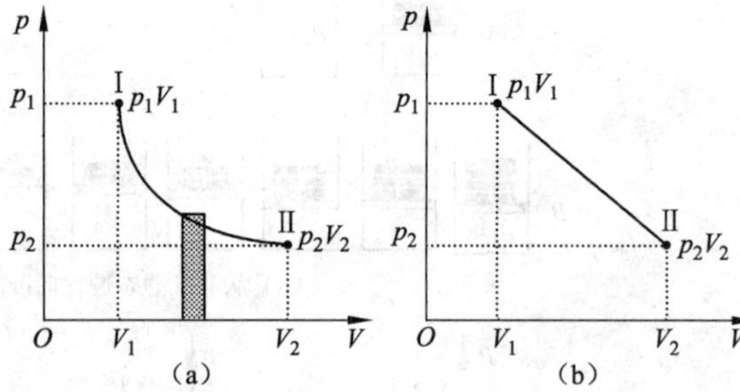

图 17.3　功的图示

17.1.4　热量

实验表明,当两个温度不同的物体相互接触一段时间后,高温物体的温度要降低,低温物体的温度要升高,它们的内能都发生了变化. 利用系统与外界存在温差而改变系统内能的方法称为**传热**,其本质是能量的传递,通过微观运动(分子间相互碰撞)来实现. 因此,传热是热力学系统之间传递能量的另一种方式. 传热的三种方式是:导热、对流、热辐射. 此外,相变亦可传热.

传热过程中所传递能量的多少称为**热量**,通常记为 Q,单位是焦耳(J). 以后我们将看到,在相同的始、末状态之间,吸热的多少与过程有关,所以热量也是过程量. 应当指出,热量只是用来衡量在热传递过程中物体内能变化的物理量,而不是用来表示物体内能的多少,说某一个系统在某一个状态下有多少热量是没有意义的.

传热和作功对系统内能的改变具有等效性. 例如,将一杯水从某一温度升高到另一温度,既可以通过加热即传热的方式,也可采用搅拌作功的方式. 虽然方法不同,但两者都使杯中的水温度增高,内能增加,产生状态变化. 所以,从系统内能变化的角度来看,外界对系统作功和向系统传递热量是等效的. 应当指出,作功和传热在本质上存在着差异:作功改变系统的内能,是外界有序运动的能量与系统内分子无序热运动能量之间的转换;传热改变系统的内能,是外界分子无序运动能量与系统内分子无序热运动能量之间的传递.

17.2　热力学第一定律及其在理想气体等值过程中的应用

17.2.1　热力学第一定律

在一般的热力学过程中,系统内能的变化是作功与传热的共同结果. 假设系统从内能为 E_1 的平衡态经某一热力学过程变化到内能为 E_2 的平衡态,在此过程中,外界对系统传热为 Q,同时系统对外作功为 A,根据能量转化和守恒定律,在系统状态变化时,系统能量的改变量等于系统与外界交换的能量. 则有

$$Q = E_2 - E_1 + A \tag{17.3}$$

式(17.3)表示:**系统吸收的热量,一部分转化成系统的内能;另一部分转化为系统对外所作的功**. 这就是热力学第一定律的数学表达式. 实质上,热力学第一定律就是包含热现象在内的能量转换与守恒定律.

式(17.3)中的各量均为代数量,其正负号规定为:系统从外界吸热时,Q 为正,向外界放热时,Q 为负;系统对外作功时,A 为正,外界对系统作功时,A 为负;系统的内能增加时,$\Delta E = E_2 - E_1$ 为正,系统的内能减少时,$\Delta E = E_2 - E_1$ 为负.

对于状态的微小变化过程,热力学第一定律的数学表达式为

$$\mathrm{d}Q = \mathrm{d}E + \mathrm{d}A \tag{17.4}$$

在热力学第一定律建立以前,曾有人幻想制造出一种不需要外界提供能量而连续不断对外作功、系统又能复原的机器,这种机器称为**第一类永动机**,经过无数次的尝试,结果都以失败告终. 由热力学第一定律可知,要使系统对外作功,既可以消耗系统的内能,也可以从外界吸收热量,或者两者兼有. 热力学第一定律表明,第一类永动机是不可能制造成功的.

应当指出,热力学第一定律表明,在热力学过程中,热和功可以相互转换. 但这种转换不是直接的,而是通过系统内能的变化来实现的.

对于准静态过程,如果系统对外作功是通过体积变化来实现的,则式(17.4)与式(17.3)可以分别表示为

$$\mathrm{d}Q = \mathrm{d}E + p\mathrm{d}V \tag{17.5}$$

$$Q = \Delta E + \int_{V_1}^{V_2} p\mathrm{d}V \tag{17.6}$$

例 17.1　如例 17.1 图所示,系统从 a 态沿过程曲线 abc 变化到 c 态,吸收热量为500 J,从 c 态沿过程曲线 cda 回到 a 态,向外放热300 J,外界对系统作功 200 J,求在 abc 过程中系统内能的增量及对外作的功.

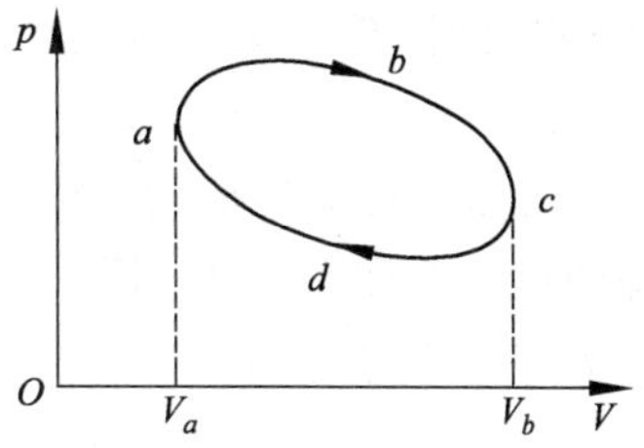

例 17.1 图

解　在 cda 过程中

$$Q = -300\ \mathrm{J},\quad A = -200\ \mathrm{J}$$

根据热力学第一定律,有

$$E_a - E_c = Q - A = -300 - (-200)\ \mathrm{J} = -100\ \mathrm{J}$$

$$E_c - E_a = -(E_a - E_c) = 100\ \mathrm{J}$$

对于 abc 过程运用热力学第一定律,有

$$A = Q - (E_c - E_a) = 500 - 100\ \mathrm{J} = 400\ \mathrm{J}$$

所以 abc 过程内能增加 100 J,系统对外作功 400 J.

17.2.2　热力学第一定律在理想气体等值过程中的应用

1. 等体过程

设一汽缸内封闭有一定质量的理想气体,保持汽缸内体积不变,将汽缸连续不断地与一系列温差无限小的恒温热源相接触,使气体的温度逐渐上升,压强逐渐增大,但气体体积保持不变,这样,缸内气体就经历了一个准静态的等体过程,如图 17.4所示.

等体过程的特征是气体的体积保持不变,即 V = 恒量,$\mathrm{d}V = 0$. 理想气体的准静态等体过程的过程方程为 p/T = 恒量. 其 p-V 关系曲线如图 17.5 所示,是一条平行于 p 轴的直线段,称为**等体线**.

对微小过程,由于 $\mathrm{d}V = 0$,所以系统作功 $\mathrm{d}A = p\mathrm{d}V = 0$. 根据热力学第一定律,有

$$\mathrm{d}Q_V = \mathrm{d}E = \frac{M}{M_{\mathrm{mol}}}\frac{i}{2}R\mathrm{d}T$$

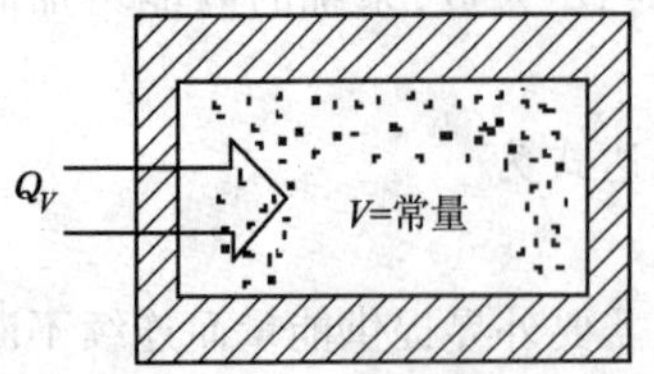

图 17.4 气体的等体过程

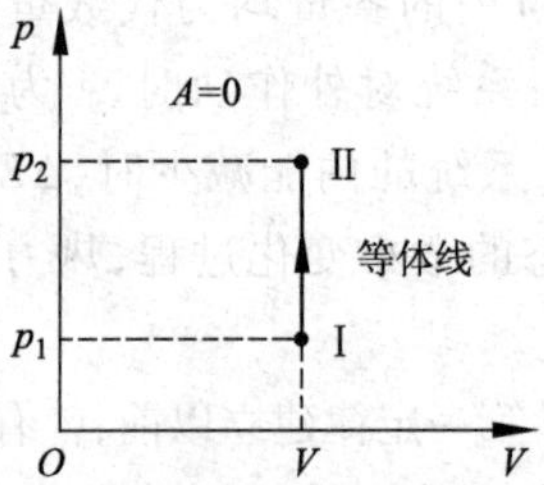

图 17.5 等体过程的 p-V 图

对一有限过程,则有

$$Q_V = \Delta E = E_2 - E_1 = \frac{M}{M_{\text{mol}}}\frac{i}{2}R(T_2 - T_1) \tag{17.7}$$

上面各式中的脚标 V 表示体积不变.

可见,在等体过程中,外界传给气体的热量全部用来增加气体的内能,系统对外不作功(见图 17.5).

2. 等压过程

设想一封闭汽缸,连续地与一系列有微小温差的恒温热源(热源温度依次较前一个热源高)相接触,但活塞上所加的外力保持不变,使系统经历一个准静态等压过程,如图 17.6 所示.

等压过程的特征是系统的压强保持不变,即 $p=$恒量,$dp=0$. 对理想气体的准静态等压过程的过程方程为 $V/T=$恒量. 在 p-V 图上,准静态等压过程表示为一条平行于 V 轴的直线段,称为**等压线**,如图 17.7 所示.

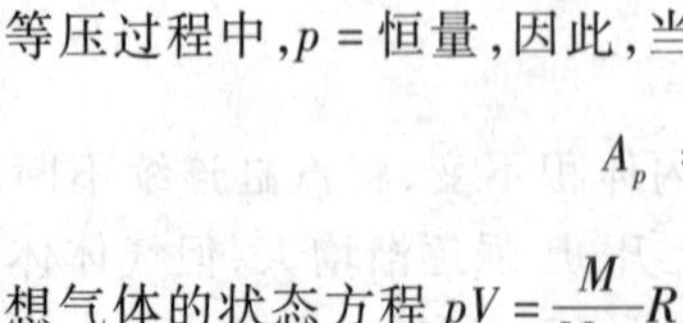

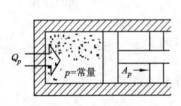

图 17.6 气体的等压过程

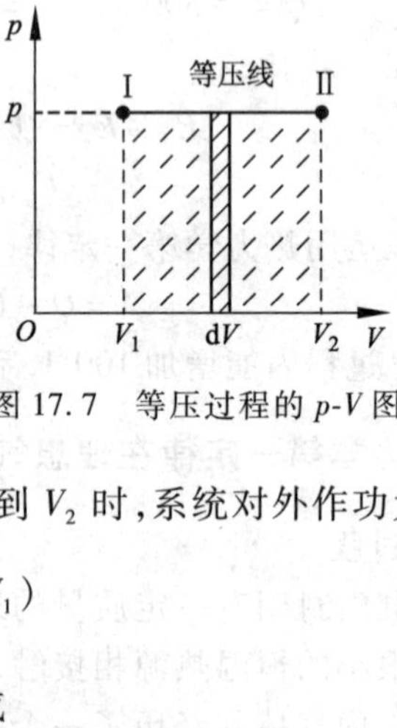

图 17.7 等压过程的 p-V 图

在等压过程中,$p=$恒量,因此,当气体体积从 V_1 膨胀到 V_2 时,系统对外作功为

$$A_p = \int_{V_1}^{V_2} p\,dV = p(V_2 - V_1) \tag{17.8}$$

根据理想气体的状态方程 $pV = \frac{M}{M_{\text{mol}}}RT$,可将式(17.8)写成

$$A_p = p(V_2 - V_1) = \frac{M}{M_{\text{mol}}}R(T_2 - T_1)$$

系统所吸收的热量为

$$\begin{aligned} Q_p &= \Delta E + p(V_2 - V_1) \\ &= \frac{M}{M_{\text{mol}}}\frac{i}{2}R(T_2 - T_1) + \frac{M}{M_{\text{mol}}}R(T_2 - T_1) \end{aligned} \tag{17.9}$$

$$=\frac{M}{M_{mol}}\left(\frac{i}{2}+1\right)R(T_2-T_1)$$

上式表明,气体在等压膨胀过程中吸收的热量,一部分用来增加系统的内能,另一部分用来对外作功. 因而,当温度升高相同数值时,系统在等压膨胀中吸收的热量比等体过程所吸收的热量要多.

3. 等温过程

设一无摩擦、无漏气的汽缸,除汽缸底部(图 17.8 中左端)导热外,其四壁和活塞是绝对不导热的. 让导热底部与一恒温热源 T 接触,当活塞上的外界压强无限缓慢地改变时,缸内气体就经历一个准静态等温过程.

等温过程的特征是系统的温度保持不变,即 $T=$ 恒量,$\mathrm{d}T=0$. 理想气体的准静态等温过程的过程方程为 $pV=$ 常数. 它在 p-V 图上为双曲线的一支,称为**等温线**,如图 17.9 中 Ⅰ→Ⅱ 曲线所示.

由于理想气体的内能只取决于温度,所以在等温过程中,理想气体的内能保持不变,即 $\Delta E=0$. 又据热力学第一定律知等温过程中系统吸收的热量等于对外作功,即

$$Q_T=A_T \tag{17.10}$$

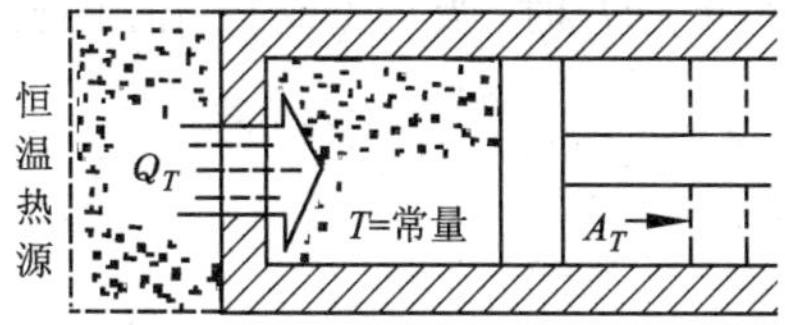

图 17.8 等温过程

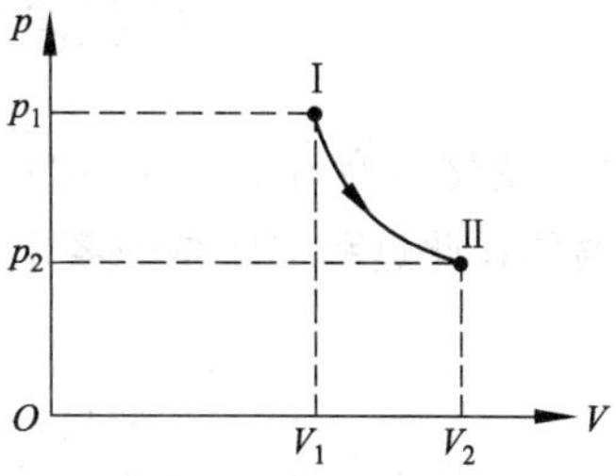

图 17.9 等温过程的 p-V 曲线

设理想气体在等温过程中,体积由 V_1 膨胀到 V_2 时,气体吸收的热量及对外作功为

$$\begin{aligned}Q_T&=A_T=\int_{V_1}^{V_2}p\,\mathrm{d}V\\&=\frac{M}{M_{mol}}RT\int_{V_1}^{V_2}\frac{\mathrm{d}V}{V}\\&=\frac{M}{M_{mol}}RT\ln\frac{V_2}{V_1}\end{aligned} \tag{17.11}$$

由于等温过程 $pV=$ 常量,即 $p_1V_1=p_2V_2$,所以,式(17.11)也可以写成

$$Q_T=A_T=\frac{M}{M_{mol}}RT\ln\frac{p_1}{p_2} \tag{17.12}$$

在等温过程中,理想气体所吸收的热量全部用来对外界作功,系统内能保持不变.

例 17.2 一汽缸内盛有 1 mol 温度为 27℃,压强为 1 atm 的氮气(视作刚性双原子分子的理想气体). 先使它等压膨胀到原来体积的两倍,再等体升压使其压强变为2 atm,最后使它等温膨胀到压强为 1 atm. 求:氮气在全部过程中对外作的功,吸收的热量及其内能的变化. (普适气体常量 $R=8.31\ \mathrm{J\cdot mol^{-1}\cdot K^{-1}}$)

解 由于系统所经历的过程都是准静态过程,我们可以把系统状态变化的全过程用 p-V

图表示,该氮气系统经历的全部过程如例 17.2 图所示.

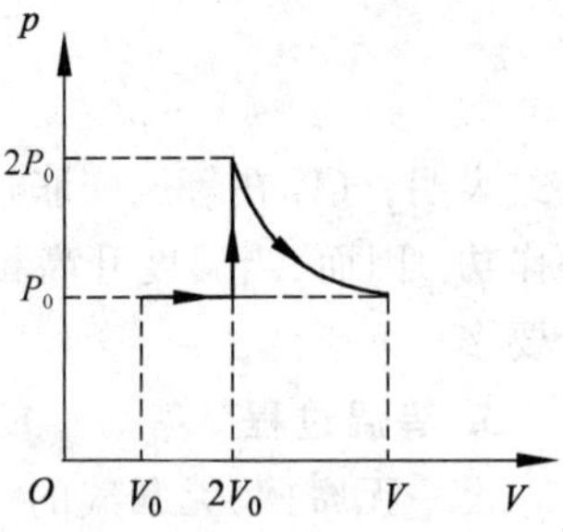

例 17.2 图

设初态的压强为 $2p_0$、体积为 $2V_0$、温度为 T_0,而终态压强为 p_0、体积为 V、温度为 T. 在全部过程中氮气对外所作的功

$$A = A(\text{等压}) + A(\text{等温})$$

$$A(\text{等压}) = p_0(2V_0 - V_0) = RT_0$$

$$A(\text{等温}) = 2p_0 2V_0 \ln(2p_0/p_0) = 4p_0 V_0 \ln 2 = 4RT_0 \ln 2$$

所以 $A = RT_0 + 4RT_0 \ln 2 = RT_0(1 + 4\ln 2) = 8.31 \times 300 \times (1 + 4\ln 2)\ \text{J} = 9.41 \times 10^3\ \text{J}$

氮气为双原子分子,自由度为 $i = 5$,所以内能的改变量为

$$\Delta E = \frac{5}{2}R(T - T_0) = \frac{5}{2}R(4T_0 - T_0) = \frac{15}{2} \times 8.31 \times 300\ \text{J} = 1.87 \times 10^4\ \text{J}$$

氮气在全部过程中吸收的热量 $Q = \Delta E + A = 2.81 \times 10^4\ \text{J}$.

也可以分别求出氮气在等压、等体、等温三个分过程中对外作功、吸热和内能变化,加在一起即得到氮气在全部过程中对外作的功、吸收的热量及其内能的变化,得到的结果相同.

17.3 气体的摩尔热容

设在某一变化过程中,1 mol 物质温度升高(或降低)$\mathrm{d}T$ 时,吸收(或放出)的热量为 $(\mathrm{d}Q)_m$,则物体在此过程的**摩尔热容**定义为

$$C_m = \frac{(\mathrm{d}Q)_m}{\mathrm{d}T} \tag{17.13}$$

即**摩尔热容** C_m 是 1 mol 物质温度升高(或降低)1K 时所吸收(或放出)的热量,单位为 $\text{J} \cdot \text{mol}^{-1} \cdot \text{K}^{-1}$.

由于热量是过程量,所以摩尔热容也是过程量. 对于理想气体,最常用的是等体过程的摩尔热容和等压过程的摩尔热容.

17.3.1 理想气体的等体摩尔热容

1 mol 理想气体,在等体过程中所吸取的热量为 $\mathrm{d}Q_V$,气体的温度由 T 升高到 $T + \mathrm{d}T$,则气体的等体摩尔热容为

$$C_V = \frac{\mathrm{d}Q_V}{\mathrm{d}T} \tag{17.14}$$

由等体过程知 $\mathrm{d}Q_V = \mathrm{d}E$,而 1 mol 理想气体 $\mathrm{d}E = \frac{i}{2}R\mathrm{d}T$,代入式(17.14)得理想气体等体摩尔热容为

$$C_V = \frac{i}{2}R \tag{17.15}$$

式(17.15)中,i 为分子自由度;R 为普适气体常量.

因此,理想气体等体摩尔热容只与分子自由度有关,而与气体的状态(p,T)无关. 对于单

原子理想气体，$i=3$，$C_V=\frac{3}{2}R$；对于刚性双原子气体，$i=5$，$C_V=\frac{5}{2}R$；对于刚性多原子气体，$i=6$，$C_V=3R$.

按式(17.15)，理想气体内能表达式又可以写为

$$E=\frac{M}{M_{\text{mol}}}C_V T \tag{17.16}$$

17.3.2 理想气体的等压摩尔热容

1 mol 理想气体，在等压过程中所吸取的热量为 $\mathrm{d}Q_p$，温度升高 $\mathrm{d}T$，则气体等压摩尔热容为

$$C_p=\frac{\mathrm{d}Q_p}{\mathrm{d}T}$$

由等压过程知 $\mathrm{d}Q_p=\mathrm{d}E+p\mathrm{d}V$，所以

$$C_p=\frac{\mathrm{d}E}{\mathrm{d}T}+p\frac{\mathrm{d}V}{\mathrm{d}T}$$

对于 1 mol 理想气体，因 $\mathrm{d}E=\frac{i}{2}R\mathrm{d}T$，及等压过程 $p\mathrm{d}V=R\mathrm{d}T$，所以有

$$C_p=\frac{i}{2}R+R=\left(\frac{i+2}{2}\right)R \tag{17.17}$$

对于单原子理想气体，$i=3$，$C_p=\frac{5}{2}R$；对于刚性双原子气体，$i=5$，$C_p=\frac{7}{2}R$；对于刚性多原子气体，$i=6$，$C_p=4R$.

将式(17.15)与式(17.17)相比较得

$$C_p=C_V+R \tag{17.18}$$

式(17.18)叫做**迈耶**(Mayer)**公式**. 从公式中可以看出，理想气体的等压摩尔热容比等体摩尔热容大一个恒量 R(量值大小为 8.31)，其物理意义是：1 mol 理想气体，温度升高 1 K 时，在等压过程中要比在等体过程中多吸取 8.31 J 的热量，用于系统对外作功.

17.3.3 比热容比

系统的等压摩尔热容 C_p 与等体摩尔热容 C_V 之比称为系统的**比热容比**，工程上称其为**绝热系数**，以 γ 表示，即

$$\gamma=\frac{C_p}{C_V}$$

由于 $C_p>C_V$，所以恒有 $\gamma>1$.

对于理想气体，$C_p=C_V+R$，$C_V=\frac{i}{2}R$，所以有

$$\gamma=\frac{C_V+R}{C_V}=\frac{\frac{i}{2}R+R}{\frac{i}{2}R}=\frac{i+2}{i} \tag{17.19}$$

式(17.19)说明，理想气体的比热容比只与分子的自由度有关而与气体状态无关. 对于单原子气

体 $\gamma=\frac{5}{3}=1.67$；双原子(刚性)气体$\gamma=\frac{7}{5}=1.40$；多原子(刚性)气体的 $\gamma=\frac{8}{6}=1.33$.

表 17.1 列举了标准状态下几种气体的摩尔热容的实验数据. 从表中可以看出：(1)各种气体的(C_p-C_V)值都接近于 R 值；(2)室温下单原子及双原子气体的 C_p、C_V、γ 的实验数据与理论值相近. 这说明经典热容理论近似地反映了客观事实. 但是从表中还可以看到，分子结构较为复杂的多原子气体的实验值与理论值有较大偏差，与气体的种类有关. 这说明经典热容理论只在一定范围内能近似反映客观事实. 不仅如此，实验还指出，这些量与温度也有关系，如表 17.2 所示. 因而上述理论是个近似理论，只有用量子理论才能较好地解决热容问题.

表 17.1 气体摩尔热容量的实验数据(室温)(C_p、C_V 的单位为 $\mathrm{J\cdot mol^{-1}\cdot K^{-1}}$)

原子数	气体种类	C_p	C_V	C_p-C_V	$\gamma=\frac{C_p}{C_V}$
单原子	氦	20.9	12.5	8.4	1.67
	氩	21.2	12.5	8.7	1.65
双原子	氢	28.8	20.4	8.4	1.41
	氮	28.6	20.4	8.2	1.41
	一氧化碳	29.3	21.2	8.1	1.40
	氧	28.9	21.0	7.9	1.40
多原子	水蒸气	36.2	27.8	8.4	1.31
	甲烷	35.6	27.2	8.4	1.30
	氯仿	72.0	63.7	8.3	1.13
	乙醇	87.5	79.2	8.2	1.11

表 17.2 在不同温度下氢的 C_V/R 实验值

温度/℃	-233	-183	-76	0	500	1000	1500	2000	2500
C_V/R	1.50	1.64	2.20	2.44	2.533	2.761	3.014	3.214	3.366

17.4 理想气体的绝热过程 *多方过程

17.4.1 绝热过程

1. 绝热过程

系统与外界始终没有热量交换的过程称为**绝热过程**. 被良好的绝热材料包围的系统(如杜瓦瓶——通常的热水瓶内的气体)所经历的变化过程或由于过程进行得很快，以至系统来不及与外界发生热量交换的过程(如气体在内燃机中的爆炸过程)，都可看做是绝热过程. 绝热过程的特征是 $dQ=0$.

如果要实现准静态的绝热过程，系统必须与外界完全绝热，而且过程也应该进行得无限缓慢，如图 17.10 所示. 显然，自然界中理想的绝热过程并不存在，实际进行的都是近似的绝热过程.

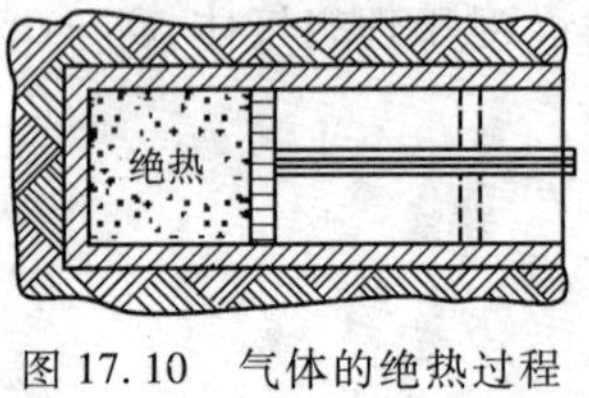

图 17.10 气体的绝热过程

准静态绝热过程中 $dQ=0$，热力学第一定律 $dQ=dE+pdV$

可写成

$$dE + pdV = 0$$

或

$$dA = pdV = -dE$$

即在绝热过程中，系统所作的功完全来自内能的变化. 则质量为 M 的理想气体由温度为 T_1 的初状态绝热地变到温度为 T_2 的末状态，气体所作的功为

$$A = -(E_2 - E_1) = -\frac{M}{M_{mol}}C_V(T_2 - T_1) \tag{17.20a}$$

由 $C_V = \frac{R}{\gamma - 1}$ 和理想气体状态方程，可将上式写为

$$A = \frac{p_1V_1 - p_2V_2}{\gamma - 1} \tag{17.20b}$$

2. 绝热过程方程

在绝热过程中，理想气体的三个状态参量 p、V、T 是同时变化的. 根据热力学第一定律及绝热过程的特征（$dQ = 0$），可得

$$pdV = -\frac{M}{M_{mol}}C_VdT \tag{*}$$

气体同时又要适合方程 $pV = \frac{M}{M_{mol}}RT$. 在绝热过程中，因 p、V、T 三个量都在改变，所以对理想气体状态方程取微分，得

$$pdV + Vdp = \frac{M}{M_{mol}}RdT$$

将上式与（*）式比较，得

$$C_V(pdV + Vdp) = -RpdV$$

又

$$R = C_p - C_V$$

所以

$$C_V(pdV + Vdp) = (C_V - C_p)pdV$$

化简得

$$C_VVdp + C_ppdV = 0$$

或

$$\frac{dp}{p} + \gamma\frac{dV}{V} = 0$$

式中 $\gamma = \frac{C_p}{C_V}$. 将上式积分，得

$$pV^{\gamma} = 常量 \tag{17.21a}$$

这就是绝热过程中 p 与 V 的关系式. 应用 $pV = \frac{M}{M_{mol}}RT$ 和式(17.21a)分别消去 p 或者 V，即可分别求得 V 与 T 及 p 与 T 之间的关系：

$$V^{\gamma-1}T = 常量 \tag{17.21b}$$

$$p^{\gamma-1}T^{-\gamma} = 常量 \tag{17.21c}$$

式(17.21a)、(17.21b)、(17.21c)均称为**绝热过程方程**. 在三个式子中等号右边常量的大小各不相同，与气体的质量及初始状态有关. 在计算时可以根据实际情况，选择一个比较方便的来使用.

3. 绝热线

当气体做绝热变化时，也可在 p-V 图上画出 p 与 V 的关系曲线，称为**绝热线**.

如图 17.11 中的实线表示绝热线，虚线则表示同一气体的等温线，A 点是两线的相交点. 等温线（pV = 常量）和绝热线（pV^γ = 常量）在交点 A 处的斜率$\left(\frac{dp}{dV}\right)$可以分别求出：

$$等温线的斜率\left(\frac{dp}{dV}\right)_T = -\frac{p_A}{V_A}$$

$$绝热线的斜率\left(\frac{dp}{dV}\right)_Q = -\gamma\frac{p_A}{V_A}$$

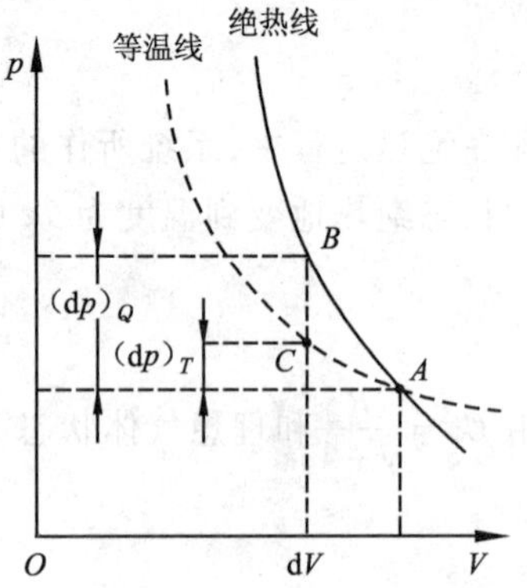

图 17.11　等温线与绝热线的斜率的比较

由于 $\gamma>1$，所以在两线的交点处，绝热线的斜率的绝对值比等温线的斜率的绝对值大. 这表明同一气体从同一初状态做同样的体积压缩时，压强的变化在绝热过程中比在等温过程中要大. 我们也可用物理概念来说明这一结论：假定从交点 A 起，气体的体积压缩了 dV，那么不论过程是等温的还是绝热的，气体的压强总要增加，但是，在等温过程中，温度不变，所以压强的增加仅由体积的减小所致，而在绝热过程中，压强的增加不仅由于体积的减小，而且还由于温度的升高. 因此，在绝热过程中，压强的增量$(dp)_Q$应比等温过程的$(dp)_T$大. 所以绝热线在 A 点的斜率的绝对值比等温线的大.

例 17.3　设有 8 g 氧气，体积为 $0.41\times10^{-3}\ m^3$，温度为 300 K. 如氧气做绝热膨胀，膨胀后的体积为 $4.10\times10^{-3} m^3$，问气体作功多少？如氧气做等温膨胀，膨胀后的体积也是 $4.10\times10^{-3} m^3$，问这时气体作功多少？

解　氧气的质量是 $M=0.008$ kg，摩尔质量 $M_{mol}=0.032$ kg. 原来温度 $T_1=300$ K. 令 T_2 为氧气绝热膨胀后的温度，则按式(17.20a)

$$A=\frac{M}{M_{mol}}C_V(T_1-T_2)$$

根据绝热方程中 T 与 V 的关系式，有 $V_1^{\gamma-1}T_1=V_2^{\gamma-1}T_2$

得
$$T_2=T_1\left(\frac{V_1}{V_2}\right)^{\gamma-1}$$

以 $T_1=300$ K，$V_1=0.41\times10^{-3}\ m^3$，$V_2=4.10\times10^{-3}\ m^3$ 及 $\gamma=1.40$ 代入上式得

$$T_2=300\times\left(\frac{1}{10}\right)^{1.40-1}\ K=119\ K$$

又因氧分子是双原子分子，$i=5$，$C_V=\frac{i}{2}R=20.8\ J\cdot mol^{-1}\cdot K^{-1}$，于是由式(17.20a)得

$$A=\frac{M}{M_{mol}}C_V(T_1-T_2)=\frac{1}{4}\times20.8\times181\ J=941\ J$$

如氧气做等温膨胀，气体所作的功为

$$A_T=\frac{M}{M_{mol}}RT_1\ln\frac{V_2}{V_1}=\frac{1}{4}\times8.31\times300\ln10\ J=1.44\times10^3 J$$

例 17.4　试讨论理想气体的自由膨胀过程是何过程. 如例 17.4 图(a)，当从同样的初态 $A(p_0,V_0)$ 出发到达末态 $B(p_0/2,2V_0)$ 时，比较自由膨胀过程与准静态等温和绝热过程的异同.

怎样才能使系统通过准静态过程达到自由膨胀的末态？

解　理想气体在自由膨胀过程中不作功，$A=0$，与外界无热量的交换，$Q=0$，$\Delta E=0$. 理想气体自由膨胀过程末态压强为 $p_B=p_0/2$，温度为 $T_B=T_0$，体积为 $V_B=2V_0$. 在理想气体的自由膨胀过程中，任一时刻气体都处于非平衡态，即该过程是非准静态的绝热过程. 它在 p-V 图上只能标出 A、B 两个点（例 17.4(b)图）.

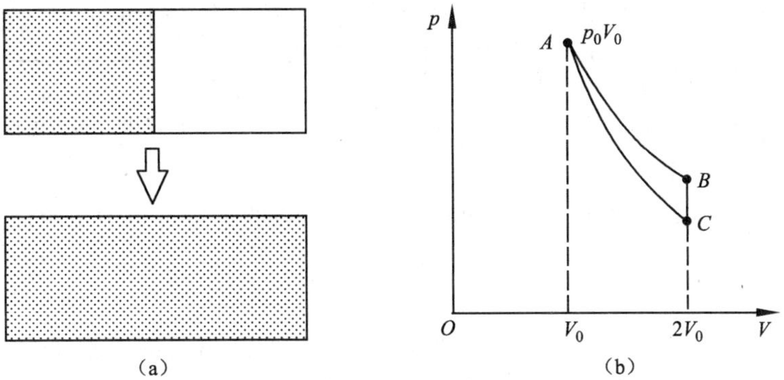

例 17.4 图

通过准静态等温过程达到的末态与自由膨胀过程的末态相同时，内能的变化相同（ΔE 都为零），但作功和吸热的情况不同. 在自由膨胀过程中 $Q=A=0$，而在准静态等温过程中 $Q=A=\frac{M}{M_{mol}}RT_0\ln2=p_0V_0\ln2>0$. 在 p-V 图上等温膨胀可用曲线 AB 表示，见例 17.4(b)图.

通过准静态绝热过程不可能直接使系统从初态 A 到达末态 B. 但我们可以先让系统作绝热膨胀，使系统体积变为 $2V_0$，再通过等体过程使系统到达末态 B.

通过准静态绝热过程 AC 达到中间态 C，其体积为 $V_C=2V_0$，压强为 $p_C=p_0/2^\gamma<p_0/2$，温度为 $T_C=T_0/2^{\gamma-1}<T_0$. 见例 17.4(b)图，要到达自由膨胀的末态 B，需要通过等体过程加热 $Q=\frac{M}{M_{mol}}C_VT_0\left(1-\frac{1}{2^{\gamma-1}}\right)$，使系统温度从 $\frac{T_0}{2^{\gamma-1}}$ 升到 T_0. 在前段绝热过程中系统对外作功 A，由公式(17.20a)计算得

$$A=\frac{M}{M_{mol}}C_VT_0\left(1-\frac{1}{2^{\gamma-1}}\right)$$

可见，在前后相继的两过程（绝热 AC 和等体 CB）中，$Q=A$.

即以上三过程中都有 $Q=A$，内能 E 不变.

*17.4.2　多方过程

气体在很多实际过程中可能既不是等温过程，又不是绝热过程，特别是很难做到严格的等温或严格的绝热. 对于理想气体来说，它的过程既不是 $pV=$ 常量，也不是 $pV^\gamma=$ 常量. 在热力学中，常用下述方程表示实际过程中气体的压强和体积的关系

$$pV^n=\text{常量} \tag{17.22}$$

式(17.22)中，n 为常数，称为**多方指数**. 满足式(17.22)的过程叫做**多方过程**.

式(17.22)中 $n=1$ 的过程是等温过程，$n=\gamma$ 的过程是绝热过程，而 $1<n<\gamma$ 可以表示气体

进行的实际过程. 其实多方指数也可不限于 1 和 γ 之间,取 $n=0$ 就是等压过程,$n=\infty$ 就是等体过程(见图 17.12).

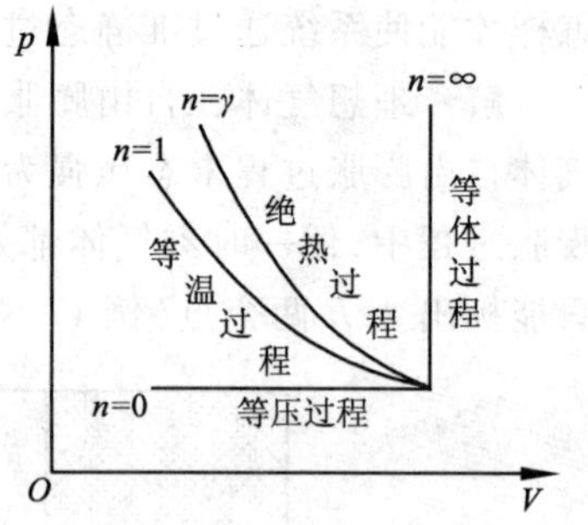

图 17.12 多方过程与其他过程的关系

理想气体从状态 Ⅰ(p_1, V_1, T_1) 变化到状态 Ⅱ(p_2, V_2, T_2),这时,$p_1V_1^n = p_2V_2^n$,在这个过程中,对外所作的功为

$$A = \int_{V_1}^{V_2} p\mathrm{d}V = \int_{V_1}^{V_2} \frac{p_1V_1^n}{V^n}\mathrm{d}V = p_1V_1^n\int_{V_1}^{V_2}\frac{\mathrm{d}V}{V^n}$$

$$= p_1V_1^n\left(\frac{1}{1-n}V_2^{1-n} - \frac{1}{1-n}V_1^{1-n}\right) \tag{17.23}$$

$$= \frac{p_1V_1 - p_2V_2}{n-1}$$

如将式(17.23)中的 n 换为 γ,即可得到式(17.20b)的绝热过程中功的计算式

$$A = \frac{p_1V_1 - p_2V_2}{\gamma - 1} \tag{17.24}$$

多方过程可以在 p-V 图上表示,但并非 p-V 图上任意画出的曲线都是多方过程. 可以证明,气体在多方过程的摩尔热容是依赖于多方指数的一个常量.

现将理想气体准静态过程的各种公式整理成表 17.3,以便查用.

表 17.3 理想气体准静态过程公式

过程	特征	过程方程	吸收热量 Q	对外作功 A	内能增量 ΔE
等体	$V=$ 常量	$\frac{p}{T}=$ 常量	$\frac{M}{M_{mol}}C_V(T_2-T_1)$	0	$\frac{M}{M_{mol}}C_V(T_2-T_1)$
等压	$p=$ 常量	$\frac{V}{T}=$ 常量	$\frac{M}{M_{mol}}C_p(T_2-T_1)$	$p(V_2-V_1)$ 或 $\frac{M}{M_{mol}}R(T_2-T_1)$	$\frac{M}{M_{mol}}C_V(T_2-T_1)$
等温	$T=$ 常量	$pV=$ 常量	$\frac{M}{M_{mol}}RT\ln\frac{V_2}{V_1}$ 或 $\frac{M}{M_{mol}}RT\ln\frac{p_1}{p_2}$	$\frac{M}{M_{mol}}RT\ln\frac{V_2}{V_1}$ 或 $\frac{M}{M_{mol}}RT\ln\frac{p_1}{p_2}$	0
绝热	$\mathrm{d}Q=0$	$pV^\gamma=$ 常量 $V^{\gamma-1}T=$ 常量 $p^{\gamma-1}T^{-\gamma}=$ 常量	0	$-\frac{M}{M_{mol}}C_V(T_2-T_1)$ 或 $\frac{p_1V_1-p_2V_2}{\gamma-1}$	$\frac{M}{M_{mol}}C_V(T_2-T_1)$
多方		$pV^n=$ 常量	$A+\Delta E$	$\frac{p_1V_1-p_2V_2}{n-1}$	$\frac{M}{M_{mol}}C_V(T_2-T_1)$

17.5 循环过程 卡诺循环

在历史上,热力学理论最初是在研究热机的工作过程的基础上发展起来的. 热机是持续不断地将热转换成功的机器,例如蒸汽机、内燃机、汽轮机等都是热机. 在热机中被用来吸收热量并对外作功的物质称为**工作物质**,简称**工质**. 各种热机都是重复地进行着某些过程而不断地吸热作功的. 为了从能量转化的角度分析各种热机的性能,我们首先引入循环过程及其效率的概念,然后介绍卡诺循环.

17.5.1　循环过程

1. 循环过程的特征

一个系统由某个初始状态出发,经过一系列变化过程后,又回到初始状态的过程称为**循环过程**,简称**循环**. 对循环过程的研究,在工程技术和理论上都有很重要的意义.

因循环过程的始末状态相同,所以工质经历一个循环过程回到初始状态时,内能没有改变,即 $\Delta E=0$,这是循环过程的重要特征. 如果工质所经历的循环过程中各分过程都是准静态过程,则整个过程就是**准静态循环过程**. 在 p-V 图上,准静态循环过程可以用一条闭合曲线来表示. 如果循环沿顺时针方向进行,叫**正循环**,如图 17.13(a)所示;反之为**逆循环**,如图 17.13(b)所示.

由热力学第一定律知,对循环过程,内能改变量为 $\Delta E=0$,故系统吸收的热量等于系统对外作的功.

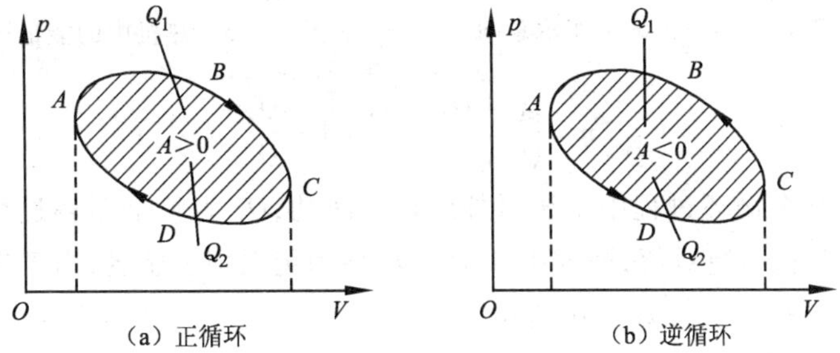

(a) 正循环　　(b) 逆循环

图 17.13　循环过程

对图 17.13(a)的正循环过程中,系统膨胀经历 ABC 过程,吸热 Q_1;系统被压缩经历 CDA 过程,向外界放热 Q_2,系统在一个循环中作的净功

$$A=Q_1-Q_2>0$$

也就是说,系统在正循环过程中,将从高温热源中吸收热量 Q_1,将部分热量 Q_2 放到低温热源中,对外作的净功大于零.

相应地在图 17.13(b)中的逆循环过程中,系统经历了膨胀过程从低温热源吸取热量 Q_2,外界对系统作功 A,将热量 Q_1 释放到高温热源中,

$$A=Q_2-Q_1<0$$

系统作净负功,也就是说,这种循环是在消耗外界功的前提下,从低温热源取得热量 Q_2,送到高温热源中去.

2. 热机和热机效率

热机是通过工作物质的正循环过程不断地将热转换为功的,所以正循环又称热机循环.

现以蒸汽机为例来说明热机的工作过程. 图 17.14 表示蒸汽机的工作示意图. 水从锅炉中吸收热量,变成高温高压的蒸汽,通过管道进入气缸,推动活塞对外作功,使蒸汽的温度和压强降低成为废气,进入冷凝器放热凝结为水,再用水泵打入锅炉,然后再开始下一个循环.

从能量转化的角度来看,工作物质(蒸汽)从高温热源(锅炉)吸收热量 Q_1,其内能增加,

然后一部分内能通过对外作功 A 转化为机械能,另一部分内能在低温热源(冷凝器)转化为热量,放热 Q_2 而传给外界. 图 17.15 表示热机中发生的能量转化关系,不难看出,它满足

$$Q_1 = Q_2 + A$$

在实际问题中,我们更关心的是,热机把从高温热源吸收来的热量,有多少转化为了有用功. 因此,我们把一次循环中工作物质对外作的净功占它从高温热源吸收热量的比值定义为**热机效率**,用 η 表示

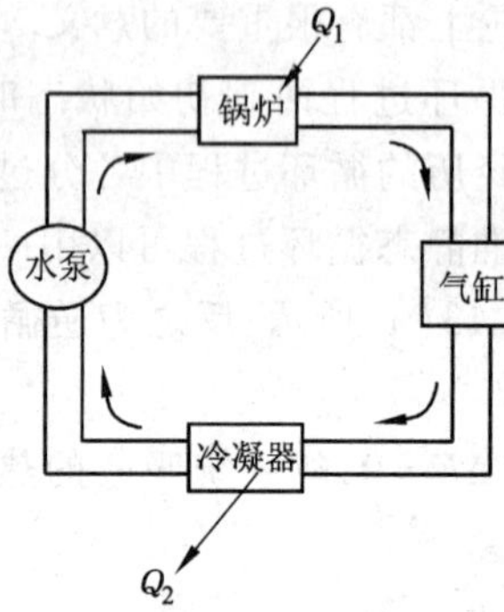

图 17.14 蒸汽机的工作示意图

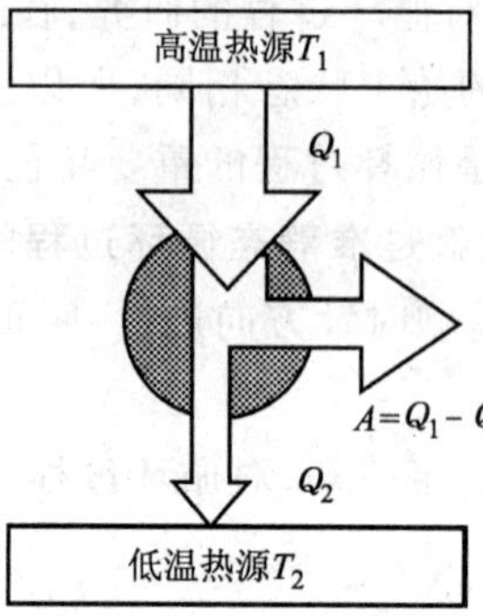

图 17.15 热机中的能量转换

$$\eta = \frac{A}{Q_1} = \frac{Q_1 - Q_2}{Q_1} = 1 - \frac{Q_2}{Q_1} \tag{17.25}$$

式(17.25)中,A 为整个循环过程中系统对外所作的净功,Q_1 为整个循环过程中吸收热量的总和,Q_2 为放出热量总和的绝对值,即式中 A、Q_1、Q_2 均为绝对值. 显然,当工作物质吸收相同的热量时,对外作的功越多,热机效率就越高.

3. 致冷机和致冷系数

逆循环是致冷机的原理. 所谓致冷机就是通过逆循环过程,利用外界对工作物质作功,使低温热源的热量不断地传递给高温热源的机器.

家用电冰箱就是一种致冷机,它的工作物质为致冷剂,常用的致冷剂有氨、氟里昂等. 图 17.16表示电冰箱的工作示意图. 液化后的致冷剂从蒸发器(低温热源)吸热蒸发,经压缩机急速压缩为高温高压气体,然后通过冷凝器向大气(高温热源)放热并凝结为液体,经节流阀的小口通道,进一步再进入蒸发器,进行下一个循环.

致冷机的能量转换关系如图 17.17 所示. 工作物质从低温热源吸热 Q_2,向高温热源放热 Q_1,要实现这一点,外界必须对工作物质作功 A'. 由于循环过程中 $\Delta E = 0$,因此热力学第一定律可写成

$$Q_2 - Q_1 = -A'$$

或

$$Q_1 = Q_2 + A'$$

上式说明,工作物质向高温热源传递的热量来自两部分,一部分是从低温热源吸收的热量 Q_2,另一部分是外界对工作物质作的功 A'. 换句话说,工作物质从低温热源吸收热量传递给高温热源,是以外界对工作物质作功为代价的. 从低温热源吸热越多,外界对工作物质作功越少,则致冷效果越好. 因此定义

$$w = \frac{Q_2}{A'} = \frac{Q_2}{Q_1 - Q_2} \tag{17.26}$$

式(17.26)中，A'、Q_1、Q_2 均为绝对值．显然，如果从低温热源处吸取的热量 Q_2 越大，而对工质所作的功 A'越小，则致冷系数 w 就越大，致冷机的致冷效率就越高．

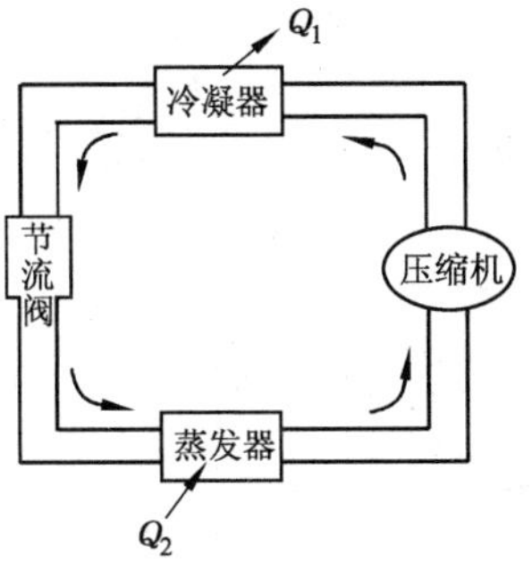

图 17.16　电冰箱的工作示意图

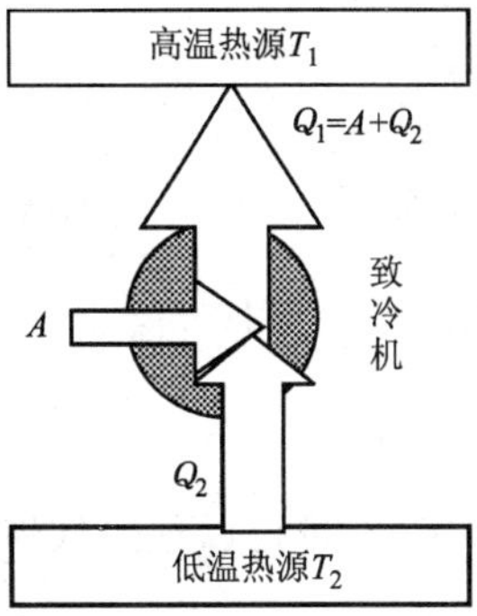

图 17.17　致冷机中的能量转换

17.5.2　卡诺循环

19 世纪初，蒸汽机的使用已经相当广泛，但效率只有 3% ~5%，大部分热量都没有得到利用，人们迫切希望提高热机的效率．决定热机效率的关键是什么？1824 年，年轻的法国工程师卡诺(S. Camot)似乎找到了提高热机效率的方向，他从水通过落差产生动力得到启发，认为两个热源的温度差是热机产生机械功的关键因素．于是他从理论上研究了一种理想热机，这种热机的工作物质只与两个恒温热源交换热量，整个循环由两个等温过程和两个绝热过程组成，这种循环称为**卡诺循环**，相应的热机叫**卡诺热机**．卡诺热机的工质可以是固体、液体或气体．

图 17.18 表示理想气体的准静态卡诺循环热机的 p-V 图，曲线 1→2 和 3→4 表示温度为 T_1 和 T_2 的两条等温线，曲线 2→3 和 4→1 是两条绝热线．我们先讨论以状态 1 为始点，沿闭合曲线 1→2→3→4→1 所做的循环过程．在完成一个正循环后，回到初态气体的内能不变，但气体与外界通过传递热量和作功而有能量的交换．在 1→2→3 的膨胀过程中，气体对外界所作的功 A_1 是曲线 1→2→3 下面的面积，在 3→4→1的压缩过程中，外界对气体所作的功 A_2 是曲线 3→4→1下面的面积，因为 $A_1 > A_2$，所以气体对外所作的净功 $A(=A_1-A_2)$就是闭合曲线所围的面积．热量的交换情况是，气体在等温膨胀过程 1→2 中，从高温热源吸收的热量 Q_1 为

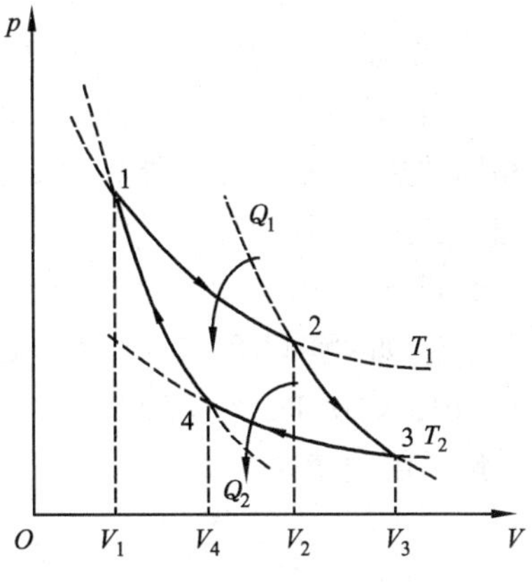

图 17.18　卡诺正循环

$$Q_1=\frac{M}{M_{\text{mol}}}RT_1\ln\frac{V_2}{V_1}$$

气体在等温压缩过程 3→4 中向低温热源放出的热量 Q_2 的绝对值为

$$Q_2=\frac{M}{M_{\text{mol}}}RT_2\ln\frac{V_3}{V_4}$$

而 2→3 和 4→1 过程中没有热量交换，但满足绝热过程的过程方程，即

$$T_1V_2^{\gamma-1}=T_2V_3^{\gamma-1}$$

$$T_1V_1^{\gamma-1}=T_2V_4^{\gamma-1}$$

两式相比得到

$$\frac{V_2}{V_1}=\frac{V_3}{V_4}$$

所以
$$Q_2=\frac{M}{M_{\text{mol}}}RT_2\ln\frac{V_3}{V_4}=\frac{M}{M_{\text{mol}}}RT_2\ln\frac{V_2}{V_1}$$

取 Q_1 和 Q_2 的比值,可得

$$\frac{Q_1}{T_1}=\frac{Q_2}{T_2}$$

根据热机效率定义,可得以理想气体为工质的卡诺热机的效率

$$\eta_c=\frac{A}{Q_1}=1-\frac{Q_2}{Q_1}=1-\frac{T_2}{T_1} \tag{17.27}$$

式(17.27)说明,卡诺循环的效率只与它所接触的两个热源温度有关,而且高温热源温度越高,低温热源温度越低,效率就越大. 实践指出,提高高温热源的温度比降低低温热源的温度要经济得多.

对于卡诺循环还需指出:要完成一次卡诺循环必须有高低两个热源存在;由于不能实现 $T_1=\infty$ 或 $T_2=0$(热力学第三定律),卡诺循环的效率总是小于1;由于绝热过程是一个理想过程,而且实际过程不可能进行得非常缓慢,即并非为准静态过程,真实热机的效率只有上式所给出的理论值的20% ~30%.

同样,卡诺致冷机的致冷系数可表示为

$$w_c=\frac{Q_2}{A'}=\frac{Q_2}{Q_1-Q_2}=\frac{T_2}{T_1-T_2} \tag{17.28}$$

可见,卡诺致冷机的致冷系数也只与两个热源的温度有关. 但与热机效率不同的是,高温热源温度越高,低温热源温度越低,则致冷系数就越小. 这就意味着要从温度越低的低温热源中吸取相同的热量,就必须要外界作更多的功. 致冷系数可以大于1,如一台1.5 kW、12 566 J的空调,其致冷系数约为2.3.

例17.5 一个以氧气为工质的循环由等温、等压及等体三个过程组成,如例17.5图所示. 已知 $p_a=4.052\times10^5$ Pa, $p_b=1.013\times10^5$ Pa, $V_c=1.00\times10^{-3}$ m³. 求其效率.

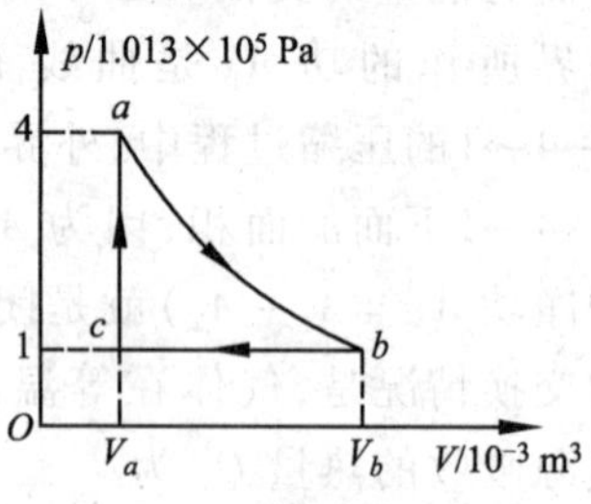

例17.5图

解 由题意知

$$C_V=\frac{5}{2}R=20.8\ \text{J}\cdot\text{mol}^{-1}\cdot\text{K}^{-1}$$

$$C_p=\frac{7}{2}R=29.1\ \text{J}\cdot\text{mol}^{-1}\cdot\text{K}^{-1}$$

由于 ab 为等温吸热过程,所以 $p_aV_a=p_bV_b$

$$V_b=\frac{p_aV_a}{p_b}=\frac{4.052\times10^5\times1.00\times10^{-3}}{1.013\times10^5}=4.00\times10^{-3}\ \text{m}^3$$

$$Q_T=\frac{M}{M_{\text{mol}}}RT_a\ln\frac{V_b}{V_a}=p_aV_a\ln\frac{V_b}{V_a}$$

$$=4.052\times10^{5}\times1.00\times10^{-3}\ln\frac{4.00\times10^{-3}}{1.00\times10^{-3}}\ \mathrm{J}$$

$$=5.62\times10^{2}\ \mathrm{J}$$

因 bc 为等压过程，所以

$$Q_p=\frac{M}{M_{\mathrm{mol}}}C_p(T_c-T_b)=\frac{C_p}{R}p_b(V_c-V_b)$$

$$=\frac{29.1}{8.31}\times1.013\times10^{5}\times(1.00\times10^{-3}-4.00\times10^{-3})\ \mathrm{J}$$

$$=-1.06\times10^{3}\ \mathrm{J}$$

负号表示气体向外界放热.

由于 ca 为等体过程，故气体吸收的热量

$$Q_V=\frac{M}{M_{\mathrm{mol}}}C_V(T_a-T_c)=\frac{C_V}{R}V_c(p_b-p_c)$$

$$=\frac{20.8}{8.31}\times1.00\times10^{-3}\times(4.052\times10^{5}-1.013\times10^{5})\ \mathrm{J}$$

$$=7.61\times10^{2}\ \mathrm{J}$$

于是整个过程的吸热

$$Q_1=Q_T+Q_V=5.62\times10^{2}+7.61\times10^{2}\ \mathrm{J}=1.323\times10^{3}\ \mathrm{J}$$

整个过程的放热

$$Q_2=|Q_p|=1.06\times10^{3}\ \mathrm{J}$$

将 Q_1、Q_2 代入循环效率公式，得

$$\eta=1-\frac{Q_2}{Q_1}=1-\frac{1.06\times10^{3}}{1.323\times10^{3}}=19.9\%$$

例 17.6　广东大亚湾核电站总装机容量为 1.80 GW，效率为 30%. 当发电机组全部投入运行时，求：(1)每秒钟热机从核锅炉中吸取的热量；(2)若用 10℃ 的海水冷却冷凝器，而排水温度为 20℃，则每秒需要多少吨海水？（海水的比热 $C=4.18\ \mathrm{kJ\cdot kg^{-1}\cdot K^{-1}}$）

解　(1)设每秒钟热机从核锅炉中吸取的热量为 Q_1，由循环效率公式得

$$Q_1=\frac{A}{\eta}=\frac{1.80\times10^{9}}{0.30}\ \mathrm{J}=6.00\times10^{9}\ \mathrm{J}$$

(2)设每秒钟向冷凝器放出的热量为 Q_2，则

$$Q_2=Q_1-A=6.00\times10^{9}-1.80\times10^{9}\ \mathrm{J}=4.20\times10^{9}\ \mathrm{J}$$

故每秒所需的海水质量

$$m=\frac{Q_2}{C\Delta T}=\frac{4.20\times10^{9}}{4.18\times10^{3}\times(20-10)}\ \mathrm{kg}=1.00\times10^{5}\ \mathrm{kg}=100\ \mathrm{t}$$

例 17.7　一卡诺致冷机从温度为 -10℃ 的冷库中吸取热量，释放到温度 27℃ 的室外空气中，若致冷机耗费的功率是 1.5 kW，求：(1)每分钟从冷库中吸收的热量；(2)每分钟向室外空气中释放的热量.

解　(1)根据卡诺致冷系数有

$$w_c=\frac{T_2}{T_1-T_2}=\frac{263}{300-263}=7.1$$

所以,从冷库中吸收的热量为

$$Q_2 = w_c A' = 7.1 \times 1.5 \times 10^3 \times 60\ \text{J} = 6.39 \times 10^5\ \text{J}$$

(2)释放到室外的热量为

$$Q_1 = A' + Q_2 = 1.5 \times 10^3 \times 60 + 6.39 \times 10^5\ \text{J} = 7.29 \times 10^5\ \text{J}$$

根据致冷机的致冷原理制成的供热机叫热泵. 在严寒冬天,空调机的冷冻器放在室外,而散热器放在室内,开动空调机,经电力作功,通过冷冻器从室外吸收热量,通过散热器向室内放热达到供热取暖作用. 热泵供热获得的热量大于消耗的电功,上例中消耗的电功 $A' = 1.5 \times 10^3 \times 60\ \text{J} = 9.0 \times 10^4\ \text{J}$,提供热量 $Q_1 = 7.29 \times 10^5\ \text{J}$,$Q_1 > A'$,这是最经济的供热方式. 在酷热夏天,只需将冷冻器与散热器位置互换,经空调机作功,将吸取室内热量,向室外释放热量,即达到室内降温的目的. 可见制冷机可以制冷,也可以供热,供热时即为热泵.

17.6 热力学第二定律和卡诺定理

热力学第一定律是能量守恒定律在热力学过程中的表述,任何违反能量守恒的过程都是不能实现的. 但满足能量守恒的过程是否都能实现呢? 人们在研究热机工作原理时发现,满足能量守恒的热力学过程不一定都能进行. 自然界中有许多过程的进行都有一定的方向和限度. 对这类问题的解释需要一个独立于热力学第一定律的新的自然规律——热力学第二定律.

17.6.1 热力学第二定律的两种表述

热力学第二定律有多种表述方式. 由于热力学过程的方向性都与热功转换或热传导有关,所以常用热功转换和热传导的方向性来表述热力学第二定律,分别称为热力学第二定律的开尔文表述和克劳修斯表述.

1. 开尔文表述

根据热力学第一定律,效率大于100%的循环动作的热机(即第一类永动机)是不可能制成的. 但是,制造一个效率等于100%的循环动作的热机,有没有可能呢? 历史上曾有人企图制造这样一种循环动作的热机,它只从一个单一热源吸取热量,并使之全部转变为功,即 $Q_1 = A$,效率等于100%,这种热机并不违反热力学第一定律. 我们把从一个单一热源吸热,并将热全部转变为功的循环动作的热机,叫做**第二类永动机**. 曾有人估算过,如果能制成第二类永动机,使它吸收海水中的热量而作功的话,则只要海水的温度下降0.01 K,就可获得相当于 10^{12} t 煤完全燃烧所提供的热量! 但许多尝试证明,第二类永动机无法制成.

根据这些事实,1851年开尔文(W. Thomson, Lord Kelvin)总结出热力学第二定律的一种表述:**不可能制成一种循环动作的热机,只从一个单一热源吸取热量,使之完全变为有用功,而不产生其他影响**. 这种表述被称为开尔文表述.

开尔文表述反映了热功转换的一种特殊规律. 在这一表述中,"单一热源"是指温度均匀且恒定不变的热源."其他影响"是指除单一热源放热和对外作功以外的其他影响,包括对系统本身和外界的影响. 我们要特别注意"循环动作""单一热源"和"其他影响"这三个关键词,如果少了它们其中任何一个的条件限制,都是有可能发生的. 例如理想气体的等温膨胀,显然实现了把吸收的热量完全转变为功,但是它不是循环动作的热机,而且在该过程中系统的体积膨胀了,系统没有还原,对系统和外界产生了其他的影响.

开尔文表述还可以表述为:**第二类永动机无法制成**.

2. 克劳修斯表述

1850年,克劳修斯(R. J. E. Clausius)在大量事实的基础上提出热力学第二定律的另一种表述:**热量不可能自动地从低温物体传向高温物体**. 这种表述被称为热力学第二定律的克劳修斯表述.

在克劳修斯表述中,"自动地"是关键词,从上一节卡诺致冷机的分析中可以看出,要使热量从低温物体传到高温物体,靠自发地进行是不可能的,必须依靠外界作功,克劳修斯的叙述正是反映了热量传递的这种特殊规律.

由此可见,在自然界中,所发生的热力学过程是有方向性的,某些方向的过程可以自动实现,而另一方向的过程则不能. 热力学第一定律说明任何热力学过程中必须满足能量守恒,热力学第二定律却说明并非所有能量守恒的过程均能实现. 热力学第二定律是反映自然界过程进行的方向性和条件的一个规律,在热力学中,它和第一定律相辅相成,缺一不可.

17.6.2 两种表述的等价性

表面看来,热力学第二定律的开尔文表述和克劳修斯表述似乎是各自独立的,毫无联系. 但可以证明两者是等价的. 即一个说法是正确的,另一个说法也必然是正确的;一个说法不成立,另一个说法也必然不成立. 下面,我们用反证法来证明两者的等价性.

先设开尔文表述不成立,即有一部单一热源热机,从高温热源 T_1 吸收热量 Q_1,并把它全部转变为功 A(图17.19(a)). 用此热机带动一部卡诺制冷机(图17.19(b)),卡诺制冷机接受热机所作的功 $A(=Q_1)$,使它从低温热源 T_2 吸收热量 Q_2,向高温热源放出热量 Q_1+Q_2. 将这两部机器看成一部复合致冷机,其总效果是,外界没有对它作功,而它却把热量 Q_2 从低温热源传向了高温热源,而没有引起其他变化(图17.19(c)). 即克劳修斯表述不成立.

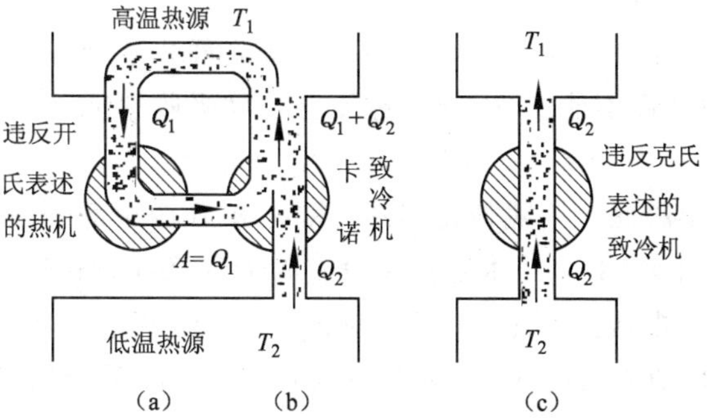

图17.19 违反开氏表述的热机和违反克氏表述的制冷机

再设克劳修斯表述不成立,有一部不需外界作功的制冷机,把热量 Q_2 从低温热源 T_2 传向了高温热源 T_1(图17.20(a)),而没有引起其他变化. 再利用一部卡诺热机,从高温热源 T_1 吸收热量 Q_1,向低温热源 T_2 放出热量 Q_2,对外作功 $A=Q_1-Q_2$(图17.20(b)). 将这两部机器看成一部复合机,其总效果是,一部单一热源热机(图17.20(c)),从单一热源吸收热量 Q_1-Q_2,对外作功 $A=Q_1-Q_2$. 即开尔文表述不成立.

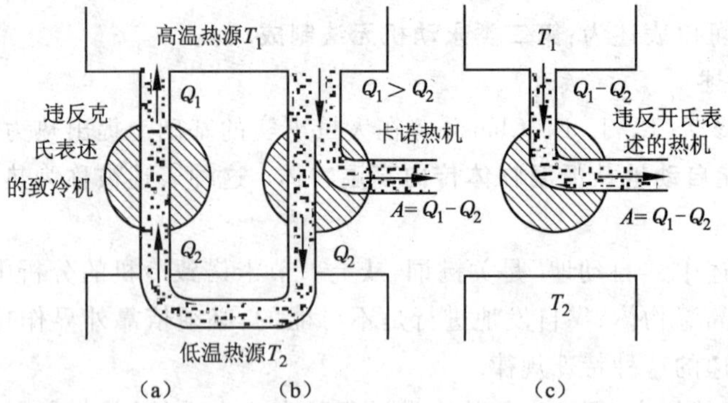

图 17.20 违反克氏表述的制冷机和违反开氏表述的热机

17.6.3 可逆过程与不可逆过程

针对热力学过程具有方向性这一重要特征,我们引入可逆过程与不可逆过程的概念.

我们定义:一个系统由某一状态出发,经过一过程达到另一状态,如果存在一个逆过程,它能使系统和外界完全复原(即系统回到原来的状态,同时消除系统对外界引起的一切影响),则原过程称为**可逆过程**;反之,如果用任何方法都不可能使系统和外界完全复原,则原来的过程为**不可逆过程**.

大量观察表明:自然现象大多是不可逆的. 破镜不能重圆,覆水不可收回,这样的例子不胜枚举. 事实上,自然界中一切与热现象有关的宏观过程都具有不可逆性,例如:

(1)热传导 两个温度不同的物体接触一段时间,热量就会自动地由高温物体传到低温物体,使两者温度逐渐接近. 但热量不会自动地从低温物体传到高温物体而加大两者的温差,这说明热传递具有不可逆性.

(2)功热转换 一个小球自由下落与地面碰撞最终静止于地表,其机械能转化为热能、声能耗散出去. 但相反的过程不能实现,即小球不会自动吸收热能将其转化为机械能而跳回到原来的高度上.

(3)理想气体的自由膨胀 一隔板将容器分隔为 A、B 两个部分,其中 A 部盛有理想气体,B 部为真空. 当隔板打开后,A 部气体便会在没有阻力的情况下迅速膨胀,充满整个容器. 在这个过程中,气体既不与外界交换热量,也不对外界作功. 但相反的过程是不可能自动实现的,即膨胀后的气体又自动收缩回 A 室,使 B 室为真空. 这说明,理想气体的自由膨胀过程是不可逆的.

必须指出:一个过程不可逆,并不是说该过程的逆过程不可能实现. 例如,我们可以将自由膨胀的气体压缩回去,但压缩气体外界需要对系统作功;又如,空调可以将热量从室内(低温热源)抽到室外(高温热源),但致冷要消耗电能. 上述原过程是自发进行的,而逆过程则要外界付出代价,不能自发地进行.

那么什么样的过程是可逆的?**只有无耗散**(摩擦是耗散的一类)**的准静态过程才是可逆的**. 可逆过程是一种理想化的过程,与质点、刚体一样是一种理想化的模型. 一切实际的宏观过程都不是准静态的,且不可能完全避免摩擦等耗散因素,所以都是不可逆过程. 但许多实际过程都可近似地视为可逆过程. 在 § 17.1 叙述的准静态过程中,如果活塞与汽缸壁无摩擦,我们可以设想把这些无限细分的砝码缓慢地加回去,则在图 17.1(b)Ⅲ中的 p-V 图上也可得到一条连续曲线,它由状态 2 指向状态 1,并沿原曲线返回. 如果这是一等温过程,在状态 1 变化到状态 2 的等温膨胀过程中,气体对活塞作功 A 等于它从热源吸收的热量 Q,在状态 2 变化到状态 1 的等温压缩过程中,活塞对气体作功 A'等于气体放给热源的热量 Q',由于无摩擦,膨胀时气体对活塞作的功 A 与压缩时活塞对气体作的功 A'是相等的,且 $Q = Q'$. 可见,正反两个过程的结果不仅使得气体恢复了原状态,也使得外界(活塞、热源)同时复原,因而,这是一个可逆过程.

17.6.4 卡诺定理

早在热力学第一定律和第二定律建立之前,卡诺就在 1824 年提出了有关热机效率的重要定理,其表述如下:

(1)在相同的高温热源 T_1 和相同的低温热源 T_2 之间工作的一切可逆热机(即其循环过程为可逆过程),其效率 $\eta_{可逆}$ 都相等,与工作物质无关,且

$$\eta_{可逆} = 1 - \frac{T_2}{T_1}$$

(2)在相同高温热源 T_1 和相同低温热源 T_2 之间工作的一切不可逆热机,其效率 $\eta_{不可逆}$ 都小于可逆热机的效率,即

$$\eta_{不可逆} < 1 - \frac{T_2}{T_1}$$

卡诺定理是在研究如何提高热机效率的过程中发展起来的,它指出了提高热机效率的途径,其一是尽量减少摩擦、漏气等耗散因素,使热机尽可能接近可逆机;其二是尽量提高高温热源的温度,降低低温热源的温度. 但实际上由于热机低温热源冷凝器的温度比周围环境温度只略高一些,唯有提高高温热源的温度才是切实可行的. 现代热电厂中汽轮机中的工作物质(水蒸气)的温度达 580℃,冷凝器温度约为 30℃,卡诺可逆热机的效率 $\eta = 64.5\%$,但由于不可避免的摩擦、散热等因素,实际汽轮机的效率只有 36% 左右.

卡诺定理可用热力学第二定律严格证明,这里从略.

17.7 热力学第二定律的统计意义 熵

热力学第二定律指出,一切与热现象有关的实际宏观过程都是不可逆的,自然过程具有方向性. 实际上,从气体动理论的观点来看,热力学过程的不可逆性是由大量分子的无规则热运动决定的,我们可以从统计意义来解释热力学第二定律.

17.7.1 热力学第二定律的统计意义

热现象过程的不可逆性,体现在不可能用任何办法由末态回到初态而不引起其他变化,那么,是不是初、末两态存在着某种性质上的差异而造成了这种不可逆性呢? 下面以气体自由膨胀为例进行说明.

如图 17.21 所示,用隔板将容器分成容积相等的 A、B 两室,使 A 室充满气体,B 室保持真空. 如果考虑气体中任一个分子,比如分子 a. 在隔板抽掉前,它只能在 A 室运动;把隔板抽掉后,它就在整个容器中运动,由于碰撞,它可能一会儿在 A 室,一会儿又跑到 B 室. 因此,就单个分子看来,它是有可能自动地退回到 A 室的,因为它在 A、B 两室的机会是均等的,所以退回到 A 室的概率是 1/2. 如果我们考虑 4 个分子,把隔板抽掉后,它们将在整个容器内运动,如果以 A 室和 B 室来分类,则这 4 个分子在容器中的分布有 $2^4=16$ 种可能. 每一种分布状态出现的概率相等,情况见表 17.4.

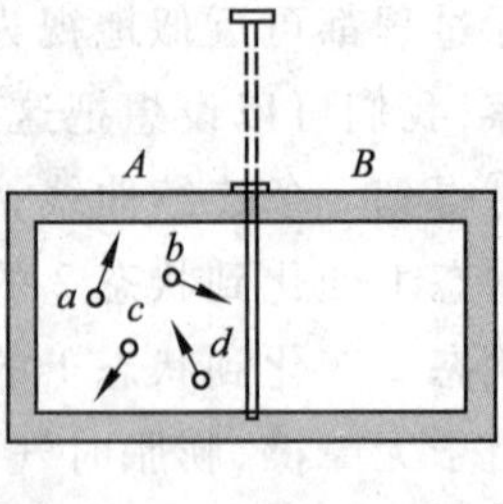

图 17.21 气体自由膨胀不可逆性的统计意义

表 17.4 分子在容器中的分布

		分子的分布															总计
容器的部分	A		a	b	c	d	ab	ac	ad	bc	bd	cd	bcd	acd	abd	abc	$abcd$	
	B	$abcd$	bcd	acd	abd	abc	cd	bd	bc	ad	ac	ab	a	b	c	d		
状态数		1	4				6						4				1	16

从表中可以看出:4 个分子同时退回到 A 室的可能性是存在的,其概率为 $\frac{1}{16}=\frac{1}{2^4}$. 同理,如果共有 N 个分子,若以分子处在 A 室或 B 室分类,则共有 2^N 种可能的分布,而全部 N 个分子都退回到 A 室的概率为 $\frac{1}{2^N}$. 例如,对 1 mol 的气体来说,$N\approx 6\times 10^{23}$,所以当气体自由膨胀后,所有这些分子全部退回到 A 室的概率是 $\frac{1}{2^{6\times 10^{23}}}$,这个概率是如此之小,实际上是不会实现的.

由以上的分析可以看到,如果我们以分子在 A 室或 B 室分布的情况来分类,把每一种可能的分布称为一个微观状态,则 N 个分子共有 2^N 个可能的微观状态. 统计理论认为,孤立系统内各个微观态出现的概率是相等的. 在给定的宏观条件下,各宏观态由于所包含的微观态数不同就会有不同的出现概率. 如 N 个气体分子全部都集中在 A 室这样的宏观状态,只包含一个微观状态,出现的概率为 $1/2^N$,而分子均匀分布的宏观状态却包含了 2^N 个可能的微观状态中的绝大多数,出现的概率也最大. 一个宏观状态,它所包含的微观状态的数目愈多,这个宏观状态出现的概率也就愈大.

由此可见,自由膨胀的不可逆性实质上反映了:**一个孤立系统(与外界既无物质交换,也无能量交换的系统),其内部发生的过程总是由概率小的宏观状态向概率大的宏观状态进行,亦即由包含微观状态数目少的宏观状态向包含微观状态数目多的宏观状态进行**,与之相反的过程,没有外界的影响是不可能自动实现的. 这就是热力学第二定律的统计意义,也是实际过程具有方向性的微观本质.

对于热功转换问题,功转换为热是在外力作用下宏观物体的有规则运动转变为分子无规则运动的过程,这种转化的几率大,反之,热转换为功则是分子的不规则运动转变为宏观物体的有规则运动的过程,这种转换的几率很小. 对于热量的传递,高温物体分子的平均动能比低温物体分子的平均动能大,两物体相接触时,显然是能量从高温物体传到低温物体的几率要比反向传递的几率大得多. 所以,热力学第二定律本质上是统计规律,只适用于大量分子构成的热力学系统.

当然,如果一个孤立系统内进行的是一个理想的可逆过程,则其过程中任意两个宏观状态的概率相同.

17.7.2　玻耳兹曼熵

根据上面的分析，我们用 W 表示系统（宏观）状态所包含的微观状态数，或把 W 理解为（宏观）状态出现的概率，称为**热力学概率**或系统的**状态概率**. 热力学概率实际上也是分子运动无序性的一种量度. 由此，玻耳兹曼引入了一个态函数熵 S 来表示系统的无序度，它与热力学概率的关系为

$$S = k\ln W \tag{17.29}$$

由此定义的熵称为**玻耳兹曼熵**，也称为**统计熵**. 式(17.29)中，k 为玻耳兹曼常数，熵的单位是 $\mathrm{J\cdot K^{-1}}$. 对于系统的某一宏观状态，有一个 W 值与之对应，因而也就有一个 S 值与之对应，因此像内能一样，熵是系统状态的函数. 熵的微观意义是：**系统内分子热运动无序性的一种量度**.

因为系统处于某一宏观态的热力学概率 W 等于其各部分（即子系统）的热力学概率 W_i 之积，即 $W = W_1 \cdot W_2 \cdot \cdots$，则熵具有可加性，即系统处于某一宏观态的总熵 S 等于其各部分（即子系统）熵 S_i 的总和. 根据式(17.29)有

$$S = k\ln W = k\ln W_1 + k\ln W_2 + \cdots = \sum k\ln W_i = \sum S_i$$

值得说明的是，1865 年克劳修斯从热力学出发也定义了一个态函数熵. 对于一段无限小的可逆过程，熵变为

$$\mathrm{d}S = \left(\frac{\mathrm{d}Q}{T}\right)_{\text{可逆}} \tag{17.30}$$

式(17.30)中，$\mathrm{d}Q$ 为这一微过程中系统吸收的热量，T 为系统的温度. 由式(17.30)定义的熵称为**克劳修斯熵**，又叫热力学熵.

克劳修斯熵和玻耳兹曼熵是从不同角度引入的，但可以证明两熵等价.

17.7.3　熵增加原理

若有一孤立系统经历一不可逆过程，从状态Ⅰ过渡到状态Ⅱ，相应的热力学概率分别为 W_1 和 W_2，根据热力学第二定律的统计解释，有 $W_2 > W_1$，则该过程的熵变为

$$\Delta S = k\ln W_2 - k\ln W_1 = k\ln\frac{W_2}{W_1} > 0$$

若孤立系统经历的是可逆过程，则其熵保持不变，有 $\Delta S = 0$.

综合上述分析，可得出结论：**孤立系统内无论进行什么过程，系统的熵永不减少**，即

$$\Delta S \geqslant 0 \tag{17.31}$$

对于不可逆过程 $\Delta S > 0$，对于可逆过程 $\Delta S = 0$，这一规律称为**熵增加原理**.

实际过程总是不可逆过程，因此，在孤立系统中，一切实际过程总是沿着熵增大的方向进行，直到熵达到最大值为止. 熵增加原理与热力学第二定律都是表述热力学过程自发进行的方向性和条件的，所以，熵增加原理是热力学第二定律的数学表示.

顺便指出，伴随着热力学第二定律的确立，“热寂说”几乎一直在困扰着 19 世纪的一些物理学家. 他们把热力学第二定律推广到整个宇宙，认为宇宙的熵将趋于极大，因此一切宏观的变化都将停止，全宇宙将进入“一个死寂的永恒状态”.

“热寂说”描绘了一幅平淡、无差别、死气沉沉的末日宇宙景象，然而就目前而论，完全看

不到宇宙有任何“热寂”的迹象. 相反,呈现在我们面前的是一个丰富多彩、千差万别、生机勃勃的宇宙. 批判“热寂说”的一种观点认为,宇宙是一个自引力体系,由于引力的涨落,宇宙远离平衡态并由此导致了新的结构. 对于宇宙的结局,悲观和乐观的观点都可以找到一定的依据,但目前尚难做出很有说服力的判断.

思 考 题

17.1 下列表述是否正确？为什么？并将错误更正.

(1) $\Delta Q=\Delta E+\Delta A$ (2) $Q=E+\int p\mathrm{d}V$ (3) $\eta\neq 1-\dfrac{Q_2}{Q_1}$ (4) $\eta_{不可逆}<1-\dfrac{Q_2}{Q_1}$

17.2 内能和热量有什么区别？下列两种说法是否正确？

(1)物体的温度越高,则热量越多;

(2)物体的温度越高,则内能越大.

17.3 对物体加热而其温度不变,有可能吗？没有热交换而系统的温度发生变化,有可能吗？

17.4 一定量的理想气体对外作了500 J的功,

(1)如果过程是等温的,气体吸了多少热？

(2)如果过程是绝热的,气体的内能改变了多少？

17.5 *p-V*图上封闭曲线所包围的面积表示什么？如果该面积越大,是否效率越高？

17.6 一定量的理想气体,从*p-V*图上同一初态*A*开始,分别经历三种不同的过程到达不同的末态,末态的温度相同,如思考题17.6图所示. 其中$A\to C$是绝热过程.

(1)在$A\to B$过程中气体是吸热还是放热,为什么？

(2)在$A\to D$过程中气体是吸热还是放热,为什么？

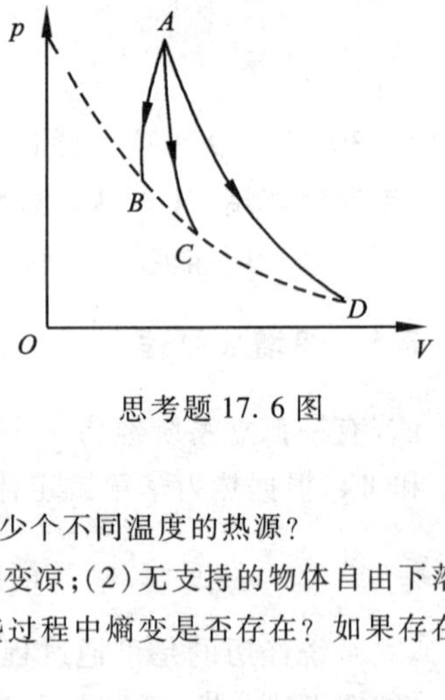

思考题17.6图

17.7 说明下列过程中热量、功与内能变化的正负：

(1)用气筒打气;(2)水沸腾变成水蒸气.

17.8 什么情况下,气体的摩尔热容为零？什么情况下,气体的摩尔热容是无穷大？什么情况下是正值？什么情况下是负值？

17.9 一条等温线与一条绝热线能否相交两次,为什么？

17.10 为什么卡诺循环是最简单的循环过程？任意可逆循环需要多少个不同温度的热源？

17.11 在日常生活中,经常遇到一些单方向的过程,如:(1)桌上热餐变凉;(2)无支持的物体自由下落;(3)木头或其他燃料的燃烧. 它们是否都与热力学第二定律有关？在这些过程中熵变是否存在？如果存在,是增大还是减小？

17.12 一杯热水放在空气中,它总是冷却到与周围环境相同的温度,因为处于比周围温度高或低的概率都较小,而与周围同温度的平衡却是最概然状态,但是这杯水的熵却减小了,这与熵增加原理有无矛盾？

习 题

17.1 2 mol的氮气从标准状态加热到373 K,如果加热时(1)体积不变;(2)压强不变,问在这两种情况下气体吸热分别是多少？哪个过程吸热较多？为什么？

17.2 10 g氧在$p=3\times10^5$ Pa时温度为$T=283$ K,等压地膨胀到10 L,求(1)气体在此过程中吸收的热量;(2)内能的变化;(3)系统所作的功.

17.3 1 mol的理想氦气,经准静态的绝热过程,由温度$T_1=300$ K,体积$V_1=8.0$ L的初态压缩至$V_2=$

1.0 L 的末态,求该过程中气体对外所作的功.

17.4　1 mol 氧气,温度为 300 K 时,体积为 $2\times10^{-3}\ \mathrm{m}^3$. 试计算下列两过程中氧气所作的功:

(1)绝热膨胀至 $20\times10^{-3}\ \mathrm{m}^3$;

(2)等温膨胀至 $20\times10^{-3}\ \mathrm{m}^3$,然后再等体冷却,直到温度等于绝热膨胀后所达到的温度为止;

(3)将上述两过程在 p-V 图上图示出来.

说明这两过程中功的数值的差别.

17.5　一定量单原子理想气体,在等压情况下加热,求吸收的热量中,消耗在气体对外作功上的比例.

17.6　理想气体由初状态(p_1,V_1)经绝热膨胀至末状态(p_2,V_2). 试证明过程中气体所作的功为 $A=\dfrac{p_1V_1-p_2V_2}{\gamma-1}$,式中 γ 为气体的比热容.

17.7　气缸内有单原子理想气体,若绝热压缩使其容积减半,问气体分子的平均速率变为原来速率的几倍? 若为双原子理想气体,又为几倍?

17.8　汽缸内有一种刚性双原子分子的理想气体,若经过准静态绝热膨胀后气体的压强减少了一半,则变化前后气体的内能之比 $E_1:E_2=?$

17.9　双原子分子的理想气体,经历 $p=kV$(k 为常量)的热力学过程.

(1)求摩尔热容;(2)若 2 mol 的该气体温度从 T_1 升到 T_2,问该过程中气体吸收的热量和对外作功各是多少?

17.10　某理想气体在 p-V 图上等温线与绝热线相交于 A 点,如题 17.10 图所示. 已知 A 点的压强 $p_1=2\times10^5$ Pa,体积 $V_1=0.5\times10^{-3}\ \mathrm{m}^3$,而且 A 点处等温线斜率与绝热线斜率之比为 0.714. 现使气体从 A 点绝热膨胀至 B 点,其体积 $V_2=1\times10^{-3}\ \mathrm{m}^3$,求:

(1)B 点处的压强;

(2)在此过程中气体对外作的功.

17.11　试验用的大炮炮筒长为 3.36 m,内膛直径为 0.152 m,炮弹质量为 45.4 kg. 击发后火药暴燃完全时炮弹已被推行 0.98 m,速度为 311 $\mathrm{m\cdot s^{-1}}$,这时膛内气体压强为 2.43×10^8 Pa. 设此后膛内气体做绝热膨胀,直至炮弹出口. 求:

(1)在这一绝热膨胀过程中气体对炮弹作功多少? 设 $\gamma=1.2$.

(2)炮弹的出口速度(忽略摩擦).

17.12　1 mol 单原子分子的理想气体,经历如题 17.12 图所示的可逆循环,联结 ac 两点的曲线Ⅲ的方程为 $p=p_0V^2/V_0^2$,a 点的温度为 T_0.

(1)试以 T_0、普适气体常量 R 表示Ⅰ、Ⅱ、Ⅲ过程中气体吸收的热量.

(2)求此循环的效率.

17.13　设有一以理想气体为工质的热机循环,如题 17.13 图所示. 试证其循环效率为

$$\eta=1-\gamma\frac{\dfrac{V_1}{V_2}-1}{\dfrac{p_1}{p_2}-1}$$

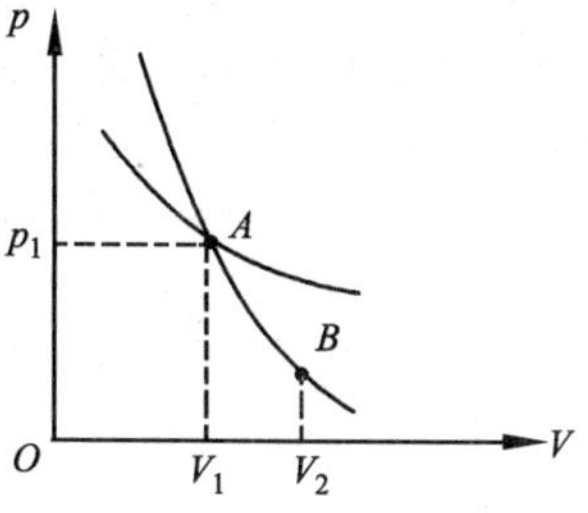

题 17.10 图

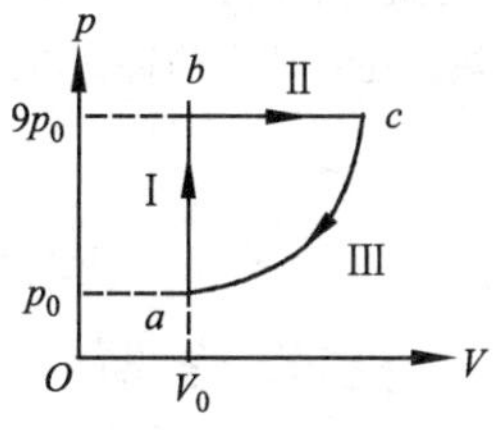

题 17.12 图

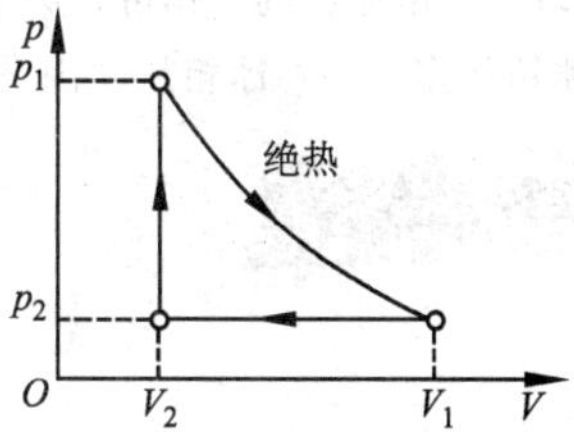

题 17.13 图

17.14　1 mol 双原子理想气体，原来压强为 2.026×10^5 Pa，体积为 20 L，首先等压膨胀到原体积的 2 倍，然后等体冷却到原温度，最后等温压缩回到初状态，(1) 做出循环的 p-V 图；(2) 求工作物质在各过程所作的功；(3) 计算循环的效率.

17.15　1 mol 双原子理想气体，原来温度为 300 K，体积为 4 L，首先等压膨胀到 6.3 L，然后绝热膨胀达到原来的温度，最后等温压缩回到原状态. 试在 p-V 图上表示此循环，并计算循环的效率.

17.16　一定量的某单原子理想气体，经历如题 17.16 图所示循环，其中 AB 为等温线. 已知 $V_A=3.00$ L，$V_B=6.00$ L，求热机效率.

17.17　一定量的理想气体氦，经历如题 17.17 图所示循环，求热机效率.

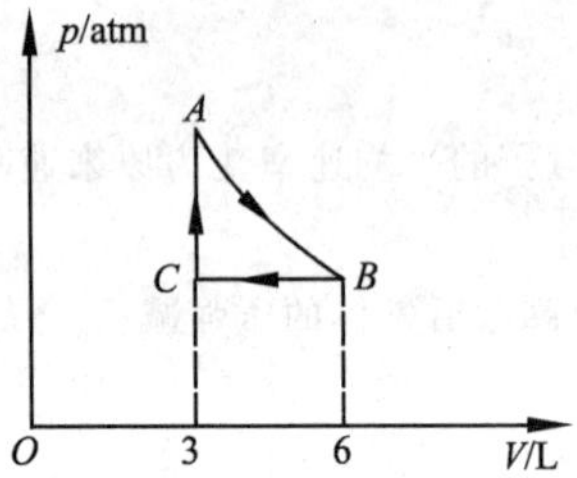

题 17.16 图

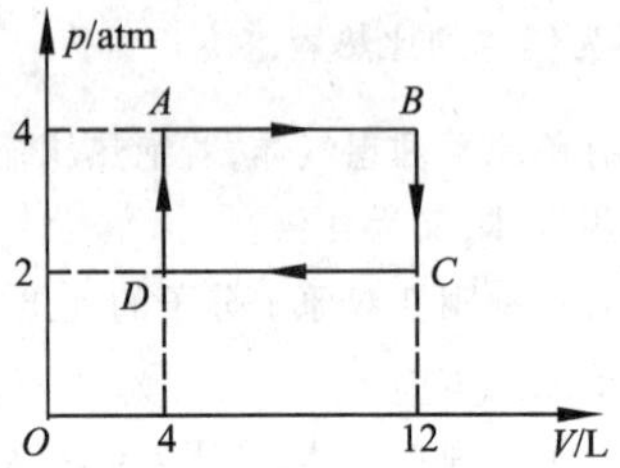

题 17.17 图

17.18　一定量的理想气体，经历如题 17.18 图所示的循环过程，AB、CD 是等压过程，BC、DA 是绝热过程. 已知 $T_C=300$ K，$T_B=400$ K，求热机效率和逆循环时的致冷系数.

17.19　汽油机的工作过程可以近似地看做题 17.19 图所示的理想循环，这个循环叫做奥托循环，其中 AB 为吸入燃料（汽油蒸汽及助燃空气）过程，在此过程中压强为 p_0 不变，体积从 V_2 增加到 V_1；BC 为压缩过程，燃料被绝热压缩，体积从 V_1 压缩到 V_2，压强从 p_0 增加到 p_1；CD 为燃料燃烧过程，在此过程中体积不变，压强从 p_1 增加到 p_2；DE 为膨胀作功过程（绝热膨胀），体积从 V_2 增加到 V_1；EB 为膨胀到极点 E 时排气阀打开过程，在此过程中体积不变，压强下降至 p_0；BA 为排气过程，压强不变，活塞将废气排出气缸. 试证明此循环的效率为 $\eta=1-\left(\dfrac{V_2}{V_1}\right)^{\gamma-1}$.（其中 $\dfrac{V_2}{V_1}$ 称压缩比）

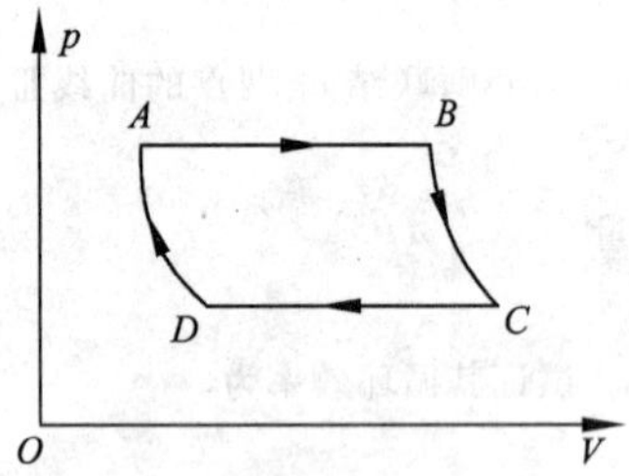

题 17.18 图

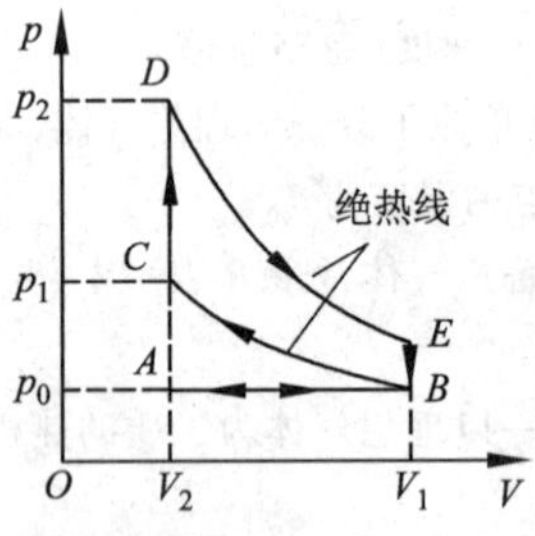

题 17.19 图

17.20　有一卡诺热机，工作在 100℃ 和 0℃ 之间，每一循环所作净功为 8 000 J，当该热机工作在 t℃ 和 0℃ 之间时，每一循环所作净功为 10 000 J. 若低温热源放出的热量与前相同，求：(1) 热源温度 t；(2) 此时的循环效率.

17.21　一电冰箱的工作可视为卡诺致冷机，当室温为 27℃ 时，用冰箱把 1 kg 0℃ 的水结成冰，问电源至少应给冰箱作多少功？冰箱从周围是得到热量还是放出热量？（已知冰的溶解热为 $333.6\ \mathrm{J\cdot g^{-1}}$）

科学家简介

克劳修斯

克劳修斯（Rudolf Julius Emmanuel Clausius，1822—1888）是德国物理学家，热力学和气体分子动理论

的奠基者之一.

生平简介

克劳修斯在1822年出生于普鲁士的克斯林(今波兰科沙林),1888年8月24日卒于波恩. 克劳修斯的家中有多个兄弟姐妹,母亲是一位女教师. 他中学毕业后,先考入了哈雷大学,后转入柏林大学学习. 为了抚养弟妹,在上学期间他不得不去做家庭补习教师. 克劳修斯于1850年发表了关于热的理论的著名论文后,得到了柏林皇家炮兵工程学院的重要教职. 从1855年起的12年里,他任苏黎世工业大学教授,讲授物理,并在那里结婚. 1867年返回德国,任维尔茨堡大学教授,为期两年. 1869年移居波恩,任波恩大学教授,他在那里一直工作到生命的最后一息. 克劳修斯一生得到过多种荣誉,他被许多科学团体选作名誉成员,并接受过许多奖赏,其中最引人注目的是1879年获英国皇家学会的Coylcy奖章. 克劳修斯不仅在科研方面取得了重大的成就,他在教学上也取得了良好的效果. 他先后在柏林大学、苏黎世大学、维尔茨堡大学和波恩大学执教长达三十余年,桃李芬芳. 他培养的很多学生后来都成了知名学者,有的甚至是举世闻名的物理学家.

主要科学贡献

1. 对热力学理论的贡献

克劳修斯从卡诺的热动力机理论出发,以机械热力理论为依据,逐渐发现了热力学基本现象,得出了热力学第二定律的克劳修斯陈述. 在《论热的运动力……》一文中,克劳修斯首次提出了热力学第二定律的定义:“热量不能自动地从低温物体传向高温物体. ”这与开尔文陈述的热力学第二定律“不可制成一种循环动作的热机,只从一个热源吸取热量,使之完全变为有用的功,而其他物体不发生任何变化”是等价的,它们是热力学的重要理论基础. 同时,他还推导了克劳修斯方程——关于气体的压强、体积、温度和普适气体常量之间的关系,修正了原来的范德瓦尔斯方程.

1854年,克劳修斯最先提出了熵的概念,进一步发展了热力学理论. 他将热力学定律表达为:宇宙的能量是不变的,而它的熵则总在增加. 由于他引进了熵的概念,因而使热力学第二定律公式化,使它的应用更为广泛.

2. 对分子动理论的贡献

克劳修斯、麦克斯韦(J. C. Maxwell)、玻耳兹曼(L. Boltzmann)是分子动理论和统计物理学的奠基者. 克劳修斯的工作直接影响和推动了后两人的工作.

1857年,克劳修斯研究气体动力学理论取得成就,他提出了气体分子绕本身转动的假说. 这一年,他发表了《论我们称之为热能的动力类型》一文,在这篇文章中他将气体分子的动能不仅看做是它们的直线运动,而且看做是分子中原子旋转和振荡的运动. 这样,他确定了实际气体与理想气体的区别.

1858年,克劳修斯通过细心的研究,推导出了气体分子平均自由程公式,找出了分子平均自由程与分子大小和扩散系数之间的关系. 同时,他还提出分子运动自由程分布定律. 他的研究也为气体分子运动论的建立做出了杰出的贡献.

1860年,克劳修斯计算出了气体分子运动速度. 后来,他确定了气体对于器壁的压力值相当于分子撞击器壁的平均值. 运用与概率论相结合的平均值方法,他开辟了物理学一个极为重要的领域,即创建了统计物理学学科. 在后来的著作中,克劳修斯推导出能表示受压力影响的物体熔点(凝固点)的方程式,后来被称为克拉佩龙-克劳修斯方程.

3. 其他贡献

克劳修斯的主要工作领域是热力学和气体分子动理论. 此外,他还研究了电解质和电介质,重新解释了盐的电解质溶液中分子的运动;建立了固体的电介质理论. 他还提出描述分子极性同电介质常数之间关系的方程,同时还提出了电解液分解的假说,这一假说,后来经过阿仑尼乌斯的进一步发展成为电解液理论. 他于1870年最先提出了均功理论.

克劳修斯除发表了大量的学术论文外,还出版了一些重要的专著,如《机械热理论》第一卷和第二卷、《势函数和势》等. 但在克劳修斯的晚年,他不恰当地把热力学第二定律引用到整个宇宙,认为整个宇宙的温度必将达到均衡而不再有热量的传递,从而成为所谓的热寂状态,这就是克劳修斯首先提出来的"热寂说". 热寂说否定了物质不灭性在质上的意义,而且把热力学第二定律的应用范围无限地扩大了.

克劳修斯虽然在晚年错误地提出了"热寂说",但在他的一生的大部分时间里,在科学、教育上做了大量有益的工作. 特别是他奠定了热力学理论基础,他的大量学术论文和专著是人类宝贵的财富,他在科学史上的功绩不容否定. 他诚挚、勤奋的精神同样值得后人学习.

阅读材料 F

熵与能源　熵与信息

一、熵与能源

1. 熵与能

熵的概念一开始就和能的概念关系密切. 例如,汽车轮子与地面摩擦生热的过程是个熵增加的过程,摩擦的机械运动变成分子的热运动,机械能变成热能. 虽然能量守恒,但让热能完全自动地变成机械能却不可能. 显然,热能的"品质"要比机械能差,热能的不可用程度比机械能高. 熵增加意味着系统能量中成为不可用能量的部分在增大,这叫做能量的退化.

从统计意义上看,熵是分子运动混乱程度的量度. 熵增加反映自发过程总是从热力学概率小(或微观态数少,亦即混乱度低)的宏观态向热力学概率大(或微观态数多,亦即混乱度高)的宏观态进行. 系统的最终状态是对应于热力学概率最大,亦即最混乱的状态——平衡态.

熵增加意味着宏观能量的退化和微观混乱度的增加,这两者是一致的. 汽车轮子与地面摩擦生热,把机械能变成热能;与之相应,在微观上,车轮一个自由度上的机械运动变成了地面及轮子分子多个自由度上的热运动,混乱程度增加了.

总之,热力学第一定律反映了能量转化的等值性,而热力学第二定律则反映了能量转化的不可逆性. 能量与熵这两个物理量,它们既有密切联系又有本质的不同.

2. 熵与能源

"能源"的本意是指能量的来源. 例如,太阳辐射到地球表面上的能量,就是人类使用的能量的主要来源. "能源"的另一层意思是指能量资源. 例如,存在于自然界中的煤、石油、天然气等化石燃料,铀、钍等核燃料,以及生物体等都属于能源;由这些物质加工而得到的焦炭、煤气、液化气、煤油、电、沼气等也是能源. 前者以现存的形式存在于自然界中,为一次能源. 后者为从一次能源直接或间接转换而来的人工能源,为二次能源. 根据能源本身性质的不同,我们把能量比较集中的含能物质,如化石燃料、核燃料、生物体、地热蒸气、高位水库等称为"含能体能源",而把能量比较集中的物质运动过程,如流水、潮汐、风、地震、太阳能等称为"过程性能源". 也可根据能源使用方式的不同,把直接燃烧而释放能量的物质称为"燃料性能源",而把可以直接用来驱动机器作功的能源称为"动力性能源". 前者的例子如煤、天然气等,后者的例子如电、高压水、压缩空气等.

能源是人类生活和生产资料的来源,是人类社会和经济发展的物质基础. 随着科学的进步,经济的飞速发展,以及人口的急剧增长,人们已经开始认识到能源是有限的,如果不高度重视能源枯竭问题,将会出现不堪设想的后果.

能源问题的物理实质是物质与能量的转化问题,这些转化都为物质守恒定律、能量守恒定律、熵增加原理三条基本规律所支配.

人类利用能量源的过程,实际上是一种能量转化过程,在此过程中,总能量保持不变;但集中在能源中的有用能的数量在不断减少,而均匀分布在环境中的不可用能的数量在不断增加(熵增加原理). 另一方面,人类对能源的利用,生成废物排放到环境中,造成环境污染. 由此可见,人类开发和利用能源,实现能量与物质的转化,在取得巨大经济效益的同时,也带来了能源枯竭和环境污染两大问题.

二、熵与信息

1. 信息

关于信息有不少试探性的定义. 信息论创始人 C. E. Shannon 于 1948 年说信息是“用以消除随机不定性的东西”.

在信息论的发展中,许多科学家对它做出了卓越的贡献. 狭义信息论是关于通讯技术的理论,它是以数学方法研究通讯技术中关于信息的传输和变换规律的一门科学. 广义信息论则超出了通讯技术的范围来研究信息问题,它以各种系统、各门科学中的信息为对象,广泛地研究信息的本质和特点,以及信息的取得、计量、传输、储存、处理、控制和利用的一般规律. 显然,广义信息论包括了狭义信息论的内容,但其研究范围却比通讯领域广泛得多,因此,它的规律也更一般化,适用于各个领域,所以它是一门交叉学科. 广义信息论也被称为信息科学.

2. 信息熵

获得了信息,就可以使人们对事物认识的不确定性减小. 由于不同的信息使对事物认识的不确定性减小的程度不同,因而每个信息都有一个信息量大小的问题,信息的信息量大,认识的不确定性就小. 信息的信息量通过事物不确定性的变化来量度. 在申农给信息量定名称时,数学家冯 · 诺依曼建议称为熵,理由是不定性函数在统计力学中已经被称为熵. 在热力学中熵是物质系统状态的一个函数,它表示微观粒子之间无规则的排列程度,即表示系统的紊乱度. 维纳说:“信息量的概念非常自然地从属于统计学的一个古典概念——熵. 正如一个系统中的信息量是它的组织化程度的度量,一个系统的熵就是它的无组织程度的度量;这一个正好是那一个的负数. ”这说明信息与熵是一个相反的量,信息是负熵. 申农(Shannon)把熵的概念引用到信息论中,称为信息熵.

3. 信息熵与生命科学

1943 年,物理学家薛定谔在题为“生命是什么”的演讲中发表了自己的观点. 这位波动力学理论的创始人以热力学和量子力学理论解释生命的本质,以“非周期性晶体”、“负熵”、“密码”传递、“量子跃进”或突变等概念来说明有机体的物质结构,生命活动的维持和延续,生物的遗传和变异等生命现象,他“力图把介于生物学和物理学之间的基本概念向物理学家和生物学家讲清楚”. 他提出了“生命的特征在于生命系统能不断地增加负熵”. 生命依赖于生命系统结构的完整性,这一观点深化了对生命本质的认识. 启发了人们从生命系统的遗传信息方面来探索生命的奥秘. 还原论和决定论在解决这类“周期性晶体”时取得了令人信服的成就,这次演讲直接启发了上世纪 50 年代克里克和沃森提出 DNA 的“双螺旋模型”,促进了 1961 年雅各布和莫诺提出的基因调控的操纵等学说,奠定了分子生物学的理论基础,同时这次演讲也影响了一大批物理学家、化学家进入生物学领域,以物理学和化学方法去研究生命活动的规律.

信息熵的引入不仅解决了信息的定量描述问题,而且为熵概念的进一步泛化奠定了基础. 在包括生命科学在内的自然科学乃至社会科学的各个领域,存在着大量不同层次、不同类别随机事件的集合,而每一种集合都对应有相应的不确定性(或称为无序性、混乱度、无规律性等等),所有这些不确定性都可使用信息熵这个统一的概念来描述:即凡是导致事件集合的肯定组织性、法则性、有序性等增加或减少的活动过程,都可用信息熵的改变量这个统一的标尺来度量,从而使该随机事件集合的某种规律性描述实现定量化. 其中最引人注目的应用是熵理论在生命科学中的渗透. 从薛定谔负熵概念的提出到熵概念用于生命科学的定性研究;从负熵概念在医学临床诊断中的应用到信息熵理论在遗传学中所取得的丰硕成果,熵在生命科学中的应用经历了一个由定性到定量、由简单到深入的过程,正显现出广阔的应用前景.

第 18 章 量子物理基础

前面各章讲过的牛顿力学、麦克斯韦电磁场理论(包括光学)和热力学等内容,统称为经典物理学. 它能够解释自然界中许多物理现象,并在生产实践中获得广泛的应用.

然而,到 19 世纪末,在经典物理学取得长足发展的同时,与发现了一些经典物理学无法解释的实验事实. 例如,黑体辐射、光电效应、原子光谱等. 因而,为了摆脱困境,1900 年普朗克提出的量子假设,1905 年爱因斯坦提出的光量子假设及 1913 年玻尔提出的原子理论等,相继冲破了经典理论的束缚,形成早期的量子理论. 本章内容基本上是按照量子论发展史的先后次序进行的,以便读者了解量子论的建立过程.

18.1 黑体辐射 普朗克量子假设

18.1.1 热辐射和黑体辐射

1. 热辐射

把铁条插在炉火中,它会被烧得通红. 起初在温度不太高时,我们看不到它发光,但能感到它辐射出的热量. 当温度达到 500℃左右时,铁条开始发出可见的光辉. 随着温度的升高,不但光的强度逐渐增大,颜色也由暗红转为橙红. 实际上,任何物体在任何温度下,都会不断向外辐射各种波长的电磁波,即向四周以电磁波的方式辐射能量,并且在不同的温度下,所发出的各种电磁波的能量按波长有不同的分布,所以才表现出不同的颜色. 这种能量按波长的分布随温度而不同的电磁辐射称为**热辐射**.

对于一定温度的物体,其热辐射的能量按波长有一定的分布,通常用**单色辐出度** M_λ 来描述

$$M_\lambda = \frac{\mathrm{d}M_\lambda}{\mathrm{d}\lambda} \tag{18.1}$$

它表示单位时间内从物体单位表面发射出的波长在 λ 附近单位波长间隔内的辐射能,单位为 $\mathrm{W \cdot m^{-3}}$. 单色辐出度 M_λ 通常是物体温度 T 和辐射波长 λ 的函数. 单位时间内从物体单位表面上所发射的各种波长的总辐射能称为物体的**辐出度**. 对于给定的一个物体,辐出度是其温度的函数,常用 $M(T)$ 表示,单位为 $\mathrm{W \cdot m^{-2}}$. 在一定温度 T 时,物体的辐出度与单色辐出度的关系为

$$M(T) = \int_0^\infty M_\lambda(T)\,\mathrm{d}\lambda \tag{18.2}$$

2. 绝对黑体和基尔霍夫定律

物体在向周围发射辐射能的同时,也要吸收和反射照射到它表面的电磁波. 为了描述物体吸收和反射电磁波的能力,我们定义:被物体吸收的能量与入射能量之比称为物体的**吸收比**,被反射的能量与入射能量之比称为物体的**反射比**. 物体的吸收比和反射比也与温度和波

长有关．对于温度为 T 的物体，其在波长 λ 附近 $d\lambda$ 范围内的吸收比和反射比分别定义为**单色吸收比** $a_\lambda(T)$ 和**单色反射比** $r_\lambda(T)$．对于不透明的物体，单色吸收比和单色反射比之和等于 1，即

$$a_\lambda(T) + r_\lambda(T) = 1 \tag{18.3}$$

如果一个物体或者物体的某个表面，能完全吸收入射到它上面的电磁波，或者说，在任何温度下，它对任何波长的电磁波的吸收比都等于 1，则称该物体或表面为**绝对黑体**，简称**黑体**．自然界中并不存在绝对黑体，例如吸收比最大的烟煤和黑色珐琅质，对太阳光的吸收比也不超过 99%，所以黑体是一种理想化的模型，和前面我们学过的质点、刚体、理想气体一样，是为了研究问题的方便而提出的．但是我们可以构造这样一个黑体模型：用不透明材料制成一个开有小孔的空腔，如图 18.1 所示，可以想象，由于小孔的面积很小，射入小孔的光很难有机会再从小孔射出，而是经过腔壁的多次反射几乎完全被吸收掉了．这样，一个小孔就可以近似视为一个黑体模型．反过来，空腔内的热辐射也会有一部分从小孔射出，从小孔发射的辐射波谱可以表征黑体辐射的特性．

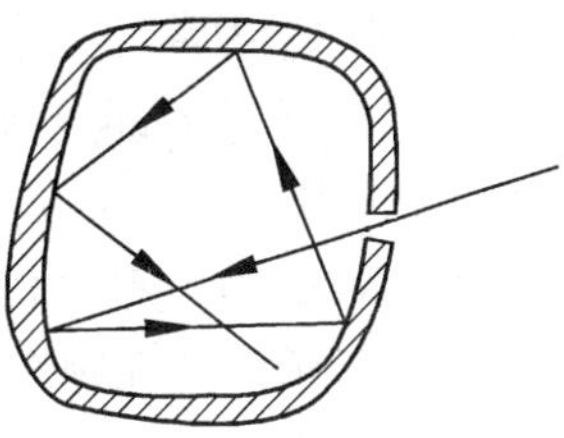

图 18.1　黑体模型

1860 年，基尔霍夫（G. R. Kirchoff）从理论上提出了关于物体的辐出度与吸收比关系的**基尔霍夫定律**：在同样的温度下，各种不同物体对相同波长的单色辐出度与单色吸收比之比值都相等，并等于该温度下黑体对同一波长的单色辐出度．用数学式表示为

$$\frac{M_{\lambda_1}(T)}{a_{\lambda_1}(T)} = \frac{M_{\lambda_2}(T)}{a_{\lambda_2}(T)} = \cdots = M_{\lambda_0}(T) \tag{18.4}$$

式(18.4)中，$M_{\lambda_0}(T)$ 表示黑体的单色辐出度．这一定律说明，只要知道了黑体的辐出度和物体的吸收比，就能了解一般物体的热辐射性质，因此，确定黑体的单色辐出度成为研究热辐射问题的关键．

3. 黑体辐射实验和紫外灾难

利用黑体模型，用实验方法测得绝对黑体的单色辐出度随温度和波长的变化曲线如图 18.2 所示．图中每条曲线下的面积为黑体在一定温度下的辐出度．1879 年斯特潘（J. Stefan）从实验上总结出黑体的辐出度与其温度的关系为

$$M_0(T) = \sigma T^4 \tag{18.5}$$

式(18.5)中比例系数 $\sigma = 5.67 \times 10^{-8}\,\mathrm{W \cdot m^{-2} \cdot K^{-4}}$，称为**斯特潘常数**．1884 年玻尔兹曼（L. Boltzmann）从热力学理论出发证明了这一规律，因此式(18.5)通常被称为**斯特潘-玻尔兹曼定律**．另外，从图 18.2 还可以看到，每条曲线都有一个极大值，这个极大值对应的波长用 λ_m 表示．1893 年维恩（W. Wien）从热力学理论导出 λ_m 与黑体温度 T 之间满足

$$\lambda_m T = b \tag{18.6}$$

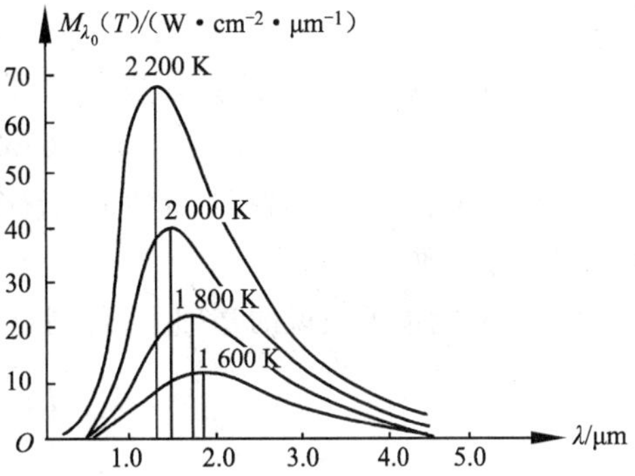

图 18.2　绝对黑体的辐出度按波长分布曲线

式(18.6)中常数 $b = 2.90 \times 10^{-3}\,\mathrm{m \cdot K}$，称为**维恩常数**．式(18.6)通常被称为**维恩位移定律**．

虽然关于黑体辐出度得到了一些规律,但是在试图用经典理论解释图 18.2 所示的黑体辐射实验曲线的过程中,却遇到了巨大的困难. 其中有代表性的理论公式有两个,一个是 1893 年维恩通过假设黑体辐射能谱分布与麦克斯韦分子速率分布相类似得到的**维恩公式**

$$M_{\lambda_0}(T) = C_1\lambda^{-5}e^{-\frac{C_2}{\lambda T}} \tag{18.7}$$

式(18.7)中 C_1 和 C_2 是两个常量. 另一个是 1900—1905 年间,瑞利(Lord Rayleigh)和金斯(J. H. Jeans)把统计物理学中的能量按自由度均分定理,应用到电磁辐射上得到的**瑞利-金斯**公式

$$M_{\lambda_0}(T) = C_3\lambda^{-4}T \tag{18.8}$$

式(18.8)中 C_3 为常量. 维恩公式在短波部分与实验曲线符合得很好,但在长波部分与实验曲线偏差较大;而瑞利-金斯公式在波长很长处与实验曲线还比较相近,但在短波的紫外光区,则随波长趋于零而趋于无穷大,远远偏离了实验结果,如图 18.3 所示. 这在物理学史上被称为"紫外灾难".

维恩公式和瑞利 - 金斯公式,都是用经典物理学的方法来研究热辐射所得的结果,都不能很好地解释实验结果,因此,开尔文曾认为黑体辐射实验是物理学晴朗天空中一朵令人不安的乌云.

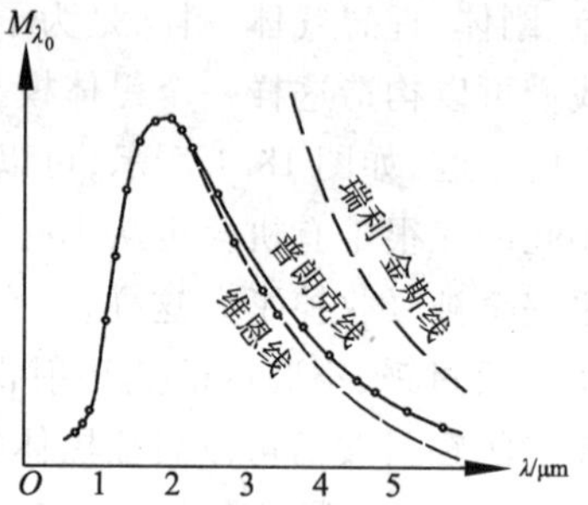

图 18.3　热辐射的理论公式与实验结果的比较(∘表示实验结果)

18.1.2　普朗克量子假说和普朗克公式

为了从理论上得到与实验结果完全相符的绝对黑体辐射公式,1900 年,德国物理学家普朗克深入地研究了有关细节问题,发现经典理论与实验结果不相符的原因在于,经典理论中假定了振子的平均能量可以取连续值. 普朗克认为,实际上振子能量不能连续取值,而只能取一系列离散值,并提出了能量子假说,其主要内容包括:

(1)辐射物质中具有带电的线性谐振子(如分子、原子的振动),这些谐振子能和周围的电磁场交换能量.

(2)这些谐振子只可能处于某些特殊状态,在这些特殊状态中,谐振子的能量是某一最小能量 ε(ε 称为能量子)的整数倍,即 ε、2ε、3ε、…、$n\varepsilon$、…,n 为正整数,称为量子数.

(3)频率为 ν 的谐振子,最小能量为

$$\varepsilon = h\nu \tag{18.9}$$

式(18.9)中,h 为普朗克常数,其值为

$$h = 6.626\,076 \times 10^{-34}\ \text{J}\cdot\text{s}$$

(4)当谐振子辐射或吸收能量时,就会从一个状态跃迁到另一个状态,所变化的能量总是等于 $h\nu$ 的整数倍.

在以上能量子假说的基础上,普朗克用统计方法推导出绝对黑体的单色辐出度为

$$M_{\lambda_0}(T) = 2\pi hc^2\lambda^{-5}\frac{1}{e^{\frac{hc}{k\lambda T}}-1} \tag{18.10}$$

式(18.10)中,c 是光速,k 是玻尔兹曼常数,h 为普朗克常数. 这个公式称为**普朗克黑体辐射公式**,它与黑体辐射实验曲线完全符合,如图 18.3 所示.

事实上,普朗克最初是先从维恩公式和瑞利-金斯公式利用内插法得到式(18.10),然后才

设法从理论上进行了证明.

普朗克的量子假说第一次把量子的概念引入物理学,量子假说打破了经典物理认为能量是连续的概念,这是一个新的重大发现,开创了物理学的新时代,使物理学的发展进入到一个崭新的量子理论阶段. 由于这一概念的革命性和重要意义,普朗克获得了 1918 年诺贝尔物理学奖. 至于普朗克本人,在"绝望地""不惜任何代价地"提出量子概念后,还长期尝试用经典物理理论来解释它的由来,但都失败了. 直到 1911 年,他才真正认识到量子化的全新的、基础性的意义,它是根本不能由经典物理导出的.

18.2　光电效应　爱因斯坦的光子理论

正当普朗克寻找他的能量子的经典根源时,爱因斯坦在能量子假说的基础上,用光子理论解释了光电效应实验规律.

18.2.1　光电效应

金属中自由电子在光的照射下,吸收光能而逸出金属表面的现象称为**光电效应**. 通过光电效应的研究进一步揭示了光具有粒子性.

图 18.4 为光电效应实验装置图,其中 GD 为光电管(管内为真空). 当单色光通过石英窗口照射阴极 K 时,立即就有电子从阴极表面逸出,称为**光电子**. 光电子在加速电场的作用下飞向阳极 A,在电路中形成电流,称为**光电流**. 光电流的大小可由电流计 G 读出,而加在 A、K 两端的电压可由伏特计 V 读出.

光电效应实验规律可归纳如下:

(1)单位时间内从阴极逸出的光电子数与入射光强度成正比.

以一定强度的单色光照射阴极 K 时,加速电压 U 越大,光电流强度 I 也越大. 当 U 增大到一定量值时,电流 I 达到饱和电流强度 I_m,光电效应伏安特性曲线如图 18.5 所示.

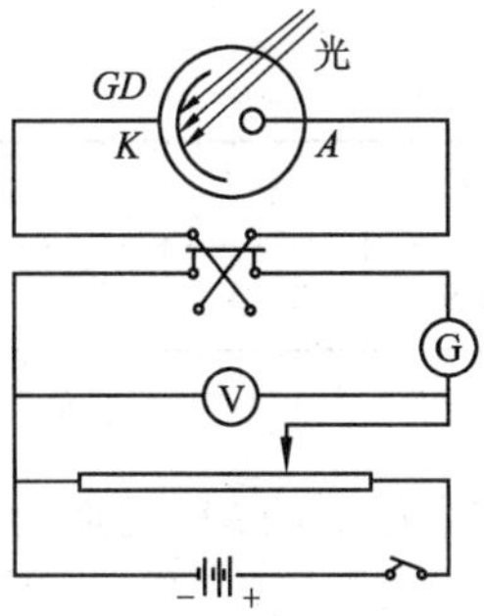

图 18.4　光电效应实验装置

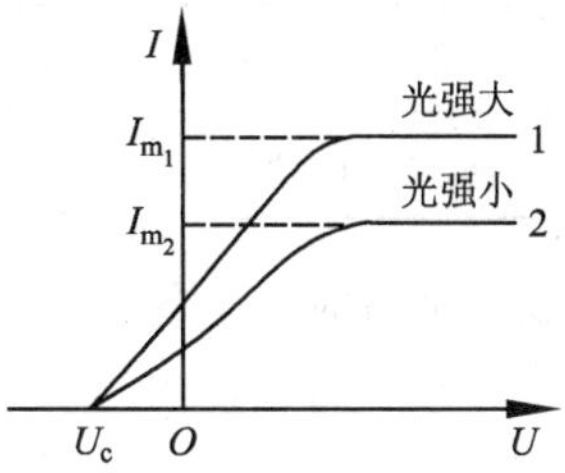

图 18.5　光电效应的伏安特性曲线

光电流 I 的大小反映的是单位时间内飞到 A 极的电子数. 光电流达到饱和时,K 极上所逸出的电子全部飞到 A 极上. 若单位时间内 K 极所逸出的电子数为 N,则饱和电流强度 $I_m = Ne$. 由图 18.5 可见,单位时间内,受光照射的金属表面上逸出的电子数和入射光的强度成正比.

(2)光电子的初动能随入射光的频率 ν 线性地增加,而与入射光的强度无关.

由图 18.5 可知,如果降低加速电压,光电流也随之降低,而当 $U=0$ 时,I 并不为零. 要使

$I=0$,必须加上反向电压 U_c,U_c 称为**遏止电压**. 这说明此时即使是从阴极逸出的运动速度最大的光电子,由于受到电场的阻碍,也不能到达阳极了. 所以光电子的最大初动能应等于电子反抗遏止电场力所作的功,即

$$\frac{1}{2}mv_m^2 = e|U_c| \tag{18.11}$$

图 18.5 还说明,对于不同强度的入射光,两条曲线的 U_c 值是相同的,即光电子初动能与入射光强无关.

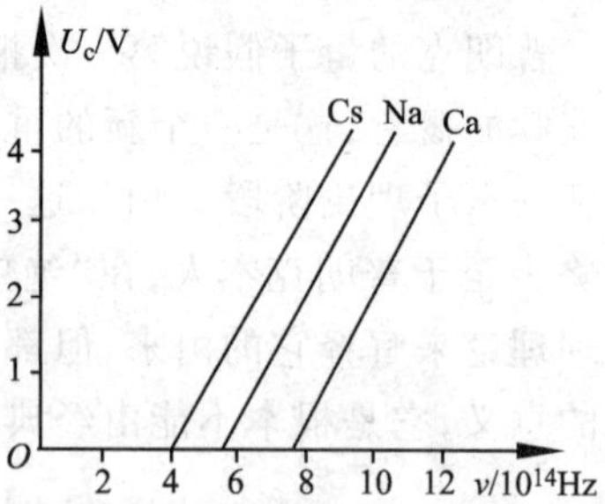

图 18.6 电效应中光电子最大初动能和入射光频率的关系

实验表明,遏止电压 U_c 随入射光的频率 ν 线性增加,如图 18.6 的实验曲线所示,这一线性关系可用数学式表示为

$$U_c = k\nu - U_0 \tag{18.12}$$

式(18.12)中,k 是直线的斜率;U_0 称为逸出电势,由金属性质决定,对不同的金属,U_0 值不同,对同一金属,U_0 为恒量. k 为不随金属性质类别改变的普适恒量. 把式(18.11)代入式(18.12),得

$$\frac{1}{2}mv_m^2 = ek\nu - eU_0 \tag{18.13}$$

因此,光电子的初动能随入射光的频率 ν 线性增加,而与入射光的强度无关.

(3)每一种金属都有一个红限频率,当入射光的频率低于红限频率时,不可能产生光电效应.

因为光电子的初动能 $\frac{1}{2}mv^2$ 必须大于零,由式(18.13)可知,要使受光照射的金属逸出电子,入射光的频率 ν 必须满足 $\nu \geqslant \frac{U_0}{k}$ 的条件,通常称 $\nu_0 = \frac{U_0}{k}$ 为光电效应的**红限频率**. 不同的物质具有不同的红限频率(见表 18.1),图 18.6 中直线在横坐标上的截距即为红限 ν_0. 因此,当光照射某一金属时,无论入射光的强度如何,只要其频率小于金属的红限频率 ν_0,就不会有光电效应产生.

表 18.1 几种金属的红限频率

金属	铯	铷	钾	钠	钙	钨	金	银
红限 ν_0(10^{14} Hz)	4.69	5.15	5.44	5.53	7.73	10.95	11.3	11.5

(4)光电效应是瞬时发生的.

由实验知,光电子的逸出几乎是在光照在金属表面的同时发生的,其延迟时间不超过 10^{-9} s.

18.2.2 光的波动说的缺陷

光的经典理论就是光的电磁波理论. 当用光的波动说来解释光电效应时,遇到了不可克服的困难. 主要表现在:

(1)按照光的波动说,金属在光的照射下,金属中的电子将从入射光中吸收能量而逸出金属表面,逸出时的初动能应决定于光振动的振幅,即光的强度,因而光电子的初动能应随入射光的强度而增加. 但实验结果是:任何金属所逸出的光电子的最大初动能都随入射光的频率

线性地上升,而与入射光的强度无关.

(2)根据波动说,如果光强大到足以供应电子逸出金属表面所需要的能量,那么光电效应对各种频率的光都会发生.但实验事实是,每种金属都存在一个红限频率 ν_0,对于频率小于 ν_0 的入射光,不管入射光的强度多大,都不能发生光电效应.

(3)对于光电效应发生的时间问题,按照光的波动说,金属中的电子从入射光波中吸收能量,必须积累到一定的量值,才能逸出金属表面.显然,入射光光强愈小,能量积累的时间就愈长.但实验结果却是:当金属受到光的照射时,一般地说,不论光强有多弱,只要入射光频率大于红限频率,光的照射和光电子的释放几乎是同时发生的.

18.2.3　爱因斯坦的光子理论

1. 爱因斯坦的光电效应方程

1905 年,爱因斯坦在普朗克量子假说的基础上,提出了光子理论,成功地解释了光电效应实验规律.爱因斯坦认为:光在空间传播时也具有粒子性,即一束光是一粒一粒的以光速运动的粒子流,这些粒子称为**光量子**,也称为**光子**.频率为 ν 的光的一个光子具有的能量为

$$\varepsilon = h\nu \tag{18.14}$$

式(18.14)中,h 为普朗克常数.光的能流密度 I(即单位时间内通过单位面积的光能)决定于单位时间内通过单位面积上的光子数 N,因此频率为 ν 的单色光的能流密度为

$$I = Nh\nu \tag{18.15}$$

用频率为 ν 的单色光照射金属时,金属中的自由电子会吸收一个光子的能量 $h\nu$,一部分消耗在使电子从金属表面逸出时克服阻力所作的逸出功 A,另一部分转换为光电子的动能 $\frac{1}{2}mv^2$.由能量守恒与转换定律可得

$$h\nu = \frac{1}{2}mv^2 + A \tag{18.16}$$

这个方程称为**爱因斯坦光电效应方程**.

按光子理论,光电效应实验规律可解释如下:

(1)由爱因斯坦方程可知,光电子的初动能与入射光频率之间呈线性关系,而与入射光的强度无关.

(2)一定频率的入射光,强度越大,其光子数目越多,则单位时间内从金属表面逸出的光电子数也将越多,从而解释了饱和光电流与光强之间的正比关系.

(3)按照光子理论,当光照射到金属表面时,一个光子的全部能量将一次被一个电子全部吸收,不需要积累能量的时间.这就解释了光电效应的瞬时性.

(4)当入射光子的能量 $h\nu$ 小于电子的逸出功 A 时,电子就不能从金属表面逸出,不能产生光电效应,所以光电效应应有一定的频率红限,其大小为 $\nu_0 = \frac{A}{h}$,它是电子所吸收的能量全部消耗于电子的逸出功时入射光的频率.

将式(18.13)和式(18.16)比较可得

$$h = ke \tag{18.17}$$

$$\nu_0 = \frac{A}{ke} = \frac{A}{h} \tag{18.18}$$

$$A = eU_0 \tag{18.19}$$

由式(18.17)可知,从图18.6所示的光电效应实验的 U_c-ν 正比关系曲线中,可测出直线的斜率 k,再乘以电子电量 e,就可以计算出 h 值. 1916年密立根(R. A. Milikan)用这种方法精确地测出普朗克常数值为

$$h = 6.56 \times 10^{-34}\ \mathrm{J \cdot s}$$

这与普朗克由黑体能量分布所确定的 h 值符合得很好. 对于黑体辐射和光电效应两种现象,运用量子论和光子论竟然得到如此一致的 h 值,这在当时也是对普朗克的量子论和爱因斯坦光子论的正确性的一个很好证明.

式(18.18)说明红限频率与逸出功之间存在简单的数量关系,可由红限频率计算金属的逸出功.

2. 光的波粒二象性

在19世纪,通过光的干涉、衍射等实验,人们已经认识到光是一种波动,并建立了光的电磁波理论. 进入20世纪,由爱因斯坦光子理论,人们认识到光的粒子性. 所以说,光既具有波动性,又具有粒子性,即光具有**波粒二象性**. 一般的情况下,光在传播的过程中,波动性表现得比较显著;而当光和物质相互作用时,粒子性表现得比较显著. 光所表现出的这两重性质反映了光的本性,光既不是"单纯的"波,也不是经典意义上的"单纯的"粒子. 光的波动性用波长 λ 和频率 ν 描述,光的粒子性用光子的质量、能量和动量描述. 由式(18.14)给出一个光子的能量公式,再根据相对论的质能关系 $E = mc^2$,可得一个光子的相对论质量为

$$m = \frac{\varepsilon}{c^2} = \frac{h\nu}{c^2} = \frac{h}{c\lambda} \tag{18.20}$$

又根据粒子质量和运动速度的关系

$$m = \frac{m_0}{\sqrt{1 - \left(\dfrac{u}{c}\right)^2}}$$

以及光子的速度 $u = c$,得光子的静止质量 $m_0 = 0$,即光子是一种静止质量为零的粒子.

根据相对论的能量与动量关系 $E^2 = (pc)^2 + (m_0c^2)^2$,对于光子 $m_0 = 0$,所以光子的动量为

$$p = \frac{\varepsilon}{c} = \frac{h\nu}{c} \tag{18.21}$$

或

$$p = \frac{h}{\lambda} \tag{18.22}$$

式(18.14)和(18.22)是描述光的性质的基本关系式,两式中左侧是描述光的粒子性的量,右侧是描述光的波动性的量. 注意,光的这两种性质在数量上是通过普朗克常数联系在一起的.

例 18.1 钾的光电效应红限波长是550 nm,求:(1)钾电子的逸出功;(2)当用波长 λ = 300 nm 的紫外光照射时,钾的遏止电压 U_c.

解 由爱因斯坦光电效应方程

$$h\nu = \frac{1}{2}mv^2 + A$$

(1) 当 $\frac{1}{2}mv_{\mathrm{m}}^{2}=0$ 时

$$A = h\nu_0 = h\frac{c}{\lambda_0} = \frac{6.63\times10^{-34}\times3\times10^{8}}{5\ 500\times10^{-10}}\ \mathrm{J} = 3.616\times10^{-19}\ \mathrm{J} = 2.26\ \mathrm{eV}$$

(2) $|eU_{\mathrm{c}}| = \frac{1}{2}mv_{\mathrm{m}}^{2} = \frac{hc}{\lambda} - A = \frac{6.63\times10^{-34}\times3\times10^{8}}{3\ 000\times10^{-10}} - 3.616\times10^{-19}\ \mathrm{J}$

$$= 3.014\times10^{-19}\ \mathrm{J} = 1.88\ \mathrm{eV}$$

$$U_{\mathrm{c}} = 1.88\ \mathrm{V}$$

例 18.2　已知一单色光的波长为300 nm、光强为 $15\times10^{-2}\ \mathrm{W\cdot m^{-2}}$，垂直入射到4 cm^2 的金属板表面上．求单位时间内打到金属板上的光子数．

解　每个光子的能量是

$$\varepsilon = \frac{hc}{\lambda} = \frac{6.63\times10^{-34}\times3\times10^{8}}{3\ 000\times10^{-10}}\ \mathrm{J} = 6.63\times10^{-19}\ \mathrm{J}$$

总能流是

$$P = IS = 15\times10^{-2}\times4\times10^{-4}\ \mathrm{W} = 6\times10^{-5}\mathrm{W}$$

从而单位时间内打到金属板上的光子数为

$$n = \frac{6\times10^{-5}}{6.63\times10^{-19}}\ \mathrm{s^{-1}} = 9.05\times10^{13}\ \mathrm{s^{-1}}$$

18.2.4　康普顿散射

1923 年，美国物理学家康普顿（A. H. Compton）研究了 X 射线经过金属、石墨等物质时向各方向散射的现象，发现在 X 射线的散射线中除了有波长与原入射波长相同的射线外，还有波长比原入射波长长的射线．这种改变波长的散射称为**康普顿散射**．康普顿散射进一步证实了光的量子性．由于康普顿对 X 射线散射研究所取得的成就，康普顿获得了 1927 年诺贝尔物理学奖．

1. 康普顿散射的实验规律

图 18.7 为康普顿散射实验装置简图，图中 R 为伦琴射线管，A 是散射物质，B_1、B_2 为光阑系统，晶体 C 和探测器 D 构成光谱仪．调节 A 和 R 的位置就可使不同方向的散射光线经过光阑系统进入光谱仪．散射方向和入射方向之间的夹角 ϕ 称为**散射角**．

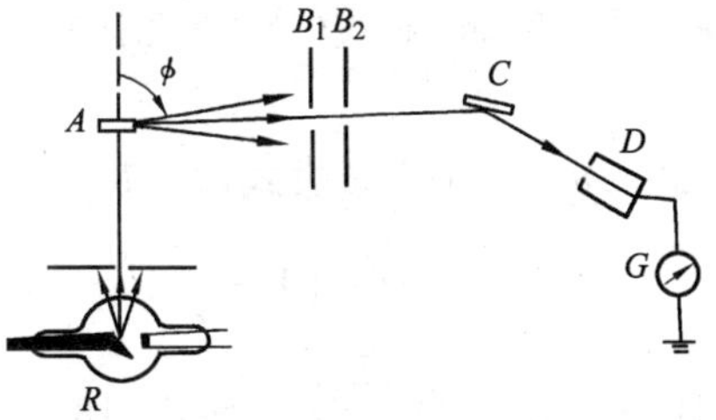

图 18.7　康普顿散射实验装置

实验结果指出：

(1) 散射线中有两种成分，一种是与入射线的波长 λ_0 相同的散射线，称为**不变线**，另一种是比入射线波长更长的散射线，称为**变线**；

(2) 波长改变量 $\Delta\lambda = \lambda - \lambda_0$ 随散射角 ϕ 的增加而增加，而与散射物质无关；

(3) 对不同元素的散射物质，在同一散射角下，散射线中不变线的强度随散射物质的原子序数的增加而增加，变线的强度则随原子序数的增加而减小．

2. 康普顿散射的理论解释

按照经典电磁理论，当 X 射线入射到散射物质上时，物质内原子中的电子将在 X 射线的电场作用下做受迫振动,其振动频率应该和入射 X 射线的频率一致,因此只能辐射与入射线同频率的射线,而对散射线中出现的变线不能解释.

康普顿利用光子理论成功地解释了这些实验结果:X 射线是由大量运动着的光子流组成的,当光子通过物质时,将与物质中的电子相互作用,发生弹性碰撞. 当光子与散射物质中的自由电子或束缚较弱的电子发生碰撞时,光子将部分能量转移给电子,光子损失了部分能量,频率降低,这就产生了变线. 当光子与被原子束缚较紧的电子相碰撞时,相当于与整个原子碰撞,光子能量没有损失,这就形成了不变线. 另外,随着散射物质原子序数的增加,原子中有更多的电子和原子核有较强的结合,只有最外层中的几个电子可以近似看做是自由电子,原子序数增大时,自由电子占电子总数中相对比例是减少的,因此变线的强度减小,而不变线的强度增加.

至于波长改变量 $\Delta\lambda$ 随散射角 ϕ 变化的规律,在理论处理上作了如下简化:认为碰撞前的电子是静止的自由电子. 另外,考虑入射光子的能量很大(约为 10^4 eV),碰撞后反冲电子的速度可能很大,应该按照相对论力学来处理. 下面来计算 $\Delta\lambda$.

如图 18.8 所示,频率为 ν_0 的光子沿 x 轴方向入射,与静止的自由电子发生弹性碰撞.

碰撞前:光子的能量为 $h\nu_0$,动量为 $h/\lambda_0 = h\nu_0/c$,电子的能量为 $m_e c^2$(m_e 是电子的静止质量),动量为 0.

碰撞后:散射光子的能量为 $h\nu$,动量为 $h/\lambda = h\nu/c$,反冲电子的能量为 mc^2(m 为电子的运动质量),动量为 mv.

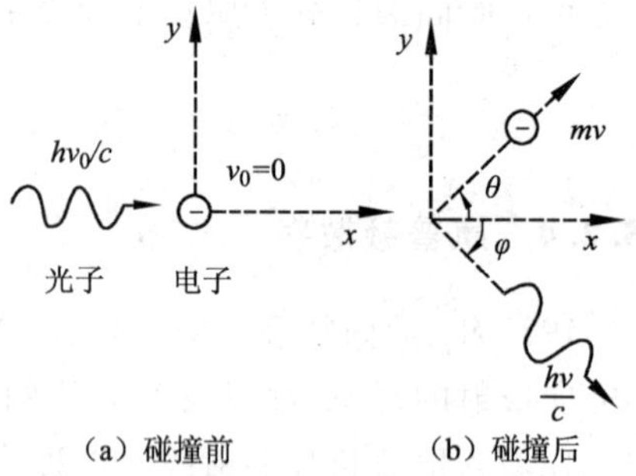

图 18.8 康普顿散射公式的推导

根据能量守恒定律,有

$$m_e c^2 + h\nu_0 = mc^2 + h\nu \tag{18.23}$$

根据动量守恒定律,在 x、y 方向上的分量式分别为

$$\frac{h\nu_0}{c} = \frac{h\nu}{c}\cos\varphi + mv\cos\theta \tag{18.24}$$

$$0 = \frac{h\nu}{c}\sin\varphi + mv\sin\theta \tag{18.25}$$

联立式(18.24)和式(18.25)消去 θ 得

$$m^2v^2c^2 = h^2\nu_0^2 + h^2\nu^2 - 2h^2\nu_0\nu\cos\varphi \tag{18.26}$$

将式(18.23)平方减去式(18.26),得

$$m^2c^4\left(1 - \frac{v^2}{c^2}\right) = m_e^2c^4 - 2h^2\nu_0\nu(1 - \cos\varphi) + 2m_e c^2 h(\nu_0 - \nu) \tag{18.27}$$

利用 $m = m_e/\sqrt{1 - v^2/c^2}$,将式(18.27)化简,最后得

$$\lambda - \lambda_0 = \frac{h}{m_e c}(1 - \cos\varphi) \tag{18.28}$$

式(18.28)称为**康普顿散射公式**. 式中 $\frac{h}{m_e c}$ 具有波长的量纲,称为电子的**康普顿波长**,以 λ_c 表示,将 h、c、m_e 代入可算出 $\lambda_c = 2.43\times10^{-3}$ nm,它与 X 射线的波长相当. 式(18.28)给出的结果与实验数据相符合.

应该指出，康普顿散射只有在入射波的波长与电子的康普顿波长可以比拟时，散射效果显著．例如，入射波波长 $\lambda_0=400$ nm 时，在 $\varphi=\pi$ 的方向上，散射波波长偏移 $\Delta\lambda=4.8\times10^{-3}$ nm，$\Delta\lambda/\lambda_0=10^{-5}$．这种情况下，很难观察到康普顿散射．当入射波长 $\lambda_0=0.05$ nm，$\varphi=\pi$ 时，虽然波长的偏移仍是 $\Delta\lambda=4.8\times10^{-3}$ nm，但 $\Delta\lambda/\lambda_0\approx10\%$，这时就能比较明显地观察到康普顿散射了．这也是选用 X 射线观察康普顿散射的原因．

康普顿散射的理论和实验的完全相符，在量子论的发展过程中起到了重要的作用．它不仅有力地证明了光具有波粒二象性，而且还证明了光子和微观粒子的相互作用过程也是严格遵守动量守恒定律和能量守恒定律的．

例 18.3　波长为 $\lambda_0=0.01$ nm 的 X 射线与静止的自由电子碰撞．在与入射方向成 90°角的方向上观察时，康普顿散射 X 射线的波长多大？反冲电子的动能和动量各是多大？

解　将 $\varphi=90°$ 代入式(18.28)可得

$$\Delta\lambda=\lambda-\lambda_0=\lambda_c(1-\cos90°)=\lambda_c$$

由此得康普顿散射波长为

$$\lambda=\lambda_c+\lambda_0=0.01+0.0024\ \text{nm}=0.0124\ \text{nm}$$

至于反冲电子，根据能量守恒，它所获得的动能 E_k 就等于入射光子损失的能量，即

$$E_k=h\nu_0-h\nu=hc\left(\frac{1}{\lambda_0}-\frac{1}{\lambda}\right)=\frac{h_c\Delta\lambda}{\lambda_0\lambda}$$

$$=\frac{6.63\times10^{-34}\times3\times10^8\times0.0024\times10^{-9}}{0.01\times10^{-9}\times0.0124\times10^{-9}}\ \text{J}$$

$$=3.8\times10^{-15}\ \text{J}=2.4\times10^4\ \text{eV}$$

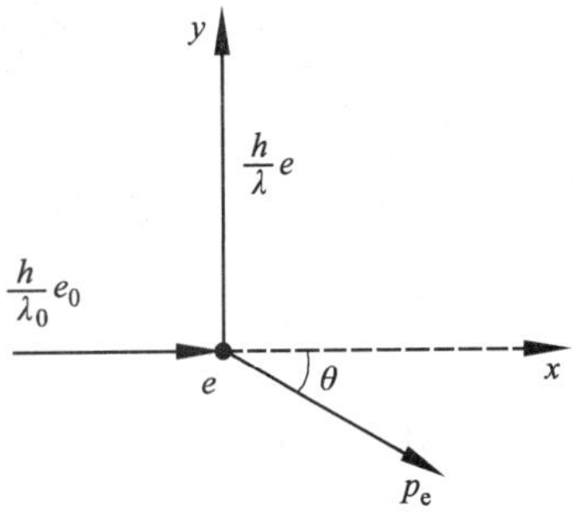

例 18.3 图

计算电子的动量，可参看例 18.3 图，其中 p_e 是电子碰撞后的动量．根据动量守恒，有

x 方向：　$p_e\cos\theta=\dfrac{h}{\lambda_0}$

y 方向：　$p_e\sin\theta=\dfrac{h}{\lambda}$

两式平方相加并开方，得

$$p_e=\frac{(\lambda_0^2+\lambda^2)^{\frac{1}{2}}}{\lambda_0\lambda}h=\frac{[(0.01\times10^{-9})^2+(0.0124\times10^{-9})^2]^{\frac{1}{2}}}{0.01\times10^{-9}\times0.0124\times10^{-9}}\times6.63\times10^{-34}\ \text{kg}\cdot\text{m}\cdot\text{s}^{-1}$$

$$=8.5\times10^{-23}\ \text{kg}\cdot\text{m}\cdot\text{s}^{-1}$$

$$\cos\theta=\frac{h}{p_e\lambda_0}=\frac{6.63\times10^{-34}}{0.01\times10^{-9}\times8.5\times10^{-23}}=0.78$$

由此得

$$\theta=38°44'$$

18.3　玻尔的氢原子理论

18.3.1　氢原子光谱的实验规律

原子发光是重要的原子现象之一，它反映了原子内部结构或能态的变化．用光谱仪把原

子发射的光按波长(或频率)和强度记录下来,便得到了原子光谱．原子光谱是提供原子内部信息的重要依据,不同原子的光谱特征是不完全相同的,所以研究原子光谱的规律是探索原子结构的重要线索．历史上人们对原子光谱曾进行过长期深入的研究,积累了大量的观测资料,并根据这些资料的分析,得出有关原子光谱的重要规律．

氢原子是结构最简单的原子,历史上就是从研究氢原子的光谱规律开始研究原子的．在可见光和近紫外区,氢原子的谱线如图 18.9. 由图可见,谱线是线状分立的,从长波向短波方向谱线间距越来越小,谱线最后趋近一个极限位置,称为**线系限**．

1885 年,巴尔末(J. J. Balmer)首先将氢原子在可见光部分的谱线的波长,用下列经验公式表示为

$$\lambda = B\frac{n^2}{n^2-4} \quad n = 3,4,5,\cdots \tag{18.29a}$$

式(18.29a)中,$B=365.47$ nm,n 是大于 2 的整数．当 $n=3,4,5,\cdots$时,式(18.29a)分别给出 H_α、H_β、H_γ、…谱线的波长．此式称为**巴尔末公式**．由这一公式表示的谱线组成一个光谱线系,称为**巴尔末系**．当 $n\to\infty$ 时,H_∞ 的波长为 365.47 nm,这个波长称为巴尔末系的极限波长.

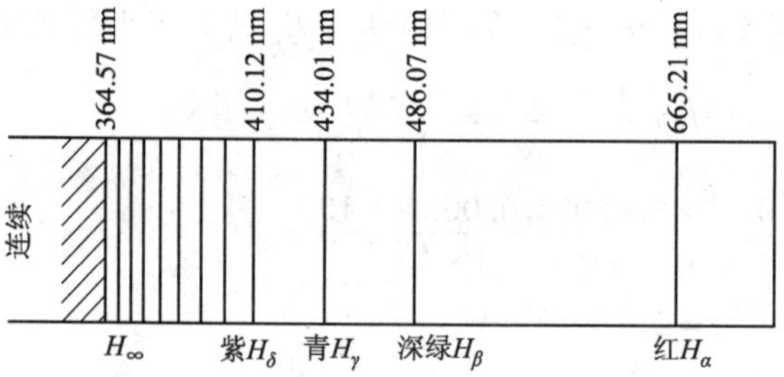

图 18.9 氢原子谱巴尔末系谱线图

在光谱分析中,谱线也常用**波数** $\tilde{\nu}=\dfrac{1}{\lambda}$来表征．它的物理意义是单位长度内所包含的完整波长的数目．这样,巴尔末公式可改写成

$$\tilde{\nu} = R\left(\frac{1}{2^2}-\frac{1}{n^2}\right) \quad n = 3,4,5,\cdots \tag{18.29b}$$

式(18.29b)中,$R=\dfrac{4}{B}=1.096\,776\times10^7\ \text{m}^{-1}$称为氢原子的**里德伯常数**．

巴尔末系发现后,1889 年里德伯(J. R. Rydberg)又相继在氢原子光谱的紫外线区、红外线区和远红外线区发现了与巴尔末系类似的谱线系,其波数可用一个统一的公式表示

$$\tilde{\nu} = R\left(\frac{1}{k^2}-\frac{1}{n^2}\right) \quad \begin{array}{l} k = 1,2,3,\cdots \\ n = k+1,k+2,k+3,\cdots \end{array} \tag{18.30}$$

此式称为**广义巴尔末公式**(或**里德伯公式**)．式(18.30)中 k 取不同值,可得氢原子光谱的各个谱系如下：

$k=1,n=2,3,\cdots$莱曼(T. Lyman)系(1914 年),紫外区

$k=2,n=3,4,\cdots$巴尔末(J. J. Balmer)系(1885 年),可见光区

$k=3,n=4,5,\cdots$帕邢(F. Paschen)系(1908 年),近红外区

$k=4,n=5,6,\cdots$布拉开(F. Brackett)系(1922 年),红外区

$k=5,n=6,7,\cdots$普丰德(H. A. Pfund)系(1924 年),红外区

$k=6, n=7,8,\cdots$哈弗莱(C. S. Humphreys)系(1953 年),红外区

在氢原子谱线实验规律的基础上,里德伯、里兹(W. Ritz)等人在研究其他元素(如一价碱金属)的光谱时,发现碱金属光谱也可分为若干个线系,其频率或波数也有和氢原子谱线类似的规律性,谱线的波数一般可用两个函数项的差值来表示,函数中的参变量分别为正整数 k 和 $n(n>k)$

$$\tilde{\nu} = T(k) - T(n) \tag{18.31}$$

式(18.31)称为**里兹并合原理**. 式中 $T(k)=\frac{R}{k^2}$和 $T(n)=\frac{R}{n^2}$称为**光谱项**. 改变 $T(k)$中的整数 k,可给出不同谱线系,对同一 k 值,改变 $T(n)$中的整数 n,不同的 n 值给出同一谱系中的不同谱线.

原子光谱线系可用这样简单的公式来表示,且其结果又非常准确,这说明它深刻地反映了原子内在的规律.

18.3.2　玻尔的氢原子理论

1. 卢瑟福的原子核式结构模型

要正确解释原子光谱的规律性,就必须知道原子的结构. 关于原子的结构,人们曾提出各种不同的模型,经公认肯定的是 1911 年卢瑟福(E. Rutherford)在 α 粒子散射实验基础上提出的核式结构模型,即原子是由带正电的原子核和核外做轨道运动的电子组成的.

卢瑟福的原子核式结构模型虽然得到了实验的证实,但却同经典电磁理论有着尖锐的矛盾. 根据卢瑟福提出的原子模型,电子在原子中绕核转动,按照经典电磁理论,电子绕核运动是加速的,会自动向外辐射电磁波,电磁波的频率等于电子绕核转动的频率. 由于原子不断地向外辐射能量,原子系统将不断地丧失能量,使得电子将逐渐接近原子核而最后落到核上,而发射电磁波的频率也将连续改变,即原子应向外发射连续光谱. 因此,按经典理论,卢瑟福的核式结构模型将是非常不稳定的系统,可估算出其寿命不到 10^{-8} s. 而在现实中,原子稳定地存在于自然界,并且发射线状光谱.

2. 玻尔的氢原子理论

为了解决上述矛盾,1913 年,丹麦物理学家玻尔(N. Bohr)在卢瑟福的核式模型基础上,把普朗克能量子的概念和爱因斯坦光子的概念应用到原子系统,提出三个基本假设作为他的氢原子理论的出发点,很好地解释了氢原子光谱规律.

(1)定态假设.

原子系统存在一系列不连续的稳定状态,处于这些状态的原子中的电子只能在某些特定的圆轨道上运动,此时电子虽然绕核做加速运动,但不会辐射电磁能量,因此原子处于这些状态时是稳定的. 这些状态称为原子的定态,其相应的能量分别为 E_1、E_2、E_3、$\cdots(E_1<E_2<E_3<\cdots)$.

(2)量子跃迁假设.

当原子从一个能量为 E_n 的定态跃迁到另一能量为 E_k 的定态时,就要发射或吸收一个频率为 ν_{kn}的光子,其频率由式(18.32)决定:

$$\nu_{kn} = \frac{|E_n - E_k|}{h} \tag{18.32}$$

式(18.32)中,h 为普朗克常数．当 $E_n > E_k$ 时发射光子,$E_n < E_k$ 时吸收光子．

(3)量子化假设.

处于定态的电子,绕核做圆周运动的轨道角动量 L 的值只能取 $h/2\pi$ 的整数倍,即

$$L = n\frac{h}{2\pi} = n\hbar \quad n = 1,2,3,\cdots \tag{18.33}$$

式(18.33)中,n 称为主量子数,$\hbar = \dfrac{h}{2\pi}$ 也称为普朗克常数．

3. 玻尔理论对氢原子的解释

玻尔根据上述假设,计算了氢原子定态的轨道半径和能量,并很好地解释了氢原子的光谱规律．

(1)玻尔半径.

玻尔认为氢原子的核外电子在绕核做圆周运动时,其向心力就是原子核对轨道电子的库仑力,应用库仑定律和牛顿运动定律得

$$\frac{e^2}{4\pi\varepsilon_0 r^2} = m\frac{v^2}{r} \tag{18.34}$$

又根据角动量量子化条件

$$L = mvr = n\frac{h}{2\pi} \quad n = 1,2,3,\cdots$$

消去上述两式中的 v,并以 r_n 代替 r,得

$$r_n = n^2\left(\frac{\varepsilon_0 h^2}{\pi m e^2}\right) = n^2 r_1 \quad n = 1,2,3,\cdots \tag{18.35}$$

式(18.35)中,r_n 就是氢原子中第 n 个稳定轨道的半径,$r_1 = \dfrac{\varepsilon_0 h^2}{\pi m e^2} = 0.529\times 10^{-10}$ m 是氢原子中核外电子的最小轨道半径,称为**玻尔半径**．这个数值和用其他方法得到的数值符合得很好．图 18.10 表示氢原子处于各定态时的电子轨道．

(2)氢原子的能量.

当电子在半径为 r_n 的轨道上运动时,氢原子系统的能量 E_n 等于原子核与轨道电子这一带电系统的静电势能和电子的动能之和．设无穷远处的静电势能为零,则得

$$E_n = \frac{1}{2}mv_n^2 - \frac{e^2}{4\pi\varepsilon_0 r_n} \tag{18.36}$$

由式(18.34)得 $\dfrac{1}{2}mv_n^2 = \dfrac{e^2}{8\pi\varepsilon_0 r_n}$,代入式(18.36),并将式(18.35)代入,最后得

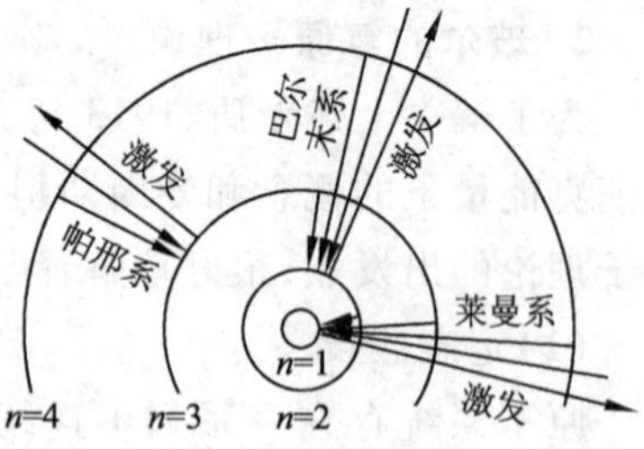

图 18.10 氢原子各定态电子轨道及跃迁图

$$E_n = -\frac{e^2}{8\pi\varepsilon_0 r_n} = -\frac{1}{n^2}\left(\frac{me^4}{8\varepsilon_0^2 h^2}\right) = \frac{E_1}{n^2} \quad n = 1,2,3,\cdots \tag{18.37}$$

这就是电子在第 n 个稳定轨道上运动时氢原子系统的能量．式(18.37)表明,能量是量子化的,这种量子化的能量值称为**能级**．

当 $n=1$ 时,$E_1 = -\dfrac{me^4}{8\varepsilon_0^2 h^2} = -13.6$ eV,是氢原子的最低能级,称为**基态能级**,原子处于该

能级最稳定．这个能量值与用实验方法测得的氢原子的电离能符合得很好．$n>1$ 的各稳定态，其能量大于基态能量，随量子数 n 的增大而增大，能量间隔减小，这种状态称为**激发态**．当 $n\to\infty$ 时，$r_n\to\infty$，$E_n\to 0$，能级趋于连续．$E>0$ 时，原子处于电离状态，能量可连续变化．图 18.11表示氢原子的能级图．

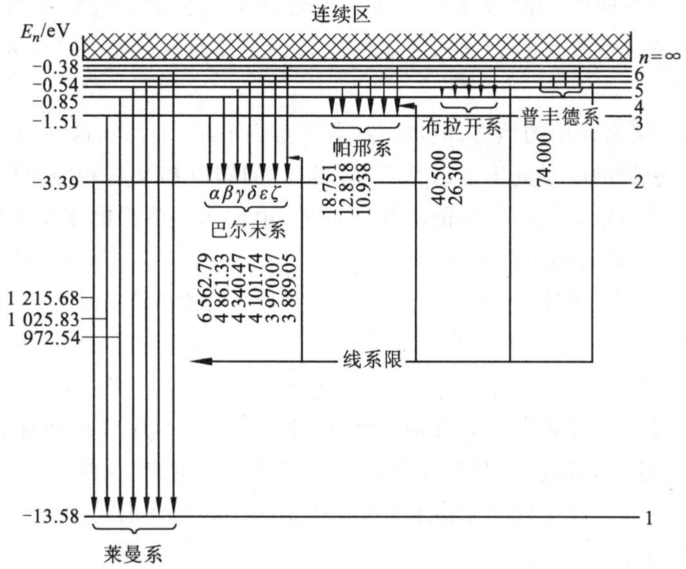

图 18.11　氢原子能级图（轨道半径单位：$\times 10^{-10}$ m）

（3）氢原子的光谱规律．

根据玻尔假设，当原子从较高能态 E_n 向较低能态 E_k 跃迁时，发射一个光子，其频率和波数为

$$\nu_{kn}=\frac{E_n-E_k}{h}$$

$$\tilde{\nu}_{kn}=\frac{E_n-E_k}{hc}$$

将能量式（18.37）代入，即可得氢原子光谱的波数公式

$$\tilde{\nu}_{kn}=\frac{me^4}{8\varepsilon_0^2h^3c}\left(\frac{1}{k^2}-\frac{1}{n^2}\right) \tag{18.38}$$

显然，式（18.38）与氢原子光谱的经验公式（18.30）是一致的．可得里德伯常数的理论值

$$R_{理}=\frac{me^4}{8\varepsilon_0^2h^3c}=1.097\,373\,1\times 10^7\ \mathrm{m^{-1}}$$

可见，理论值和实验值符合得很好．图 18.10 和图 18.11 均表示出了氢原子能态跃迁所产生的各谱线系．

玻尔理论不仅成功地解释了氢原子的光谱，对类氢离子（只有一个电子绕核转动的离子，如 He^+、Li^{2+}、Be^{3+} 等）的光谱也能很好地说明．事实上，在 r_n 和 E_n 的推算中，用 Ze（Z 为离子的核电荷数）代替 e 即可得到不同的类氢离子的 r_n、E_n、$\tilde{\nu}_{kn}$ 和 R 公式，所得结果也与实验符合得很好．

18.3.3 玻尔理论的成功与局限

玻尔理论的成功不仅在于解释了氢原子光谱的规律,还具有更深刻的意义．其一,这一理论揭示了微观体系应遵循量子化规律;其二,这一理论指出经典理论已不再适用于原子内部的微观过程,并提出"定态能级"和"能级跃迁决定谱线频率"的崭新概念,即使在现代原子物理和量子力学中这仍是两个重要的概念．玻尔的创造性工作对现代量子力学的建立有着深远的影响．

玻尔理论虽然有很多成功的地方,但也存在着严重的不足．首先,这一理论本身仍是以经典理论为基础的,而所引进的电子处于定态时不发出辐射的假设却又是和经典理论相抵触的．其次,量子化条件的引进也没有适当的理论解释．此外,由玻尔理论只能求出谱线的频率,对谱线的强度、宽度、偏振等一系列问题都无法处理．

从理论体系上看,玻尔理论一方面把微观粒子看做是经典力学的质点,用了坐标和轨道的概念,并且应用牛顿定律来计算电子的轨道等;另一方面又加上量子条件来限定稳定运动状态的轨道．所以,玻尔理论是经典理论加上量子条件的混合物．正如当时布拉格(W. H. Bragg)对这种理论作评论时所说的那样:"好像应当在星期一、三、五引用经典规律,而在星期二、四、六引用量子规律．"这一切反映出早期量子论的局限性．就连玻尔本人,在1922年领取诺贝尔物理学奖时也说:"这一理论还是十分初步的,许多基本问题还有待解决．"

例18.4 根据玻尔理论:

(1)计算氢原子中电子在主量子数为 n 的轨道上做圆周运动的频率;

(2)计算当该电子跃迁到 $(n-1)$ 的轨道上时所发出的光子频率;

(3)证明当 n 很大时,上述(1)和(2)的结果近似相等．

解 (1)电子在主量子数为 n 的轨道上做圆周运动的频率

$$\nu_n=\frac{v_n}{2\pi r_n}=\frac{mv_nr_n}{2\pi mr_n^2}=\frac{n\dfrac{h}{2\pi}}{2\pi mr_n^2}=\frac{nh}{4\pi^2mr_n^2}$$

再将 $r_n=n^2\left(\dfrac{\varepsilon_0h^2}{\pi me^2}\right)$代入得

$$\nu_n=\frac{nh}{4\pi^2m}\left(\frac{\pi me^2}{n^2\varepsilon_0h^2}\right)^2=\frac{me^4}{4\varepsilon_0^2h^3n^3}$$

(2)电子从 n 态跃迁到 $(n-1)$ 所发出的光子频率为

$$\nu'=\frac{me^4}{8\varepsilon_0^2h^3}\left[\frac{1}{(n-1)^2}-\frac{1}{n^2}\right]=\frac{me^4}{8\varepsilon_0^2h^3}\left[\frac{2n-1}{n^2(n-1)^2}\right]$$

(3)当 n 很大时,(2)中公式变为

$$\nu'=\frac{me^4}{8\varepsilon_0^2h^3}\left[\frac{2-\dfrac{1}{n}}{n(n-1)^2}\right]\approx\frac{me^4}{4\varepsilon_0^2h^3}\frac{1}{n^3}=\nu_n$$

因为按经典理论,做圆周运动的电子辐射电磁波的频率等于它绕核旋转的频率,所以这道例题说明当量子数很大时,量子理论会过渡到经典理论,这是一个普遍原则,称为**对应原理**．

例18.5 在气体放电管中,用能量为12.5 eV的电子通过碰撞使氢原子激发,问受激发的原子向低能级跃迁时,能发射哪些波长的光谱线?

解　设氢原子全部吸收电子的能量后最高能激发到第 n 个能级，此能级的能量为 $-\frac{13.6}{n^2}$ eV，所以

$$E_n - E_1 = 13.6 - \frac{13.6}{n^2}$$

将 $E_n - E_1 = 12.5$ eV 代入上式得

$$n^2 = \frac{13.6}{13.6 - 12.5} = 12.36$$

所以

$$n = 3.5$$

因为 n 只能取整数，所以氢原子最高能激发到 $n = 3$ 的能级上，当然也能激发到 $n = 2$ 的能级，于是能产生 3 条谱线

$n = 3 \to n = 1$　　$\tilde{\nu}_1 = R\left(\frac{1}{1^2} - \frac{1}{3^2}\right) = \frac{8}{9}R$

$$\lambda_1 = \frac{9}{8R} = \frac{9}{8 \times 1.096\,776 \times 10^7}\ \text{m} = 102.6\ \text{nm}$$

$n = 3 \to n = 2$　　$\tilde{\nu}_2 = R\left(\frac{1}{2^2} - \frac{1}{3^2}\right) = \frac{5}{36}R$

$$\lambda_2 = \frac{36}{5R} = \frac{36}{5 \times 1.096\,776 \times 10^7}\ \text{m} = 656.5\ \text{nm}$$

$n = 2 \to n = 1$　　$\tilde{\nu}_3 = R\left(\frac{1}{1^2} - \frac{1}{2^2}\right) = \frac{3}{4}R$

$$\lambda_3 = \frac{4}{3R} = \frac{4}{3 \times 1.096\,776 \times 10^7}\ \text{m} = 121.6\ \text{nm}$$

值得说明的是，对于单个氢原子来说，一次只能发出一种波长的光，但实际观测到的是大量氢原子发光，所以三种波长是同时存在的.

例 18.6　已知氢原子光谱的某一线系的极限波长为364.7 nm，其中有一谱线波长为656.5 nm. 试由玻尔氢原子理论，求出与该波长相应的始态与终态能级的能量.

解　$n = \infty$ 时得极限波数

$$\tilde{\nu}_\infty = \frac{1}{\lambda_\infty} = R\frac{1}{k^2}$$

所以

$$k = \sqrt{R\lambda_\infty} = 2$$

已知线系中有一波长为 $\lambda = 656.5$ nm，根据

$$\tilde{\nu} = \frac{1}{\lambda} = R\left(\frac{1}{2^2} - \frac{1}{n^2}\right)$$

得

$$n = \sqrt{\frac{1}{\frac{1}{2^2} - \frac{1}{R\lambda}}} = 3$$

又根据 $E_n = -\frac{13.6}{n^2}$ eV，得

初态： $n=3, E_3=-1.51\ \text{eV}$

终态： $n=2, E_2=-3.4\ \text{eV}$

18.4 德布罗意波

18.4.1 德布罗意波

1924 年法国青年物理学家德布罗意（L. V. de Broglie）在光的波粒二象性的启迪下，大胆地提出了实物粒子（如电子、中子、质子、原子等）也具有波粒二象性的假设．他认为：自然界在许多方面都是明显地对称的，如果光具有波粒二象性，则实物粒子也应该具有波粒二象性．他提出了这样的问题："一个世纪以来，在辐射理论上，比起波动的研究方法来，过于忽略了粒子的研究方法；在实物理论上，是否发生了相反的错误呢？是不是我们把粒子的图像想得太多，而过分忽略了波的图像呢？"他还注意到几何光学与经典力学的相似性，于是，他大胆地提出假设：实物粒子也具有波动性．

德布罗意认为，质量为 m 的粒子，以速度 v 匀速运动时，具有能量 E 和动量 p；从波动性方面来看，它具有波长 λ 和频率 ν，而这些量之间的关系也和光波的波长、频率与光子的能量、动量之间的关系一样，应遵从下述公式

$$E = mc^2 = h\nu \tag{18.39}$$

$$p = mv = \frac{h}{\lambda} \tag{18.40}$$

所以对具有静止质量为 m_0 的实物粒子来说，若粒子以速度 v 运动，则和该粒子相联系的平面单色波的波长为

$$\lambda = \frac{h}{p} = \frac{h}{mv} = \frac{h}{m_0 v}\sqrt{1-\frac{v^2}{c^2}} \tag{18.41}$$

式（18.41）称为**德布罗意公式**．人们把这种和物质相联系的波通常称为**德布罗意波**．薛定谔在诠释波函数的物理意义时，把这种波称为**物质波**．如果 $v \ll c$，那么

$$\lambda = \frac{h}{m_0 v} \tag{18.42}$$

为了了解实物粒子的波长的量级，我们以电子为例进行计算．设电子经电势差为 U 的电场加速，速度由下式决定

$$\frac{1}{2}m_0 v^2 = eU \text{ 或 } v = \sqrt{\frac{2eU}{m_0}}$$

代入式（18.42）得

$$\lambda = \frac{h}{\sqrt{2em_0}}\frac{1}{\sqrt{U}} = \frac{6.63\times10^{-34}}{\sqrt{2\times1.60\times10^{-19}\times9.11\times10^{-31}}\sqrt{U}}\ \text{m}$$

$$= \frac{1.23\times10^{-9}}{\sqrt{U}}\ \text{m} = \frac{1.23}{\sqrt{U}}\ \text{nm} \tag{18.43}$$

当 $U=150$ V 时，$\lambda=0.1$ nm，与 X 射线的波长同量级；当 $U=10\ 000$ V 时，$\lambda=0.012\ 3$ nm，所以德布罗意波的波长是很短的，在通常的实验条件下显露不出来．

18.4.2 电子衍射实验

德布罗意提出物质波的概念以后,很快在实验上得到了证实.

1927 年,戴维逊(C. J. Davisson)和革末(L. H. Germer)用电子束在晶体表面的衍射实验证实了电子的波动性. 实验装置如图 18.12(a)所示,将一束被加速的电子射到镍晶体 M 的晶面上,经晶面反射后用集电器 B 收集,收集到的电子流强度 I 可由电流计 G 读取. 实验时保持电子束的掠射角 φ 不变,改变加速电压 U,同时测量电流 I 值. 实验结果如图 18.12(b)表示,在电势差 U 单调增大时,电子流强度 I 不是单调增大,而是明显地表现出有规律的选择性,只有当电势差为某些特定值时,电子流才有极大值.

上述结果用经典理论是无法解释的,因为如果电子仅有粒子性,那么随加速电压的增加,电流强度 I 也必然随着增大,但这与实验结果不符. 如果承认电子也有波动性,那么只有电子束波长 λ 符合布拉格公式

$$2d\sin\varphi = k\lambda, k = 0,1,2,\cdots$$

时才能在一定的角度 φ 观察到电子流的峰值. 在戴维逊-革末实验中安排 $\varphi=65°$,当加速电势差 $U=54$ V 时测得出现电子流的峰值. 镍的晶格常数 $d=9.1\times10^{-11}$ m,由布拉格公式可求得电子束波长为 $\lambda=0.165$ nm,与用式(18.43)求得的电子德布罗意波长值 $\lambda=0.167$ nm 很接近,从而证明了德布罗意的物质波的假设是正确的.

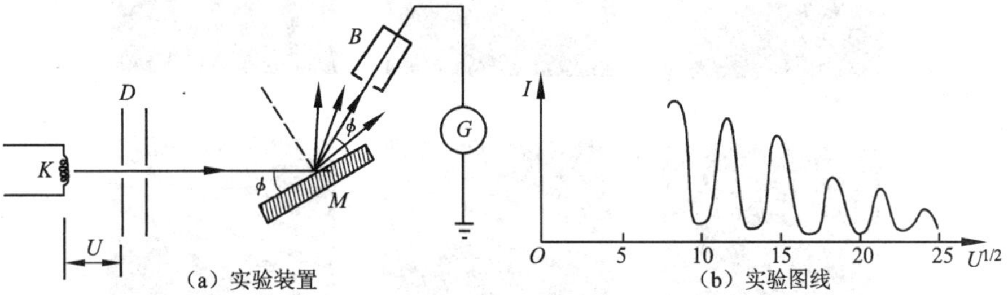

(a) 实验装置 (b) 实验图线

图 18.12 戴维逊-革末电子衍射实验装置图

电子束不仅在单晶体上反射时表现出波动性质,而且当电子穿过金属箔时也表现出波动性. 1927 年,汤姆逊(George-Paget Thomson)让电子束穿过厚度为 10^{-8} m 数量级的金属箔后,在照相底片上得到类似于 X 射线那样的环状衍射图样(见图18.13),同样证实了电子的德布罗意波的存在. 为此戴维逊和汤姆逊共同获得了 1937 年的诺贝尔物理学奖.

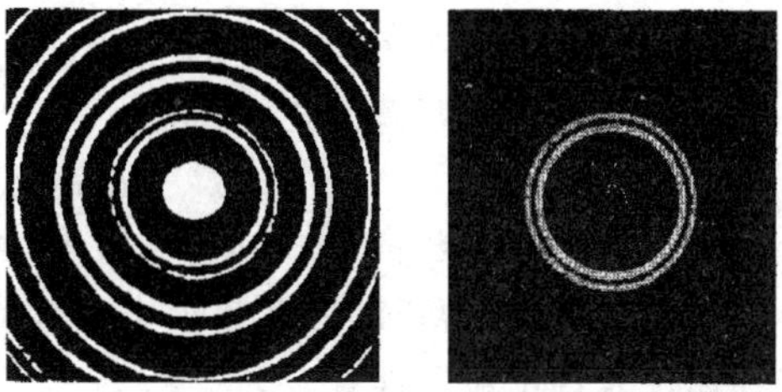

(a) 电子衍射 (b) X射线衍射

图 18.13 电子衍射和 X 射线衍射

电子的波动性获得实验证实后,在其他的一些实验中也观察到中性粒子,如原子、分子和中子等微观粒子也具有波动性,德布罗意公式也同样正确. 因此,德布罗意公式是微观粒子波粒二象性的一个基本公式. 由于德布罗意提出物质波的概念,他于 1929 年获得了诺贝尔物理学奖.

18.4.3 德布罗意波的统计解释

德布罗意提出的物质波的物理意义是什么呢？德布罗意本人并没有给出明确的回答，只是说它是虚拟的和非物质的．

当前得到公认的关于德布罗意波的实质的解释是玻恩(M. Born)在1926年提出的．在玻恩之前，爱因斯坦谈及他本人论述的光子和电磁波的关系时，曾尝试通过把光波振幅的平方解释为光子出现的概率密度，即光强的地方光子到达的概率大，而光弱的地方光子到达的概率小．玻恩用同样的观点来分析电子衍射实验，认为电子流出现峰值(或衍射图样上出现亮纹)处电子出现的概率大，而不在峰值处电子出现的概率小．对其他微粒也是一样．如图18.14的电子双缝衍射图样，电子数从(a)到(f)依次累积，图(c)是几十个电子穿过后形成的图像．这几幅图像说明，一个电子到达何处完全是不确定的，但对大量电子，在空间不同位置处出现的几率就服从一定的统计规律，并且形成一条连续的分布曲线，所以微观粒子的空间分布表现为具有连续特征的波动性．因此，德布罗意波不是经典意义上的波，而是概率波．这就是实物粒子的德布罗意波或微观粒子的波动性的统计解释．玻恩由于他对物质波的统计解释而获得了1954年的诺贝尔物理学奖．

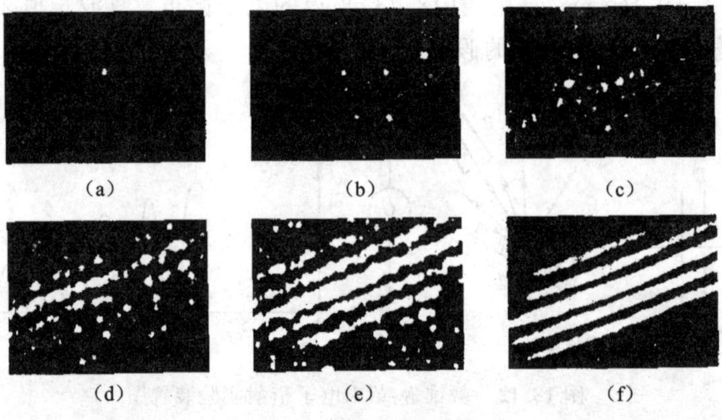

图18.14 电子逐个穿过双缝的衍射实验结果

例18.7 计算质量$m=0.01$ kg，速率$v=300\ \mathrm{m\cdot s^{-1}}$的子弹的德布罗意波长．

解 根据德布罗意公式，可得

$$\lambda=\frac{h}{mv}=\frac{6.63\times10^{-34}}{0.01\times300}\ \mathrm{m}=2.21\times10^{-34}\ \mathrm{m}$$

可以看出，因为普朗克常数很小，所以宏观物体的波长小到实验难以测量的程度，因而宏观物体仅表现出粒子性．

例18.8 能量为15 eV的光子，被处于基态的氢原子吸收，使氢原子发生电离时发射一个光电子，求此光电子的德布罗意波长(电子质量$m_e=9.11\times10^{-31}$ kg)．

解 氢原子的电离能为13.6 eV，因此远离核的光电子的动能为

$$E_k=\frac{1}{2}M_e v^2=15-13.6\ \mathrm{eV}=1.4\ \mathrm{eV}$$

则光电子的速度为

$$v = \sqrt{\frac{2E_k}{m_e}} = \sqrt{\frac{2 \times 1.4 \times 1.60 \times 10^{-19}}{9.11 \times 10^{-31}}}\ \mathrm{m \cdot s^{-1}} = 7.0 \times 10^5\ \mathrm{m \cdot s^{-1}}$$

光电子的德布罗意波长为

$$\lambda = \frac{h}{m_e v} = \frac{6.63 \times 10^{-34}}{9.11 \times 10^{-31} \times 7.0 \times 10^5}\ \mathrm{m} = 1.04 \times 10^{-9}\ \mathrm{m} = 1.04\ \mathrm{nm}$$

18.5　不确定关系

根据牛顿力学理论,质点的运动沿着一定的轨道,任意时刻质点在轨道上都有确定的位置和动量. 在经典力学中一个质点的运动状态是用位置和动量来描述的. 而对于微观粒子则不然,由于微观粒子是具有波粒二象性的,它的空间位置需要用概率波来描述,而概率波只能给出粒子在各处出现的概率,所以在任一时刻粒子不具有确定的位置,与此相联系,粒子在各时刻也不具有确定的动量.

1927 年,德国物理学家海森伯(W. Heisenberg)给出微观粒子位置和动量的不确定量之间的关系满足

$$\Delta x \Delta p_x \geq \frac{\hbar}{2};\Delta y \Delta p_y \geq \frac{\hbar}{2};\Delta z \Delta p_z \geq \frac{\hbar}{2} \tag{18.44}$$

称为**海森伯不确定关系**(或**海森伯测不准关系**). 下面我们借助于电子单缝衍射实验来粗略地推导这一关系.

如图 18.15 所示,让一束水平动量为 $\boldsymbol{p}$ 的电子通过一个宽为 Δx 的单缝. 对于一个即将穿过单缝的电子来说,我们并不能确定地说它会从单缝的哪一点通过,而只能预言它会从宽 Δx 的缝中穿过,因此可以认为 Δx 是它在 x 方向上的位置不确定量. 再考虑电子的波动性,如果缝宽与电子的德布罗意波长相接近,电子通过单缝就会产生衍射条纹. 衍射条纹的产生说明,电子在通过狭缝后,具有了 x 方向的动量 p_x. 如果忽略次级极大,可以认为电子都落在中央亮纹内,因而电子在通过单缝后,运动方向偏转的最大角度为 θ_1. 根据动量矢量的合成,p_x 的大小应满足不等式

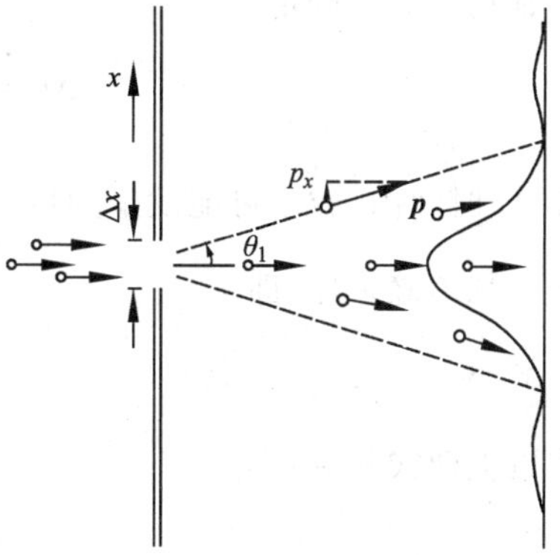

图 18.15　电子单缝衍射

$$0 \leq p_x \leq p\sin\theta_1$$

这表明,一个电子通过单缝时,在 x 方向上的动量不确定量为 $\Delta p_x = p\sin\theta_1$,考虑到衍射条纹的次级极大,可得

$$\Delta p_x \geq p\sin\theta_1 \tag{18.45}$$

由单缝衍射公式,第一级暗纹中心的角位置 θ_1,由下式决定

$$\Delta x \sin\theta_1 = \lambda$$

此式中 $\lambda = \dfrac{h}{p}$,为电子波的波长. 所以有

$$\sin\theta_1 = \frac{h}{p\Delta x}$$

将上式代入式(18.45)可得

$$\Delta p_x \geqslant \frac{h}{\Delta x} \text{或} \Delta x \Delta p_x \geqslant h$$

上式表明,电子的位置不确定量越大,则同方向上的动量不确定量就越小. 同样,动量不确定量越小,则此方向上粒子位置的不确定量就越大. 这也可以从上面的单缝实验中直观地看到. 例如,为了减小 x 的不确定量 Δx,可以使单缝宽度变小,但随之得到的结果是衍射图样弥散,θ_1 角变大,即动量的不确定量变大;如果试图减小动量不确定量 Δp_x,就需要减小 θ_1 角,根据单缝衍射公式,必须增大缝宽 Δx,也就是增大电子的位置不确定量. 总之,这个不确定量关系告诉我们,在表明或测量粒子的位置和动量时,它们的精度存在着一个终极的不可逾越的限制. 量子力学给出的结果为

$$\Delta x \Delta p_x \geqslant \frac{\hbar}{2}$$

对于其他的分量,类似的有

$$\Delta y \Delta p_y \geqslant \frac{\hbar}{2}$$

$$\Delta z \Delta p_z \geqslant \frac{\hbar}{2}$$

可以证明,能量和时间也有类似的不确定关系. 考虑一个粒子在一段时间 Δt 内的动量为 $\boldsymbol{p}$,沿 x 方向,而能量为 E. 根据相对论,有

$$p^2c^2 = E^2 - m_0^2c^4$$

而其动量的不确定量为

$$\Delta p = \Delta\left(\frac{1}{c}\sqrt{E^2 - m_0^2c^4}\right) = \frac{E}{c^2p}\Delta E$$

在 Δt 时间内,粒子可能发生的位移为 $\Delta x = v\Delta t = \frac{p}{m}\Delta t$. 这位移也就是在这段时间内粒子的位置坐标不确定度,即

$$\Delta x = \frac{p}{m}\Delta t$$

将以上两式相乘,得

$$\Delta x \Delta p = \frac{E}{mc^2}\Delta E \Delta t$$

将 $E = mc^2$ 代入上式,并根据不确定关系式(18.44)可得能量和时间的不确定关系

$$\Delta E \Delta t \geqslant \frac{\hbar}{2} \tag{18.46}$$

不确定关系说明了用经典力学描述微观粒子运动时所存在的局限性,给人们指出了使用经典粒子运动概念的一个限度. 实际上由不确定关系式可以看出,如果在具体问题中普朗克常数 h 是个微不足道的量,可以认为 $h \to 0$,则 $\Delta x \Delta p_x \geqslant 0$. 这意味着 Δx 和 Δp_x 在任何情况下都可以任意小. 这样任何粒子都可以同时正确地给出它的位置和动量,这时,经典力学是适用的,所以人们仍然可以使用轨道运动等经典力学概念,把粒子当成经典粒子处理. 然而,在微观领域中,h 的量值是不可忽略的,那就必须考虑粒子的波粒二象性,必须用量子力学的方法来处理. 不确定关系在微观世界中是一条重要的规律,不确定关系划分了经典力学和量子力学的界限.

例 18.9 设子弹的质量为0.01 kg,枪口的直径为 0.5 cm,试用不确定关系计算子弹射出枪口时的横向速度.

解 枪口直径可以当作子弹射出枪口时的位置不确定量 Δx,由于

$$\Delta p_x = m\Delta v_x$$

所以由式(18.44)可得

$$\Delta x m\Delta v_x \geqslant \frac{\hbar}{2}$$

取等号计算

$$\Delta v_x = \frac{\hbar}{2m\Delta x} = \frac{1.05\times10^{-34}}{2\times0.01\times0.5\times10^{-2}}\ \text{m}\cdot\text{s}^{-1} = 1.1\times10^{-30}\ \text{m}\cdot\text{s}^{-1}$$

这就是子弹的横向速度. 和子弹飞行速度相比,这一速度引起的运动方向的偏转是微不足道的. 因此对于子弹这种宏观粒子,不确定关系所加的限制并未在实验测量的精度上超过经典描述的限度,实际上仍可把它看成有一定的轨道.

例 18.10 一个光子的波长为3.0×10^{-7} m,如果测定此波长的精确度为 10^{-6},试求此光子位置的不确定量.

解 由题意可知

$$\frac{\Delta\lambda}{\lambda} = 10^{-6},\quad \Delta\lambda = \lambda\times10^{-6} = 3.0\times10^{-13}\ \text{m}$$

又知 $p=\frac{h}{\lambda}$,所以 $\Delta p=\frac{h}{\lambda^2}\Delta\lambda$,根据不确定关系 $\Delta x\cdot\Delta p\geqslant\frac{\hbar}{2}$,所以

$$\Delta x \geqslant \frac{h}{4\pi\Delta p} = \frac{\lambda^2}{4\pi\Delta\lambda} = \frac{(3.0\times10^{-7})^2}{4\pi\times3.0\times10^{-13}}\ \text{m} = 0.024\ \text{m}$$

18.6 波函数 薛定谔方程

18.6.1 波函数及其统计解释

如前所述,由于微观粒子具有波粒二象性,粒子的运动状态不能用经典力学中的坐标和动量来描述,而是要用概率波来描述. 描述概率波的数学表达式称作**波函数**. 波函数通常是时间和空间的函数,表示为 $\Psi(\boldsymbol{r},t)$或 $\Psi(x,y,z,t)$.

根据波动理论,沿 x 方向传播的单色平面波的波动方程为

$$y(x,t) = A\cos2\pi\left(\nu t-\frac{x}{\lambda}\right) \tag{18.47}$$

式(18.47)也可用复数形式表示为

$$y(x,t) = A\mathrm{e}^{-\mathrm{i}2\pi\left(\nu t-\frac{x}{\lambda}\right)} \tag{18.48}$$

式(18.47)即式(18.48)的实数部分.

对于沿 x 方向运动的自由粒子(即不受外力作用,能量 E 与动量 $\boldsymbol{p}$ 保持恒定的粒子),可以设想其运动状态也可用类似式(18.48)的函数式来描述. 考虑到粒子的德布罗意波长 $\lambda=\frac{h}{p}$,频率 $\nu=\frac{E}{h}$,可得自由粒子的波函数为

$$\Psi(x,t) = \Psi_0 e^{-\frac{i}{\hbar}(Et-px)} \tag{18.49}$$

式(18.49)中,Ψ_0 为波函数的振幅. 一般情况下,自由粒子不是沿 x 方向而是沿矢径 $\boldsymbol{r}$ 方向传播的,则其波函数为

$$\Psi(\boldsymbol{r},t) = \Psi_0 e^{-\frac{i}{\hbar}(Et-\boldsymbol{p}\cdot\boldsymbol{r})} \tag{18.50}$$

式(18.49)和式(18.50)引入了反映微观粒子波粒二象性的德布罗意关系和虚数 $i=\sqrt{-1}$,这使得波函数 Ψ 从形式到本质都与经典波有着本质的区别. 可见,描述微观粒子的状态需使用波函数,它既有反映波动性的波动方程形式,又有体现粒子性的物理量 E 和 p,所以波函数体现了微观粒子波粒二象性的特征.

如前所述,玻恩给出德布罗意波的实质是概率波,波函数也应该和粒子在空间出现的概率有关. 玻恩指出,波函数本身是复数,在物理上不具有测量意义;并且通过和光波的类比(光强和光波振幅的平方成正比),认为有测量意义的应该是波函数的模的平方,即 $|\Psi|^2$(这里 $|\Psi|^2=\Psi_0^2$,即振幅函数的平方). 根据复数的性质有 $|\Psi|^2=\Psi\cdot\Psi^*$,Ψ^* 是 Ψ 的共轭复数. t 时刻在空间(x,y,z)附近的体积元 $dV=dxdydz$ 内测得粒子的概率正比于 $|\Psi|^2dV$,因此 $|\Psi|^2=\Psi\cdot\Psi^*$ 表示 t 时刻在空间(x,y,z)附近单位体积内测得粒子的概率,称为**概率密度**. 这就是波函数的统计解释.

应该指出,波函数不是一个物理量,而是用来计算测量概率的数学量. 波函数描述的波是概率波,而概率波没有直接的物理意义. 由于波函数只描述测到粒子的概率分布,所以有意义的是相对取值,因此,把波函数 Ψ 乘以任意常数后,并不反映新的物理状态.

因为物质波是概率波,所以根据概率的意义,在任意时刻粒子在整个空间出现的概率的总和应为1. 即

$$\iiint_{-\infty}^{+\infty} |\Psi|^2 dxdydz = 1 \tag{18.51}$$

称为**波函数的归一化条件**.

由于概率不能无限大,所以波函数必须是有限的;一定时刻在空间给定点粒子出现的概率是唯一的,所以波函数必须是单值的;并且概率在空间分布不能发生突变,所以波函数必须连续. 单值、有限、连续这三个条件称为**波函数的标准化条件**. 只有具备标准化条件的波函数,才能对微观粒子运动状态给出正确的统计描述.

18.6.2 薛定谔方程

在量子力学中,微观粒子状态是由波函数描述的,如果我们知道波函数所遵循的运动方程,那么由其初始状态和能量,就可以求出粒子的状态. 薛定谔在德布罗意假设的基础上,建立了在势场中运动的微观粒子所遵循的运动方程,即薛定谔方程. 薛定谔方程在量子力学中的地位和作用相当于牛顿方程 $\boldsymbol{F}=m\boldsymbol{a}$ 在经典力学中的地位和作用. 用薛定谔方程可以求出在给定势场中的波函数,从而了解粒子的运动情况. 作为一个基本方程,薛定谔方程既不可能由其他的更基本的方程推导出来,也不可能直接从实验事实总结出来. 薛定谔当初就是利用光学及经典质点力学之间的形式上的类比,导出了他的方程. 方程的正确性只能靠实践检验. 到目前为止,实践检验证明它是正确的.

我们首先讨论自由粒子的薛定谔方程.

在非相对论($v\ll c$)情况下,自由粒子的能量 E 和动量 p 的关系为 $E=\dfrac{p^2}{2m}$. 一维自由粒子的波函数为 $\Psi(x,t)=\Psi_0\mathrm{e}^{-\frac{\mathrm{i}}{\hbar}(Et-px)}$,作如下运算

$$\frac{\partial\Psi}{\partial t}=-\frac{\mathrm{i}}{\hbar}E\Psi$$

$$\frac{\partial^2\Psi}{\partial x^2}=-\frac{p^2}{\hbar^2}\Psi$$

将以上两式代入 $E=\dfrac{p^2}{2m}$,即得到

$$\mathrm{i}\hbar\frac{\partial\Psi}{\partial t}=-\frac{\hbar^2}{2m}\frac{\partial^2\Psi}{\partial x^2}\tag{18.52}$$

这就是一维自由粒子波函数所遵从的微分方程,其解便是一维自由粒子的波函数.

若粒子在外力场中运动,且假定外力场是保守力场,粒子在外力场中的势能是 V,则粒子的总能量为

$$E=\frac{p^2}{2m}+V$$

作类似上述的运算并推广,可得

$$\mathrm{i}\hbar\frac{\partial}{\partial t}\Psi=-\frac{\hbar^2}{2m}\frac{\partial^2}{\partial x^2}\Psi+V\Psi\tag{18.53}$$

当粒子在三维空间中运动时,式(18.53)推广为

$$\mathrm{i}\hbar\frac{\partial}{\partial t}\Psi=-\frac{\hbar^2}{2m}\nabla^2\Psi+V\Psi\tag{18.54}$$

式(18.54)中,∇^2 称为**拉普拉斯算符**,在直角坐标中 $\nabla^2=\dfrac{\partial^2}{\partial x^2}+\dfrac{\partial^2}{\partial y^2}+\dfrac{\partial^2}{\partial z^2}$. 式(18.54)还可简写为

$$\mathrm{i}\hbar\frac{\partial}{\partial t}\Psi=\hat{H}\Psi\tag{18.55}$$

式(18.55)中,$\hat{H}=-\dfrac{\hbar^2}{2m}\nabla^2+V$,称为**哈密顿算符**. 式(18.54)和(18.55)称为**薛定谔方程**.

如果已知粒子的质量 m 和粒子在外力场中的势能 $V(\boldsymbol{r},t)$ 的具体形式,就可以写出具体的薛定谔方程. 薛定谔方程是二阶偏微分方程,还要根据初值和边界条件才能解得波函数,同时波函数必须满足标准条件.

18.6.3　定态薛定谔方程

在玻尔理论中曾提到定态,它是能量不随时间变化的状态. 现在从薛定谔方程(18.54)来讨论这种状态. 设势能 V 只是空间坐标的函数,与时间无关,即 $V=V(x,y,z)$,则可把波函数 $\Psi(x,y,z,t)$ 分离变量,形式为

$$\Psi(x,y,z,t)=\psi(x,y,z)f(t)\tag{18.56}$$

代入式(18.54),并适当整理,把坐标函数和时间函数分在等号两侧,则有

$$\frac{1}{\psi}\left[-\frac{\hbar^2}{2m}\nabla^2\psi+V\psi\right]=\frac{\mathrm{i}\hbar}{f}\frac{\mathrm{d}f}{\mathrm{d}t}\tag{18.57}$$

此式等号左边是空间坐标的函数,等号右边是时间的函数,因此,要使等式成立,必须两边都等于与坐标和时间无关的常数. 令这个常数为 E,则有

$$\frac{\mathrm{i}\hbar}{f}\frac{\mathrm{d}f}{\mathrm{d}t} = E$$

此方程的解是

$$f(t) = k\mathrm{e}^{-\frac{\mathrm{i}}{\hbar}Et}$$

式中,k 是一个积分常数. 代回式(18.56),得

$$\Psi(x,y,z,t) = \psi(x,y,z)\mathrm{e}^{-\frac{\mathrm{i}}{\hbar}Et} \tag{18.58}$$

此处积分常数 k 并到了 ψ 中. 同自由粒子波函数比较,可知 E 就是能量. 并有 $\Psi\cdot\Psi^* = \psi\cdot\psi^*$,说明在空间各点测到粒子的概率密度与时间无关,所以叫做定态.

式(18.57)的等号左边也等于同一常数 E,于是就有

$$-\frac{\hbar^2}{2m}\nabla^2\psi + V\psi = E\psi \tag{18.59}$$

或

$$\nabla^2\psi + \frac{2m}{\hbar^2}(E - V)\psi = 0 \tag{18.60}$$

因为 ψ 只是空间坐标的函数,方程(18.59)和(18.60)中不含时间 t,称为**定态薛定谔方程**. 它的解 ψ 通常称为**定态波函数**. 由于波函数 Ψ 含有 t 的因子是 $\mathrm{e}^{-\frac{\mathrm{i}}{\hbar}Et}$,所以概率密度

$$|\Psi|^2 = \Psi\cdot\Psi^* = |\psi|^2\mathrm{e}^{-\frac{\mathrm{i}}{\hbar}Et}\cdot\mathrm{e}^{+\frac{\mathrm{i}}{\hbar}Et} = |\psi|^2$$

与时间无关. 由于这个性质,这样的态称为**定态**.

18.7 一维无限深势阱

应用薛定谔方程可以“自然地”“顺理成章地”得出微观粒子的重要特征——量子化条件. 这些量子化条件在普朗克和玻尔那里都是“强加”给微观系统的. 作为量子力学基本方程的薛定谔方程,当然还给出了微观系统许多其他奇异的性质. 下面以一维无限深势阱为例,来说明由薛定谔方程所决定的粒子运动的一些基本特征.

电子在金属中的运动会受到正电荷电场的作用,电子的势能曲线如图 18.16(a)所示,其形状如阱,因此被称为**势阱**. 类似的还有如图 18.16(b)所示的质子在原子核内的势能曲线. 为了使计算简化,可提出一个理想化的势阱模型——**一维无限深势阱**.

设一维无限深势阱的势能分布如下:

$$V(x) = \begin{cases} 0 & 0 < x < a \quad (\text{阱内}) \\ \infty & x \leqslant 0, x \geqslant a \quad (\text{阱外}) \end{cases} \tag{18.61}$$

其势能曲线如图 18.17 所示,通常称为**一维无限深方势阱**.

由于该问题的势能与时间无关,是一个定态问题,应用定态薛定谔方程求解. 分别考虑阱内和阱外两个区间.

在阱外,设波函数为 ψ_e,定态薛定谔方程为

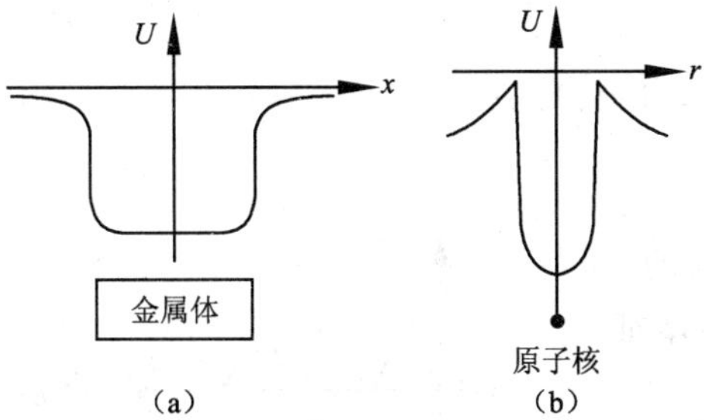

图 18.16　势阱

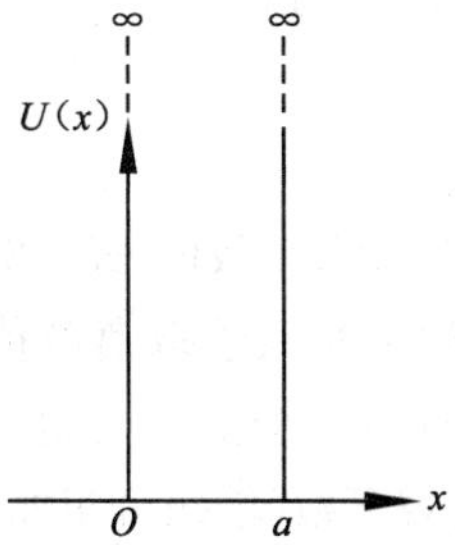

图 18.17　一维无限深方势阱

$$-\frac{\hbar^2}{2m}\frac{d^2}{dx^2}\psi_e+\infty\psi_e=E\psi_e \tag{18.62}$$

对于 E 为有限值的粒子,要使上述方程成立,只有 $\psi_e=0$.

在阱内,设波函数为 ψ_i,定态薛定谔方程为

$$-\frac{\hbar^2}{2m}\frac{d^2}{dx^2}\psi_i=E\psi_i \tag{18.63}$$

令

$$k^2=\frac{2mE}{\hbar^2} \tag{18.64}$$

方程可写为

$$\frac{d^2}{dx^2}\psi_i+k^2\psi_i=0 \tag{18.65}$$

方程的解为

$$\psi_i(x)=A\sin(kx+\varphi) \tag{18.66}$$

式(18.66)中 A 和 φ 为两个待定常数．因为在势阱壁上波函数必须单值、连续,即应有

$$\psi_i(0)=\psi_e(0)=0$$
$$\psi_i(a)=\psi_e(a)=0$$

由此得

$$\begin{aligned}\psi_i(0)&=A\sin\varphi=0\Rightarrow\varphi=0\\ \psi_i(a)&=A\sin ka=0\Rightarrow ka=n\pi,n=1,2,3,\cdots\end{aligned} \tag{18.67}$$

对波函数归一化,有

$$\int_0^a|\psi(x,t)|^2dx=\int_0^a\left(A\sin\frac{n\pi x}{a}\right)^2dx=1$$

求得

$$A=\sqrt{\frac{2}{a}} \tag{18.68}$$

于是得定态波函数

$$\begin{cases}\psi_e(x)=0\\ \psi_i(x)=\sqrt{\dfrac{2}{a}}\sin\dfrac{n\pi}{a}x,n=1,2,3,\cdots\end{cases} \tag{18.69}$$

式(18.69)中,n 等于某个整数,表示粒子处于某个定态,相应的粒子的能量可以将式(18.64)

代入式(18.67)得到

$$E_n = \frac{\pi^2 \hbar^2}{2ma^2} n^2, n = 1,2,3,\cdots \tag{18.70}$$

由于 n 只能取整数值,式(18.70)结果表示束缚在势阱内的粒子的能量只能取离散值,即能量是量子化的．每一个 n 值对应一个能级．这些能量值称为**能量本征值**,而 n 称为**量子数**(能级分布如图 18.18 所示).

式(18.70)是求解定态薛定谔方程时,要求波函数满足标准化条件自然得出的结论,即量子化条件不是人为假设的．当 $n=1$ 时,得粒子的最小能量 $E_1 = \frac{\pi^2 \hbar^2}{2ma^2}$,可见最小能量不为零!显然,这一结论与经典理论所得的结果完全不同,经典理论认为粒子的最低能量为零.但粒子的最小能量不为零是符合不确定关系的,因为量子粒子在有限空间内运动,其速度不可能为零,能量也不可能为零.

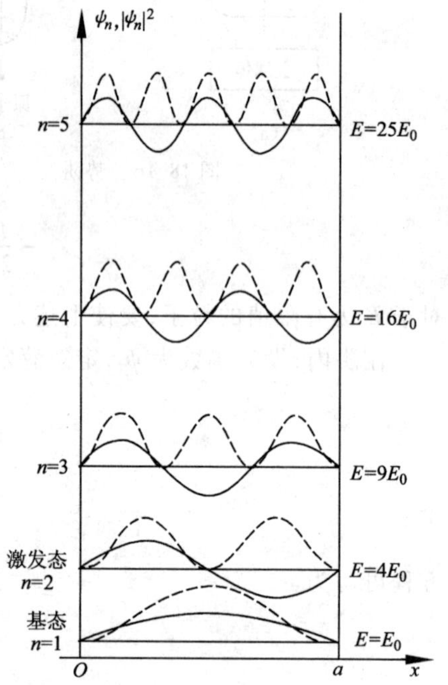

图 18.18　无限深方势阱中粒子的能级分布、波函数和概率密度与坐标的关系

式(18.69)所表示的波函数和坐标的关系如图 18.18 中的实线所示．图中虚线表示相应的 $|\psi|^2$-x 关系,即概率密度与坐标的关系．这里值得注意的是,由粒子的波动性给出的概率密度的周期性分布和经典粒子的完全不同．按经典理论,粒子在阱内可以自由运动,在各处的概率密度应该都是相等的,而且与粒子的能量无关.

由式(18.70)可以得到粒子在势阱中运动的动量为

$$p_n = \pm \sqrt{2mE_n} = \pm n \frac{\pi \hbar}{a} = \pm k\hbar$$

相应地,德布罗意波长为

$$\lambda_n = \frac{h}{p_n} = \frac{2\pi}{k} = \frac{2a}{n} \tag{18.71}$$

此波长也量子化了,它只能是势阱长度两倍的整数分之一．这一结果由图 18.18 中的实线可以显示出来．这和两端固定的弦中产生驻波的情况一样．可以说,无限深方势阱中,粒子的每一个能量状态都对应着一个特定的德布罗意波波长的驻波.

一维势阱是研究二维或三维势阱的基础,金属体内的自由电子可看作三维势阱中的粒子.

若粒子沿 x 方向运动,其势能函数为

$$V(x) = \begin{cases} 0 & (x \leqslant 0) \\ V_0 & (0 < x < a) \\ 0 & (x \geqslant a) \end{cases}$$

势能分布曲线如图 18.19 所示,这种势能分布称为**势垒**．按照经典理论,能量 $E < V_0$ 的粒子不可能越过 $V = V_0$ 的高垒,从 $x<0$ 的区域到达 $x>a$ 的区域.但量子力学理论认为,微观粒子能

以一定的概率穿过势垒而进入邻区，并形象地称之为**隧道效应**．这一效应已被 α 衰变、场致电子发射等大量实验所证实．

获 1986 年诺贝尔奖的扫描隧道显微镜就是隧道效应的重要应用之一．

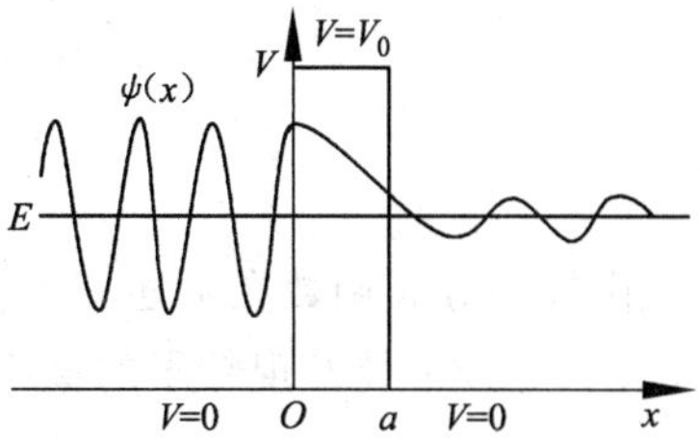

图 18.19　隧道效应

例 18.11　一维无限深势阱中粒子的定态波函数为

$$\psi_n(x) = \sqrt{\frac{2}{a}}\sin\frac{n\pi}{a}x, n = 1,2,3,\cdots$$

试求：(1)粒子处于基态时；(2)粒子处于 $n=2$ 的状态时，在 $x=0$ 到 $x=\frac{a}{3}$之间找到粒子的概率．

解　粒子的概率密度正比于波函数模的平方，即

$$|\psi_n|^2 = \frac{2}{a}\sin^2\frac{n\pi}{a}x, n = 1,2,3,\cdots$$

(1)基态 $n=1$，$|\psi_1|^2=\frac{2}{a}\sin^2\frac{\pi}{a}x$，在 $x=0$ 到 $x=\frac{a}{3}$之间找到粒子的概率为

$$\int_0^{\frac{a}{3}}|\psi_1|^2\mathrm{d}x = \int_0^{\frac{a}{3}}\frac{2}{a}\sin^2\frac{\pi x}{a}\mathrm{d}x = 0.19$$

(2)$n=2$，$|\psi_2|^2=\frac{2}{a}\sin^2\frac{2\pi}{a}x$，在 $x=0$ 到 $x=\frac{a}{3}$之间找到粒子的概率为

$$\int_0^{\frac{a}{3}}|\psi_2|^2\mathrm{d}x = \int_0^{\frac{a}{3}}\frac{2}{a}\sin^2\frac{2\pi x}{a}\mathrm{d}x = 0.402$$

例 18.12　一维运动的粒子处于如下波函数所描述的状态

$$\psi(x) = \begin{cases} Ax\mathrm{e}^{-\lambda x} & (x \geqslant 0) \\ 0 & (x < 0) \end{cases}$$

式中 $\lambda>0$. 试求：(1)波函数的归一化常数 A；(2)粒子的概率分布函数；(3)在何处发现粒子的概率最大？

解　(1)由波函数的归一化条件求归一化常数，即

$$\int_{-\infty}^{+\infty}|\psi(x)|^2\mathrm{d}x = \int_0^{\infty}A^2x^2\mathrm{e}^{-2\lambda x}\mathrm{d}x = 1$$

得

$$A = 2\lambda^{3/2}$$

所以波函数为

$$\psi(x) = \begin{cases} 2\lambda^{3/2}x\mathrm{e}^{-\lambda x} & (x \geqslant 0) \\ 0 & (x < 0) \end{cases}$$

(2)粒子的概率分布函数为

$$|\psi(x)|^2 = \begin{cases} 4\lambda^3x^2\mathrm{e}^{-2\lambda x} & (x \geqslant 0) \\ 0 & (x < 0) \end{cases}$$

(3)发现粒子概率最大的位置可由概率分布函数对位置的极值求得．令

$$\frac{\mathrm{d}|\psi(x)|^2}{\mathrm{d}x} = 8\lambda^3 x\mathrm{e}^{-2\lambda x}(1-\lambda x) = 0$$

得

$$x_1 = 0, x_2 = \infty, x_3 = \frac{1}{\lambda}$$

由概率分布函数在上述三个位置的二阶导数可知,在 x_1 和 x_2 为极小值,在 x_3 有极大值.所以在 $x=1/\lambda$ 处发现粒子的概率为最大.

18.8 氢原子的量子力学结果

考虑到微观粒子具有波动性,原子中的电子行为应该由量子力学来描述.本节介绍量子力学中是如何处理氢原子问题的.我们将看到,求解薛定谔方程可以得到与前面玻尔模型相同的电子能级.由于求解氢原子的薛定谔方程的数学方法比较复杂,这里只简略地说明其求解的方法并讨论有关的结果.

18.8.1 氢原子的薛定谔方程

在氢原子中,电子的势能函数为

$$V = -\frac{e^2}{4\pi\varepsilon_0 r}$$

式中,r 为电子离核的距离.

由于核的质量很大,为简便起见,假设原子核是静止的,则电子绕核做圆周运动的定态薛定谔方程为

$$\frac{\partial^2\psi}{\partial x^2} + \frac{\partial^2\psi}{\partial y^2} + \frac{\partial^2\psi}{\partial z^2} + \frac{2m}{\hbar^2}\left(E + \frac{e^2}{4\pi\varepsilon_0 r}\right)\psi = 0 \tag{18.72}$$

考虑到势能是 r 的函数,故用球坐标 (r,θ,φ) 代替直角坐标 (x,y,z).取原子核位置为坐标原点,建立如图 18.20 所示的球坐标,式(18.72)可化为

$$\frac{1}{r^2}\frac{\partial}{\partial r}\left(r^2\frac{\partial\psi}{\partial r}\right) + \frac{1}{r^2\sin^2\theta}\frac{\partial}{\partial\theta}\left(\sin\theta\frac{\partial\psi}{\partial\theta}\right) + \frac{1}{r^2\sin\theta}\frac{\partial^2\psi}{\partial\varphi^2} + \frac{2m}{\hbar^2}\left(E + \frac{e^2}{4\pi\varepsilon_0 r}\right)\psi = 0 \tag{18.73}$$

求解式(18.73),并考虑到波函数必须满足的标准化条件和归一化条件,可得氢原子中电子的波函数.一般情况下,波函数是 r、θ、φ 的函数,即 $\psi=\psi(r,\theta,\varphi)$.

这里略去求解式(18.73)的繁杂过程和波函数的具体形式,而着重介绍一些所得到的重要结论.

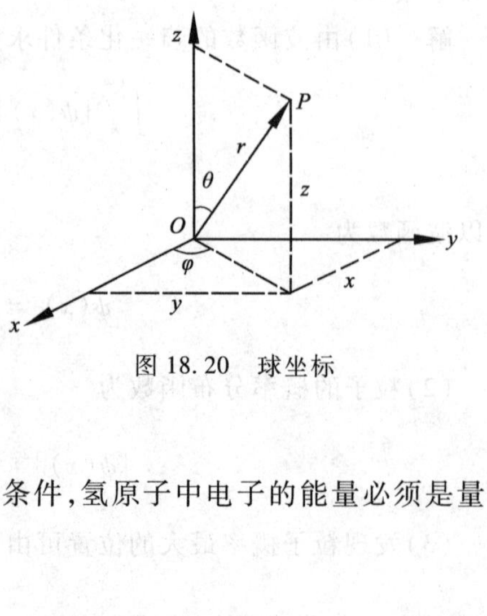

图 18.20 球坐标

18.8.2 量子化条件和量子数

1. 能量量子化和主量子数

求解(18.73)式可以得到,要使波函数满足标准化条件,氢原子中电子的能量必须是量子化的

$$E_n = -\frac{me^4}{8\varepsilon_0^2 h^2}\frac{1}{n^2} \quad n = 1,2,3,\cdots \tag{18.74}$$

式(18.74)中 n 称为**主量子数**. 与式(18.37)比较,不难发现,求解薛定谔方程得到的氢原子能级公式与玻尔得到的一致,但必须明确的是,玻尔理论的量子化假设是人为加入的,而这里是量子力学的自然结果.

2. 角动量量子化和角量子数

要使波函数有确定的解,电子绕核运动的角动量必须满足以下量子化条件

$$L = \sqrt{l(l+1)}\frac{h}{2\pi}, l = 0,1,2,\cdots,(n-1) \tag{18.75}$$

式(18.75)中 l 称为**副量子数**或**角量子数**,n 即主量子数. 将式(18.75)与式(18.33)比较,可以看到,玻尔理论假设的角动量的最小值为零,而这里量子力学的结果是 $h/2\pi$. 实验证明,量子力学的结果是正确的,进一步说明了玻尔理论的缺陷.

3. 角动量空间量子化和磁量子数

求解薛定谔方程还可得到,电子轨道角动量的指向也是量子化的,称为**角动量空间量子化**. 如果加入外磁场并取外磁场方向为 z 方向,则角动量 L 在外磁场方向的投影必须满足如下量子化条件:

$$L_z = m_l\frac{h}{2\pi}, m_l = 0, \pm 1, \pm 2, \cdots, \pm l \tag{18.76}$$

式(18.76)中 m_l 称为**磁量子数**. 图 18.21 画出了 $l=1$ 和 $l=2$ 时电子角动量空间取向的示意图. 其实,空间量子化的概念,早在 1915—1916 年间就由索末菲(A. J. W. Sommerfeld)提出了,并成功地解释了氢原子光谱和重元素 X 射线谱的精细结构以及正常塞曼效应.

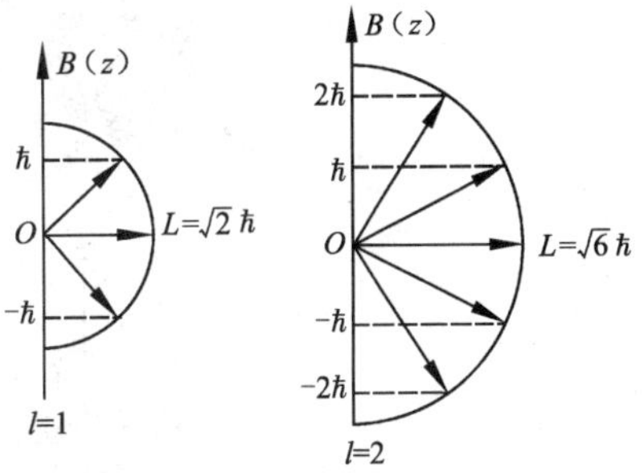

图 18.21　角动量的空间量子化

综上所述,我们可以用一组量子数 n、l、m_l 来描述氢原子中电子的状态. 另外,在无外磁场时,氢原子的电子能量主要决定于主量子数 n,并与角量子数 l 有微弱关系,同时角量子数不同的电子状态,测量得到的角动量和磁矩等物理量也不同,而磁量子数 m_l 值的给定并不十分必要. 因此,电子的状态可以用 n、l 来表示. 习惯上常用 s、p、d、f、…等字母分别表示 $l=0$、1、2、3、…等量子状态. 例如对 $n=4$, $l=0$、1、2、3 的电子就分别用 4s、4p、4d、4f 表示(详见表 18.2).

表 18.2　氢原子内电子状态的表示

	s($l=0$)	p($l=1$)	d($l=2$)	f($l=3$)	g($l=4$)	h($l=5$)
$n=1$	1s					
$n=2$	2s	2p				
$n=3$	3s	3p	3d			
$n=4$	4s	4p	4d	4f		
$n=5$	5s	5p	5d	5f	5g	
$n=6$	6s	6p	6d	6f	6g	6h

18.8.3 氢原子中电子的概率分布

前面我们给出，可以用一组量子数(n,l,m_l)来标记氢原子的状态，每个状态对应的波函数写为$\psi_{nlm_l}(\boldsymbol{r},\theta,\varphi)$，在一般量子力学书中，都可以找到$\psi_{nlm_l}(\boldsymbol{r},\theta,\varphi)$的具体形式. 根据波函数的定义，$|\psi_{nlm_l}(\boldsymbol{r},\theta,\varphi)|^2$ 给出氢原子中电子处在(n,l,m_l)状态时，在核外一点$(\boldsymbol{r},\theta,\varphi)$附近找到电子的概率密度.

在量子力学中，再不能像玻尔理论中那样用轨道来描述电子的运动了，我们只能说明电子在某处出现的概率，这种弥散的概率分布，被形象地称为**“电子云”**. 图 18.22 给出氢原子的 1s、2p、3d 电子云的三维图.

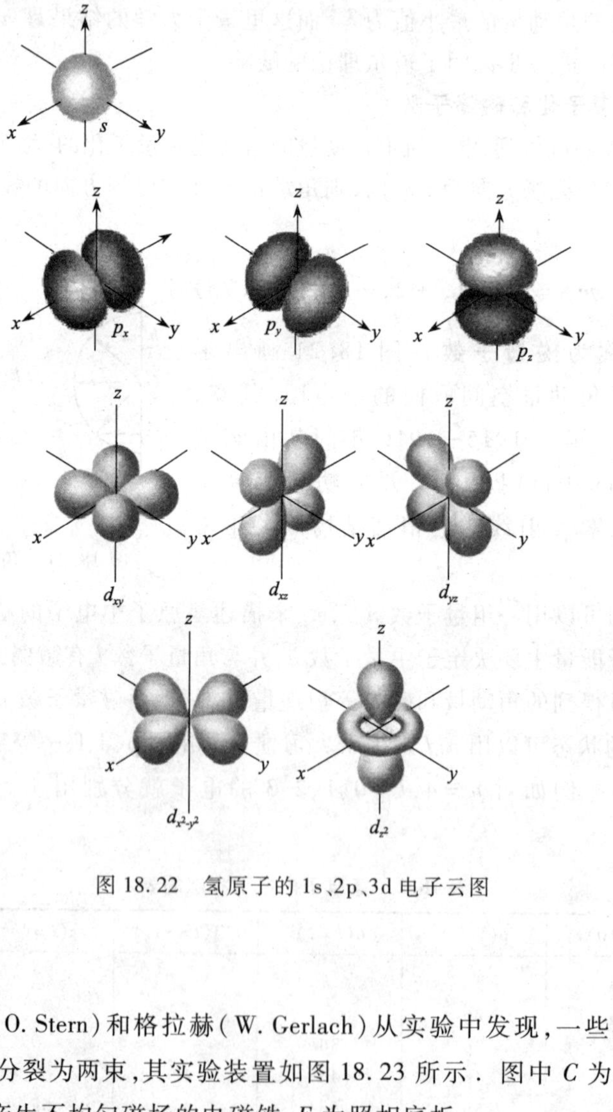

图 18.22 氢原子的 1s、2p、3d 电子云图

18.8.4 电子自旋

1921 年，施特恩(O. Stern)和格拉赫(W. Gerlach)从实验中发现，一些处于 s 态的原子射线在非均匀磁场中会分裂为两束，其实验装置如图 18.23 所示. 图中 C 为银原子射线源，B_1、B_2 为狭缝，N 和 S 为产生不均匀磁场的电磁铁，E 为照相底板.

$l=0$，磁量子数也只能取 $m_l=0$，所以其轨道角动量和磁矩都为零，可见这种原子射线的分裂不能用电子轨道运动的空间取向量子化来解释.

1925 年,乌仑贝克(G. E. Uhlenbeck)和高德斯密特(S. A. Goudsmit)提出电子自旋假设,认为电子除绕核作轨道运动外,还有绕自身轴线的自旋,因而具有自旋磁矩 μ_s 和自旋角动量 S. 与电子轨道角动量以及角动量在磁场方向上的分量相似,可设电子的自旋角动量为

$$S = \sqrt{s(s+1)}\hbar \tag{18.77}$$

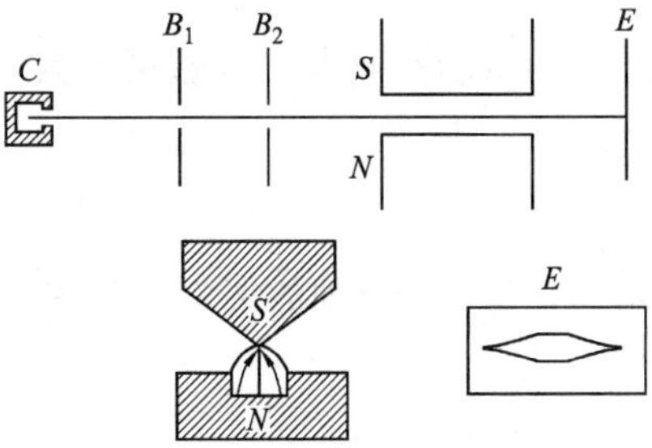

图 18.23 施特恩-格拉赫实验

电子自旋角动量在外磁场方向的投影 S_z 为

$$S_z = m_s\hbar \tag{18.78}$$

上两式中,s 称为**自旋量子数**,m_s 为**自旋磁量子数**. 因 m_s 所能取的量值和 m_l 相似,共有 $2s+1$ 个值. 但施特恩-格拉赫实验指出,S_z 只有两个量值. 这样,令

$$2s+1=2$$

即得自旋量子数

$$s=\frac{1}{2}$$

从而自旋磁量子数为

$$m_s=\pm\frac{1}{2}$$

与此相应,我们有

$$S=\frac{\sqrt{3}}{2}\hbar \tag{18.79}$$

$$S_z=\pm\frac{1}{2}\hbar \tag{18.80}$$

式(18.80)表示自旋磁矩在外磁场方向上也只有两个分量(见图 18.24).

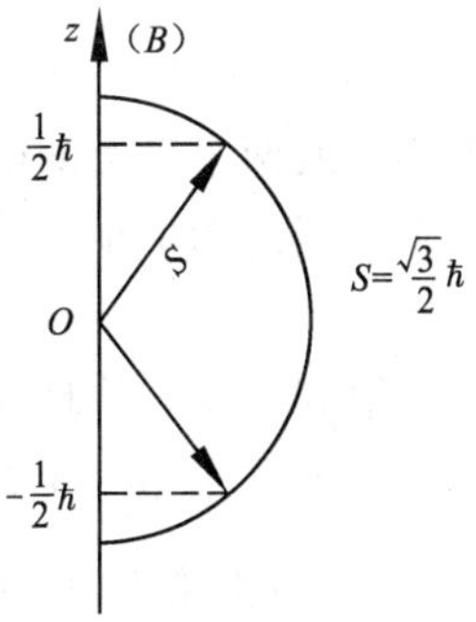

图 18.24 电子自旋角动量的空间量子化

综上所述,氢原子核外电子的运动状态应由四个量子数确定:

(1)主量子数 $n=1,2,3,\cdots$ 决定电子在原子中的能量 $E_n=-\dfrac{me^4}{8\varepsilon_0^2h^2}\dfrac{1}{n^2}$.

(2)角量子数 $l=0,1,2,\cdots,(n-1)$ 决定电子绕核运动的角动量 $L=\sqrt{l(l+1)}\hbar$.

(3)磁量子数 $m_l=0,\pm1,\pm2,\cdots,\pm l$ 决定电子绕核运动的角动量矢量在外磁场中的空间取向 $l_z=m_l\hbar$.

(4)自旋磁量子数 $m_s=\pm\dfrac{1}{2}$ 决定电子自旋角动量的空间取向 $S_z=m_s\hbar$.

例 18.13 假设氢原子处于3p的激发态. 则电子的轨道角动量在空间有哪些可能取向?计算各可能取向的角动量与 z 轴之间的夹角.

解 3p 激发态时 $n=3,l=1$. 所以,轨道角动量的大小为

$$L = \sqrt{l(l+1)}\hbar = \sqrt{2}\hbar$$

轨道角动量的空间取向由磁量子数 m_l 决定，即 L 在 z 轴(磁场方向)上的投影为 $m_l\hbar$，磁量子数 $m_l=0,\ \pm1$. 则

$$L_z = 0,\ \pm\hbar$$

轨道角动量 L 与 z 轴的夹角为$\frac{\pi}{4}$,$\frac{\pi}{2}$,$\frac{3\pi}{4}$.

18.9 原子的壳层结构

18.9.1 原子的壳层结构

由上节讨论知道，氢原子中电子的运动状态需要四个量子数确定．对多电子原子来说，虽然电子之间的相互作用会影响电子的运动状态，但是量子力学证明，其核外各个电子的运动状态仍由四个量子数决定．与氢原子不同的是不同的电子在核外有一定的分布．

1916 年柯塞耳(W. Kossel)对多电子原子系统的核外电子，提出形象化的壳层分布模型．他认为主量子数相同的电子组成同一壳层．对 $n=1$、2、3、… 的电子，其壳层分别用大写字母 K、L、M、N、O、P、…等表示．主量子数相同而副量子数不同的电子分布在不同的分壳层(或次壳层)上，对 $l=0$、1、2、3、…的电子分别用小写字母 s、p、d、f、g、h、…等表示其分壳层．一般说来，壳层的主量子数 n 越小，其能级就越低．同一主壳层中，副量子数 l 较小的，其能级较低．

至于核外电子在不同壳层上的分布情况，还应遵从泡利不相容原理和能量最小原理．

18.9.2 泡利不相容原理

1925 年泡利(W. Pauli)在分析原子光谱等实验事实的基础上指出：在一个原子系统中不可能有两个或两个以上的电子具有完全相同的量子状态，即一个原子内任意两个电子不可能具有完全相同的四个量子数(n,l,m_l,m_s)，这称为**泡利不相容原理**．这一结果已为大量实验所证实．

利用泡利不相容原理，可以计算各个壳层中所可能有的最多电子数．当 n 给定时，l 的可能取值为 0、1、2、…、$n-1$ 共 n 个；当 l 给定时，m_l 的可能取值为 0、±1、±2、…、±l 共 $2l+1$ 个；当(n,l,m_l)都给定时，m_s 可有 $+\frac{1}{2}$和 $-\frac{1}{2}$两个取值．所以在同一个主量子数为 n 的壳层上，最多可能有的电子个数为

$$Z_n = \sum_{l=0}^{n-1} 2(2l+1) = \frac{2+2(2n-1)}{2}n = 2n^2 \qquad (18.81)$$

由式(18.81)可得，对 $n=1$、2、3、4、…的 K、L、M、N、…各壳层上，可最多分别容纳 2、8、18、32、…个电子．而在 $l=0$、1、2、…、$n-1$ 各分壳层上，可最多分别容纳 2、6、10、14、…个电子．表 18.3 列出了原子内各壳层和分壳层可能容纳的最多电子数．

表 18.3　原子中各壳层和分壳层可容纳的最多电子数

n \ l	0 s	1 p	2 d	3 f	4 g	5 h	6 i	$Z_n=2n^2$
1,K	2	—	—	—	—	—	—	2
2,L	2	6	—	—	—	—	—	8
3,M	2	6	10	—	—	—	—	18
4,N	2	6	10	14	—	—	—	32
5,O	2	6	10	14	18	—	—	50
6,P	2	6	10	14	18	22	—	72
7,Q	2	6	10	14	18	22	26	98

18.9.3　能量最小原理

原子系统处于正常状态时,每个电子趋向占有最低的能级,这就是**能量最小原理**. 一般来说,由于能级主要决定于主量子数 n,所以电子总是先填满 n 较小的低能级态. 但是对于多原子系统,副量子数 l 也对能级有影响,因而在某些情况下,n 较小的壳层尚未填满,而 n 较大的壳层上却开始有电子填入了. 这一情况在元素周期表的第四个周期中就开始表现出来了. 例如,M 壳层的 3d 能级就比 N 壳层的 4s 能级稍高,所以 4s 态比 3d 态先被电子占取. 一般原子总电子壳层填充的次序为 1s、2s、2p、3s、3p、4s、3d、4p、5s、4d、5p、6s、4f、5d、6p、…. 这种原子核外原子壳层的排列顺序已被量子力学理论及光谱实验所证实. 表 18.4 列出了元素周期表中 105 种元素的原子核外电子的分布情况.

表 18.4　原子的电子结构

		K	L		M			N				O				P			Q
		1s	2s	2p	3s	3p	3d	4s	4p	4d	4f	5s	5p	5d	5f	6s	6p	6d	7s
1H	氢	1																	
2He	氦	2																	
3Li	锂	2	1																
4Be	铍	2	2																
5B	硼	2	2	1															
6C	碳	2	2	2															
7N	氮	2	2	3															
8O	氧	2	2	4															
9F	氟	2	2	5															
10Ne	氖	2	2	6															
11Na	钠	2	2	6	1														
12Mg	镁	2	2	6	2														
13Al	铝	2	2	6	2	1													
14Si	硅	2	2	6	2	2													
15P	磷	2	2	6	2	3													
16S	硫	2	2	6	2	4													

续表

		K	L		M			N				O				P			Q
		1s	2s	2p	3s	3p	3d	4s	4p	4d	4f	5s	5p	5d	5f	6s	6p	6d	7s
17Cl	氯	2	2	6	2	5													
18A	氩	2	2	6	2	6													
19K	钾	2	2	6	2	6		1											
20Ca	钙	2	2	6	2	6		2											
21Sc	钪	2	2	6	2	6	1	2											
22Ti	钛	2	2	6	2	6	2	2											
23V	钒	2	2	6	2	6	3	2											
24Cr	铬	2	2	6	2	6	5	1											
25Mn	锰	2	2	6	2	6	5	2											
26Fe	铁	2	2	6	2	6	6	2											
27Co	钴	2	2	6	2	6	7	2											
28Ni	镍	2	2	6	2	6	8	2											
29Cu	铜	2	2	6	2	6	10	1											
30Zn	锌	2	2	6	2	6	10	2											
31Ga	镓	2	2	6	2	6	10	2	1										
32Ge	锗	2	2	6	2	6	10	2	2										
33As	砷	2	2	6	2	6	10	2	3										
34Se	硒	2	2	6	2	6	10	2	4										
35Br	溴	2	2	6	2	6	10	2	5										
36Kr	氪	2	2	6	2	6	10	2	6										
37Rb	铷	2	2	6	2	6	10	2	6			1							
38Sr	锶	2	2	6	2	6	10	2	6			2							
39Y	钇	2	2	6	2	6	10	2	6	1		2							
40Zr	锆	2	2	6	2	6	10	2	6	2		2							
41Nb	铌	2	2	6	2	6	10	2	6	4		1							
42Mo	钼	2	2	6	2	6	10	2	6	5		1							
43Tc	锝	2	2	6	2	6	10	2	6	5		2							
44Ru	钌	2	2	6	2	6	10	2	6	7		1							
45Rh	铑	2	2	6	2	6	10	2	6	8		1							
46Pd	钯	2	2	6	2	6	10	2	6	10									
47Ag	银	2	2	6	2	6	10	2	6	10		1							
48Cd	镉	2	2	6	2	6	10	2	6	10		2							
49In	铟	2	2	6	2	6	10	2	6	10		2	1						
50Sn	锡	2	2	6	2	6	10	2	6	10		2	2						
51Sb	锑	2	2	6	2	6	10	2	6	10		2	3						

续表

		K	L		M			N				O				P			Q
		1s	2s	2p	3s	3p	3d	4s	4p	4d	4f	5s	5p	5d	5f	6s	6p	6d	7s
52Te	碲	2	2	6	2	6	10	2	6	10		2	4						
53I	碘	2	2	6	2	6	10	2	6	10		2	5						
54Xe	氙	2	2	6	2	6	10	2	6	10		2	6						
55Cs	铯	2	2	6	2	6	10	2	6	10		2	6			1			
56Ba	钡	2	2	6	2	6	10	2	6	10		2	6			2			
57La	镧	2	2	6	2	6	10	2	6	10		2	6	1		2			
58Ce	铈	2	2	6	2	6	10	2	6	10	1	2	6	1		2			
59Pr	镨	2	2	6	2	6	10	2	6	10	3	2	6			2			
60Nd	钕	2	2	6	2	6	10	2	6	10	4	2	6			2			
61Pm	钷	2	2	6	2	6	10	2	6	10	5	2	6			2			
62Sm	钐	2	2	6	2	6	10	2	6	10	6	2	6			2			
63Eu	铕	2	2	6	2	6	10	2	6	10	7	2	6			2			
64Gd	钆	2	2	6	2	6	10	2	6	10	7	2	6	1		2			
65Tb	铽	2	2	6	2	6	10	2	6	10	9	2	6			2			
66Dy	镝	2	2	6	2	6	10	2	6	10	10	2	6			2			
67Ho	钬	2	2	6	2	6	10	2	6	10	11	2	6			2			
68Er	铒	2	2	6	2	6	10	2	6	10	12	2	6			2			
69Tm	铥	2	2	6	2	6	10	2	6	10	13	2	6			2			
70Yb	镱	2	2	6	2	6	10	2	6	10	14	2	6			2			
71Lu	镥	2	2	6	2	6	10	2	6	10	14	2	6	1		2			
72Hf	铪	2	2	6	2	6	10	2	6	10	14	2	6	2		2			
73Ta	钽	2	2	6	2	6	10	2	6	10	14	2	6	3		2			
74W	钨	2	2	6	2	6	10	2	6	10	14	2	6	4		2			
75Re	铼	2	2	6	2	6	10	2	6	10	14	2	6	5		2			
76Os	锇	2	2	6	2	6	10	2	6	10	14	2	6	6		2			
77Lr	铱	2	2	6	2	6	10	2	6	10	14	2	6	7		2			
78Pt	铂	2	2	6	2	6	10	2	6	10	14	2	6	9		1			
79Au	金	2	2	6	2	6	10	2	6	10	14	2	6	10		1			
80Hg	汞	2	2	6	2	6	10	2	6	10	14	2	6	10		2			
81Tl	铊	2	2	6	2	6	10	2	6	10	14	2	6	10		2	1		
82Pb	铅	2	2	6	2	6	10	2	6	10	14	2	6	10		2	2		
83Bi	铋	2	2	6	2	6	10	2	6	10	14	2	6	10		2	3		
84Po	钋	2	2	6	2	6	10	2	6	10	14	2	6	10		2	4		
85At	砹	2	2	6	2	6	10	2	6	10	14	2	6	10		2	5		
86Rn	氡	2	2	6	2	6	10	2	6	10	14	2	6	10		2	6		

续表

		K	L		M			N				O				P			Q
		1s	2s	2p	3s	3p	3d	4s	4p	4d	4f	5s	5p	5d	5f	6s	6p	6d	7s
87Fr	钫	2	2	6	2	6	10	2	6	10	14	2	6	10		2	6		1
88Ra	镭	2	2	6	2	6	10	2	6	10	14	2	6	10		2	6		2
89Ac	锕	2	2	6	2	6	10	2	6	10	14	2	6	10		2	6	1	2
90Th	钍	2	2	6	2	6	10	2	6	10	14	2	6	10		2	6	2	2
91Pa	镤	2	2	6	2	6	10	2	6	10	14	2	6	10	2	2	6	1	2
92U	铀	2	2	6	2	6	10	2	6	10	14	2	6	10	3	2	6	1	2
93Np	镎	2	2	6	2	6	10	2	6	10	14	2	6	10	4	2	6	1	2
94Pu	钚	2	2	6	2	6	10	2	6	10	14	2	6	10	6	2	6		2
95Am	镅	2	2	6	2	6	10	2	6	10	14	2	6	10	7	2	6		2
96Cm	锔	2	2	6	2	6	10	2	6	10	14	2	6	10	7	2	6	1	2
97Bk	锫	2	2	6	2	6	10	2	6	10	14	2	6	10	9	2	6		2
98Cf	锎	2	2	6	2	6	10	2	6	10	14	2	6	10	10	2	6		2
99Es	锿	2	2	6	2	6	10	2	6	10	14	2	6	10	11	2	6		2
100Fm	镄	2	2	6	2	6	10	2	6	10	14	2	6	10	12	2	6		2
101Md	钔	2	2	6	2	6	10	2	6	10	14	2	6	10	13	2	6		2
102No	锘	2	2	6	2	6	10	2	6	10	14	2	6	10	14	2	6		2
103Lr	铹	2	2	6	2	6	10	2	6	10	14	2	6	10	14	2	6	1	2
104Rf	铲	2	2	6	2	6	10	2	6	10	14	2	6	10	14	2	6	2	2
105Ha	锝	2	2	6	2	6	10	2	6	10	14	2	6	10	14	2	6	3	2

例 18.14 对于主量子数 $n=2$,共有几种不同的量子态,请写出这几种不同的量子态.

解 给定 n,共有 $2n^2$ 个量子态,当 $n=2$ 时,共有 8 个不同的量子态. 这 8 个量子态分别为

$$\underline{n \quad l \quad m_l \quad n_s}$$

$$\left(2、0、\ 0、\pm\frac{1}{2}\right)$$

$$\left(2、1、\ 0、\pm\frac{1}{2}\right)$$

$$\left(2、1、\ 1、\pm\frac{1}{2}\right)$$

$$\left(2、1、-1、\pm\frac{1}{2}\right)$$

例 18.15 求出能够占据一个 d 分壳层的最大电子数,并写出这些电子的 m_l 和 m_s 值.

解 d 分壳层就是量子数 $l=2$ 的分壳层,所以

$$Z_l = 2(2l+1) = 2\times(2\times2+1) = 10$$

$$m_l = 0,\ \pm1,\ \pm2$$

$$m_s = \pm\frac{1}{2}$$

思　考　题

18.1　把一块在表面上的一半涂了烟煤的白瓷砖放到火炉内烧，高温下瓷砖的哪一半显得更亮些？

18.2　刚粉刷完的房间从房外远处看，即使在白天，它的开着的窗口也是黑的．为什么？

18.3　为什么几乎没有黑色的花？

18.4　在光电效应实验中，如果：(1)入射光强度增加一倍；(2)入射光频率增加一倍．各对实验结果有什么影响？

18.5　用一定波长的光照射金属表面产生光电效应时，为什么逸出金属表面的光电子的速度大小不同？

18.6　用可见光能产生康普顿效应吗？能观察到吗？

18.7　为什么对光电效应只考虑光子的能量转化，而对康普顿效应则还要考虑光子动量的转化？

18.8　光电效应和康普顿效应在对光的粒子性的认识方面，其意义有何不同？

18.9　实物粒子的德布罗意波与电磁波有什么不同？解释描述实物粒子的波函数的物理意义．

18.10　若一个电子和一个质子具有同样的动能，哪个粒子的德布罗意波长较大？

18.11　如果普朗克常量 $h \to 0$，对波粒二象性会有什么影响？如果光在真空中的速率 $c \to \infty$，对时间空间的相对性会有什么影响？

18.12　根据不确定关系，一个分子即使在 0 K，它能够完全静止吗？

18.13　什么是波函数必须满足的标准化条件？波函数归一化是什么意思？

18.14　从图 18.18 分析，粒子在势阱中处于基态时，除边界外，它的概率密度为零的点有几处？在激发态中，概率密度为零的点又有几处？这种点的数目和量子数 n 有什么关系？

18.15　本章讨论的势阱中的粒子处于激发态时的能量都是完全确定的，这意味着粒子处于这些激发态的寿命将为多长？它们能自发地从一个态跃迁到另一个态吗？

18.16　为什么说原子内电子的运动状态用轨道来描述是错误的？

18.17　$n=3$ 的壳层内有几个次壳层，各次壳层可容纳多少个电子？

18.18　处于基态的 He 原子的两个电子的量子数各是什么值？

习　题

18.1　将星球看作绝对黑体，利用维恩位移定律测量 λ_m 便可求得 T. 这是测量星球表面温度的方法之一．设测得：太阳的 $\lambda_m = 0.55\ \mu m$，北极星的 $\lambda_m = 0.35\ \mu m$，天狼星的 $\lambda_m = 0.29\ \mu m$，试求这些星球的表面温度．

18.2　用辐射高温计测得炉壁小孔的辐射出射度(总辐射本领)为 $22.8\ W \cdot cm^{-2}$，求炉内温度．

18.3　从铝中移出一个电子需要 4.2 eV 的能量，今有波长为 200 nm 的光入射到铝表面上．试问：

(1)由此发射出来的光电子的最大动能是多少？

(2)遏止电压为多大？

(3)铝的截止(红限)波长有多大？

18.4　钾的光电效应红限波长为 $\lambda_0 = 0.62\ \mu m$，求：

(1)钾的逸出功；

(2)在波长 $\lambda = 330$ nm 的紫外光照射下，钾的遏止电压．

18.5　能引起人眼视觉的最小光强约为 $10^{-12}\ W \cdot m^{-2}$，如瞳孔的面积约为 $0.5 \times 10^{-4}\ m^2$，计算每秒平均有几个光子进入瞳孔到达视网膜上．设光的平均波长为 550 nm.

18.6　入射的 X 射线光子的能量为 0.60 MeV. 被自由电子散射后波长变化了 20%．求反冲电子的动能．

18.7　波长 $\lambda_0 = 0.070\,8$ nm 的 X 射线在石蜡上受到康普顿散射，求在 $\pi/2$ 和 π 方向上所散射的 X 射线波长各是多大？

18.8 在康普顿散射中，入射光子的波长为 0.003 0 nm，反冲电子的速度为 0.60c，求散射光子的波长及散射角．

18.9 实验发现，基态氢原子可吸收能量为 12.75 eV 的光子．

(1)试问氢原子吸收光子后将被激发到哪个能级？

(2)受激发的氢原子向低能级跃迁时，可发出哪几条谱线？请将这些跃迁画在能级图上．

18.10 以动能 12.5 eV 的电子通过碰撞使氢原子激发时，最高能激发到哪一能级上？当回到基态时能产生哪些谱线？

18.11 处于基态的氢原子被外来单色光激发后，发出的巴尔末线系中只有两条谱线，试求这两条谱线的波长及外来光的频率．

18.12 当基态氢原子被 12.09 eV 的光子激发后，其电子的轨道半径将增加多少倍？

18.13 光子与电子的波长都是 0.20 nm，它们的动量和总能量各为多少？

18.14 为使电子的德布罗意波长为 0.1 nm，需要多大的加速电压？

18.15 具有能量为 15 eV 的光子，被氢原子中处于第一玻尔轨道的电子所吸收，形成一个光电子．问此光电子远离质子时的速度为多大？它的德布罗意波长是多少？

18.16 已知中子的质量 $m_n = 1.67\times10^{-27}$ kg，当中子的动能等于温度为 300 K 的热平衡中子气体的平均动能时，其德布罗意波长为多少？

18.17 作一维运动的电子，其动量不确定量是 $\Delta p_x = 10^{-25}\ \mathrm{kg\cdot m\cdot s^{-1}}$，能将这个电子约束在内的最小容器的大概尺寸是多少？

18.18 一个质量为 m 的粒子，约束在长度为 L 的一维线段上．试根据测不准关系估算这个粒子所具有的最小能量的值．

18.19 从某激发能级向基态跃迁而产生的谱线波长为 400 nm，测得谱线宽度为 10^{-5} nm，求该激发能级的平均寿命．

18.20 有一宽度为 a 的一维无限深势阱，用测不准关系估算其中质量为 m 的粒子的零点能．

18.21 宽度为 a 的一维无限深势阱中，粒子的波函数为 $\psi(x) = A\sin\frac{n\pi}{a}x$，求：(1)归一化系数 A；(2)在 $n=2$ 时，何处发现粒子的概率最大？

18.22 粒子在一维无限深势阱中运动，其波函数为：

$$\psi_n(x) = \sqrt{\frac{2}{a}}\sin\left(\frac{n\pi x}{a}\right) \quad (0 < x < a)$$

若粒子处于 $n=1$ 的状态，在 $0\sim\frac{1}{4}a$ 区间内发现粒子的概率是多少？

18.23 已知粒子在一维矩形无限深势阱中运动，其波函数为：

$$\psi(x) = \frac{1}{\sqrt{a}}\cos\left(\frac{3\pi x}{2a}\right) \quad (-a \leqslant x \leqslant a)$$

那么，粒子在 $x=\frac{5}{6}a$ 处出现的概率密度为多少？

18.24 原子内电子的量子态由 n、l、m_l、n_s 四个量子数表征．当 n、l、m_l 一定时，不同的量子态数目是多少？当 n、l 一定时，不同的量子态数目是多少？当 n 一定时，不同的量子态数目是多少？

18.25 写出以下各电子态的角动量的大小：

(1)1s 态；(2)2p 态；(3)3d 态；(4)4f 态．

18.26 试说明钾原子中电子的排列方式，并和钠元素的化学性质进行比较．

科学家简介

为量子论的创立作出贡献的科学家们

面对他的论文,评审委员会非常忧虑不安,因为王国的王子很少成为物理学博士研究生．但更糟的事情是路易王子的论文提出,不但光波应该是粒子,而且真实的粒子如电子应该也是波．

怎么办?委员会想出了一个出色的解决方法．他们想请求最聪明的爱因斯坦本人评价这篇论文．如果爱因斯坦说这是胡说八道,他们就可以驳回这篇论文,即使它来自一位王子．

但是当爱因斯坦读过这篇论文后,他一点也没有认为这是胡说八道．事实上,他认为这篇论文很有价值．结果这篇论文被接受．

L. 德布罗意王子由于这篇论文在 1929 年获得了诺贝尔奖,成为巴黎大学的物理学教授,并在此之后过着幸福的生活．

——摘自 fables of physics

玻尔(Niels Bohr,1885—1962)

N. 玻尔,1885 年出生于丹麦哥本哈根,这一年巴尔末发表了氢原子光谱公式．1911 年,N. 玻尔获得哥本哈根大学哲学博士学位后,即赴英国曼彻斯特卢瑟福实验室工作．1913 年回国,当年发表了《论原子和分子结构》的长篇论文．文中首次把量子概念引入原子系统,对氢原子提出定态、角动量量子化以及频率条件等“玻尔假设”,从而在半经典的基础上解决了氢原子的结构问题,满意地解释了当时观察到的氢光谱的频率规律．由此,他打开了用量子力学研究原子结构的大门．他还提出了放射性衰变产生的 α 射线和 β 射线出自原子核的想法,并给出了放射引起原子结构变化的规律．由于以上的创见,他于 1922 年获得了诺贝尔物理学奖．

1920 年,他创建了丹麦理论物理研究所(现名玻尔研究所)．该所几十年间吸引了许多年轻的物理学家入所工作,成为了一个关于原子和微观世界的全球研究中心,对近代物理学的发展作出了巨大贡献．

1936 年,他提出了原子核的液滴模型,对原子核的裂变作出了较好的理论说明．二次世界大战期间,他参加了美国制造原子弹的曼哈顿计划,但他坚决反对使用原子弹．

对量子力学是否完备的问题上,他终生与爱因斯坦作对,反对后者提出的“上帝不玩掷骰子游戏”的思想,曾几次驳复爱因斯坦提出的疑难．到今天为止,实验结果似还都站在玻尔一边．

德布罗意(Prince Louis Victor de Broglie,1892—1986)

L. V. 德布罗意,1892 年出生于法国的一个贵族家庭．大学毕业获得的是历史学士学位,受物理学家哥哥 L. M. 德布罗意的影响转向自然科学．在深入研究并对比了力学和光学之后,发现光学有波动光学和几何(粒子)光学两部分,而力学则只有粒子力学一支．他从一般的自然界对称性的思想出发,想到也应该有“波动力学”．于是他就把光的二象性推广到实物粒子电子,于 1924 年提出了物质波的波长公式．这一创新概念得到爱因斯坦的极力赞赏,而且 3 年后就被实验证实了,5 年后他就因这一创见而获得了诺贝尔物理学奖．

他对波函数的概率解释持批评态度,和爱因斯坦站在一边,认为“上帝不玩掷骰子游戏”.

薛定谔(Schrødinger,1887—1961)

薛定谔,1887 年出生于奥地利首都维也纳. 父亲是企业家,幼年时受到很好的教育. 他聪明好学,基础好,上学后在班上始终名列前茅. 1906～1910 年就读于维也纳大学物理系,1910 年获得博士学位,后留维也纳大学从事实验物理研究. 第一次世界大战期间,服役于一个偏僻的炮兵要塞,利用闲暇研究理论物理. 1921 年受聘任瑞士苏黎士大学教授.

受德布罗意物质波的影响,薛定谔萌发了用新的观点来研究原子结构. 并受化学家物理学家德拜的积极影响,建立了薛定谔方程,使量子化成为薛定谔方程的必然结果,而不是像玻尔和索末菲理论那样人为地规定量子条件. 1926 年 1～6 月间,他一连发表了四篇论文题目都是《量子化就是本征值问题》的论文,相继提出了定态薛定谔方程和含时薛定谔方程,用定态微扰理论计算了氢原子的斯塔克效应,用含时微扰理论计算了色散问题. 这组论文奠定了非相对论量子力学的基础,他自称这种新理论为波动力学.

玻恩(Born,1882—1970)

玻恩是一位世界著名的理论物理学家,犹太人,1882 年 12 月 11 日生于德国普鲁士西里亚省的首府布雷斯劳. 1933 年,由于纳粹迫害,玻恩侨居英国,直到 1953 年退休后才回到西德,于 1970 年 1 月 5 日去世,享年 88 岁. 1954 年,他因波函数的统计解释而获诺贝尔物理学奖.

玻恩的论文共有 300 篇以上,专著 20 本,其中《原子物理学》一书到 1968 年已七次再版.

海森伯(Heisenberg,1905—1976)

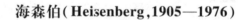

海森伯在理论物理学的许多不同方面作出了许多卓越的贡献. 因创立了量子力学中的矩阵力学并发现氢的同素异形体而获 1932 年度的诺贝尔物理学奖.

海森伯 1927 年提出测不准原理. 该原理认为,运动中的电子的位置与动量不能同时精确地确定,也就是说,一个电子的动量和位置的乘积永远不能准确到少于 $h/2\pi$ 的程度(h 是普朗克常数). 1928 年,海森伯用量子力学的交换现象解释了物质的铁磁性问题. 1929 年,他与泡利提出相对论性量子场论. 1932 年在查德威克发现中子和安德逊等人发现正电子之后,海森伯曾提出核子中的质子与中子本来就是同一种粒子,只不过它们的荷电情况不同的见解. 他认为中子和质子可以用一种正电子的交换过程保持在一起,质子失去一个正电子就变成中子,而中子得到一个正电子就变成质子;1943 年他又提出粒子相互作用的散射矩阵理论. 海森伯这一系列重要的理论见解,至今仍然闪耀着它灿烂的光辉,指引着物理学前进的航向.

狄拉克(P. A. M. Dirac,1902—1984)

狄拉克曾任英国牛津大学数学教授,是著名的数学物理学家,是相对论量子力学的创立者之一. 1928 年,狄拉克在纯数学物理的基础上建立起来的、以他的名字命名的狄拉克方程预言了一种新的基本

粒子——正电子的存在．1932 年，美国物理学家安德逊（Carl D · Anderson）从宇宙射线实验中发现了正电子的存在．这样，正电子理论的预言得到实验的证实．

此外，狄拉克还与费米分别独立地提出自旋为半整数的粒子所服从的统计分布规律，即费米-狄拉克统计．这一研究成果已成为研究基本粒子的基础．

狄拉克的科学论著很多，1930 年发表的《量子力学原理》是一部经典名著，该书已重版四次，并且已译成各种文字．他所引进的狄拉克符号，现在已为科学界所普遍采用．1969 年，他在美国迈阿密大学的学术演讲稿《希尔伯特空间中的旋量》于 1974 年出版．在佛罗里达州立大学任教期间，狄拉克提出了他的宇宙学的大数假设．

狄拉克和奥地利物理学家薛定谔教授共同获得 1933 年度诺贝尔物理学奖，因为他们建立了新型原子理论．此外，鉴于狄拉克对量子力学新发展的贡献，英国皇家学会于 1939 年授予他皇家奖章和科普利奖章．苏联莫斯科大学还曾授予他荣誉科学博士学位．

当然，对量子力学诞生做出重大贡献的科学家不仅仅是上面提到的几位，由于篇幅有限，这里未能一一提及．应该说，20 世纪是人才辈出、科学家群体做出贡献的时代．

阅读材料 G

有趣的量子力学测量问题

一、不确定原理与测量

不确定原理是量子系统所具有的或然性本质的反映，如果我们假定概率幅函数能够完备地描述量子系统的状态及演化，则必然有如下结论：比不确定关系更精确的测量是不能实现的．

从现象上来讲，不确定关系是通过测量仪器和量子系统的相互作用显现出来的．如图 G.1 所示，假想有一个电子枪发射出单个电子进入一个真空时，为了测量其位置和动量，而引入一个理想的探测光源 S 和一个理想的显微镜 M，S 和 M 分别能发射和接收任意波长的单色光．

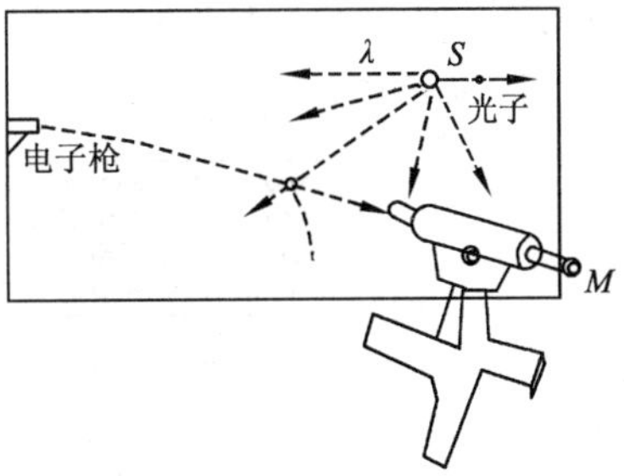

图 G.1　测量电子的位置和动量

光子与电子碰撞后，理想显微镜就可以接收到散射的光子，从而确定电子的位置，由于显微镜的分辨本领受到波长 λ 限制，λ 越短分辨率越高，测定的电子的位置不确定量越小．但另一方面，λ 越小，光量子的能力越高，动量越大，电子碰撞后的动量改变量越大，测定的电子动量不确定量越大．可见，由于仪器与被测系统的相互作用，在量子尺度上，虽然不排除准确地测定某一单独变量的可能性，但一对被称为共轭正则变量的物理量不可能同时准确地测定．

进一步而言，在量子尺度上，测量条件和测量对象由于相互作用而成为一个整体．图 G.2 所示的是著名的爱因斯坦光子箱．假定有一个光子从光子箱中发射出来，可以用弹簧秤称出光子箱的质量减少 m，根据质能关系可算出光子能量 $E = mc^2$．另外，窗口快门由一个钟来控制，可以用它测量光子的发射时间 t. 爱因斯坦本想用这个理想实验指出，$\Delta E \cdot \Delta t$可以任意小，测不准原理不成立．但若考虑到发出光子后，光子箱质量减少，箱和钟上升，引力势能减少，钟变慢（广义相对论效应），因此 E 与 t 并非互不相关．可以证明 $\Delta E \cdot \Delta t$ 也存在不确定关系．

这里所讲述的是正统的量子力学的观点．这一观点认为，量子力学的任何测量结果，都包含了微观客体的状态和整个实验环境，虽然它们之间的相互作用导致了一个由普朗克常量规定的不确定性极限，但它们所形成的整体性保证了量子力学的完备性．

二、量子系统的演化路径与测量

量子力学问世以前，大多数科学家都认为世界是独立于观测而存在的．其主要原因是，宏观的经验表明，测量对研究对象造成的干扰原则上可降到非常小．但是，对于量子系统而言，测量的涵义显得十分微妙．一方面，量子系统的一切奇妙性质都由测量给出；另一方面，本质上属于宏观行为的测量会不可避免地干扰量子系统的状态和演化路径．

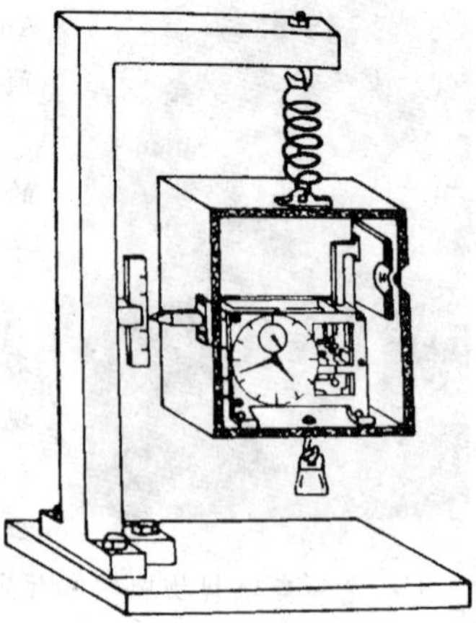

图 G.2　爱因斯坦光子箱

对量子系统的每一次测量若得到确定的结果，就意味着打破了概率幅函数为它规定的概率分布，使量子系统的或然性受到破坏．假如有一个电子通过一个狭缝射向荧光屏，量子力学可以写出电子的概率幅函数，并预言电子位于屏上任一点的概率．然而，一旦在某个地方测到电子，则在其他地方出现的概率马上变成了零．这个例子说明：观测处于某种特定状态的量子体系，就得排除处于其他任一状态的可能性；就量子系统的演化而言，测量的结果使众多路径中的一条突显为实在，而其他路径将被摒弃，与其他路径相关联的概率幅函数不再被作为总概率幅函数中的一个叠加项．量子物理学家将这种现象形象地称为概率幅函数（概率波）的缩编．

显然，这种缩编是观测造成的．如图 G.3 所示，在（a）中，一个电子封闭在一个盒中，概率波均匀地分布其中；在（b）中，插入一个屏将盒分隔为两部分，虽然电子仅能处于一个分室中，但除非我们窥视并测得电子位于一具体分室内，概率波仍然存在于两分室中；在（c）中，在观测到电子（概率波）位于一具体分室的瞬间，另一分室中的概率波骤然消失．在（b）中似乎有两个"虚"电子分置于两分室，它们在等着（c）中的观测，这一观测使其中一个变为"实"电子，另一个则立即消失．

正统的量子力学没有对此作出正面的说明．他们认为：由概率幅函数所描述的量子领域只存在一些抽象的量子描述，不存在实在的世界，有的只是一些潜在的趋势和可能性；而实在的世界必定以观测为基础，即测量使那些潜在的趋势和可能性转化为现实的事件．

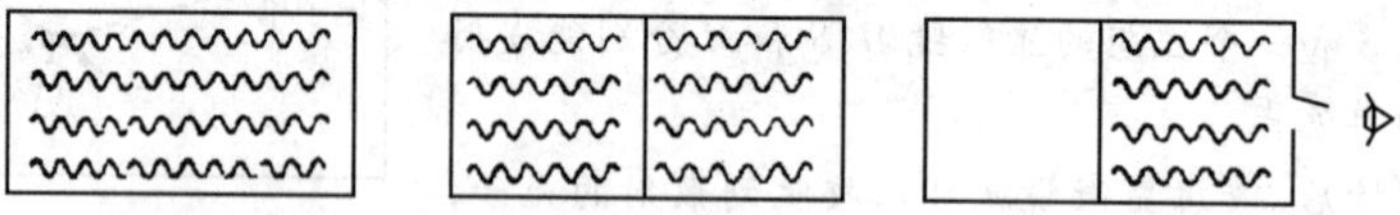

（a）　（b）　（c）

图 G.3　概率波的缩编

正统观点在确定量子系统的物理属性方面赋予测量以十分重要而特殊的地位．这招致了许多争议甚至哲学上的争论．量子力学的奠基人之一薛定谔，假想了一个理想实验，将宏观物体置于类似量子叠加的情况之下，进而出现了宏观系统状态受观测左右的离奇场景．如图 G.4 所示，将一只猫关闭在一个封闭容器里，容器中有一块放射物和一个能接收射线的盖革计数器，假定放射物质在 1 个小时内发生衰变的概率为 50%，而计数器一旦接收到射线就会启动一个毒杀猫的装置将猫杀死．如果让整个系统自在 1 个小时，则猫非活即死，两者必居其一．但是依据量子叠

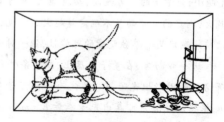

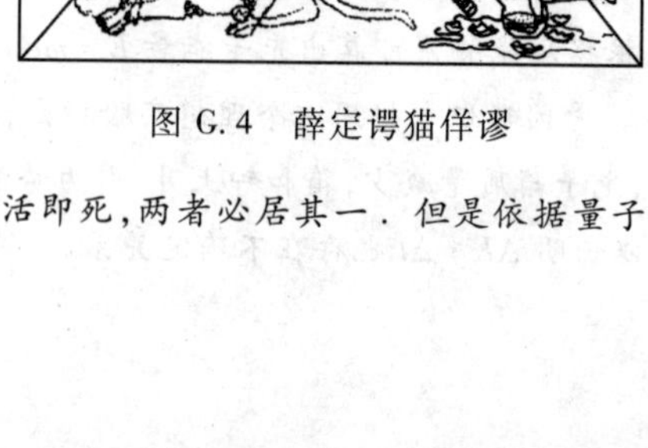

图 G.4　薛定谔猫佯谬

加规则，系统处于两种状态的叠加，一个状态中猫活，另一个状态中猫死，未打开这个“黑箱”测量之前，猫处于某种不死不活的中间状态．而当我们打开容器时，概率波发生缩编，猫显现出死或活的确定状态．再假定猫是活的，而且能如同人一样感知和表达，猫会告诉打开容器的人，它一直是活的，而观测者则依据量子理论坚持认为在容器未打开时，猫处在死-活叠加态中．

这种场景是十分离奇的，只是由于观测者看了一眼，猫就得以脱离某种半死不活的状态．测量果真能改变量子系统乃至宏观宇宙的演化路径吗？这个佯谬至今仍是前沿的理论物理学家争论的话题．有人也许会指出量子力学的宗旨是正确地预言各种测量的概率，它只局限于整体统计规律，无须解释单个量子测量事件．但这显然是对测量问题的回避．许多一流的物理学家对这一问题提出了见解．有的人认为测量在物理学中的关键作用表明意识对物质具有一种支配性的影响；有的人则假设每发生一次测量，宇宙就分裂一次，提出了多宇宙诠释；还有的人试图用某种隐参量构建一种非或然性的量子理论．

上述的争议表明，正统的量子力学诠释有可能是不完备的．1965 年，贝尔提出了一个检验隐参量理论的不等式，20 世纪 70 年代以来的大多数实验表明，以概率幅函数为核心内容的正统量子力学诠释的语言与实验更相符．

目前有关正统量子力学诠释的逻辑基础的论争仍在进行之中，而大多数的物理学家和其他科学家则从一种实用主义的立场出发，将量子力学的正统诠释作为他们研究的理论基础，并且认为，在量子系统和宏观物体之间的某一层次，量子理论过渡为经典理论（或者说经典物理学是量子理论的经典极限）．总之，量子力学作为一种理论基础是成功的，在它的基础上发展起来的量子场论和量子宇宙学是当今最前沿的理论，而直接以量子力学为微观理论的原子、分子物理学和凝聚态物理学研究则结出了微电子技术、新材料技术、激光技术等骄人的硕果．

习题答案

第 11 章

11.1 $Q=-2\sqrt{2}q$ **11.2** (1) -9.90×10^{-9} C; (2) 1.79×10^{-6} V·m^{-1}

11.3 (1) 6.74×10^{2} N·C^{-1},水平向右; (2) 1.50×10^{3} N·C^{-1},y 轴正向

11.4 $\dfrac{\lambda}{2\pi\varepsilon_0 R}\boldsymbol{i}$ **11.5** $\dfrac{\sigma}{4\varepsilon_0}\boldsymbol{i}$ **11.6** 球面外:$E=\dfrac{q}{4\pi\varepsilon_0 x^2}$;球面内:0

11.7 $E=\dfrac{qr}{4\pi\varepsilon_0\left(r^2+\dfrac{l^2}{4}\right)\sqrt{r^2+\dfrac{l^2}{2}}}$,方向沿$\overrightarrow{OP}$ **11.8** $\dfrac{q}{2\varepsilon_0}\left(1-\dfrac{d}{\sqrt{R^2+d^2}}\right)$

11.9 0,3.98 N·C^{-1},1.06 N·C^{-1}

11.10 球体内:$E(r)=\dfrac{kr^2}{4\varepsilon_0}$;球体外:$E(r)=\dfrac{kR^4}{4\varepsilon_0 r^2}$; **11.11** (1)0;(2)$\dfrac{\lambda}{2\pi\varepsilon_0 r}$;(3)0

11.12 两面间,$\boldsymbol{E}=\dfrac{1}{2\varepsilon_0}(\sigma_1-\sigma_2)\boldsymbol{n}$;$\sigma_1$ 面外,$\boldsymbol{E}=-\dfrac{1}{2\varepsilon_0}(\sigma_1+\sigma_2)\boldsymbol{n}$;

σ_2 面外,$\boldsymbol{E}=\dfrac{1}{2\varepsilon_0}(\sigma_1+\sigma_2)\boldsymbol{n}$;$\boldsymbol{n}$:垂直两平面,由 σ_1 面指向 σ_2 面

11.13 $\boldsymbol{E}_O=\dfrac{r^3\rho}{3\varepsilon_0 \mathrm{d}^3}d$,$\boldsymbol{E}_{O'}=\dfrac{\rho}{3\varepsilon_0}d$,证明略 **11.14** 2×10^{8} V

11.15 $\dfrac{\sigma}{2\varepsilon_0}\left(1-\dfrac{x}{\sqrt{R^2+x^2}}\right)$,方向沿直线;$\dfrac{\sigma}{2\varepsilon_0}\left(R-\sqrt{R^2+x^2}\right)$

11.16 $-\dfrac{\sqrt{3}q}{2\pi\varepsilon_0 a}$,$-\dfrac{\sqrt{3}qQ}{2\pi\varepsilon_0 a}$ **11.17** $\dfrac{q_0 q}{6\pi\varepsilon_0 R}$

11.18 $\dfrac{-\lambda}{2\pi\varepsilon_0 R}$,“$-$”号表示垂直于直导线向下;$\dfrac{\lambda}{2\pi\varepsilon_0}\ln2+\dfrac{\lambda}{4\varepsilon_0}$

11.19 (1) 2.5×10^{3} V;(2) 4.3×10^{3} V **11.20** 略. **11.21** 略.

11.22 (1) $\dfrac{\sigma}{2\varepsilon_0}\left(\sqrt{x^2+R_2{}^2}-\sqrt{x^2+R_1{}^2}\right)$;

(2) $\left[2gx+\dfrac{\sigma}{2\varepsilon_0}\left(R_2-R_1-\sqrt{x^2+R_2^2}+\sqrt{x^2+R_1^2}\right)\right]^{1/2}$

11.23 $U=\dfrac{\lambda}{4\pi\varepsilon_0}\ln\left(\dfrac{\sqrt{a^2+x^2}+a}{\sqrt{a^2+x^2}-a}\right)$,$\boldsymbol{E}=\dfrac{\lambda}{4\pi\varepsilon_0}\dfrac{2a}{x\sqrt{a^2+x^2}}\boldsymbol{i}$

第 12 章

12.1 $\dfrac{R}{r^2}U_0$ **12.2** -2×10^{-7} C,-1×10^{-7} C,2.3×10^{3} V

12.3 (1)q,$\dfrac{q}{4\pi\varepsilon_0 R}$; (2)0,0; (3)$q'=\dfrac{R_1}{R_2}q$,$\dfrac{(R_1-R_2)q}{4\pi\varepsilon_0 R_2^2}$

12.4 $-\frac{q}{3}$ **12.5** (1)$\frac{3}{8}F_0$；(2)$\frac{4}{9}F_0$ **12.6** $\frac{1}{2}\left(U+\frac{qd}{2\varepsilon_0 S}\right)$

12.7 (1)$R_1<r<R_2$ 时 $E_1=\frac{Q}{4\pi\varepsilon_0\varepsilon_r r^2}$,$r>R_2$ 时 $E_2=\frac{Q}{4\pi\varepsilon_0 r^2}$；

(2)$R_1<r<R_2$ 时 $U_1=\frac{Q}{4\pi\varepsilon_0\varepsilon_r}\left(\frac{1}{r}+\frac{\varepsilon_r-1}{R_2}\right)$,$r>R_2$ 时 $U_2=\frac{Q}{4\pi\varepsilon_0 r}$；

(3)$U=\frac{Q}{4\pi\varepsilon_0\varepsilon_r}\left(\frac{1}{R_1}+\frac{\varepsilon_r-1}{R_2}\right)$

12.8 $\frac{\sigma_2}{\sigma_1}=\varepsilon_r$ **12.9** (1)$F=\frac{1}{4\pi\varepsilon_0}\frac{q_1q_2}{r^2}$ 无 (2)$F=\frac{1}{4\pi\varepsilon_0}\frac{q_1q_2}{r^2}$ 有

12.10 (1)1.82×10^{-4} J；(2)1.01×10^{-4} J；(3)4.49×10^{-12} F

第 13 章

13.1 4×10^{-5} T **13.2** (1)$\frac{2\mu_0 I}{\pi a}$；(2)8×10^{-5} T

13.3 (a)$\frac{\mu_0 I}{4\pi a}$,垂直纸面向外；(b)$\frac{\mu_0 I}{2\pi a}+\frac{\mu_0 I}{4r}$,垂直纸面向里；(c)$\frac{9\mu_0 I}{2\pi a}$,垂直纸面向里

13.4 (1)1.44×10^{-5} T;(2)$B:B_{地}=0.24$ **13.5** 4×10^{-3} T

13.6 $\frac{\mu_0 Q\omega}{2\pi(a+b)}$,方向:垂直纸面向外

13.7 $\frac{\mu_0 I}{4\pi R}(\pi-\sqrt{2})$;垂直纸面向里 **13.8** (1)0.135 Wb；(2)0

13.9 (1)0.24 Wb；(2)0；(3)−0.24 Wb **13.10** 5.66×10^{-6} T

13.11 1.2×10^{-4} T,1.2×10^{-4} T；(2)L_2 外侧 0.1 m

13.12 0 **13.13** $6.37\times10^{-5}\boldsymbol{i}$ T **13.14** $\frac{\mu_0 NI}{4R}$

13.15 (1)4×10^{-5} T,向外；(2)2.2×10^{-6} Wb

13.16 10^{-6} Wb **13.17** $B=\frac{\mu_0 I}{2\pi b}\ln\frac{r+b}{r}$,垂直纸面向里

13.18 $\mu_0 i$ **13.19** 略. **13.20** (1)$\frac{\mu_0 Ir}{2\pi R_1^2}$；(2)$\frac{\mu_0 I}{2\pi r}$；(3)$\frac{\mu_0 I(R_3^2-r^2)}{2\pi r(R_3^2-R_2^2)}$；(4)0

13.21 $r<R_1,B=0;R_1<r<R_2,B=\frac{\mu_0 NI}{2\pi r};r>R_2,B=0$

13.22 $B_0=\frac{\mu_0 jr^2}{2d}$,方向:垂直于 OO' 轴向上;$B'_0=\frac{\mu_0 jd}{2}$,方向:垂直于 OO' 轴向上；

第 14 章

14.1 1.57×10^{-3} A·m^2 **14.2** (1)2.51×10^{-4} T,200 A·m^{-1}；(2)1.06 T,200 A·m^{-1}

14.3 (1)2.12×10^3 A·m^{-1}；(2)4.71×10^{-4} H·m^{-1},375

14.4 (1)2×10^4 A·m^{-1}；(2)7.76×10^5 A·m^{-1}；(3)38.8；(4)39.8

14.5 (1)2×10^{-2} T；(2)32 A·m^{-1} **14.6** 4.78×10^3 **14.7** $(\mu_r-1)\frac{NI}{2\pi r}$

第 15 章

15.1 (1) -1.0 V,图中逆时针方向; (2)1.25 N; (3)相等

15.2 $\frac{\mu_0 Ib}{2\pi a}\left(\ln\frac{a+d}{d}-\frac{a}{a+d}\right)v$,方向:顺时针

15.3 (1) $\frac{\mu_0 Ilv}{2\pi}\left(\frac{1}{a}-\frac{1}{a+b}\right)$; (2) $-\frac{\mu_0 I_0 l\omega\cos\omega t}{2\pi}\ln\frac{a+b}{a}$;

(3) $\frac{\mu_0 I_0 lv\sin\omega t}{2\pi}\left(\frac{1}{a}-\frac{1}{a+b}\right)-\frac{\mu_0 I_0 l\omega\cos\omega t}{2\pi}\ln\frac{a+b}{a}$

15.4 $-B\tan\theta v^2 t, kv^3\tan\theta\left(\frac{1}{3}\omega t^2\sin\omega t-t^3\cos\omega t\right)$ **15.5** 0.40 V

15.6 8.89×10^{-2} V,逆时针方向 **15.7** $By\sqrt{\frac{8a}{\alpha}}$,$\varepsilon_i$ 实际方向沿 ODC

15.8 $\varepsilon_{MeN}=\frac{\mu_0 Iv}{2\pi}\ln\frac{a+b}{a-b}$,方向 $N\to M$,$U_{M-N}=\frac{\mu_0 Iv}{2\pi}\ln\frac{a+b}{a-b}$

15.9 (1) $\varepsilon=(Blg\sin\theta\cos\theta)t$; (2) $\varepsilon=\frac{MgR\sin\theta}{(Bl\cos\theta)^2}\left[1-e^{\frac{(Bl\cos\theta)^2}{MR}\cdot t}\right]$

15.10 $v=\frac{RF}{B^2l^2}\left[1-\exp\left(-\frac{B^2l^2}{mR}t\right)\right]$ **15.11** 4.74×10^{-3} V

15.12 $\left(\frac{\sqrt{3}R^2}{4}+\frac{\pi R^2}{12}\right)\frac{dB}{dt}$,方向 $a\to b$ **15.13** $-\left(\frac{\pi R^2}{6}-\frac{\sqrt{3}}{4}R^2\right)\frac{dB}{dt}$,逆时针方向

15.14 31 V,逆时针方向

15.15 $5.0\times10^{-4}\ \text{V}\cdot\text{m}^{-1}$;$6.25\times10^{-4}\ \text{V}\cdot\text{m}^{-1}$;$3.13\times10^{-4}\ \text{V}\cdot\text{m}^{-1}$

15.16 (1) $U_{ab}=0$; (2) $U_c>U_d$ **15.17** $\frac{\mu_0 a}{2\pi}\ln2$ **15.18** (a) 2.8×10^{-6} H; (b)0

15.19 7.5×10^{-5} H **15.20** (1) $\frac{\mu_0 N^2 h}{2\pi}\ln\frac{R_2}{R_1}$;(2) $\frac{\mu_0 N^2 I^2 h}{4\pi}\ln\frac{R_2}{R_1}$

15.21 $\frac{\mu_0 I^2}{16\pi}$ **15.22** $\frac{\varepsilon k}{r\ln\frac{R_2}{R_1}}$ **15.23** 略.

15.24 在 a、b、c 三点时电子加速度大小均为 $4.4\times10^7\ \text{m}\cdot\text{s}^{-2}$,方向分别为:向左,向右,向上;轴线上,0

15.25 $700\ \text{Wb}\cdot\text{s}^{-1}$ **15.26** $1.5\times10^8\ \text{V}\cdot\text{m}^{-1}$

15.27 8×10^{-2} J **15.28** $\frac{q}{2}\frac{a^2v}{(a^2+x^2)^{3/2}}$

第 16 章

16.1 (1) $3.65v_0$; (2) $3.99v_0$; (3) $3v_0$ **16.2** 2.35×10^5 Pa **16.3** 152 J

16.4 6.22×10^{-21} J **16.5** 图(a)中(1)表示氧,(2)表示氢;图(b)中(2)温度高

16.6 (1) 6.00×10^{-21} J,4.00×10^{-21} J,1.00×10^{-20} J; (2) 1.83×10^3 J; (3)1.39 J

16.7 6.42 K;0.67×10^5 Pa **16.8** 略. **16.9** 1.16×10^7 K **16.10** 284 K **16.11** $8.8\times10^{-3}\ \text{m}\cdot\text{s}^{-1}$

16.12 (1) $2.45\times10^{24}\ \text{m}^{-3}$; (2) 5.32×10^{-26} kg; (3) $0.13\ \text{kg}\cdot\text{m}^{-3}$; (4) 7.42×10^{-9} m;

(5) $446.58\ \text{m}\cdot\text{s}^{-1}$; (6) $482.87\ \text{m}\cdot\text{s}^{-1}$; (7) 1.04×10^{-20} J

16.13 (1) 8.28×10^{21} J;(2)400 K **16.14** 0.51 kg

16.15 (1)12.9 keV; (2)$1.58\times10^6\ \mathrm{m\cdot s^{-1}}$

16.16 (1)$5.05\times10^3\ \mathrm{m\cdot s^{-1}}$, $3.69\times10^2\ \mathrm{m\cdot s^{-1}}$, $1.73\times10^3\ \mathrm{m\cdot s^{-1}}$; (2)$5.97\times10^4\ \mathrm{m\cdot s^{-1}}$, $1.27\times10^3\ \mathrm{m\cdot s^{-1}}$

16.17 略.

16.18 (1)$f(v)=\begin{cases} av/Nv_0 & (0\leqslant v\leqslant v_0) \\ a/N & (v_0\leqslant v\leqslant 2v_0) \\ 0 & (v\geqslant 2v_0) \end{cases}$; (2)$a=\dfrac{2N}{3v_0}$; (3)$\dfrac{1}{3}N$; (4)$\dfrac{11}{9}v_0$; (5)$\dfrac{7v_0}{9}$

16.19 1.05% **16.20** 略. **16.21** 3.33×10^{17};7.5 m **16.22** 0.103 5 Pa

16.23 7.90×10^4 Pa **16.24** 6 080 m **16.25** (1)$71.8\ \mathrm{W\cdot m^{-1}}$;(2)$-28.86\ \mathrm{k\cdot cm^{-1}}$

第 17 章

17.1 (1)4 155 J; (2)5 817 J; **17.2** (1)7 928 J; (2)5 663 J; (3)2 265 J

17.3 -1.1×10^4 J **17.4** (1)3.75×10^3 J; (2)5.73×10^3 J

17.5 40% **17.6** 略. **17.7** 1.26;1.15

17.8 1.22 **17.9** (1)$3R$; (2)$6R(T_2-T_1)$;$R(T_2-T_1)$

17.10 (1)7.58×10^4 Pa; (2)60.5 J **17.11** (1)5×10^6 J; (2)$563\ \mathrm{m\cdot s^{-1}}$

17.12 (1)$12RT_0$, $45RT_0$, $-47.7RT_0$; (2)16.3% **17.13** 略.

17.14 (2)$A_p=4\,052$ J;$A_V=0$ J;$A_T=-2\,809$ J; (3)8.67%

17.15 21% **17.16** 13.4% **17.17** 17.4% **17.18** 25%,3 **17.19** 略.

17.20 (1)125℃; (2)31.4% **17.21** 32 990 J;放出热量3.67×10^5 J

第 18 章

18.1 对太阳:5.3×10^3 K;对北极星:8.3×10^3 K;对天狼星:1.0×10^4 K

18.2 1.42×10^3 K **18.3** (1)2.0 eV;(2)2.0 V;(3)0.296 μm

18.4 (1)2.01 eV;(2)1.76 V **18.5** 138 **18.6** 0.10 MeV

18.7 0.073 2 nm;0.075 6 nm **18.8** 0.004 3 nm,62°17′

18.9 (1)$n=4$;
(2)可发出谱线赖曼系 3 条,巴尔末系 2 条,帕邢系 1 条,共计 6 条

18.10 $n=3$;102.6 nm,121.6 nm,656.3 nm

18.11 657.3 nm,487.2 nm,3.08×10^{15} Hz

18.12 9倍 **18.13** $3.3\times10^{-24}\ \mathrm{kg\cdot m\cdot s^{-1}}$,0.51 MeV **18.14** 150 V

18.15 $7.0\times10^5\ \mathrm{m\cdot s^{-1}}$,1.04 nm **18.16** 0.145 6 nm **18.17** 5.3×10^{-10} m

18.18 $\dfrac{h^2}{2mL^2}$ **18.19** 5.3×10^{-8} s **18.20** $\dfrac{h^2}{2ma^2}$

18.21 (1)$\sqrt{\dfrac{2}{a}}$;(2)$\dfrac{a}{4}$,$\dfrac{3}{4}a$ **18.22** 0.091 **18.23** $1/2a$

18.24 2;$2(2l+1)$;$2n^2$

18.25 (1)$L=0$;
(2)$L=\sqrt{1(1+1)}\hbar=\sqrt{2}\hbar$;
(3)$L=\sqrt{2(2+1)}\hbar=\sqrt{6}\hbar$;
(4)$L=\sqrt{3(3+1)}\hbar=\sqrt{12}\hbar$

18.26 钾:$1s^2$,$2s^2$,$2p^6$,$3s^2$,$3p^6$,$4s^1$;钠:$1s^2$,$2s^2$,$2p^6$,$3s^1$

16.15 (1)[illegible] (2)1.58×10[illegible] m

16.16 (1)[illegible]×10[illegible] (2)3.69×10[illegible] m (3)[illegible]×10[illegible] [illegible] 16.17 略

(1)[illegible] (2)5.91×10[illegible] m [illegible] 1.27×10[illegible] m [illegible]

16.18 [illegible]

16.19 [illegible] 16.20 [illegible] 16.21 3.33×10[illegible] 16.22 [illegible]

16.23 [illegible]×10[illegible] 16.24 6 080 [illegible] 16.25 [illegible]

第 17 章

17.1 [illegible] (3) 2 265 [illegible]

[illegible] 17.5 (1)[illegible] [illegible]

17.6 [illegible] 26 [illegible]

17.9 [illegible]

17.10 [illegible] 17.11 [illegible]

17.12 [illegible]

17.14 [illegible]

17.15 [illegible] 17.16 [illegible] 17.17 [illegible] 17.18 [illegible] 17.19 略

17.20 [illegible] 17.21 [illegible]

第 18 章

18.1 [illegible]

18.3 [illegible]

18.4 [illegible] 18.5 [illegible] 18.6 [illegible] MeV [illegible]

18.7 0.67 [illegible] 18.8 [illegible]

18.9 [illegible]

(2)[illegible]

18.10 [illegible] 650.0 nm

18.11 [illegible] 3 nm, [illegible]

18.12 [illegible] 18.13 [illegible] 18.14 150 V

18.15 [illegible] 18.16 0.145 6 nm 18.17 [illegible]

18.18 [illegible] 18.19 [illegible] 18.20 [illegible]

18.21 [illegible] 18.22 [illegible] 18.23 [illegible]

18.24 [illegible]

18.25 [illegible]

[illegible]

[illegible]

[illegible]

18.26 [illegible]